普通高等教育"十四五"系列教材
河海大学重点教材

土建工程 CAD/BIM 技术应用教程

河海大学工程 CAD 与图学教研室 编

苏静波 张 珏 钟春欣 李 昂 主编

U0166873

中国水利水电出版社
www.waterpub.com.cn
·北京·

内 容 提 要

BIM 技术作为先进的工程数字化技术在快速发展，在掌握好 CAD 的基础上了解和扩展 BIM 相关技术知识是非常必要的，本书正是在这一背景下编写而成。

本书主要内容分为三个部分：第一部分为 AutoCAD 2022 基础与应用，包括 CAD 技术概述，绘图环境与平面构图初步，绘图命令，基本编辑命令，文字与尺寸标注，块、图形库与外部参照，绘图辅助工具与图形特性管理，平面图形参数化和快捷构形方法，工程图样的绘制与输出，三维建模和二次开发技术等；第二部分为 BIM 技术及其应用，包括 BIM 技术概述、Revit 建模基础及土建工程中的三维构形、Navisworks 及其在土建工程中的应用、Lumion——BIM 的虚拟现实表现和广联达 BIM——建筑工程造价应用等；第三部分为实习指南，包括实验题及实验指导。书中附有 73 个二维码，包括讲解视频、图纸和模型资源等在线资源。

本书可作为高等学校土木类、水利类各专业的教材，也可供独立学院、高职高专和成人高校师生及有关工程技术人员参考。

图书在版编目（C I P）数据

土建工程CAD/BIM技术应用教程 / 苏静波等主编. -- 北京 ： 中国水利水电出版社，2023.12
普通高等教育"十四五"系列教材　河海大学重点教材

ISBN 978-7-5226-1826-5

Ⅰ．①土… Ⅱ．①苏… Ⅲ．①土木工程-建筑制图-AutoCAD软件-高等学校-教材 Ⅳ．①TU204-39

中国国家版本馆CIP数据核字(2023)第191670号

书　　名	普通高等教育"十四五"系列教材 河海大学重点教材 **土建工程 CAD/BIM 技术应用教程** TUJIAN GONGCHENG CAD/BIM JISHU YINGYONG JIAOCHENG
作　　者	河海大学工程CAD与图学教研室　编 苏静波　张　珏　钟春欣　李　昂　主编
出版发行	中国水利水电出版社 （北京市海淀区玉渊潭南路 1 号 D 座　100038） 网址：www. waterpub. com. cn E - mail：sales@mwr. gov. cn 电话：（010）68545888（营销中心）
经　　售	北京科水图书销售有限公司 电话：（010）68545874、63202643 全国各地新华书店和相关出版物销售网点
排　　版	中国水利水电出版社微机排版中心
印　　刷	天津嘉恒印务有限公司
规　　格	184mm×260mm　16 开本　30 印张　730 千字
版　　次	2023 年 12 月第 1 版　2023 年 12 月第 1 次印刷
印　　数	0001—3000 册
定　　价	**75.00 元**

前 言

以计算机绘图技术为基础的计算机辅助设计（CAD）技术已经全面地应用于各个设计、生产领域，并为工程设计人员提供了高效率、高质量的设计成果和先进手段。然而，随着计算机和信息技术的迅猛发展及普及应用，云计算、大数据、物联网等信息技术正逐渐融入社会的方方面面。党的二十大报告指出，要加快建设网络强国、数字中国。习近平总书记深刻指出，加快数字中国建设，就是要适应我国发展新的历史方位，全面贯彻新发展理念，以信息化培育新功能，用新功能推动新发展，以新发展创造新辉煌。工程建设领域应用的 BIM 技术作为最先进的工程数字化技术发展迅猛，相比于传统规划论证、设计施工方式，BIM 技术可有效承载工程全生命周期的数据资源，正改变着工程设计、施工和管理的各个环节和各种理念，可以预见，不远的将来 BIM 将成为构建智慧土木、智慧水利的重要组成部分。作为工程技术人员，在掌握好 CAD 的基础上了解和扩展 BIM 相关技术知识是非常必要的。

本书内容分为三个部分：第一部分为 AutoCAD 2022 基础与应用，介绍 AutoCAD 2022 的使用，主要内容在殷佩生、吕秋灵、沈丽宁编著的《Auto-CAD 2010（中文版）土建工程应用教程》的基础上改编而来；第二部分为 BIM 技术及其应用，介绍 BIM 的概念、系统组成、典型软件的基本操作和简单应用；第三部分为实习指南，包括实验题及实验指导。

AutoCAD 是美国 Autodesk 公司推出的一款通用型交互式绘图软件，具有良好的用户界面、完善的二维和三维绘图与图形编辑功能、全面的图形管理能力、多层次的二次开发技术，易学易用，适用面广，并且拥有众多的第三方软件和专业应用软件的支持。本书是 AutoCAD 2022 的基本技术和应用方法的教程，遵循循序渐进的教学规律，介绍计算机绘图以及相关学科的基础知识，AutoCAD 2022 的环境，绘图命令、编辑命令和绘图工具的操作方法，参数化图形技术，图形及图形特性管理技术等基本功能。同时通过具有针对性的实例讲解绘图、编辑、工具的综合应用和使用技巧，提供多种命令综合应用的实例和活用编辑命令的一些思路，为读者得心应手地构图铺垫基础。读者按照作图范例逐步操作，即可以体会相关命令的功能和使用特点；文中的一些构形方法，不仅是初学者的入门之道，亦可为具有一定基础的读者提高应用水平提供一些借鉴。

BIM 作为一种技术、一种方法、一种过程，既包含建筑物全生命周期的信息模型，又包含建筑工程的管理行为模型。相较于 CAD，其更侧重于项目各环节之间的关联。这不是一个软件能解决的问题，也不是一类软件能解决的问题。因此，为了充分发挥 BIM 技术的工程价值，涉及的常用软件数量就有十几个到几十个之多。本书主要介绍建筑行业常用的 3D 模型和信息管理平台 Revit、建筑信息模型辅助软件 Navisworks、虚拟现实软件 Lumion 以及建筑工程算量软件广联达 BIM。通过 Revit 基本术语、基本操作功能和实例操作来了解和认识 Revit；通过界面及功能介绍、案例操作来了解和认识 Navisworks；通过功能展示、介绍标准化操作及渲染实战案例来了解和认识 Lumion；通过算量案例来了解和认识广联达 BIM。

学以致用是本书编写的立足点。用 AutoCAD 绘制的图样必须符合制图国家标准、满足工程设计要求。本书力求把计算机生成图形与绘制工程图样统一到一个层面，讲解内容和范例尽量取自工程图样绘制的要点和实例，兼顾各类专业的图示特点，读者可以比较快地从基础操作步入实际应用阶段。对于 BIM 系列软件，本书立足于承上启下，开拓思维，为从事土建工程相关行业的专业技术人员提供了解和认识 BIM 的途径和初级的应用能力。

书中配套的实验题及相应的上机实验指南内容充实，与章节内容相衔接，与工程制图教学内容联系紧密，便于组织教学和实验，也便于读者自学练习。

本书由河海大学殷佩生老师审阅，审阅人提出了很多建设性意见，在此深表感谢。

本书由苏静波、张珏、钟春欣、李昂主编，编写分工为：苏静波编写第 1 章、第 14~16 章及附录，邝佳爱编写 2.1 节、2.2 节、2.4 节，宋广蕙编写 2.3 节、7.2~7.8 节，郑桂兰编写第 3 章、第 5 章、第 6 章，钟春欣编写第 4 章，刘琳编写 7.1 节，张珏编写第 8~10 章，马志国编写第 11 章，李昂编写第 12~13 章，王瑞彩编写第 17 章。刘进、牟世奇、王凯瑞、刘昕怡等研究生协助完成本书部分文本编辑、插图绘制和视频录制工作。

书中不妥和疏漏之处，恳请读者给予批评指正。

编者

2023 年 5 月

本书采用的符号术语的约定

本书采用的符号和术语约定如下：

键入：从键盘输入。

回车键：一般指 Enter 键，在命令行用"↙"表示。

拾取：在光标当前位置单击鼠标左键，确认该点，光标处有对象时拾取对象，无对象时输入该点的坐标。

→：指示菜单的选择顺序，如"文件"→"退出"表示选择菜单"文件"，在"文件"菜单中选择"退出"项命令。

仿宋字体：AutoCAD 命令提示窗口的命令提示文字用仿宋字体。

处在命令提示行中间的省略号"……"：表示省略与上一行重复的命令提示。

数 字 资 源 清 单

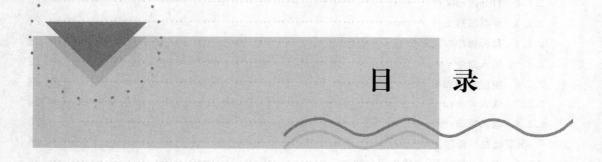

目 录

前言

本书采用的符号术语的约定

数字资源清单

第一部分 AutoCAD 2022 基础与应用

第三部分 实 习 指 南

第一部分　AutoCAD 2022 基础与应用

第 1 章

CAD 技术概述

1.1 CAD 技术及其应用

1.1.1 CAD 技术

计算机辅助设计（computer aided design，CAD）是利用计算机的快速计算能力和高效率的图形处理能力，辅助设计者进行工程和产品设计与分析的高新技术。它始于 19 世纪 50 年代后期，目前已广泛地应用于工程和产品等设计的各个领域。CAD 技术充分利用了计算机技术、计算和应用数学、力学等多学科理论，使设计方法从传统变为现代成为可能，使得以经验为主导的设计活动变为基于计算数据、知识工程的专家系统决策，从而有效地减轻了设计人员工作强度，提高了设计质量，缩短了设计周期。

CAD 技术涉及的学科门类相当广泛，衍生的技术领域非常宽广，如：计算机辅助工程（CAE）技术，用于对工程和产品进行性能与安全可靠性分析，对其未来的工作状态和运行行为进行模拟，发现和修改设计缺陷，并验证未来工程、产品功能和性能的可靠性，可以解决很多实际工程需要解决而理论分析又无法解决的复杂问题；计算机辅助制造（CAM）技术，可以直接利用 CAD 系统上建立起来的参数化三维几何模型进行加工编程，生成正确的加工轨迹，控制零件生产加工，实现无图纸化生产。因此 CAD 技术是 CAX（CAD、CAE、CAM 等）体系的基础技术，是新兴的现代设计的重要技术支撑。

早期的 CAD 系统主要完成设计计算和绘制图样两方面的工作，所具备的功能模块主要完成工程和产品的受力情况、材料特性、温度影响等分析以及三维模型的构建和二维图样的生成等设计阶段的工作。基于现代设计技术体系的 CAD 系统，除了更多地运用有限元分析、优化设计、模态分析等现代设计理论和方法外，还注重工程和产品设计数据库的共享、网络传输等功能的完善，以实现设计周期中的数据共享和异地协同设计，乃至工程的施工和运转管理以及产品在原料、生产、销售和使用全生命周期的管理。

1.1.2 CAD 技术的应用

1. 制造业中的应用

制造业是最早应用 CAD 技术的领域，尤其以飞机、汽车、航天器等制造业应用最先，在应用的广泛性、理论研究的深入程度和技术运用的水平上，一直领先于其他行业。当前，制造业的 CAD 应用系统已经可以将设计、绘图、分析、仿真、加工等一系列功能集成于一个系统内，实现从产品设计到生产的全自动化。典型的应用软件有 UG II、

CATIA、PRO/E、SolidWork 等 CAD 系统。

　　2. 工程设计中的应用

　　CAD 技术在工程中的应用已普及于建筑、结构、设备、交通、水利和城市规划等各个领域，主要应用于工程的设计的自动化、施工过程的仿真和工程景观的虚拟现实等方面。

　　工程中的 CAD 技术的应用已从单体、局部结构的设计仿真向工程整体结构设计、完整施工组织设计仿真发展；从二维、静态的方案优选向动态、三维的实时控制发展；从仅仅用于方案审核、决策向工程规划、设计和施工管理中不可缺少的技术手段发展。典型的应用软件有：通用型的 AutoCAD、CAXA、开目 CAD 等；行业型的机械 CAD 软件 PIC-AD、建筑 CAD 软件 PKPMCAD、探索者水工系统 TSSD、纬地道路设计系统 HintCAD、钢结构设计软件 3D3S 等二维、三维设计和绘图软件。

　　3. 仿真和虚拟现实

　　仿真和虚拟现实作为 CAD 的一个应用领域，可以真实模拟机械加工、材料受力变形或破坏、船舶进出港口、建筑物施工、地基变形等各种可见或不可见的、真实或虚拟的过程，还原和演示已经发生或将要发生的事件，构建栩栩如生的人物、动物、植物造型与逼真的动画场景。典型的应用软件有 3ds Max、Maya、Softimage、LightWave、Softimage 3D、RETAS PRO 等动画制作软件。

　　4. 其他应用

　　CAD 技术在医疗、体育、教育等方面同样得到广泛应用。

1.1.3　CAD 与 CG

　　工程和产品的设计、生产和管理的全过程中，描述工程和产品形态（形状、大小、位置、相互关系）的最简洁的方法是用图来表达。图的描述和表达是 CAD 系统中不可或缺的要件，由 CAD 系统设计的工程和产品成果，最终需要图来表达；已有的设计形态，需要用适当的方式输入计算机并以理想的方式描述和存储，以便查询使用。计算机绘图（computer graphics，CG）就是研究计算机生成、显示、存储、转换图形的理论和技术的学科。

　　计算机绘图利用计算机快速数据处理能力进行数据和图形的转换，然后在图形输出设备上输出或在存储设备保存。它是计算机图形学理论的一个应用领域，已经逐步发展并完善，并被广泛地应用于几乎所有的生产、科研和生活领域。其表现形式逐步宽广，不仅可以绘制工程图，还可以产生艺术图、模拟景物、创造虚拟环境，在计算机上展示生产、科研和生活的过程和场景。

　　项目 CAD 设计成果至少应包括计算分析和图样表达，即设计计算书和图纸。如果是仿真或虚拟设计，图的表达形式更是多样化且具有动态感。由于图的描述要比文字和数值更困难，因此，开展计算机辅助设计的具体工作，要解决的许多问题往往是计算机绘图方面的问题。现代设计技术理论和方法的发展使得 CAX 系列的设计技术得到飞速发展，三维设计技术的大量应用、CIMS 无图纸制造业逐渐成熟、异地协同、并行设计、敏捷制造技术等新兴的设计和制造业，都与计算机绘图技术的发展息息相关。现代设计技术的发展不仅对计算机图形学理论不断地提出新的课题，而且也对计算机图形的描述、表达、传输、分析方法等不断地提出更高的要求。现代设计技术的崛起与计算机绘图技术的发展互相推动和促进，是永无止境的发展动力。

1.2 CAD 系统的输入、输出设备

单机 CAD 的硬件系统一般分为主机、输入和输出设备三部分，如图 1.1 所示。主机是系统的核心，完成设计数据的描述，数据库的管理，图数转换的各种分析、计算、存储，系统设备的分配和协调；输入设备包括键盘、鼠标、图形输入板、扫描仪、数据手套、光笔、触摸屏等，完成各种指令、图形、数据的采集和输入；输出设备包括显示器、打印机、绘图仪等，完成设计结果的演示、绘制和存储；硬盘、光盘等存储器是具有输入和输出双向功能的设备。

CAD 系统的图形输入输出是大量的，用于仿真和虚拟设计的 CAD 系统则需要高档的三维动态模拟数据输入设备和动画演示及虚拟现实投影设备。这些输入输出设备的功能，在很大程度上确定了 CAD 系统本身的能力。现代设计技术系统通常需要先进的图形、视频、虚拟再现的输入输出设备的支

图 1.1　CAD 硬件系统

撑。例如，数据手套可以采集操作者的手指的运动轨迹，并实时反馈到计算机储存，修改轨迹数据，就可以改变手指运动轨迹；通过裸眼三维显示器可以直接观看虚拟三维模型和场景；虚拟现实投影屏可以使观察者置身于虚拟场景，身临其境地参与其中。正是这些令人振奋的计算机外围设备的日新月异，为现代设计技术展示了广阔的发展前景。

1.2.1　输入设备

1. 数字化仪

数字化仪也称为图形输入板，是一种矢量图形输入设备，有时也用作屏幕定标设备。数字化仪一般由一块内部布有金属栅格的图板和一个定标器组成，见图 1.2，它主要用于输入坐标点描述的矢量图形。系统工作时，在覆有图纸的图板上移动定标器，并在图形角点处确认图线端点坐标，该点的坐标就可读入图形数据库保存，按照构图的要求，只要读取足够多的坐标点，就可以在计算机上重建图形。用数字化仪"读入"图形，效率比较低，精度受操作时的人为影响较大，但是"读入"的图形存储量小，便于修改。

2. 扫描仪

扫描仪是一种光栅式图形输入设备。可以自动把图纸转换为电子图形文档（即图片），图 1.3 为大型工程图扫描仪。扫描仪工作效率高，得到的图形信息准确，但是图形存储量大，进一步的加工处理复杂。随着光栅式图形矢量化的技术进入实用阶段，扫描仪作为高效率图形输入设备的应用前景是非常宽广的。

定标器

图 1.2　数字化仪　　　　　　　　　　图 1.3　大型工程图扫描仪

　　近年来，随着高端 CAD 系统的发展，三维扫描仪的应用领域得到了拓展。利用三维扫描仪（图 1.4）可以直接读入形体表面的三维坐标，根据采集的三维点云，在计算机内快捷地实现三维形体重构，经过修改点云，得到理想的结果。这种技术可以有效地缩短产品的设计和更新周期，因此在制造业的逆向工程、工程设计的场地环境测绘、文物保护的仿真、制衣业的人体测量等许多领域得到广泛应用。

　　3. 数据手套

　　数字手套（图 1.5）是虚拟现实、仿真系统中最常用的交互工具。手套的每根手指都设有弯曲传感器，可以感知每一手指关节弯曲的程度，可以模拟人手指的倾斜以及左右摇动的状况。使用时，数据手套与位置跟踪设备连接，可以跟踪操作者的手在虚拟空间的位置，把手的姿态和位置准确实时地传递给虚拟环境，同时把手与虚拟物体的接触信息反馈给操作者。使操作者以直接、自然的方式与虚拟物体进行交互，方便地进行虚拟场景中物体的抓取、移动、旋转等动作，具有很强的互动性和沉浸感。

图 1.4　手持式三维扫描仪　　　　　　图 1.5　数据手套

1.2.2　输出设备

　　1. 绘图仪

　　绘图仪是 CAD 系统绘制图样的重要设备，其形式较多，工程图最常用的是滚筒式绘图仪（图 1.6），根据画笔不同又分为笔式、喷墨式、静电式等，工作时滚筒旋转带动图纸做竖向运动，滚筒上方的墨盒沿滚筒轴线方向运动，一般最大绘图幅面达 A0，还可绘加长图幅。

打印机通常也可以打印图纸，但幅面受打印机大小限制，激光打印机的图面质量要好于喷墨绘图仪。

2. 显示器和投影系统

显示器是不可缺少的图形、动画输出设备。当今的裸眼三维显示器已经可以二维和三维兼用，并且不必佩戴专门眼镜而直接观看虚拟三维模型和场景，非常真实动人，见图 1.7。

图 1.6 绘图仪

图 1.8 是一个沉浸式投影系统。使用者置身于半球中，自然地转动头部，他所看到的计算机生成的虚拟场景能够实时地发生相应的改变，并且还可以自由地与虚拟世界交互。系统把高分辨率的立体投影技术、三维计算机图形技术和音响技术等有机地结合在一起，产生一个完全沉浸式的虚拟环境。使用该系统不需要佩戴眼镜、头盔等任何外设，就可以看到清晰逼真的真实图像，体验完全沉浸式的观察、显示及交互的虚拟现实环境。

图 1.7 裸眼三维显示器

图 1.8 沉浸式投影系统

高端 CAD 系统采用虚拟现实环境，可以进行虚拟设计、虚拟制造、模拟驾驶训练、军事演习模拟、工程设计可视化等现代化手段的生产和科学研究。

3. 3D 打印机

3D 打印机又称三维打印机，是一种以数字模型文件为基础，运用特殊蜡材、粉末状金属或塑料等可黏合材料，通过逐层打印的方式来构造物体的设备（图 1.9）。3D 打印机通过读取数字模型文件的横截面信息，用液体状、粉状或片状的材料将这些载面逐层地打印出来，再将各层截面以各种方式黏合起来从而形成三维物体。该技术在建筑（图 1.10）、汽车（图 1.11）、航空航天等领域都有所应用。

图 1.9 3D 金属打印机

图 1.10　全球首台 3D 打印跑车

图 1.11　3D 打印建筑

1.3　AutoCAD 软件简介

　　AutoCAD 是美国 Autodesk 公司推出的一款交互式绘图软件，初版于 1982 年发布，至 2023 年已推出了 AutoCAD 2022 版，其中在国内比较有影响的版本有 AutoCAD V2.5、AutoCAD V10.0、AutoCAD R12、AutoCAD R14、AutoCAD 2000、AutoCAD 2010 等，历经 40 余年的扩充和发展，已成为应用较广的大型的工程设计绘图软件，被广泛地使用于机械、电子、土木建筑、水利工程等领域的图样绘制和结构设计等工作中。本书后续章节所述 CAD 软件均指的是 AutoCAD 2022 版本。

　　AutoCAD 在国内外拥有众多的用户，尤其在二维图形应用方面得到工程技术界的推崇，并且拥有众多的第三方软件的支持和大量的二次开发应用程序。这得益于 AutoCAD 本身的良好系统设计和人性化的用户环境。AutoCAD 的主要功能和特色有以下几个方面：

　　（1）提供了一个适用面宽广、通用性强、基本没有行业局限性的绘图环境，可应用于各种二维工程图样和三维结构模型的生成。

　　（2）提供了一套功能强大的图形生成、编辑、管理的命令集和构图中具有想象空间的绘图工具，用户的绘图工作可以发挥自如。

　　（3）有良好的图形用户界面、友好的人机对话操作平台，简单易学。

　　（4）有开放式的结构体系，不仅允许用户对系统菜单、工具栏等用户界面和系统环境进行重新定制，而且提供了多种用途的高级语言接口，如 Visual LISP 开发语言、VBA 和 Object ARX（VC++）开发接口，用户可以以 AutoCAD 为平台，开发出个性化的专业软件。

　　（5）支持 Internet 的功能，可以把基于网络的图形、数据和各种信息连接起来，在 Internet 上打开或进入 AutoCAD 图形文件，实现异地用户的图形与设计共享。

　　（6）有基于约束的参数化绘图工具，提供了形状约束和标注约束图形设计方法，向基于设计的绘图前进了一大步。

　　（7）自由形态设计工具将三维设计推向新水平，可以构建几乎任意形状的三维形体。还可以实现三维打印。

　　Autodesk 还开发有面向行业平台的专用软件，其致力于解决不同行业之间相异的设计问题，主要的有：AutoCAD Architecture——面向建筑行业的软件产品；AutoCAD

Civil——面向土木工程行业的软件产品；AutoCAD Electrical——面向电气控制设计的专业版 AutoCAD 软件；AutoCAD Mechanical——面向机械专业版的 AutoCAD 软件；Autodesk Inventor——面向三维机械设计、仿真、工装模具创建和设计交流的系列软件；Autodesk Design Review——面向各版本的 CAD 图形文件（DWG、DXF）审查、标记和测量工具；Revit Architecture——面向建筑信息模型（BIM）的软件。

第2章
绘图环境与平面构图初步

资源 2.1
工作界面

2.1 AutoCAD 2022 的工作界面

2.1.1 启动和退出 AutoCAD 2022

1. 启动 AutoCAD 2022

在 Windows 桌面双击 AutoCAD 图标即可启动 AutoCAD,进入 AutoCAD 的默认工作界面("草图与注释"工作空间),完整的"草图与注释"工作空间的操作界面包括绘图窗口、功能区、十字光标、坐标系图标、命令行窗口、状态栏、布局标签和快速访问工具栏等,如图 2.1 所示。

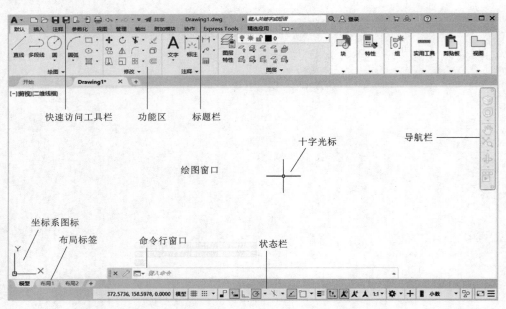

图 2.1 AutoCAD 2022"草图与注释"工作空间界面

对应于早期 AutoCAD 版本,可以设置"AutoCAD 经典"工作空间的界面。该工作空间的界面与"草图与注释"工作空间的界面不同,由标题栏、菜单栏、工具栏、绘图窗口、坐标系图标、命令行窗口、状态栏等组成,本书主要介绍"AutoCAD 经典"和"草图与注释"工作空间的界面。已有一定操作基础的用户，可以尝试使用其他的工作空间的界面，不同的工作空间的界面具有不同的操作特点。

"AutoCAD 经典"工作空间的界面设置方法如下：

（1）单击标题栏按钮▼，选择"显示菜单栏"，如图 2.2 所示。

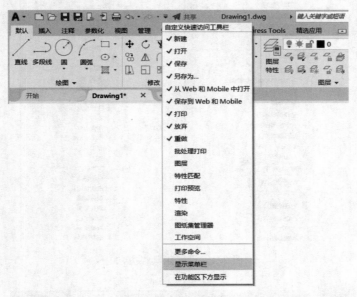

图 2.2　菜单栏显示方法

（2）在功能区面板上部空白位置处单击右键，选择"关闭"，如图 2.3 所示，关闭功能区面板。

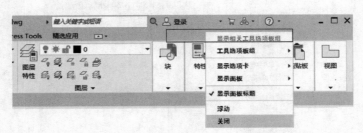

图 2.3　"草图与注释"界面功能区面板关闭方法

（3）在菜单栏中，选择"工具（T）"→"工具栏"→"AutoCAD"，勾选"修改""图层""标准""样式""特性""绘图""视图"等工具栏，如图 2.4 所示。

（4）在菜单栏中，选择"工具（T）"→"工作空间（O）"→"将当前工作空间另存为..."，保存为"AutoCAD 经典"，如图 2.5、图 2.6 所示。

2. 退出 AutoCAD 2022

常用的退出 AutoCAD 的方法如下：

（1）执行菜单栏中的"文件"→"退出"命令。如果当前文件没有保存，AutoCAD 将会弹出询问是否保存文件的提示，响应该提示后即可退出。

图 2.4　设置工具栏方法

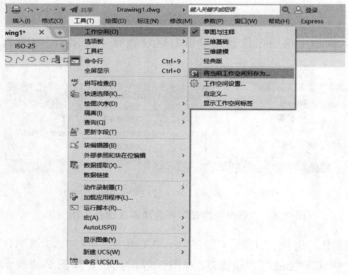

（a）保存方法

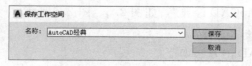

（b）保存界面

图 2.5　"AutoCAD 经典"工作空间保存方法和界面

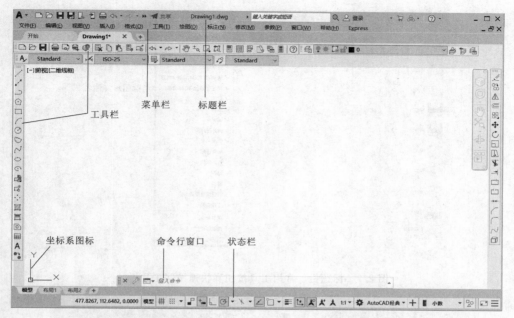

图 2.6　AutoCAD 2022 "AutoCAD 经典" 工作空间界面

（2）单击关闭窗口按钮✕。

（3）在命令提示窗口直接输入 "QUIT↙" 或 "Ctrl＋Q"。

2.1.2　标题栏、常用工具按钮和快速访问工具栏

标题栏用于显示系统当前运行的应用程序（AutoCAD 2022）和用户正在使用的图形文件。用户第一次启动 AutoCAD 时，图形文件自动选用缺省文件名为 "Drawing1.dwg"（图 2.6），".dwg" 是 AutoCAD 的图形文件约定后缀。用户对图形重新命名后，将显示用户命名的文件名。

标题栏左侧的 Ａ 为常用工具按钮，单击该按钮可打开关于文件操作的一组命令图标，见图 2.7。

常用工具按钮右侧为快速访问工具栏，可通过单击其右侧自定义按钮▼自定义该工具栏按钮内容，见图 2.7。

2.1.3　菜单

AutoCAD 提供的菜单有下拉菜单和快捷菜单。

1. 下拉菜单

下拉菜单是输入和执行 AutoCAD 命令的主要工具，单击菜单栏的菜单项就可弹出与菜单项对应的下拉菜单。在下拉菜单中，若某菜单项的右侧带有 ＞ ，表明此菜单项还有自己的下一级子菜单，子菜单提供某些 AutoCAD 命令更详尽的选项，见图 2.8 中菜单项 "圆"。若菜单项的右侧带有省略号 "…"，则表明此命令的执行将弹出一个对话框，以提供该命令更详尽的选择和设置，见图 2.8 中菜单项 "表格…"。当菜单项的颜色为灰色时，表示此选项所对应的 AutoCAD 命令当前不可执行。

13

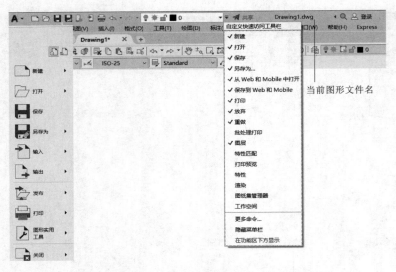

图 2.7　标题栏、常用工具按钮和快速访问工具栏

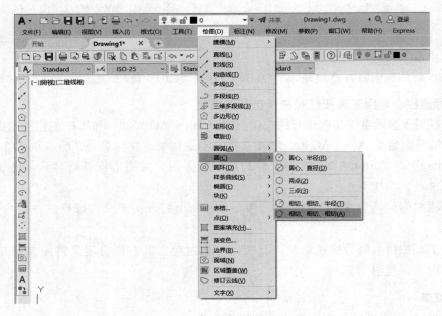

图 2.8　下拉菜单

如果不想执行任何命令就关闭下拉菜单，可以按 Esc 键或在屏幕空白处单击鼠标左键。

每个菜单名右侧括号内的字母为菜单快捷键，例如要执行三点画圆命令，可以通过快捷键操作方式：Alt＋D→C→3。

菜单栏的右侧是当前绘图窗口的控制按钮（图 2.6），分别为窗口的最小化、最大化和关闭按钮。

2. 快捷菜单

快捷菜单通过单击鼠标右键生成，生成的快捷菜单内容视鼠标当前所处位置和状态不同而不同，光标处在 AutoCAD 绘图窗口时，常见的快捷菜单有默认、编辑模式和命令模式菜单。当没有执行任何 AutoCAD 命令，单击鼠标右键时，将显示默认快捷菜单，见图 2.9（a）；当没有执行任何 AutoCAD 命令，选中目标，单击鼠标右键时，将显示编辑模式快捷菜单，见图 2.9（b）；在执行 AutoCAD 命令过程中，单击鼠标右键，将显示命令模式快捷菜单，见图 2.9（c），命令模式快捷菜单的内容主要是该命令的各个选项。

（a）默认快捷菜单　　　　　（b）编辑模式快捷菜单　　　（c）直线命令模式快捷菜单

图 2.9　快捷菜单

在其他区域的快捷菜单如下：光标在工具栏的任一位置单击右键，将显示工具栏显示快捷菜单，可快速隐藏、显示或自定义工具栏；在命令行或文本窗口中单击右键，可得到 3 个最近使用过的命令以及复制、粘贴等选项的快捷菜单。

2.1.4　工具栏

工具栏是一组图标型工具的集合，把鼠标指针移动到某个图标上稍作停留，该图标一侧即显示相应的工具提示。AutoCAD 默认配置时，在菜单栏下显示标准工具栏和对象属性工具栏，在绘图窗口两侧显示绘图及修改工具栏。用户可以通过以下两种方式打开或关闭工具栏：

（1）下拉菜单："工具（T）"→"工具栏"→"AutoCAD"，在项目前勾选或去除勾选即可打开或关闭某工具栏。

（2）工具栏快捷菜单：把光标移至任何工具栏上，单击右键打开工具栏快捷菜单，在项目前勾选或去除勾选即可打开或关闭某工具栏。

工具栏的放置分为浮动方式和固定方式，浮动方式时工具栏可以放置在绘图区域任何位置；固定方式时工具栏附着在绘图区域的任意边上。将光标置于工具栏的标题行并按住鼠标左键，即可将工具栏拖动到任何合适位置。

当光标置于工具栏标题行上时，显示工具栏名称；当光标置于某个按钮时，按钮会凸起，并显示此按钮的命令名；当光标在某个按钮上停留时，部分按钮可以显示该命令扩展的工具提示，见图 2.10。

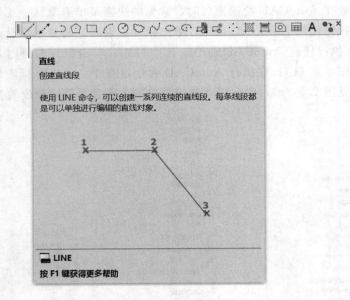

图 2.10　工具按钮显示扩展的工具提示

将光标置于右下角有小三角符号的按钮上，并按下左键不放时，会显示出一弹出工具栏，见图 2.11。如果选中弹出工具栏的一个按钮，则执行该命令，而且该按钮将成为工具栏首项，并作为默认选项。

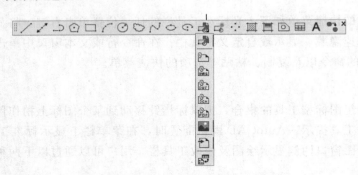

图 2.11　工具栏和弹出工具栏

用户可以对工具栏自行定制，详见下拉菜单："工具（T）"→"自定义（C）"→"界面（I）"的"自定义用户界面"对话框操作。

2.1.5　绘图窗口和绘图坐标系

绘图窗口是用户绘制和编辑图形的区域，用户完成设计图形所做的主要工作都是在绘图窗口中进行的。绘图窗口内显示的绘图区域的大小是可以改变的，在绘图窗口内可以显示整幅图形，也可以显示图形的局部。

绘图单位由用户设定，一般用 mm。

绘图窗口的左下方有一坐标系图标，见图 2.1。AutoCAD 的默认设置是被称作世界坐标系（WCS）的笛卡儿直角坐标系，它表示初始绘图所采用的坐标系，坐标原点在屏幕左下角，X 轴正向向右，Y 轴正向向上。用户也可以通过改变坐标原点或坐标轴方向建立自己的坐标系，即用户坐标系（UCS）。

在绘图窗口的光标指示了当前点的位置，光标的形状视当前的工作状态不同而不同。处于绘图坐标输入状态时，光标显示为十字。

在绘图窗口底部的模型、布局 1、布局 2 选项卡可使用户方便快捷地在模型空间和图纸空间之间进行切换，平面构图通常在模型空间，有关图纸空间详见 9.3 节。

水平滚动条和垂直滚动条用于左右或上下移动绘图窗口，可以调整显示绘图区域的不同部位，但较少使用，这一操作通常用鼠标完成。

2.1.6 命令行窗口和文本窗口

命令行窗口是输入命令和显示命令提示的区域，命令行窗口默认在绘图窗口下方，如图 2.12 所示。拖动命令行窗口的边界，可以扩大或缩小命令行窗口；对于当前命令行窗口中输入的内容，可以按 F2 键用文本编辑的方法进行编辑。AutoCAD 文本窗口（图 2.13）和命令行窗口相似，它可以显示当前 AutoCAD 进程中命令的输入和执行过程。在执行 AutoCAD 的某些命令时，系统会自动切换到文本窗口，列出有关信息。

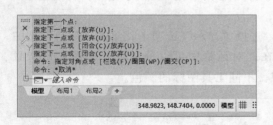

图 2.12 命令行窗口

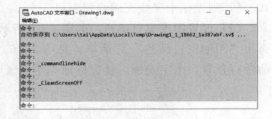

图 2.13 文本窗口

2.1.7 状态栏

状态栏用于设置和显示与当前绘图相关的一些信息，位于界面的底部，见图 2.14。从左至右内容为"坐标""模型空间""栅格""捕捉模式""推断约束""动态输入""正交模式""极轴追踪""等轴测草图""对象捕捉追踪""二维对象捕捉""线宽""透明度""选择循环""三维对象捕捉""动态 UCS""选择过滤""小控件""注释可见性""自动缩放""注释比例""切换工作空间""注释监视器""单位""快捷特性""锁定用户界面""隔离对象""图形性能""全屏显示""自定义"等 30 个功能按钮。单击部分开关按钮，可以实现相应功能的开关；也可以通过部分按钮控制图形或绘图窗口的状态。默认情况下不会显示所有按钮，可以通过状态栏右侧"自定义"按钮三控制按钮的显示与否。

按钮亮显为打开，暗显为关闭，光标置于按钮上单击左键，就可打开或关闭该按钮。

图 2.14　状态栏

各按钮的功能和使用方法详见后续章节。

2.1.8　自定义用户环境

可以对 AutoCAD 的用户界面和绘图环境进行个性化设置，如工具栏的内容、位置、绘图窗口的背景色，绘图光标等都可以自行设置。可以通过菜单选项或在命令行窗口输入命令进行设置。

（1）菜单："工具（T）"→"选项（N）"。

（2）命令：OPTIONS（OP）↙。

命令执行后，打开"选项"对话框，见图 2.15。

（1）设置绘图光标大小。如图 2.15 所示，选择"显示"选项卡，移动"十字光标大小"滑块，就可改变光标十字线的长短，此数值是相对于屏幕大小的百分比。如取 100%，则光标十字线充满绘图窗口。

（2）设置图形窗口颜色。如图 2.15 所示，选择"显示"选项卡，单击"颜色"按钮，弹出"图形窗口颜色"对话框，见图 2.16。在此对话框中可以分别设置绘图窗口背景、命令行背景、十字光标、捕捉标记等不同区域、不同工具图标的颜色。

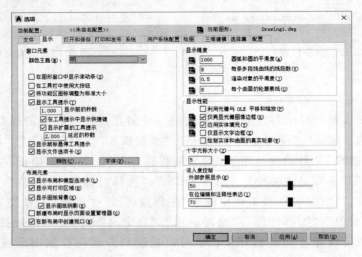

图 2.15　"选项"对话框的"显示"选项卡

（3）设置自动存图时间。如图 2.17 所示，选择"打开和保存"选项卡，再勾选"文

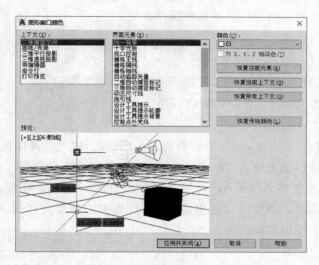

图 2.16 "图形窗口颜色"对话框

件安全措施"区的"自动保存"选项，并在文本编辑框中输入保存图形的间隔时间（一般可设为 10min），系统每间隔 10min 会自动保存当前图形。自动存图功能可以最大限度地防止用户在绘图过程中的图形意外丢失。其自动存图的文件名为 * . ac $ （"*"由当前图形文件名和随机数组成）。需要时只要修改自动保存的图形文件名的后缀 ". ac $" 为 ". dwg"，就可以打开自动保存的图形。

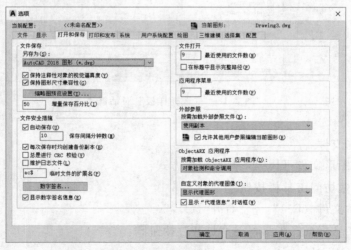

图 2.17 "打开和保存"选项卡

2.2 基 本 操 作 方 法

2.2.1 开始新图

双击 AutoCAD 桌面图标，进入 AutoCAD 界面即可开始新图绘制。如果要重新创建

资源 2.2
基本操作

一个新图，则可用以下几种操作方式：

（1）单击快速访问工具栏按钮 。

（2）菜单："文件（F）"→"新建（N）"。

（3）工具栏："标准"工具栏→"新建"按钮 。

（4）命令：NEW 或 QNEW。

（5）快捷键：Ctrl＋N。

创建新图命令执行后，AutoCAD 打开如图 2.18 所示的"选择样板"对话框，并在文件名框自动填入默认样板文件名"acadiso"。初学者只需单击"打开"按钮即可进入绘图窗口。样板文件中包含有 AutoCAD 为绘图文件预设的一些初始环境，如绘图范围、单位、字体、工作状态等，用户可以选用 AutoCAD 提供的样板文件如"acadiso.dwt"，也可以自己设置，有关样板文件的设置方法详见 9.1 节。

图 2.18　"选择样板"对话框

2.2.2　打开图形文件

打开已有的图形文件可用以下几种操作方式：

（1）单击快速访问工具栏按钮 。

（2）菜单："文件（F）"→"打开（O）"。

（3）工具栏："标准"工具栏→"打开"按钮 。

（4）命令：OPEN。

（5）快捷键：Ctrl＋O。

命令执行后，AutoCAD 打开与图 2.18 类似的"选择文件"对话框（所选文件后缀为".dwg"，".dwg"是 AutoCAD 图形文件默认后缀）。在搜索框中选择要打开图形所在的文件夹，并在名称列表中选中图形文件名，单击"打开"按钮或直接双击图形文件名即可打开该图形。

AutoCAD 允许绘图进程中同时打开多个图形文件，多个图形窗口一般按层叠的阶梯形式布置，通过图形窗口右上角的最大化、最小化按钮可改变窗口的布局，也可以用拖动方式改变窗口大小，调整窗口布局。鼠标单击图形窗口任一位置即激活该窗口。使用剪贴板工具，可以在各图形窗口之间复制、粘贴对象。

2.2.3 保存图形文件

绘图时应经常性地间隔 $10\sim15\min$ 保存已绘制的图形，以免出现机器故障而导致图形丢失，保存图形文件的方法如下：

1. 快速保存

（1）单击快速访问工具栏按钮。

（2）菜单："文件（F）"→"保存（S）"。

（3）工具栏："标准"工具栏→"保存"按钮。

（4）命令：QSAVE。

（5）快捷键：Ctrl＋S。

命令执行后，如果图形是未命名文件，AutoCAD 将打开如图 2.19 所示的"图形另存为"对话框。在"保存于"框中选择要保存图形的目标文件夹，并在"文件名"框中输入保存的图形文件名，单击"保存"按钮即可完成。如果所编辑的图形是已命名文件，则AutoCAD 不再打开"图形另存为"对话框，而是直接更新图形文件，并把原有图形文件另存为"*.bak"文件。

后缀为".bak"的文件是原有图形文件的备份文件，把".bak"改为".dwg"即可以恢复原有图形。

图 2.19 "图形另存为"对话框

2. 另名保存

（1）单击快速访问工具栏按钮。

（2）菜单："文件（F）"→"另存为（A）"。

（3）命令：SAVEAS。

（4）快捷键：Ctrl＋Shift＋S。

命令输入后，AutoCAD 将打开如图 2.19 所示"图形另存为"对话框，操作同上所述。

2.2.4　鼠标操作与光标

鼠标是 AutoCAD 绘图的重要工具，用户不仅需要使用鼠标对菜单、工具按钮、对话框等进行操作，而且需要用鼠标在图形窗口进行定点、选择对象等绘图操作，实际上绘图过程的绝大部分工作都是由鼠标完成的。光标的位置和形状是鼠标工作状态的体现，不同的光标形状表明了 AutoCAD 不同的工作状态，见图 2.20。

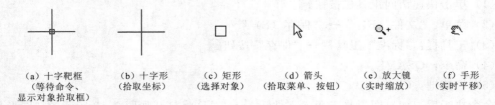

| （a）十字靶框
（等待命令、
显示对象拾取框） | （b）十字形
（拾取坐标） | （c）矩形
（选择对象） | （d）箭头
（拾取菜单、按钮） | （e）放大镜
（实时缩放） | （f）手形
（实时平移） |

图 2.20　光标的常见形状与状态

鼠标的操作有以下四种方式：

（1）单击鼠标左键：拾取菜单、按钮、坐标点、对象等。

（2）单击鼠标右键：产生快捷菜单，菜单内容视光标位置和工作状态而定。

（3）转动鼠标滚轮：屏幕图形实时缩放。

（4）按下鼠标滚轮：光标成手形，移动鼠标，屏幕图形实时平移。

2.2.5　输入命令

用 AutoCAD 绘图的过程是用户与 AutoCAD 会话的过程，每个绘图的进程通过输入命令开始，并由用户输入与命令提示相对应的字符、数据、坐标点来完成。

1. 命令输入一般方法

当命令行显示"命令："提示时，用户可通过键盘、下拉菜单、工具栏和快捷菜单等方式输入 AutoCAD 命令。键盘输入命令的字符大小写没有区别，输入结束后按 Enter 键或空格键（在 AutoCAD 环境中，大多数情况下空格键等效 Enter 键）即可执行命令。使用菜单或工具栏输入命令时，在命令提示窗口内显示的相应命令名前加一下划线。如：

命令:LINE ↙　　　　　　　　　　（键盘输入命令）

命令：_LINE　　　　　　　　　　（菜单或工具按钮输入命令）

LINE 就是让 AutoCAD 执行画直线的命令。

2. 命令的重复输入

需要重复执行上次的命令，可以直接按回车键（空格键）或单击鼠标右键从快捷菜单中点取菜单项"重复…"来实现。

3. 透明命令

一般地说，如果在执行一个命令过程中开始一个新的命令，AutoCAD 会自动中止正在执行中的命令。但是有一些特殊的命令例外，它们能够不中断别的 AutoCAD 命令被执行，这种命令称为可以透明使用的命令。通常是一些辅助绘图的命令，如显示缩放（ZOOM）、平移（PAN）等命令，既可以如普通命令一样单独使用，又可以透明使用。命令行输入透明命令时，命令名前要加单引号"'"，例如：

> 命令：LINE
>
> 指定第一点：'ZOOM　　　　　（也可以单击显示"缩放"按钮🔍）

是在执行画直线过程中透明使用显示缩放命令。

4. 命令别名

AutoCAD 允许在命令行输入代替整个命令名的缩写字符，这样的字符称为命令别名。例如：

> 命令：L

就是执行 LINE 命令，"L"就是"LINE"的别名，等同于输入"LINE"。各命令的别名规定见书后附录所列，用户也可以通过 AutoCAD 文件 acad.pgp 改变和添加别名。

5. 快捷键

AutoCAD 允许使用一些特殊的键快速启动命令，常用的快捷键及其功能见表 2.1。

表 2.1　　　　　　　　　　　　　常用的快捷键及其功能

快捷键	功　能	快捷键	功　能
F1	打开 AutoCAD 帮助窗口	Ctrl＋I	切换状态行的坐标显示
F2	打开或关闭文本窗口	Ctrl＋S	快速保存图形文件（QSAVE）
F3	打开或关闭对象捕捉方式	Ctrl＋Q	退出 AutoCAD
F6	打开或关闭用户坐标系（动态 UCS）	Ctrl＋0	切换全屏显示
F10	打开或关闭极轴追踪方式	Ctrl＋F6 或 Ctrl＋Tab	切换已打开的多个图形窗口
F11	打开或关闭对象捕捉追踪方式	Esc	取消当前命令
F12	打开或关闭动态输入	空格	通常等同于 Enter 键

2.2.6　响应命令提示

（1）启动 AutoCAD 的一个命令以及命令在执行过程中，在命令行都会出现执行该命令的相关提示，直至命令结束。用户操作时应对提示做出合适的响应，根据需要使用键盘或鼠标输入字符、数值、坐标等。

（2）提示中的"<>"里的内容为当前输入的默认选项或数值，如果默认值就是要输入的值，只需对该提示响应一个回车即可，见图 2.21。

（3）有一些 AutoCAD 命令会有连续不断的相同提示，希望结束此命令的连续提示时，只需对提示响应一个回车即可，见图 2.22。

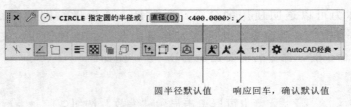

圆半径默认值　　响应回车，确认默认值

图 2.21　响应默认值

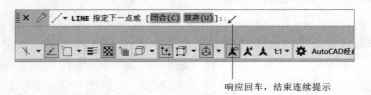

响应回车，结束连续提示

图 2.22　结束连续提示

2.2.7　输入点坐标

绘图时，确定一个点的位置既可以用键盘输入坐标，又可以用光标确认当前位置的坐标。

1. 键盘输入点的坐标

（1）绝对坐标形式：指以屏幕坐标系确定的坐标值。

绝对直角坐标输入形式为：x,y。

绝对极坐标输入形式为：距离＜角度（其中：角度以 X 轴的正向为 $0°$，逆时针方向为正值，顺时针方向为负值）。

（2）相对坐标形式：指当前点相对于上一次所定点的坐标增量或距离。

相对直角坐标输入形式为：$@\Delta x,\Delta y$。

相对极坐标输入形式为：@距离＜角度（其中：角度规定同上所述）。

【例题 2.1】　绘制图 2.23 所示图形。

分析　该图的绘图顺序可以按 P_1、P_2、P_3、P_1 进行，根据图形已给尺寸的特点，各点的坐标可以采用不同的输入形式。

解　绘图过程如下：

命令:LINE	（输入画直线命令）
指定第一点：50,50↙	［用绝对直角坐标的形式输入 P_1 点坐标，P_1 点设置在（50，50）位置］
指定下一点或［放弃(U)］：@240,0↙	（用相对直角坐标的形式输入 P_2 点坐标）
指定下一点或［放弃(U)］：@240＜45↙	（用相对极坐标的形式输入 P_3 点坐标）
指定下一点或［闭合(C)/放弃(U)］：50,50↙	（用绝对直角坐标的形式输入 P_1 点坐标）
指定下一点或［闭合(C)/放弃(U)］：↙	（结束画直线命令）

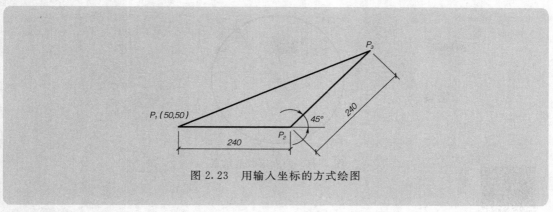

图 2.23　用输入坐标的方式绘图

2. 光标定位方式

绘图时移动鼠标，光标也随之移动，用户可以通过拾取光标位置来输入点的坐标。只需单击鼠标左键，则此点坐标值便被输入。当使用光标拾取屏幕上一个准确图形点时，通常需要借助第 7 章所述的绘图辅助工具进行。

3. 直接输入距离方式

这是光标定位和键盘输入相结合的一种输入方式，即用光标确定线段方向，用键盘输入线段长度。操作时先以当前点和下一点的橡皮筋线确定线段的方向，然后再用键盘输入该线段的长度即可。对于水平线和垂直线的绘制，这是一种简捷的方法。

2.2.8　输入数值

绘图时经常需要输入一些数值，如字的高度、圆的半径、两点的距离等。这些数值一般可通过键盘直接输入，如：

命令:CIRCLE

指定圆的圆心或［三点(3P)/两点(2P)/相切、相切、半径(T)］:　　　（光标任意拾取圆心）

指定圆的半径或［直径(D)］:10✓　　　　　　　　　　　　　　　（输入圆的半径）

有些数值也可通过输入两点坐标来确定，AutoCAD 会自动将这两点间的距离作为输入数值，如图 2.24 所示，对圆半径响应的过程为：

命令:CIRCLE

指定圆的圆心或［三点(3P)/两点(2P)/相切、相切、半径(T)］:　　　（光标拾取圆心 P_1）

指定圆的半径或［直径(D)］<12.1154>:　　　　　　　　　　　　（光标拾取 P_2，P_1、P_2 两点之间的距离即为该圆的半径）

同理，角度的输入方法与数值输入方法相同，用键盘输入度数或光标定位给出。通过拾取两点坐标确定角度时，拾取的第一点和第二点的连线与 X 轴正向所夹角度即为输入的角度。

初始绘图环境中的角度以度为单位，以 X 轴正向为 0°，逆时针方向为正角，顺时针方向为负角。

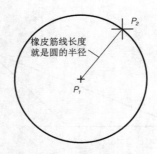

图 2.24　两点定数值示意

资源 2.3
图层设置

2.3　图 层 设 置 与 管 理

2.3.1　图层（LAYER）的作用与特性

1. 图层的作用

一幅图形是由各种对象构成的，每个对象除了具有确定它的几何形状的数据外，还应具有线型、颜色、线宽等状态信息。AutoCAD 提供了图层功能，通过图层来设置这些状态。用户可根据需要设置若干个图层，对每个图层规定其线型、颜色、线宽。绘图时，把具有相同状态特征的图形对象绘制在同一图层上，则只需要确定该对象的几何形状，线型、颜色、线宽等状态均由所在的图层确定。

图层的另一个作用是便于为对象进行分项管理。一幅图可由若干图层组成，不同图层上绘有相关的对象，这些对象的可见与否、是否锁定、冻结及打印等状态均可由图层的管理功能控制。例如，绘制房屋建筑施工图时，可将建筑施工图、水暖管道图、电器线路图、装修图等分别画在不同的图层上。提供任何一道工序的施工图，只需将相关图层打开，其余图层关闭。例如，打印建筑施工图时，将水暖管道、电器线路、装修的相关图层关闭，使得建筑施工图只有和建筑施工有关的内容，看起来比较清晰，便于阅读。将对象组织到图层中，可以分别控制大量对象的可见性和对象特性，便于进行快速更改。应用图层技术，方便操作，便于设计人员绘图，减少存储空间，提高绘图效率。

2. 图层的特性

（1）在图形中创建的图层数以及可以在每个图层中创建的对象数是没有限制的。在一幅图中可以有任意数量的图层，每个图层都有自己的名称。当开始绘制一幅新图时，AutoCAD 自动生成一个名为"0"的图层，这是 AutoCAD 的默认图层，颜色为黑或白，线型为实线。

用户应创建若干个新图层来组织图形，而不是在图层 0 上绘制整个图形。

（2）用户可以给每个图层命名，指定线型、颜色、线宽。默认情况下，同一图层上的对象具有同一种颜色、线型、线宽状态。

（3）图层就像若干层透明的薄片，各层之间坐标完全对齐，具有相同的坐标系统、绘图界限和缩放倍数。

（4）用户可以对图层进行打开或关闭、冻结或解冻、锁定或解锁以及是否打印等操作，以决定该图层的可见性和可操作性。

（5）只有在当前图层上才可作图。

2.3.2 图层的创建与设置

图层命令用于打开图层特性管理器，对图层的各项特性进行设置，包括图层的建立、命名，设置线型、颜色、线宽，设置当前层等。

2.3.2.1 图层特性管理器

1. 命令输入

（1）功能区："默认"选项卡→"图层"面板→"图层特性管理器"按钮。

（2）菜单："格式（O）"→"图层（L）"。

（3）工具栏："图层"工具栏→"图层特性管理器"按钮。

（4）命令：LAYER。

2. 命令提示和操作

命令执行后，AutoCAD 打开"图层特性管理器"对话框，如图 2.25 所示。0 层为默认图层，用户可根据需要创建若干个新图层。

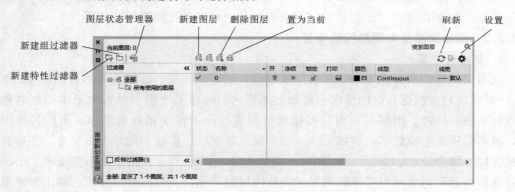

图 2.25　"图层特性管理器"对话框

单击图 2.25 中"新建特性过滤器"按钮，显示"图层过滤器特性"对话框，如图 2.26 所示。可以根据图层的一个或多个特性创建图层过滤器。

图层特性管理器各部分功能如下：

（1）新建组过滤器：创建图层过滤器，其中包含选择并添加到该过滤器的图层。

（2）图层状态管理器：显示图层状态管理器，可以将图层的当前特性设置保存到一个命名图层状态中，以后可以再恢复这些设置。

（3）新建图层：创建新图层。

（4）删除图层：在图层列表中选中一个或多个图层，单击"删除"按钮，将从当前图形中删除所选图层。但是"0"层、"defpoints"层、非空图层、当前层以及外部引用图形所在的图层不可以被删除。

（5）置为当前：AutoCAD 只能在当前层上作图。设置当前层的方法是：在图层列

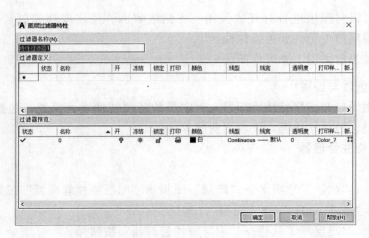

图 2.26 "图层过滤器特性"对话框

表中选中某一图层,单击"置为当前"按钮即可。同时在"当前图层"一栏中显示其层名。双击层名也可以把该层设置为当前层。

(6) 刷新🔄:通过扫描图形中的所有图元来刷新图层使用信息。

(7) 设置⚙:显示"图层设置"对话框,从中可以设置新图层通知等。

2.3.2.2 创建新图层与图层特性设置

1. 创建新图层

在图层特性管理器中单击"新建"按钮,创建新图层。其默认名称为图层1、图层2……通常用户应根据自己的情况重新命名图层名。选中某个图层并再次单击图层名称便可以对其进行修改。图层名一般应根据图层的功能命名便于识别的名称。图层名可用字母,也可以用汉字或数字,如粗实线、细实线、点划线、虚线、尺寸、文字等。图层名不能包含以下字符:<、>、/、\、"、:、;、?、*、|、=、`、,。图层名不能重名。图层特性管理器按名称的字母顺序排列图层。规范图层的名称,会给图形的修改、输出带来很大的方便。

选中已有图层,单击"新建"按钮,所创建新图层的颜色、线型等特性与所选中的图层相同。

2. 图层的颜色

新建图层默认颜色为黑或白(与窗口颜色相关),为了方便绘图及图形输出,应根据需要为各图层设定不同的颜色,便于区别。

要改变某图层的颜色,单击图层特性管理器中该层所对应的颜色图标■白,打开"选择颜色"对话框,该对话框有 3 个选项卡,如图 2.27 所示。

"索引颜色"选项卡提供了 255 种颜色,并以 1~255 数字命名。其中 1~7 号颜色为标准色,分别是:1 号,红色(Red);2 号,黄色(Yellow);3 号,绿色(Green);4 号,青色(Cyan);5 号,蓝色(Blue);6 号,洋红色(Magenta);7 号,白色/黑色(White/Black)。

7 号色与绘图区底色有关,底色为黑色时 7 号色为白色,底色为白色时 7 号色为黑色。单击选中的颜色，颜色名将显示在对话框下部的颜色文字编辑器中，并在右侧新颜色图标中显示所选中的颜色，旧颜色图标显示对象原来的颜色。单击"确定"按钮返回"图层特性管理器"对话框，完成对颜色的更改。

"真彩色"选项卡使用真彩色（24位颜色）指定颜色设置（使用色调、饱和度和亮度［HSL］颜色模式或红、绿、蓝［RGB］颜色模式），可以达1600多万种颜色。

"配色系统"选项卡使用第三方配色系统（例如 Pantone®）或用户定义的配色系统指定颜色。选定配色系统后，"配色系统"选项卡将显示选定的配色系统名称。

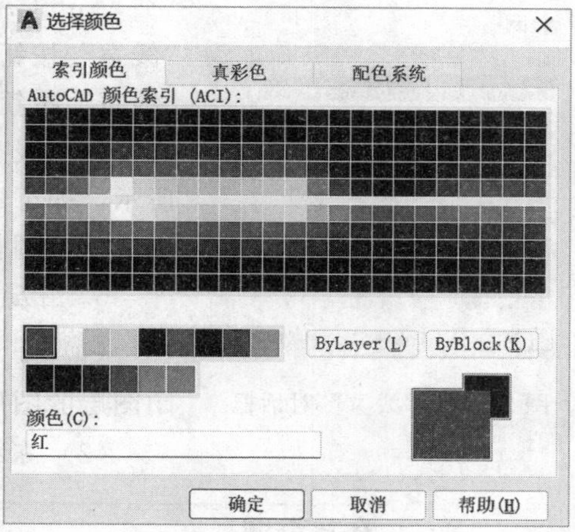

图 2.27 "选择颜色"对话框

3. 图层的线型

新建图层默认线型为实线，用户可根据需要改变线型。要改变图层的线型，单击该层所对应的线型图标 Continuous，AutoCAD 打开"选择线型"对话框，如图 2.28 所示。该对话框仅列出当前图形中的线型。默认情况下，只有一种线型"Continuous"。单击"加载（L）..."按钮，打开"加载或重载线型"对话框，如图 2.29 所示。

图 2.28　"选择线型"对话框

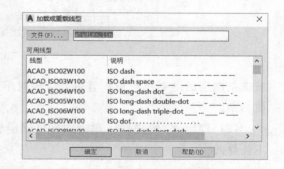

图 2.29　"加载或重载线型"对话框

该对话框中列出了标准线型文件"Acadiso.lin"中的所有线型，AutoCAD 标准线型库中提供了 59 种线型，可以从中选择。点取选中的线型，单击"确定"按钮，就可以将线型加载到当前图形中。在"选择线型"对话框中选择所需的线型，单击"确定"按钮即为图层更换了新线型。如果需要，可通过单击"文件（F）..."按钮，选择另一个线型文件。有关线型的其他内容详见 2.3.3 节。

4. 图层的线宽

新建图层的线宽均为默认线宽（初始值为 0.25mm）。要修改图层的线宽，单击该层所对应的线宽图标———— 默认，打开"线宽"对话框，如图 2.30 所示。选择所需线宽，并单击"确定"按钮即可。

图 2.30　"线宽"对话框

AutoCAD 可以在屏幕上显示线宽。单击状态栏中的"线宽"按钮，即可打开或关闭线宽显示。右击状态栏中的"线宽"按钮，点取"线宽设置..."或者选择下拉菜单"格式"→"线宽"，可以打开"线宽设置"对话框，如图 2.31 所示，即可重新设置默认线宽。拖动"调整显示比例"滑块，还可调整线宽显示的粗细。

5. 图层的其他特性

（1）开🔘/关🔘。单击图标可打开或关闭图层。被关闭图层的图形不可见。

（2）冻结❄/解冻☀。单击图标可冻结或解冻图层。

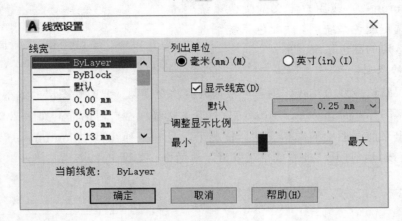

图 2.31　"线宽设置"对话框

被冻结图层的图形不可见，且重新生成时不作运算，图形输出时不被绘出。当前图层不能被冻结。

（3）锁定🔒/解锁🔓。单击图标可锁定或解锁图层。被锁定图层上的对象可以看见但不能修改。

（4）打印开🖨/打印关🖨。单击图标可打开或关闭打印开关。新建图层的打印开关均为打开状态。当图层打印开关关闭时，该图层上的图形显示但不能打印。

2.3.3　线型（LINETYPE）

线型是由虚线、点和空格组成的重复图案，显示为直线或曲线。对象的线型可以通过图层设定，也可以不依赖图层而通过特性工具图标的下拉列表明确指定线型。AutoCAD 自带两个线型定义文件，英制测量系统使用 acad.lin 文件，公制测量系统使用 acadiso.lin 文件。两个线型定义文件所带的标准线型库都包含若干个复杂线型。除了使用标准线型库中的线型外，也可以创建自定义线型。

1. 线型的搭配及线型比例的设置

AutoCAD 标准线型库提供的线型中有多种虚线和点划线，图样中应选择符合制图标准的线型，并适当地搭配使用。例如：CENTER（点划线）、HIDDEN（虚线）和

PHANTOM（双点划线）可作为一组线型使用；ACAD_ISO06W100（点划线）和 ACAD_ISO02W100（虚线）也是匹配的一组线型。

在 AutoCAD 中，虚线、点划线的线段长度和间隙大小由线型比例调整。要使所绘线型在图形输出时符合制图标准，需要设定合适的线型比例。线型比例的值需要结合图幅、图形的实际情况进行设置。若图形是按 1∶1 的比例绘制的，图形输出时也按 1∶1 输出，则上述两组线型的线型比例可设为 0.2～1。

全局线型比例可用线型比例（LTSCALE）命令设置，方法如下：

命令:LTSCALE

输入新线型比例因子 <1.0000>：0.5↙　　　　　（指定线型比例因子）

正在重生成模型。

2. 线型管理器

线型管理器用于设置线型和各种参数。

在"格式"菜单中单击"线型"打开"线型管理器"对话框，该对话框可加载、删除、设置线型及线型参数；单击"显示细节"按钮，在对话框下部出现线型的详细资料如图 2.32 所示。线型比例分为全局线型比例和当前对象缩放比例，通过全局更改或分别更改每个对象的线型比例因子，可以以不同的比例使用同一种线型。"全局比例因子（G）"用于全局更改新建对象和现有对象的线型比例值，"当前对象缩放比例（O）"用于调整后面创建的所有对象的线型比例值，其生成的比例是全局比例因子与当前对象缩放比例的乘积。当不勾选"缩放时使用图纸空间单位"时，模型空间和图纸空间的线型比例都由整体线型比例控制；勾选时，图纸空间中不同比例的视窗，用视窗的比例调整线型比例。

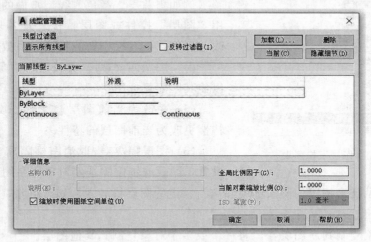

图 2.32　"线型管理器"对话框

2.3.4 图层的管理

为了使图层的各项操作更方便、快捷，AutoCAD 提供了图层工具栏，见图 2.33 和图 2.34。

工具栏各部分功能如下：

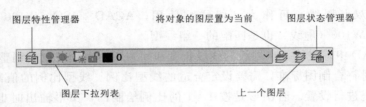

图 2.33 图层工具栏

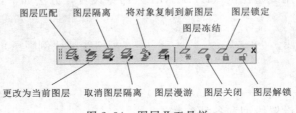

图 2.34 图层Ⅱ工具栏

(1) 图层下拉列表。打开下拉列表，如图 2.35 所示。列表中列出当前图形中所有的图层，每个图层都有一行图标来显示和控制其各项特性，用户可以通过单击列表中相应的图标重新设置除颜色外的这些特性。另外，单击图层下拉列表中某个图层的层名，可使之成为当前图层，并显示在工具栏中。

(2) 将对象的图层置为当前。单击此按钮，用拾取框点取对象，则该对象所在图层成为当前图层。

图 2.35 图层下拉列表

(3) 上一个图层。放弃上一次对图层设置（例如当前层、颜色或线型）做的更改，包括使用"图层"控件或图层特性管理器所做的最新更改。但特性工具栏中做的更改将不被放弃。

(4) 图层匹配。更改选定对象所在的图层，以使其匹配目标图层。

(5) 更改为当前图层。将选定对象的图层特性更改为当前图层的特性。

(6) 图层隔离/取消图层隔离。根据当前设置，隐藏或锁定除选定对象所在图层之外的所有图层。保持可见且未锁定的图层称为隔离。锁定的图层将淡入。如需解除，则单击"取消图层隔离"按钮。

(7) 将对象复制到新图层。将一个或多个对象复制到其他图层。

(8) 图层漫游。显示选定图层上的对象并隐藏所有其他图层上的对象。

(9) 图层冻结。冻结选定对象所在的图层。

(10) 图层关闭。关闭选定对象所在的图层。

(11) 图层锁定/图层解锁。锁定与解锁选定对象所在的图层。

AutoCAD 还提供了"对象特性"工具栏，见图 2.36，用于指定对象与图层不一致的特性。工具栏各部分功能如下：

（1）颜色控制下拉列表。打开颜色下拉列表，选择一种颜色后可改变其后所绘对象的颜色，但并不改变图层的颜色。这时所绘对象的颜色不具有该图层的颜色特性，不随图层的颜色而变更。选项"ByLayer"（随层）表示所绘对象的颜色随图层本身的颜色而定。选项"ByBlock"（随块）选项表示所绘对象的颜色随图块本身的颜色而定。

（2）线型控制下拉列表。修改其后所绘对象的线型，但不改变当前图层的线型。

（3）线宽控制下拉列表。修改其后所绘对象的线宽，但不改变当前图层的线宽。

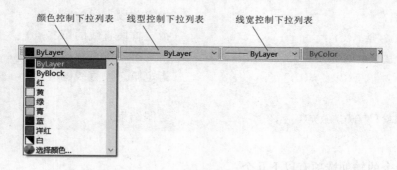

图 2.36 对象特性工具栏

通常，绘制工程图可按图线在图中的内容分别设置图层并为图层命名。例如某规划设计图的图层可分为：等高线、等深线、坐标点；现有道路、建筑、注释等；规划道路、分区、注释等。一般初学者，建议按绘图需要的几种线型来设置图层。

常用的粗实线、细实线、点划线、虚线等可按如下操作步骤设置图层：

（1）单击按钮，打开"图层特性管理器"对话框。

（2）单击新建，按需要建 5 个新图层，分别更改图层名称、颜色、线型、线宽等，5 个新图层具体如下：

1）粗实线：红色，线型为 Continuous（实线），线宽取 b。

2）细实线：蓝色，线型为 Continuous（实线），线宽取 $b/4$。

3）点划线：绿色，线型为 Center（中心线），线宽取 $b/4$。

4）虚线：洋红，线型为 Hidden（虚线），线宽取 $b/2$（建筑制图取 $b/4$，水利工程制图取 $b/2$）。

5）文字尺寸：黑色，线型为 Continuous（实线），线宽取 $b/4$。

线宽 b 可以取 0.4mm。

2.4 平面构图初步

资源 2.4
构图初步

2.4.1 直线 (LINE)

直线（LINE）命令用于绘制直线段和由直线段构成的平面多边形。

1. 命令输入

(1) 功能区:"默认"选项卡→"绘图"面板→"直线"按钮 ／ 。

(2) 菜单:"绘图 (D)"→"直线 (L)"。

(3) 工具栏:"绘图"工具栏→"直线"按钮 ／ 。

(4) 命令:LINE (L)。

2. 命令提示和操作

```
命令:LINE
指定第一点:                       (指定首段直线的起点)
指定下一点或[放弃(U)]:           (指定首段直线的第二点)
指定下一点或[放弃(U)]:           (指定第二段直线的终点)
指定下一点或[闭合(C)/放弃(U)]:   (指定第三段直线的终点)
……
指定下一点或[闭合(C)/放弃(U)]:↙  (绘图结束)
```

3. 说明

LINE 命令的辅助选项有以下几个:

(1) 继续 (CONTINUE)。这是 LINE 命令的一个隐含选项,当结束前一个 LINE 命令后,重新开始绘制一条直线而希望把上次线段的终点作为新线段的始点时,可以用继续选项,方法是用回车响应直线起点的提示。

```
指定第一点:↙
```

(2) 闭合 (CLOSE)。绘制一封闭图形时终点与始点坐标相同,用 CLOSE 选项可自动使图形闭合,并结束 LINE 命令。图 2.37 所示的三角形绘制过程如下:

```
命令:LINE
指定第一点:                       (指定图形起点 P₁)
指定下一点或[放弃(U)]:@200,0↙    (绘制水平线)
指定下一点或[放弃(U)]:@0,200↙    (绘制垂直线)
指定下一点或[闭合(C)/放弃(U)]:C↙  (闭合图形)
```

(3) 放弃 (UNDO)。在用了 LINE 命令绘图过程中,可以用"放弃 (U)"选项,响应"指定下一点或[放弃 (U)]:"提示,撤销上一段线段,并且可以按绘制顺序的逆过程逐段撤销至合适的位置后,再继续画线操作。

2.4.2 圆 (CIRCLE)

圆 (CIRCLE) 命令用于绘制圆。AutoCAD 提供了 6 种绘圆的方法。图 2.38 为下拉菜单中圆命令的子菜单。

1. 命令输入

(1) 功能区:"默认"选项卡→"绘图"面板→"圆"按钮 ⊙ 。

(2) 菜单:"绘图 (D)"→"圆 (C)"。

（3）工具栏："绘图"工具栏→"圆"按钮⊘。

（4）命令：CIRCLE（C）。

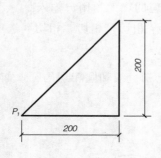

图 2.37　用直线命令绘图

图 2.38　画圆子菜单

2. 命令提示和操作

（1）用圆心、半径画圆。

命令:CIRCLE

指定圆的圆心或［三点(3P)/两点(2P)/相切、相切、半径(T)］：　　　　　（给出圆心）

指定圆的半径或［直径(D)］：　　　　　　　　　　　　　　　　　　　（给出半径）

（2）用圆心、直径画圆。

命令:CIRCLE

指定圆的圆心或［三点(3P)/两点(2P)/相切、相切、半径(T)］：　　　　　（给出圆心）

指定圆的半径或［直径(D)］：D↙　　　　　　　　　　　　　　　　（指定输入直径）

指定圆的直径 <214.3960>：　　　　　　　　　　　　　　　　　　（给出圆的直径）

（3）用三点画圆。

命令:CIRCLE

指定圆的圆心或［三点(3P)/两点(2P)/相切、相切、半径(T)］：3P↙　　（指定三点画圆）

指定圆上的第一个点：　　　　　　　　　　　　　　　　　　　（给出圆上的第一点）

指定圆上的第二个点：　　　　　　　　　　　　　　　　　　　（给出圆上的第二点）

指定圆上的第三个点：　　　　　　　　　　　　　　　　　　　（给出圆上的第三点）

3. 说明

（1）单击圆的子菜单输入某种画圆方式，如选择绘图（D）→圆（C）→三点（3P），则命令执行过程中就不需再指定三点画圆方式，而直接输入画圆参数就可。执行过程如下：

命令:CIRCLE
指定圆的圆心或 [三点(3P)/两点(2P)/相切、相切、半径(T)]:_3P
指定圆上的第一个点: （给出圆上的第一点）
……

此操作过程中" _ 3P"为 AutoCAD 自动响应的，无须用户输入。

（2）画圆命令中的"相切，相切，半径"和"相切，相切，相切"选项分别用于作与两已知对象相切和与三已知对象相切的圆。

【例题 2.2】 作半径为 120mm 并且与一已知直线和圆相切的圆，如图 2.39 所示。

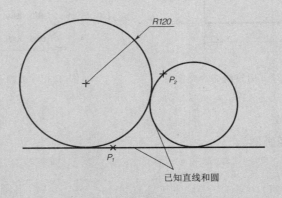

图 2.39 作与两已知对象相切的圆

解 作图过程如下：
命令:CIRCLE
指定圆的圆心或 [三点(3P)/两点(2P)/相切、相切、半径(T)]:T↙
（指定相切、相切、半径画圆方式）
指定对象与圆的第一个切点: （拾取直线上一点 P_1）
指定对象与圆的第二个切点: （拾取圆上一点 P_2）
指定圆的半径:120↙ （给出圆的半径 120mm）
说明：

（1）当光标移到对象上指定对象与圆的切点时，AutoCAD 会自动产生一黄色切点图标，提示已进入切点捕捉方式。

（2）给出的 P_1、P_2 是切点的大约位置，切点的准确位置由 AutoCAD 自动计算确定，用户一般只需指定一个期望切点的大约位置即可。

2.4.3 删除（ERASE）

删除（ERASE）命令用于删除已绘制的对象。

1. 命令输入

（1）功能区："默认"选项卡→"编辑"面板→"删除"按钮 。

（2）菜单："修改（M）"→"删除（E）"。

（3）工具栏："编辑"工具栏→"删除"按钮 。

（4）快捷菜单：选择删除对象，在绘图窗口单击鼠标右键，选择快捷菜单中的"删除"按钮 。

（5）命令：ERASE（E）。

2. 命令提示和操作

命令:ERASE

选择对象：　　　　　　　　　　　　　（用光标选取要删除的对象）

　……　　　　　　　　　　　　　　（继续用光标选取要删除的对象）

选择对象:↙　　　　　　　　　　　　　（结束选择）

3. 说明

（1）执行 ERASE 命令后，光标成为矩形靶框，即处在选择对象方式，将靶框移到对象上并单击鼠标左键，对象变为虚线（亮显），即选中此对象。这是用直接点取方式选对象，AutoCAD 提供了多种选对象的方法，详见 4.1 节。

（2）要恢复被删除的对象，可以用以下两种方法：

命令:OOPS　　　　　　　　　　　　　（仅恢复最近一次删除的对象）

命令:UNDO 或单击"放弃"按钮 　　　（可以连续撤销执行过的操作）

2.4.4　缩放（ZOOM）

缩放（ZOOM）命令用于增大或减小当前视口中视图的比例。

1. 命令输入

（1）功能区："视图"选项卡→"导航"面板→"范围缩放"按钮 。

（2）菜单："视图（V）"→"缩放（Z）"。

（3）工具栏："标准"工具栏→"窗口缩放"按钮 ，见图 2.40。

（4）命令：ZOOM（Z）。

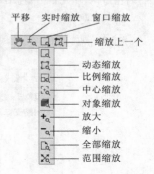

图 2.40　ZOOM 工具条

2. 命令提示和操作

（1）实时缩放。实时缩放是指对当前图形显示大小进行任意调整，图形的缩放过程是动态连续的。单击"实时缩放"按钮 ，AutoCAD 进入实时缩放状态，屏幕光标为放大镜 ，按住鼠标左键，向下拖动，图形缩小；向上拖动，图形放大，如图 2.41 所示。

要结束实时缩放，按 Esc 键、Enter 键或单击右键在快捷菜单中选择"退出"选项。转动鼠标中间滚轮可以方便地实现实时缩放操作，光标位置为缩放中心。

（2）窗口缩放。单击"窗口缩放"按钮 ，命令执行过程如下：

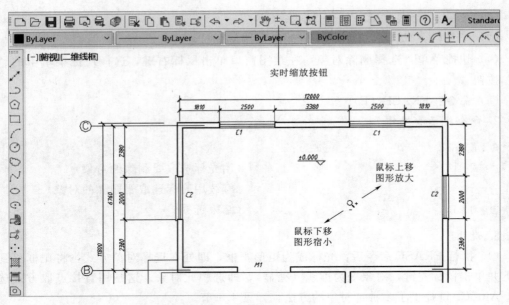

图 2.41　图形的实时缩放

命令:_ZOOM
指定窗口的角点,输入比例因子(nX 或 nXP),或
[全部(A)/中心(C)/动态(D)/范围(E)/上一个(P)/比例(S)/窗口(W)/对象(O)]<实时>:_W
指定第一个角点:　　　　(拾取放大窗口的第一个角点 P_1,见图 2.42)
指定对角点:　　　　　　(拾取放大窗口的第二个角点 P_2)

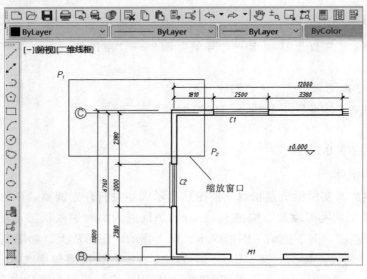

图 2.42　窗口缩放

命令执行完毕后,缩放窗口内图形充满屏幕。

（3）缩放上一个。缩放上一个是指在经过各种缩放方式后，从当前屏幕显示恢复到上一次的屏幕显示状态，并且可以逐次向前恢复。

单击"缩放上一个"按钮 ，恢复上次屏幕显示状态。

（4）动态缩放。单击"动态缩放"按钮 ，绘图窗口显示一可移动视图框，并用绿色虚线表示当前视图区域，蓝色虚线表示当前图形范围。

视图框中心显示"×"时可以移动视图框确定缩放的位置，视图框右侧显示"→"时可以改变视图框大小确定缩放的区域，并且可以通过单击鼠标左键转换这两种模式。

视图框位置和区域确定后，按回车键结束缩放命令，即可使视图框中的图形充满图形窗口。

（5）比例缩放。单击"比例缩放"按钮 ，命令执行过程如下：

命令:_ZOOM
指定窗口角点,输入比例因子(nX 或 nXP),或
[全部(A)/中心点(C)/动态(D)/范围(E)/上一个(P)/比例(S)/窗口(W)]＜实时＞:_S
输入比例因子(nX 或 nXP):　　　　　　(输入缩放比例如：2、2X 或 2XP)

（6）中心缩放。单击"中心缩放"按钮 ，命令执行过程如下：

命令:_ZOOM
指定窗口角点,输入比例因子(nX 或 nXP),或
[全部(A)/中心点(C)/动态(D)/范围(E)/上一个(P)/比例(S)/窗口(W)]＜实时＞:_C
指定中心点:　　　　　　　　　　(给出图形中的一个点为图形窗口中心)
输入比例或高度 ＜90＞:　　　　　(输入缩放比例或充满图形窗口的高度)

（7）对象缩放。单击"对象缩放"按钮 ，命令执行过程如下：

命令:_ZOOM
指定窗口的角点,输入比例因子(nX 或 nXP),或
[全部(A)/中心(C)/动态(D)/范围(E)/上一个(P)/比例(S)/窗口(W)/对象(O)]＜实时＞:_O
选择对象:　　　　　　　　　　(选择要缩放的对象)
……
选择对象:↙　　　　　　　　　　(结束缩放对象的选择)

命令执行完毕后，选中的对象充满图形窗口。

（8）放大、缩小。单击"放大"按钮 或"缩小"按钮 ，使图形放大一倍或缩小一半。

（9）全部缩放。单击"全部缩放"按钮 ，显示全部图形，如果图形在图形界限内，图形界限区域充满图形窗口，如果图形超出图形界限，图形充满图形窗口。

（10）范围缩放。单击"范围缩放"按钮 ，显示全部图形，图形充满图形窗口。

3. 说明

（1）ZOOM 命令仅仅改变图形的显示大小，任何操作都不会改变图形的实际尺寸。

（2）ZOOM 命令可以在不中断其他操作的状态下完成显示缩放，称为透明使用。

（3）在实时缩放操作时，若缩放到显示范围超出 AutoCAD 设置的虚屏范围，实时缩放功能失去作用，此时可先退出实时缩放操作，单击"缩小"按钮 做一次缩小操作，也可以执行一次重生成（REGEN）命令（见 2.4.6 节），然后再进行实时缩放操作。

2.4.5 平移（PAN）

平移（PAN）命令用于调整图形窗口的显示区域。

1. 命令输入

（1）功能区："视图"选项卡→"导航"面板→"平移"按钮 。

（2）菜单："视图（V）"→"平移（P）"→"实时"。

（3）工具栏："标准"工具栏→"实时平移"按钮 。

（4）快捷菜单：在绘图窗口单击鼠标右键，选择"平移" 。

（5）命令：PAN。

2. 命令提示和操作

单击工具按钮 ，进入实时平移状态，光标成手形 。按住鼠标左键，移动光标即可移动图形。按 Esc 键、Enter 键或单击右键在快捷菜单中选择"退出"选项即可结束实时平移操作。

按住鼠标滚轮，拖动光标可以方便地实现平移操作。

3. 说明

（1）PAN 命令仅仅改变的是图形窗口显示区域，不会改变各图形之间的相对位置。

（2）PAN 命令可以透明使用，即在不中断其他操作的状态下完成平移操作。

图 2.43　快捷菜单

（3）在实时平移操作时，若图形平移范围超出 AutoCAD 设置的虚屏范围，实时平移功能失去作用，此时可先退出实时平移操作，单击"缩小"按钮做一次缩小操作，也可以执行一次重生成（REGEN）命令，再进行实时平移操作。

（4）缩放和平移操作是作图中使用最频繁的命令，而且两命令往往是配合使用的，实际操作时可以借助于鼠标右键弹出的快捷菜单（图 2.43），转换 PAN 和 ZOOM 命令，交替使用，以提高作图效率。

2.4.6 重生成（REGEN）

重生成（REGEN 或 REGENALL）用于重新生成图形，重新创建图形数据库索引，并刷新屏幕显示。

1. 命令输入

（1）菜单："视图（V）"→"重生成（G）"或"全部重生成（A）"。

（2）命令：REGEN（RE）或 REGENALL（REA）。

2. 命令提示和操作

输入 REGEN 或 REGENALL 命令后，AutoCAD 将对图形数据库中的图形对象重生成，并用重生成后的结果刷新屏幕。这个命令通常会在下面的情况下用到：

（1）屏幕缩放中原来所画的圆显示成了多边形，执行一次 REGEN 命令即可显示为圆。

（2）用实时缩放和平移命令时，若实时缩放和平移操作显示边界符号而不能进行时，只需执行一次 REGEN 命令，即可继续实时缩放和平移。

在 AutoCAD 软件中，一些系统变量的设置会影响 REGEN 命令的自动执行：

（1）REGENAUTO：主要用于控制在非常大的图形中平移和缩放时的自动重新生成，如果设置为"开"（ON），则允许在平移和缩放时自动执行 REGEN 操作。

（2）LAYOUTREGENCTL：指定"模型"选项卡和"布局"选项卡中的显示列表的更新方式，对于每个选项卡，更新显示列表的方法可以是切换到该选项卡时重生成图形，也可以是切换到该选项卡时将显示列表保存到内存并只重生成修改的对象。修改 LAYOUTREGENCTL 设置可以提高性能。

2.4.7 夹点编辑

1. 夹点的概念

资源 2.5
夹点编辑

待命状态下选择对象，被选中的对象会以光晕亮显或虚线显示，并且在这些对象的特征点上将显示小方格、小矩形块、小三角块或小实心圆圈（颜色可选，默认为蓝色），这些小方格、小矩形块、小三角块或小实心圆圈称为夹点。通过这些夹点可以方便地进行拉伸、移动、复制、旋转、缩放和镜像等操作，按 Esc 键可以取消所有对象的夹点显示。

夹点是对象自身的特征点，对不同对象执行夹点操作时，对象上特征点的位置、数量及形式亦不同，如图 2.44 所示。

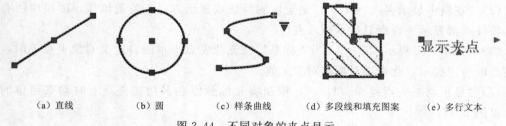

（a）直线　　　　（b）圆　　　　（c）样条曲线　　（d）多段线和填充图案　　（e）多行文本

图 2.44　不同对象的夹点显示

使用夹点编辑对象时要选择一个作为基点的夹点，称为基夹点。方法是将光标移到希望成为基夹点的夹点上，此时该点显示为红色，点取该点，即成为基夹点，如图 2.45 所示。按 Esc 键可以取消所选择的基夹点。可以使用多个夹点作为操作的基夹点，要选择多个基夹

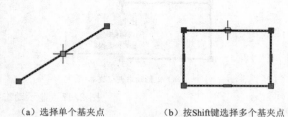

（a）选择单个基夹点　　　　（b）按Shift键选择多个基夹点

图 2.45　选择基夹点

点，应先按住 Shift 键，然后选择适当的夹点为基夹点。

2. 夹点设置

系统默认情况下，夹点方式是开启状态，若需要对夹点的颜色、大小以及是否使用夹点等进行相关设置，可以通过菜单→"工具"→"选项"，打开"选项"对话框，选择

"选择集"选项卡中的夹点区进行设置，如图 2.46 所示。

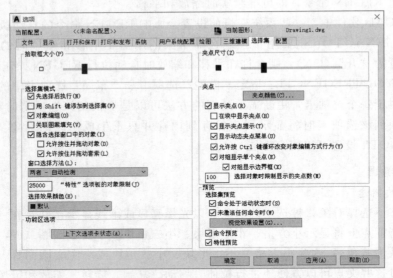

图 2.46　"选项"对话框中"选择集"选项卡夹点设置

夹点区中各项功能如下：

（1）"夹点尺寸（Z）"：控制夹点的显示尺寸，拖动滑块可控制夹点方框的大小。

（2）"显示夹点（R）"：确定是否启用夹点功能进行图形编辑。

（3）"在块中显示夹点（B）"：确定块的特征点显示方式。勾选该项，图块中所有实体的特征点都显示；否则只显示插入点。

（4）"显示夹点提示（T）"：当光标悬停在支持夹点提示的自定义对象夹点上时，显示夹点的特定提示，此选项对标准对象无效。

（5）"显示动态夹点菜单（U）"：控制将光标悬停在多功能夹点上时动态菜单的显示，见图 2.47。

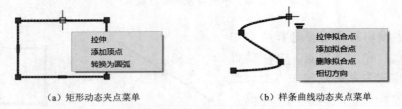

（a）矩形动态夹点菜单　　　　　　　　　　（b）样条曲线动态夹点菜单

图 2.47　显示动态夹点菜单

3. 使用夹点编辑对象

使用夹点编辑对象的方法如下：

（1）选择要编辑的对象，生成夹点。

（2）选中一个夹点或几个夹点作为编辑操作的基夹点。

（3）此时命令行上显示：

> 命令：
> ＊＊拉伸＊＊
> 指定拉伸点或［基点(B)/复制(C)/放弃(U)/退出(X)］：

（4）移动基夹点可直接移动或拉伸对象，见图 2.48。

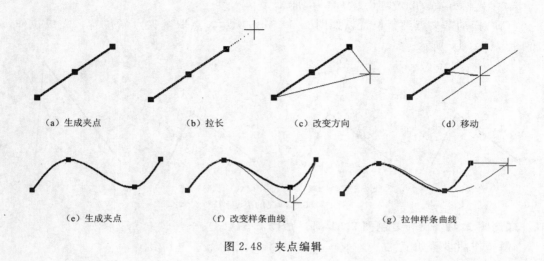

 （a）生成夹点 （b）拉长 （c）改变方向 （d）移动

 （e）生成夹点 （f）改变样条曲线 （g）拉伸样条曲线

图 2.48　夹点编辑

或者按 Enter 键或空格键，依次提示：

> ＊＊移动＊＊
> 指定移动点或［基点(B)/复制(C)/放弃(U)/退出(X)］：
> ＊＊旋转＊＊
> 指定旋转角度或［基点(B)/复制(C)/放弃(U)/参照(R)/退出(X)］：
> ＊＊比例缩放＊＊
> 指定比例因子或［基点(B)/复制(C)/放弃(U)/参照(R)/退出(X)］：
> ＊＊镜像＊＊
> 指定第二点或［基点(B)/复制(C)/放弃(U)/退出(X)］：

也可在选择基夹点后单击鼠标右键调用快捷菜单进行选择（图 2.49）。直接使用这些命令进行编辑操作时，系统自动以基夹点作为操作基点。

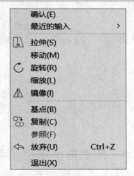

夹点编辑操作中其他选项的功能如下：

（1）"基点（B）"：重新指定基点，而不再使用基夹点。

（2）"复制（C）"：该选项可以使同一编辑命令多次重复进行，并生成多个副本，而原对象不变。

（3）"放弃（U）"：取消最后一次操作。

（4）"退出（X）"：退出夹点编辑。

图 2.49　夹点编辑的快捷菜单

【例题 2.3】　用夹点编辑拉伸对象，如图 2.50 所示。

解　作图步骤如下：

（1）选择要拉伸的两直线，见图 2.50（a），选中后夹点如图 2.50（b）所示。

（2）指定基夹点。单击两直线的交点成红色亮点（基夹点），同时命令行出现：

＊＊拉伸＊＊

指定拉伸点或［基点(B)/复制(C)/放弃(U)/退出(X)］：

（3）拖动基夹点到新位置，如图 2.50（c）所示，点取基夹点新位置，完成拉伸，如图 2.50（d）所示。

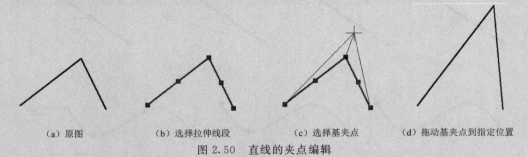

（a）原图　　　　（b）选择拉伸线段　　　　（c）选择基夹点　　　　（d）拖动基夹点到指定位置

图 2.50　直线的夹点编辑

【例题 2.4】　旋转复制图 2.51（a）成图 2.51（d）。

解　作图步骤如下：

（1）选择要复制的对象，选中后夹点如图 2.51（b）所示。

（2）选基夹点。

（3）单击鼠标右键，在弹出的快捷菜单中选择"旋转（R）"，再次单击鼠标右键，在快捷菜单中选择"复制（C）"项（否则执行一次就会退出旋转命令）。

（4）输入旋转角 60°复制一个对象，如图 2.51（c）所示。分别输入旋转角 120°、180°、240°、300°，复制出其他部分，如图 2.51（d）所示。回车或输入 X 结束操作。

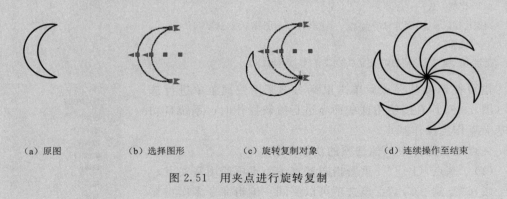

（a）原图　　　　（b）选择图形　　　　（c）旋转复制对象　　　　（d）连续操作至结束

图 2.51　用夹点进行旋转复制

2.4.8　用图形坐标绘制平面图形

用输入图形坐标点的方法绘制平面图形，是绘制精确图形最基本、最有效的方法之一。尽管在后续章节中的绘图工具和图形编辑功能将使构图更加快捷和方便，作为精确构图的基本手段，用坐标点构图是必须掌握的。

【**例题 2.5**】 绘制如图 2.52（a）所示平面图形。

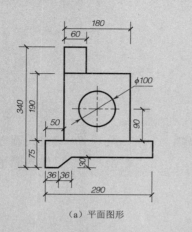

（a）平面图形

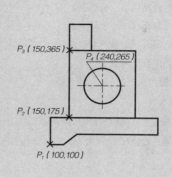

（b）图形单元定位点

图 2.52 绘图举例

分析 用图形坐标绘图的基本思路是，把可以用一个命令绘制完成的图形作为一个图形单元，用绝对直角坐标确定一个定位点，再用相对直角坐标或相对极坐标绘制各线段。因此绘图前首先需要确定一个图形的基准点，作为各图形单元定位点的基准，如图 2.52（b）中的 P_1（100，100），再依此算出各图形单元的定位点坐标，如图 2.52（b）中的 $P_2 \sim P_4$ 点。

解 绘图过程如下：

（1）绘制下面的图形。

命令：LINE

指定第一点：100,100↙ （输入始点绝对坐标）

指定下一点或［放弃(U)］：@36,0↙ （相对直角坐标绘制第一段水平线）

指定下一点或［放弃(U)］：@36,30↙

指定下一点或［闭合(C)/放弃(U)］：@218,0↙

指定下一点或［闭合(C)/放弃(U)］：@0,45↙

指定下一点或［闭合(C)/放弃(U)］：@-290,0↙

指定下一点或［闭合(C)/放弃(U)］：C ↙ （绘制最后线段，使图形封闭）

（2）绘制中间的矩形。

命令：LINE ↙

指定第一点：150,175↙

指定下一点或［放弃(U)］：@0,190↙

指定下一点或［放弃(U)］：@180,0↙

指定下一点或［闭合(C)/放弃(U)］：@0,-190↙

指定下一点或［闭合(C)/放弃(U)］：↙ （结束画线）

（3）绘制上面的矩形。

命令：LINE↙

指定第一点：150,365↙

指定下一点或［放弃(U)］：@0,75↙

指定下一点或［放弃(U)］：@60,0↙

指定下一点或［闭合(C)/放弃(U)］：@0,−75↙

指定下一点或［闭合(C)/放弃(U)］：↙

（4）绘制圆。

命令：CIRCLE↙

指定圆的圆心或［三点(3P)/两点(2P)/切点、切点、半径(T)］:240,265↙　　　　（输入圆心坐标）

指定圆的半径或［直径(D)］＜35.6327＞：50↙　　　　（输入圆半径）

第 3 章

绘图命令

绘图命令主要包括点、直线、矩形、正多边形、多段线、多线、圆、圆弧、椭圆等的绘制。在建筑和土木工程图纸中任何复杂图形都可以看作由这些图形元素组合而成，熟练掌握这些基本图形元素的绘制，配合图形编辑的操作方法，可以灵活高效地绘制复杂的工程图样。

AutoCAD 功能区"绘图"面板如图 3.1（a）所示，"绘图"工具栏如图 3.1（b）所示，"绘图"下拉菜单如图 3.1（c）所示。

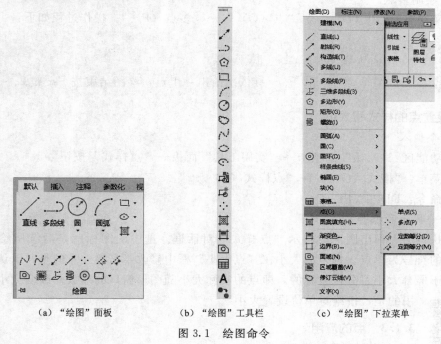

| （a）"绘图"面板 | （b）"绘图"工具栏 | （c）"绘图"下拉菜单 |

图 3.1　绘图命令

3.1　点（POINT）

点（POINT）命令用于绘制点。点对象可以用来指定某一点的位置，作为标志或定位，或是作为直线、圆、矩形、圆弧等对象特征点使用。AutoCAD 提供了 4 种点的绘制方式，包括单点、多点、定数等分、定距等分，如图 3.1（c）中"点"的子菜单。

AutoCAD 通过点样式（DDPTYPE）命令设置点显示的样式和大小。

47

3.1.1　绘制点

1. 命令输入

（1）功能区："默认"选项卡→"绘图"面板→"多点"按钮 ⋮ 。

（2）菜单："绘图（D）"→"点（O）"→"点"的子菜单。

（3）工具栏："绘图"工具栏→"点"按钮 ⋮ 。

（4）命令：POINT。

2. 命令提示和操作

（1）绘制单点。

选择菜单："绘图（D）"→"点（O）"→"单点（S）"。操作过程如下：

```
命令：POINT
当前点模式：PDMODE=0　PDSIZE=0.0000
指定点：                    （指定一个点）
```

（2）绘制多点。

选择菜单："绘图（D）"→"点（O）"→"多点（P）"。操作过程如下：

```
命令：POINT
当前点模式：PDMODE=0　PDSIZE=0.0000
指定点：              （依次给出一组点，绘图结束按 Esc 键）
```

3.1.2　设置点的样式和大小

1. 命令输入

（1）功能区："默认"选项卡→"实用工具"面板→"点样式"按钮 。

（2）菜单："格式（O）"→"点样式（P）..."。

（3）命令：DDPTYPE。

2. 命令提示和操作

命令执行后，弹出图 3.2 所示"点样式"对话框。选中的图标就是后续所绘点的符号，默认的符号为单点。符号的大小在"点大小"框中修改，需要注意的是，默认点的大小是相对于屏幕大小百分比设置的，即点的实际大小随图形窗口的缩放而改变大小。较常用的是"按绝对单位设置大小"。

资源 3.1
等分线段

3.1.3　点的应用

1. 定数等分线段

见图 3.3（a），选择菜单："绘图（D）"→"点（O）"→"定数等分（D）"。操作过程如下：

```
命令：DIVIDE
选择要定数等分的对象：        （在要等分的线段上任意拾取一点）
输入线段数目或［块(B)］：5↙    （给出线段等分数 5）
```

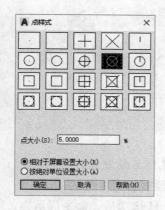

图 3.2 "点样式"对话框

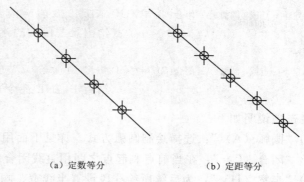

（a）定数等分　　　　　　　（b）定距等分

图 3.3 等分线段

2. 定距等分线段

见图 3.3（b），选择菜单："绘图（D）"→"点（O）"→"定距等分（M）"。操作过程如下：

命令：MEASURE

选择要定距等分的对象：　　　　　　（在要等分的线段的首段侧任意拾取一点）

指定线段长度或［块(B)］:70↙　　　（给出分段长 70mm）

3.2 多 段 线（PLINE）

多段线（PLINE）命令用于绘制多段线。多段线是由首尾相连的直线段和弧线段组成的复合对象，一条多段线构成的图形是一个对象。可以对多段线中每段线段设置需要的宽度。AutoCAD 提供了多段线编辑命令 PEDIT，可以对多段线进行多种编辑操作。

3.2.1 绘制多段线

1. 命令输入

（1）功能区："默认"选项卡→"绘图"面板→"多段线"按钮 。

（2）菜单："绘图（D）"→"多段线（P）"。

（3）工具栏："绘图"工具栏→"多段线"按钮 。

（4）命令：PLINE（PL）。

资源 3.2
用多段线绘图

2. 命令提示和操作

（1）绘制直线段。

命令：PLINE

指定起点：　　　　　　　　　　（给出首段线的起点）

当前线宽为 0.0000

指定下一个点或［圆弧(A)/半宽(H)/长度(L)/放弃(U)/宽度(W)］：

（给出首段线的第二点）

指定下一点或［圆弧(A)/闭合(C)/半宽(H)/长度(L)/放弃(U)/宽度(W)］:

（给出第二段线的终点）

……

指定下一点或［圆弧(A)/闭合(C)/半宽(H)/长度(L)/放弃(U)/宽度(W)］:✔

（结束 PLINE 命令）

各选项说明如下：

1）"圆弧（A）"：选择绘制圆弧方式。详见下面用 PLINE 绘制圆弧的说明。

2）"闭合（C）"：在当前点和起点之间用直线闭合多段线。

3）"半宽（H）"：为后续所绘线段设置半线宽。响应 H 选项后，命令提示为：

指定起点半宽 <0.0000>:1✔　　　（给出线段起点半线宽，如 1）

指定端点半宽 <1.0000>: 5✔　　　（给出线段终点半线宽，如 5）

指定下一点或［圆弧(A)/闭合(C)/半宽(H)/长度(L)/放弃(U)/宽度(W)］:

（给出线段的终点，则在上一点和当前点之间绘制一条起点线宽为 2，终点线宽为 10 的直线段）

4）"长度（L）"：按上一线段的方向绘制一条指定长度的线段。若上一线段为圆弧，则绘制一条指定长度的切线。响应 L 选项后，命令提示为：

指定直线的长度: 30✔　　　（给出线段长度，如 30，则绘出长度为 30 的线段）

5）"放弃（U）"：撤销上一点。可重复使用 U，直至起点为止。

6）"宽度（W）"：为后续所绘线段设置线宽。响应 W 选项后，命令提示为：

指定起点宽 <0.0000>:1✔　　　（给出线段起点线宽，如 1）

指定端点宽 <1.0000>: 5✔　　　（给出线段终点线宽，如 5）

指定下一点或［圆弧(A)/闭合(C)/半宽(H)/长度(L)/放弃(U)/宽度(W)］:

（给出线段的终点，则在上一点和当前点之间绘制一条起点线宽为 1，终点线宽为 5 的直线段）

（2）绘制圆弧。

命令:PLINE

指定下一点或［圆弧(A)/闭合(C)/半宽(H)/长度(L)/放弃(U)/宽度(W)］:A✔

（选择绘圆弧方式）

指定圆弧的端点或［角度(A)/圆心(CE)/闭合(CL)/方向(D)/半宽(H)/直线(L)/半径(R)/第二个点(S)/放弃(U)/ 宽度(W)］:

PLINE 命令提供了多种绘圆弧的方式，各种绘制方式由选项逐级展开，见表 3.1。选项"直线（L）"从画圆弧方式转入画直线方式。选项"闭合（CL）""半宽（H）""放弃（U）""宽度（W）"见上述绘制直线段的有关说明。

表 3.1　　　　　　　　　　　　　　　　　PLINE 绘圆弧方式

响应提示	绘圆弧方式	命令提示	说明
圆弧的端点	始点、终点		默认方式，始点与终点的连线为弦长，始终与上一线段相切
"角度（A）"	始点、夹角、终点 始点、夹角、圆心 始点、夹角、半径	指定包含角： 指定圆弧的端点或［圆心（CE）/半径（R）］：	给出圆弧的包含角后，再给终点绘圆弧。响应 CE 或 R 输入圆心或半径
"圆心（CE）"	始点、圆心、终点 始点、圆心、夹角 始点、圆心、弦长	指定圆弧的圆心： 指定圆弧的端点或［角度（A）/长度（L）］：	给出圆心后，再给终点绘圆弧。响应 A 或 L 输入包含角或弦长
"方向（D）"	始点、切线、终点	指定圆弧的起点切向： 指定圆弧的端点：	给出圆弧的切线，再给出圆弧的终点绘圆弧
"半径（R）"	始点、半径、终点 始点、半径、夹角	指定圆弧的半径： 指定圆弧的端点或［角度（A）］：	给出圆弧半径，再给出圆弧终点绘圆弧。响应 A 输入包含角
"第二个点（S）"	三点画圆弧	指定圆弧上的第二个点： 指定圆弧的端点：	给出圆弧上第二个点，再给圆弧上第三个点绘圆弧

3. 说明

（1）由一条 PLINE 命令绘制的一个图形是一个对象，而一条 LINE 命令绘制的一个图形由多个对象组成。

（2）对于有宽度的多段线，可以选择是否填充，在命令行输入 FILL 命令，当 FILL 模式打开（ON）时，填充多段线；当 FILL 模式关闭（OFF）时，不填充多段线，见图 3.4。

【例题 3.1】　用多段线绘制图 3.4（a）所示图形。

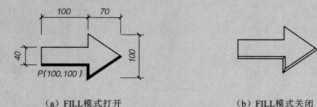

（a）FILL 模式打开　　　　　　　　　　　　　（b）FILL 模式关闭

图 3.4　多段线绘图和填充

解　作图过程如下：

命令：PLINE

指定起点：100,100 ✓　　　　　　　　　　　　（给出图形定位点 P）

当前线宽为 0.0000

指定下一个点或［圆弧（A）/半宽（H）/长度（L）/放弃（U）/宽度（W）］：@0,40 ✓

指定下一点或［圆弧（A）/闭合（C）/半宽（H）/长度（L）/放弃（U）/宽度（W）］：@100,0 ✓

指定下一点或［圆弧（A）/闭合（C）/半宽（H）/长度（L）/放弃（U）/宽度（W）］：@0,30 ✓

指定下一点或［圆弧（A）/闭合（C）/半宽（H）/长度（L）/放弃（U）/宽度（W）］：@70,−50 ✓

指定下一点或 [圆弧(A)/闭合(C)/半宽(H)/长度(L)/放弃(U)/宽度(W)]：W ✓　　　　(选择线宽选项)

指定起点宽度 <0.0000>：5 ✓　　　　(给出始点线宽为 5)

指定端点宽度 <5.0000>：5 ✓　　　　(给出终点线宽为 5)

指定下一点或 [圆弧(A)/闭合(C)/半宽(H)/长度(L)/放弃(U)/宽度(W)]：@−70,−50 ✓

指定下一点或 [圆弧(A)/闭合(C)/半宽(H)/长度(L)/放弃(U)/宽度(W)]：@0,30 ✓

指定下一点或 [圆弧(A)/闭合(C)/半宽(H)/长度(L)/放弃(U)/宽度(W)]：C ✓

　　　　(图形闭合，结束 PLINE 命令)

【例题 3.2】　用多段线绘制图 3.5 所示图形。

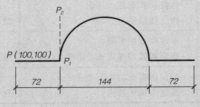

图 3.5　用多段线绘图

解　作图过程如下：

命令：PLINE

指定起点：　　　　(拾取图形定位点 P)

当前线宽为 0.0000

指定下一个点或 [圆弧(A)/半宽(H)/长度(L)/放弃(U)/宽度(W)]：@72,0 ✓

　　　　(画线至点 P_1)

指定下一点或 [圆弧(A)/闭合(C)/半宽(H)/长度(L)/放弃(U)/宽度(W)]：A ✓

　　　　(选择画圆弧方式)

指定圆弧的端点或[角度(A)/圆心(CE)/闭合(CL)/方向(D)/半宽(H)/直线(L)/半径(R)/第二个点(S)/放弃(U)/宽度(W)]：D ✓　　(选择起点切线方式)

指定圆弧的起点切向：　　　(拾取 P_2，则 P_1P_2 为圆弧起点切线)

指定圆弧的端点：@144,0 ✓　　　(输入圆弧终点)

指定圆弧的端点或[角度(A)/圆心(CE)/闭合(CL)/方向(D)/半宽(H)/直线(L)/半径(R)/第二个点(S)/放弃(U)/宽度(W)]：L ✓　　(选择画直线方式)

指定下一点或 [圆弧(A)/闭合(C)/半宽(H)/长度(L)/放弃(U)/宽度(W)]：@72,0 ✓

指定下一点或 [圆弧(A)/闭合(C)/半宽(H)/长度(L)/放弃(U)/宽度(W)]：✓

　　　　(结束 PLINE 命令)

3.2.2　编辑多段线

创建多段线后，可以使用 PEDIT 命令对其进行编辑，也可以使用"分解"命令（见 4.18 节）将其转换为单独的直线段和弧线段。

1. 命令输入

(1) 功能区："默认"选项卡→"修改"面板→"编辑多段线"按钮 🖎。

(2) 菜单："修改（M）"→"对象（O）"→"多段线（P）"。

(3) 工具栏："修改Ⅱ"工具栏→"编辑多段线"按钮 🖎。

(4) 命令：PEDIT。

2. 命令提示和操作

命令：PEDIT

选择多段线或［多条(M)］：　　　　　　　　（拾取一多段线）

输入选项［闭合(C)/合并(J)/宽度(W)/编辑顶点(E)/拟合(F)/样条曲线(S)/非曲线化(D)/线型生成(L)/反转(R)/放弃(U)］：

各选项说明如下：

(1) "闭合（C）"：封闭选择的多段线。若多段线为闭合的，则此选项为"打开（O）"。选择"打开（O）"选项，将打开多段线。

(2) "合并（J）"：将首尾相连的若干线段合并成一条多段线。

(3) "宽度（W）"：改变整条多段线的宽度。

(4) "编辑顶点（E）"：编辑多段线的顶点。进入此选项后，多段线起始点显示"×"标记，可以对多段线的顶点和线段操作，如插入、移动顶点，设置一段线的线宽，把多段线断开等。

(5) "拟合（F）"：用双圆弧样条曲线拟合多段线，将多段线修改成通过所有顶点的光滑曲线。

(6) "样条曲线（S）"：用样条曲线拟合多段线。拟合时以多段线的各顶点作为样条曲线的控制点，曲线仅通过多段线的起点和终点。

(7) "非曲线化（D）"：删除多段线中的曲线段，拉直多段线的所有线段。

(8) "线型生成（L）"：用于虚线、点划线等生成连续图案线型。关闭此选项，将把图形的每个顶点处作为虚线、点划线的开始和结束点，如图 3.6 所示。此功能不能用于有变宽线段的多段线。

　（a）"线型生成"选项关闭　　　　　　　（b）"线型生成"选项打开

图 3.6　"线型生成"选项的功能

(9) "反转（R）"：反转多段线顶点的顺序。

(10) "放弃（U）"：取消 PEDIT 命令的上一次操作。

3. 说明

若选择的线段不是多段线，则 AutoCAD 提示：

选定的对象不是多段线
是否将其转换为多段线？<Y>：

响应"Y"，AutoCAD 将把该对象转换成多段线，并进入多段线编辑状态。用这种方法，可以把直线或圆弧转换成多段线。

3.3　构　造　线（XLINE）

构造线（XLINE）命令用于绘制一组无限长、没有端点的直线。构造线可以用作绘图辅助线。

1．命令输入

（1）功能区："默认"选项卡→"绘图"面板→"构造线"按钮。

（2）菜单："绘图（D）"→"构造线（T）"。

（3）工具栏："绘图"工具栏→"构造线"按钮。

（4）命令：XLINE。

2．命令提示和操作

命令：XLINE
指定点或［水平(H)/垂直(V)/角度(A)/二等分(B)/偏移(O)］：　（指定构造线上第一点）
指定通过点：　　　　　　　　　　　　　　　　　　（指定构造线上第二点，绘出一条
　　　　　　　　　　　　　　　　　　　　　　　　　构造线）

……
指定通过点：↙　　　　　　　　　　　　　　　　（结束 XLINE 命令）

选项说明如下：

（1）"水平（H）""垂直（V）"：绘制水平或垂直构造线。

（2）"角度（A）"：绘制斜向构造线，有两种画法，见图 3.7。

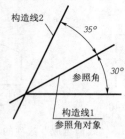

图 3.7　画构造线

1）已知角度绘制构造线。

输入构造线的角度(0)或［参照(R)］:30 ↙　　　　（给出构造线倾斜角度 30°）
指定通过点：　　　　　　　　　　　　　　　　（拾取一点，绘制构造线 1）
指定通过点：↙　　　　　　　　　　　　　　　（结束 XLINE 命令）

2）用参照角绘制构造线。

输入构造线的角度(0)或[参照(R)]:R↙　　（选择参照角方式）

选择直线对象：　　　　　　　　　　　（在构造线 1 拾取任意点，为参照角

　　　　　　　　　　　　　　　　　　对象）

输入构造线的角度＜0＞:35↙　　　　（绘制构造线 2）

指定通过点:↙　　　　　　　　　　　（结束 XLINE 命令）

资源 3.3
用参照角
画构造线

　　（3）"二等分（B）"：作两直线夹角并通过角顶点的角平分构造线。响应 B 选项后，
命令提示为：

指定角的顶点：　　　　　　　　　　　（拾取两线夹角的顶点）

指定角的起点：　　　　　　　　　　　（拾取角始边上的一点）

指定角的端点：　　　　　　　　　　　（拾取角终边上的一点）

　　（4）"偏移（O）"：绘制与指定对象平行的构造线。响应 O 选项后，命令提示为：

指定偏移距离或［通过(T)］＜349.0627＞：

　　　　　　　　　　　　　　　　　　（输入所绘构造线与给定对象的距离。如果响应 T

　　　　　　　　　　　　　　　　　　选项，则所绘构造线由后续给出的通过点确定）

选择直线对象：　　　　　　　　　　　（在给定对象上拾取一点）

指定向哪侧偏移：　　　　　　　　　　（在欲绘制构造线一侧拾取一点）

3. 说明

射线（RAY）命令可以绘制具有一个端点的直线。选择菜单→"绘图（D）"→"射
线（R）"或输入 RAY 命令，给出射线上两个点即确定一条射线。

3.4　多　线（MLINE）

多线（MLINE）命令用于绘制多条平行线组成的组合图形对象，平行线之间的间距
和线的数目可以根据需要进行样式设置，并提供专用的编辑命令用于多线编辑。多线命令
一般用于建筑墙体以及管道工程等的绘制。

3.4.1　绘制多线

1. 命令输入

（1）菜单："绘图（D）"→"多线（U）"。

（2）命令：MLINE。

2. 命令提示和操作

命令：MLINE

当前设置：对正＝上，比例＝20.00,样式＝STANDARD

指定起点或［对正(J)/比例(S)/样式(ST)］：　　（拾取首段线起点）

指定下一点：　　　　　　　　　　　　　　　　　　（拾取首段线终点）
指定下一点或［放弃（U）］：　　　　　　　　　　　（拾取第二段线终点）
指定下一点或［闭合（C）/放弃（U）］：　　　　　　（拾取第三段线终点）
……
指定下一点或［闭合（C）/放弃（U）］：C↙　　　　（闭合图形，结束 MLINE 命令）

选项说明如下：

（1）"对正（J）"：改变多线定位基点。初始定位点是多线上边线端点。响应 J 选项后，命令提示为：

输入对正类型［上(T)/无(Z)/下(B)］＜上＞：　　　（响应"Z"，多线端点中心定位；响应"B"，多线下边线端点定位）

（2）"比例（S）"：改变多线比例。此比例是多线样式定义的平行线之间距离的缩放比例。默认样式定义的两平行线之间距离为 1，因此比例值就是两平行线之间的距离。响应 S 选项后，命令提示为：

输入多线比例＜20.00＞:10↙　　　　　　　　　　（给出平行线之间距离为 10）

资源 3.4
多线样式

　　　　　　　　　（3）"样式（ST）"：选择多线样式。多线样式必须先定义后使用，默认为 STANDARD 样式，自定义样式方法见 3.4.2 节。响应 ST 选项，命令提示为：

输入多线样式名或［?］：　　　　　　　　　　　　（给出新样式名。如果响应"?"，则列出所有样式）

3.4.2　定义多线样式

在绘制多线前，要先创建多线样式，系统默认的多线样式为 STANDARD 样式。可以根据需要创建新的多线样式。

1. 命令输入

（1）菜单："格式（O）"→"多线样式（M）"。

（2）命令：MLSTYLE。

2. 命令提示和操作

命令：MLSTYLE

该命令打开样式设置对话框，新样式设置方法如下：

（1）输入命令，打开图 3.8 所示"多线样式"对话框。单击"新建（N）..."按钮，弹出"创建新的多线样式"对话框，见图 3.9。

（2）在该对话框的"新样式名"框中输入新样式名，例如"墙 24"，单击"继续"按钮，弹出"新建多线样式"对话框，见图 3.10。

图 3.8 "多线样式"对话框

图 3.9 "创建新的多线样式"对话框

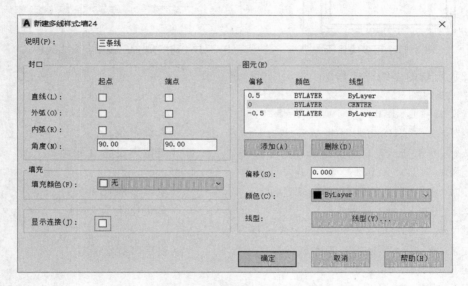

图 3.10 "新建多线样式"对话框

（3）在该对话框中单击"添加（A）"按钮，即可添加线的根数，并可以为每条线设置偏移距离、颜色、线型，也可以为多线的端部设置外观等。

（4）设置完成后，单击"确定"。

资源 3.5
用多线作图

【例题 3.3】 用多线绘制图 3.11 所示图形。

解 作图步骤如下：

（1）选择创建好的多线样式。AutoCAD 提供的默认多线样式为双线，要画出图 3.11 的图形，在预先定义好的样式中选择画三条线样式"墙 24"，然后用多线命令一次画成。操作方法如下：

1）打开"多线样式"对话框。

2）把"墙 24"样式设为当前多线样式，如图 3.12 所示。

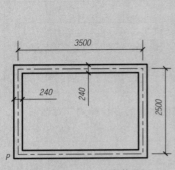

图 3.11 用多线作图

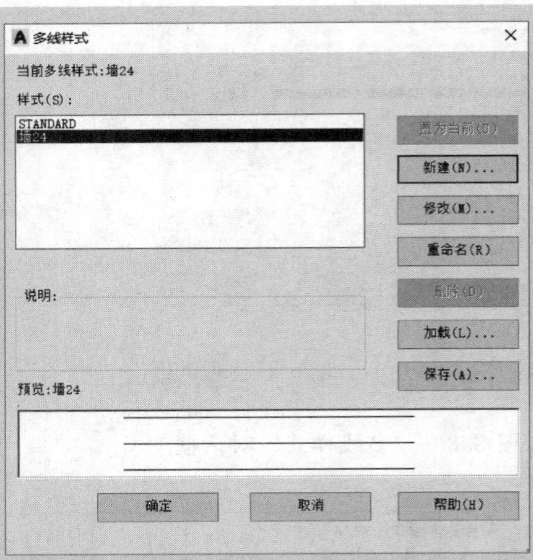

图 3.12 将"墙 24"设为当前多线样式

（2）用新的多线样式作图。

命令：MLINE

当前设置：对正＝上，比例＝20.00，样式＝墙 24

指定起点或［对正(J)/比例(S)/样式(ST)］:J↙　　　（重设定位点）

输入对正类型［上(T)/无(Z)/下(B)］＜上＞:Z↙　　（定位点设置在中心）

当前设置：对正＝无，比例＝20.00，样式＝墙 24

指定起点或［对正(J)/比例(S)/样式(ST)］:S↙　　　（重设多线比例）

输入多线比例＜20.00＞:240 ↙　　　　　　　　　　（多线比例为 240）

当前设置：对正＝无，比例＝240.00，样式＝墙 24

指定起点或［对正(J)/比例(S)/样式(ST)］:　　　　　（拾取多线起点 P）

指定下一点:@3500,0 ↙

指定下一点或［放弃(U)］:@0,2500 ↙

指定下一点或［闭合(C)/放弃(U)］:@−3500,0 ↙

指定下一点或［闭合(C)/放弃(U)］:C↙　　　　（使多线闭合并结束 MLINE 命令）

图 3.13 "多线编辑工具"
对话框

3.4.3 编辑多线

1. 命令输入

（1）菜单："修改（M）"→"对象（O）"→"多线（M）"。

（2）命令：MLEDIT。

2. 命令提示和操作

输入 MLEDIT 命令后，打开"多线编辑工具"对话框，如图 3.13 所示。该对话框的第一列处理十字交叉的多线；第二列处理 T 形相交的多线；第三列处理角点连接和顶点；第四列处理多线的剪切或接合。

单击对话框中的一个图标，即可对多线进行编辑。

3. 说明

（1）对于第一、二列编辑方式，选择对象时，按图 3.14 中 P_1、P_2 的顺序。

（2）"角点结合"选择对象方式如图 3.15 所示。

（3）"添加顶点"操作如图 3.16 所示。

（4）"全部接合"仅适用于恢复"全部剪切"的多线。

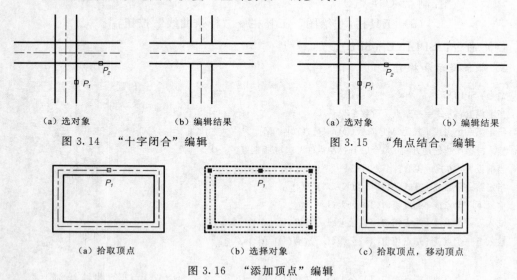

（a）选对象　　　　　（b）编辑结果　　　　　（a）选对象　　　　　（b）编辑结果

图 3.14　"十字闭合"编辑　　　　　图 3.15　"角点结合"编辑

（a）拾取顶点　　　　　（b）选择对象　　　　　（c）拾取顶点，移动顶点

图 3.16　"添加顶点"编辑

3.5　样 条 曲 线（SPLINE)

样条曲线（SPLINE）命令绘制的曲线是经过一组指定点或由一组形状控制点确定的平滑曲线。如图 3.17 所示是样条曲线的子菜单。可以使用拟合点方式或控制点方式创建和编辑样条曲线。图 3.18（a）是用拟合点方式绘制的样条曲线，显示样条曲线的拟合点；图 3.18（b）是用控制点方式绘制的样条曲线，沿控制多边形显示控制顶点。在选定样条曲线上使用三角形夹点可在显示控制点和显示拟合点之间进行切换，如图 3.19 所示，可以通过移动夹点来控制曲线与点的拟合程度。

拟合点(F)
控制点(C)

图 3.17　样条曲
线子菜单

AutoCAD 有专用的编辑命令 SPLINEDIT 对样条曲线进行修改。

（a）拟合点方式　　　　　（b）控制点方式　　　　　拟合　　控制点

图 3.18　两种方式绘制的样条曲线　　　　　图 3.19　切换样条曲线夹点方式

资源 3.6
用两种方
式绘制样
条曲线

3.5.1　绘制样条曲线

1. 命令输入

（1）功能区："默认"选项卡→"绘图"面板→"样条曲线拟合点"按钮／"样条曲线控制点"按钮 。

（2）菜单："绘图（D）"→"样条曲线（S）"→"拟合点（F）"／"控制点（C）"。

（3）工具栏："绘图"工具栏→"样条曲线"按钮 。

（4）命令：SPLINE（SPL）。

2. 命令提示和操作

命令：SPLINE
当前设置：方式＝控制点　阶数＝3
指定第一个点或［方式(M)/阶数(D)/对象(O)］：_M
输入样条曲线创建方式［拟合(F)/控制点(CV)］＜控制点＞：_F
当前设置：方式＝拟合　节点＝弦
指定第一个点或［方式(M)/节点(K)/对象(O)］：
输入下一个点或［起点切向(T)/公差(L)］：
输入下一个点或［端点相切(T)/公差(L)/放弃(U)］：
输入下一个点或［端点相切(T)/公差(L)/放弃(U)/闭合(C)］：
……
输入下一个点或［端点相切(T)/公差(L)/放弃(U)/闭合(C)］：↙　　（结束样条曲线绘制）

选项说明如下：

（1）"方式（M）"：选择拟合点方式或控制点方式创建或编辑样条曲线。

（2）"对象（O）"：将多段线拟合的二次或三次样条曲线转换成等效的样条曲线（有关多段线拟合样条线，详见 3.2.2 节）。

（3）"起点切向（T）"：指定一点确定起点的切线方向。

（4）"端点相切（T）"：指定一点确定终点的切线方向，并结束绘制命令。

（5）"闭合（C）"：使样条曲线闭合，并结束样条曲线绘制。

（6）"公差（L）"：规定绘制的样条曲线与给出的点之间允许的偏差值。取偏差值大于等于 0。偏差值等于 0 时，样条曲线通过指定点；偏差值大于 0 时，样条曲线不一定通过指定点。响应 L 选项后，命令提示为：

指定拟合公差＜0.0000＞：

3.5.2　编辑样条曲线

1. 命令输入

（1）功能区："默认"选项卡→"修改"面板→"编辑样条曲线"按钮 。

（2）菜单："修改（M）"→"对象（O）"→"样条曲线（S）"。

（3）工具栏："修改Ⅱ"工具栏→"编辑样条曲线"按钮 。

（4）命令：SPLINEDIT（SPE）。

2. 命令提示和操作

命令：SPLINEDIT

选择样条曲线：　　　　　　　　　　　　　　　　　　　　（选择要编辑的样条曲线）

输入选项 [闭合(C)/合并(J)/拟合数据(F)/编辑顶点(E)/转换为多段线(P)/反转(R)/放弃(U)/退出(X)]

<退出>：＊取消＊

选项说明如下：

（1）"闭合（C）"：封闭选择的样条曲线。若样条曲线是闭合的，则此选项为"打开（O）"，选择"打开（O）"选项，将打开样条曲线。

（2）"合并（J）"：将选择的开放对象合并到样条曲线。

（3）"拟合数据（F）"：添加、删除、扭折、移动、清理拟合点或改变公差等选项，以调整样条曲线的形状和长度。

（4）"编辑顶点（E）"：添加、删除、移动顶点，或提高顶点阶数、改变权值，编辑样条曲线。

（5）"转换为多段线（P）"：把样条曲线转换为多段线。

（6）"反转（R）"：反转样条曲线的点序。

（7）"放弃（U）"：取消上一个操作。

（8）"退出（X）"：结束该命令。

3.6　矩　形（RECTANG）

矩形（RECTANG）命令用于绘制矩形。所绘矩形由封闭的多段线作为四条边，并且可以倒斜角和倒圆角，矩形的边可以设置线宽。

1. 命令输入

（1）功能区："默认"选项卡→"绘图"面板→"矩形"按钮▢。

（2）菜单："绘图（D）"→"矩形（G）"。

（3）工具栏："绘图"工具栏→"矩形"按钮▢。

（4）命令：RECTANG（REC）。

资源 3.7
用矩形命令
绘图

2. 命令提示和操作

命令：RECTANG

指定第一个角点或 [倒角(C)/标高(E)/圆角(F)/厚度(T)/宽度(W)]：　　（给出矩形的一个角点）

指定另一个角点或 [面积(A)/尺寸(D)/旋转(R)]：　　　　　　　　　（给出矩形的对角点）

选项说明如下：

（1）"倒角（C）""圆角（F）"：设置矩形倒角距离或圆角半径，值不为 0 时，绘制倒斜角或圆角的矩形。

（2）"标高（E）""厚度（T）"：用于绘制三维图形，设置长方块的高度和厚度。

(3)"宽度（W）"：设置矩形的线宽，线宽不为 0 时，绘制有线宽的矩形。

(4)"面积（A）"：用矩形面积和一条边长绘矩形。

(5)"尺寸（D）"：用矩形的长、宽绘矩形。

(6)"旋转（R）"：绘制倾斜的矩形。

【例题 3.4】　绘制图 3.20 所示图形。

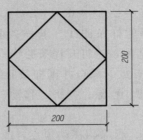

图 3.20　用矩形命令绘图

解　作图过程如下：

命令：RECTANG

指定第一个角点或 [倒角(C)/标高(E)/圆角(F)/厚度(T)/宽度(W)]：　　　　（拾取外矩形的左下角点）

指定另一个角点或 [面积(A)/尺寸(D)/旋转(R)]：@200,200 ✓　　　　（给出矩形的右上角点）

命令：RECTANG

指定第一个角点或 [倒角(C)/标高(E)/圆角 (F)/厚度 (T)/宽度（W）]：

　　　　（拾取外矩形下边中点）

指定另一个角点或 [面积(A)/尺寸(D)/旋转(R)]：R ✓　　　　（转换为倾斜矩形方式）

指定旋转角度或 [拾取点(P)] <0>：45 ✓　　　　（输入旋转角 45°）

指定另一个角点或 [面积(A)/尺寸(D)/旋转(R)]：@0,200✓　　　　（输入内矩形对角点）

3.7　正多边形（POLYGON）

正多边形（POLYGON）命令用于绘制边数为 3～1024 的正多边形。绘制正多边形时，需要指定多边形的边数、位置和大小。所绘正多边形是一条封闭的多段线。

资源 3.8
正多边形画法

1. 命令输入

(1) 功能区"默认"选项卡→"绘图"面板→"多边形"按钮 。

(2) 菜单："绘图（D）"→"多边形（V）"。

(3) 工具栏："绘图"工具栏→"多边形"按钮 。

(4) 命令：POLYGON（POL）。

2. 命令提示和操作

(1) 用内接于圆或外切于圆的圆半径方式绘多边形，见图 3.21（a）、图 3.21（b）。

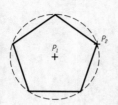

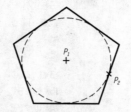

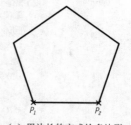

（a）内接于圆绘多边形   （b）外切于圆绘多边形   （c）用边长的方式绘多边形

图 3.21　正多边形画法

命令：POLYGON

输入边的数目 <4>：5 ↙

定正多边形的中心点或 [边(E)]：　　　　　　（拾取 P_1 为正多边形中心）

输入选项 [内接于圆(I)/外切于圆(C)] <I>：↙　　（确认内接于圆画正多边形）

指定圆的半径：　　　　　　　　　　　　　　（输入圆半径或拾取 P_2，线段 P_1P_2 的长度为半径）

（2）用边长的方式绘多边形，见图 3.21（c）。

命令：POLYGON

输入边的数目 <5>：↙　　　　　　　　　　（确认绘五边形）

指定正多边形的中心点或 [边(E)]：E ↙　　　（用边长方式绘多边形）

指定边的第一个端点：　　　　　　　　　　（拾取 P_1 为多边形起点）

指定边的第二个端点：　　　　　　　　　　（拾取 P_2，线段 P_1P_2 的长度为边长，确定了第一条边方向）

3. 说明

用光标定位 P_1、P_2 来确定外接圆或内切圆半径时，同时也确定了多边形一边的方向，当采用键盘输入半径时，正多边形最下面的边水平绘制。

3.8　圆　弧（ARC）

圆弧（ARC）命令用于绘制圆弧。AutoCAD 提供了 11 种已知条件不同的画圆弧方法。画圆弧命令子菜单见图 3.22。

1. 命令输入

（1）功能区："默认"选项卡→"绘图"面板→"圆弧"按钮 。

（2）工具栏："绘图"工具栏→"圆弧"按钮 。

（3）命令：ARC（A）。

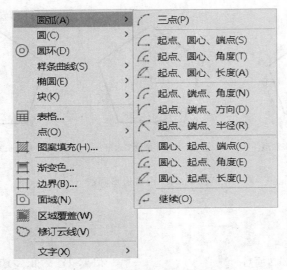

图 3.22　画圆弧命令子菜单

2. 命令提示和操作

命令：ARC
指定圆弧的起点或［圆心（C）］：
指定圆弧的第二个点或［圆心（C）/端点（E）］：
指定圆弧的端点：

资源 3.9
圆弧画法

3. 说明

（1）默认画圆弧方向为逆时针方向。

（2）输入角度为正时逆时针画圆弧，输入角度为负时顺时针画圆弧。

（3）输入弦长或半径为正时画小于 180°的圆弧，输入弦长或半径为负时画大于 180°的圆弧。

（4）子菜单中的"继续"选项，用于画与上一对象相切的圆弧。

【例题 3.5】 已知始点、终点、半径，画圆弧，见图 3.23。

解　作图过程如下：

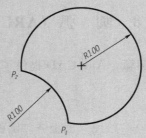

图 3.23　用始点、终点、半径画圆弧

64

命令：ARC

指定圆弧的起点或［圆心（C）］：　　　　　　　　（拾取起点 P_1）

指定圆弧的第二个点或［圆心（C）/端点（E）］：E↙　（选择终点选项）

指定圆弧的端点：　　　　　　　　　　　　　　　（拾取终点 P_2）

指定圆弧的圆心或［角度（A）/方向（D）/半径（R）］:R↙　（选择半径选项）

指定圆弧的半径:100↙　　　　　　　　　　　　　（输入100画小圆弧，输入－100画大圆弧）

【例题 3.6】　用直线、圆弧命令绘制图 3.24 所示图形。

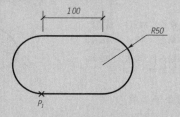

图 3.24　用直线、圆弧构图

解　作图过程如下：

命令：LINE

指定第一点：　　　　　　　　　　　　　　　　（拾取始点 P_1）

指定下一点或［放弃（U）］：@100,0↙

指定下一点或［放弃（U）］：↙

命令：ARC

指定圆弧的起点或［圆心（C）］：↙　　　　　　（响应"继续"画圆弧方式，圆弧始点为直线终点）

指定圆弧的端点：@0,100↙　　　　　　　　　　（输入圆弧终点）

命令：LINE

指定第一点：↙　　　　　　　　　　　　　　　（直线始点为圆弧终点，并与圆弧相切）

直线长度:100↙　　　　　　　　　　　　　　　（输入直线长度）

指定下一点或［放弃（U）］：↙

命令：ARC

指定圆弧的起点或［圆心（C）］：↙　　　　　　（响应"继续"画圆弧方式，圆弧始点为直线终点）

指定圆弧的端点：@0,－100↙　　　　　　　　　（输入圆弧终点）

3.9　椭　圆（ELLIPSE）

椭圆（ELLIPSE）命令用于绘制椭圆和椭圆弧。图 3.25 为椭圆 ELLIPSE 命令的子菜单。

1. 命令输入

(1) 功能区："默认"选项卡→"绘图"面板→"椭圆"按钮◯。

(2) 菜单："绘图（D）"→"椭圆（E）"。

(3) 工具栏："绘图"工具栏→"椭圆"按钮◯。

(4) 命令：ELLIPSE（EL）。

2. 命令提示和操作

(1) 绘制椭圆，见图 3.26。

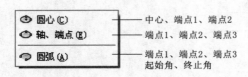

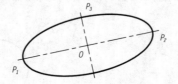

　　图 3.25　椭圆命令子菜单　　　　　　　　图 3.26　椭圆画法

命令：ELLIPSE	
指定椭圆的轴端点或［圆弧(A)/中心点(C)］：	（拾取点 P_1）
指定轴的另一个端点：	（拾取点 P_2，P_1P_2 为一条轴长）
指定另一条半轴长度或［旋转(R)］：	（输入另一半轴长或拾取点 P_3）

选项说明如下：

1)"圆弧（A）"：进入绘制椭圆弧方式。

2)"中心点（C）"：选择中心、端点 1、端点 2 方式画椭圆。中心至端点 1 以及中心至端点 2 分别为椭圆的两个半轴长。

3)"旋转（R）"：选择倾斜角方式画椭圆。绘制圆绕着其水平直径线旋转一定角度向水平面投射所得到的椭圆。响应 R 选项后，命令提示为：

指定绕长轴旋转的角度：45 ↙	（设定圆绕 P_1P_2 轴旋转 45°）

(2) 绘制椭圆弧。

命令：ELLIPSE	
指定椭圆的轴端点或［圆弧(A)/中心点(C)］：A ↙	（选择椭圆弧方式）
指定椭圆弧的轴端点或［中心点(C)］：	（拾取端点 1）
指定轴的另一个端点：	（拾取端点 2）
指定另一条半轴长度或［旋转(R)］：	（拾取端点 3，作出椭圆）
指定起始角度或［参数(P)］：	（输入起始角或参数）
指定终止角度或［参数(P)/包含角度(I)］：	（输入终止角或参数）

椭圆弧命令中的相关选项含义与椭圆命令选项相同。其中"参数（P）"选项，是根据输入值由矢量参数方程式计算起始角和终止角。

3.10 圆 环 (DONUT)

圆环（DONUT）命令用于绘制圆环。

1. 命令输入

（1）功能区："默认"选项卡→"绘图"面板→"圆环"按钮◎。

（2）菜单："绘图（D）"→"圆环（D）"。

（3）命令：DONUT。

2. 命令提示和操作

> 命令：DONUT
> 指定圆环的内径 <0.5000>：
> 指定圆环的外径 <1.0000>：
> 指定圆环的中心点或 <退出>：
> ……
> 指定圆环的中心点或 <退出>：↙   （结束 DONUT 命令）

3. 说明

圆环是否填充由 FILL 命令控制。当 FILL 为开（ON）时，圆环填充，当 FILL 为关（OFF）时，圆环不填充。

3.11 图 案 填 充 (HATCH)

工程图中常需要在图形区域绘制图案或材料剖面符号，用来区分各组成部分或表示物体的材料，利用图案填充命令可以很方便地绘制材料剖面符号。

3.11.1 图案填充命令与操作

1. 命令输入

（1）功能区："默认"选项卡→"绘图"面板→"图案填充"按钮▨。

（2）菜单："绘图（D）"→"图案填充（H）"。

（3）工具栏："绘图"工具栏→"图案填充"按钮▨。

（4）命令：HATCH（H）。

2. 命令提示和操作

在"草图与注释"工作空间执行图案填充命令后，在功能区弹出"图案填充创建"选项卡，如图 3.27 所示。在"AutoCAD 经典"工作空间执行图案填充命令后，打开"图案填充和渐变色"对话框，如图 3.28 所示。

图 3.27 "图案填充创建"选项卡

图 3.28　"图案填充和渐变色"对话框

图案的填充边界、图案、填充特性和其他参数可通过选项卡或对话框内按钮和各种选项进行定义，以选项卡为例，说明如下：

（1）"边界"面板：定义填充的边界。

1）"拾取点"按钮![icon]：通过选择由一个或多个对象形成的封闭区域内的任意一点来确定图案填充边界。单击该按钮，AutoCAD 返回图形窗口，以拾取点的方式选择一个或多个图案填充边界。

2）"选择"按钮![icon]：指定基于选定对象的图案填充边界。

3）"删除"按钮![icon]：从边界定义中删除之前添加的任何对象。

（2）"图案"面板：显示所有预定义和自定义图案的图像预览，方便用户在面板中选择所需的图案。

（3）"特性"面板：指定图案填充类型、图案填充颜色、图案填充透明度、图案填充角度、图案填充缩放比例、图案填充间距和图层名。

（4）"原点"面板：设定不同原点，可以控制填充区域内图案的对齐位置。"设定原点"按钮![icon]直接指定新的图案填充原点；打开该面板的溢出列表，可以访问其他定义原点的工具，如图 3.29 所示。

（5）"选项"面板：指定填充图案的注释性、关联性，是否创建独立的图案填充，绘图次序，特性匹配等，如图3.29所示。

1)"关联"按钮▨：指定图案填充为关联图案填充，改变边界对象时，图案填充将会关联更新。

2)"注释性"按钮▲：指定图案填充为注释性。使用此特性，用户可以利用注释比例自动完成缩放注释的过程，使图案能够以正确的大小在图纸上打印或显示。有关注释性概念详见本书7.5节。

3)"特性匹配"下拉菜单：继承已有图案特性。提供"使用当前原点"和"使用源图案填充原点"两个选项，两个选项图标为▨和▨。

4)"允许的间隙"文本框：将选定的对象用作图案填充边界时可以忽略的最大间隙。默认值为0，这时指定的对象必须形成封闭区域。移动滑块或输入一个值（0～5000），设定将选定的对象用作图案填充边界时可以忽略的最大间隙，任何小于或等于指定值的间隙都被忽略，将边界视为封闭。

5)"创建独立的图案填充"按钮▨：当指定了几个独立的边界进行图案填充时，指定是创建单个图案填充对象，还是创建多个图案填充对象。

6)"孤岛检测"下拉菜单：用于确定是否进行孤岛检测以及孤岛检测的方式，有四种方式供选择，如图3.30所示。

图3.29 "原点"及"选项"面板

图3.30 "孤岛检测"下拉菜单

孤岛是指位于填充区域内的封闭区域。四种方式分别是：普通孤岛检测、外部孤岛检测、忽略孤岛检测、无孤岛检测。普通孤岛检测方式通常是默认方式，从最外边的区域开始向内部填充，在交替的区间内填充，如图3.31所示。外部孤岛检测方式从最外部的区域开始向内部填充，遇到第一个内部边界即停止填充，只对最外层区域填充。忽略孤岛检测方式忽略内部所有边界，对最外层边界围成的区域全部填充。无孤岛检测方式不检测孤岛。三种孤岛检测方式填充效果如图3.32所示。

7)"绘图次序"下拉菜单：为图案填充指定绘图次序。下拉菜单选项包括"不指定""后置""前置""置于边界之后""置于边界之前"，如图3.33所示。

单击"选项"面板右下角▨，打开"图案填充和渐变色"对话框（图3.28），单击该对话框右下角◉，打开图3.34所示附属对话框，可以设置图案填充的三种方式：普通、外部、忽略。

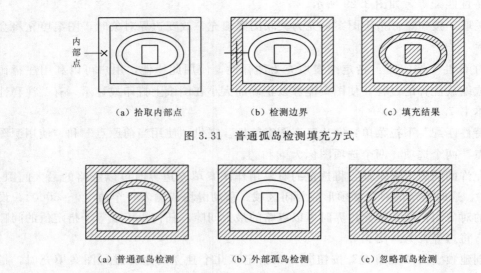

（a）拾取内部点　　　　　（b）检测边界　　　　　（c）填充结果

图 3.31　普通孤岛检测填充方式

（a）普通孤岛检测　　　　（b）外部孤岛检测　　　　（c）忽略孤岛检测

图 3.32　三种孤岛检测方式填充效果

图 3.33　"绘图次序"下拉菜单

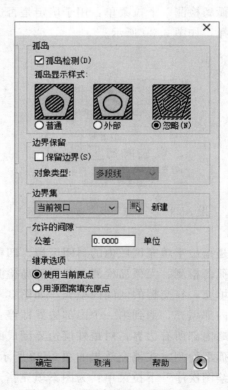

图 3.34　"图案填充"附属对话框

　　在图 3.28 对话框中，单击"渐变色"，打开如图 3.35 所示"渐变色"选项卡对话框，用于对闭合区域进行渐变色填充。

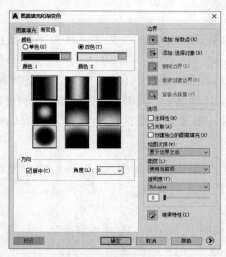

图 3.35 "渐变色"选项卡对话框

（6）"关闭"面板：结束图案填充创建，并退出"图案填充创建"选项卡。

【例题 3.7】 绘制图 3.36 所示挡土墙断面图的剖面材料符号。

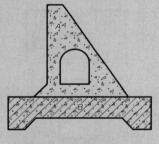

图 3.36 绘制剖面材料符号

资源 3.10
绘制剖面
材料符号

解 作题步骤如下：

（1）单击"图案填充"按钮▨。

（2）在"图案填充创建"选项卡中选择图案类型为混凝土材料"AR - CONC"，单击"确定"按钮。

（3）选择图案边界。单击"边界"面板中"拾取点"按钮▨，在要填图案的 A、B 区域分别拾取一点，填充效果呈预览状态。

（4）调整图案缩放比例到合适的值，角度为 0°。

（5）单击回车键返回并结束混凝土材料符号填充。

（6）重复操作（1）～（2）步骤，选择图案类型为"ANSI31"。

（7）选择图案边界。单击"边界"面板中"拾取点"按钮▨，在要填图案的 B 区域拾取一点，填充效果呈预览状态。

（8）调整图案缩放比例到合适的值，角度为 0°。

（9）单击回车键返回并结束斜线符号填充，剖面材料符号绘制完成。

3. 说明

(1) 图案填充时，如果被选边界中包含文字，在文字区域内不填充，如图 3.36 中的字母 "A" 和 "B"。

(2) 图案比例设置不仅与填充区域大小有关，也与图案类型有关，同样大小的填充区域，填充不同图案时，采用的图案比例也是不同的，合适的图案比例可以通过 "预览" 调整。

(3) 当图案比例过大时，不能在给定区域内填充，AutoCAD 提示 "无法对边界进行图案填充"。

【例题 3.8】 试用夹点编辑功能改变图 3.37 (a) 中填充区域大小，将其调整为虚线形状；并将右边的圆移到左边，如图 3.37 (f) 所示。

解 作图步骤如下：

(1) 选择拉伸对象，如图 3.37 (b) 所示。选择左上角点为基夹点，将基夹点拖动到新位置并确认，如图 3.37 (c) 所示。

(2) 当图案填充为关联状态时，点取圆，如图 3.37 (d) 所示。选择圆心为基夹点，将圆拖到左边。若图案填充为不关联状态，则将圆和图案都选中，如图 3.37 (e) 所示，用同样的操作将圆移至左边。

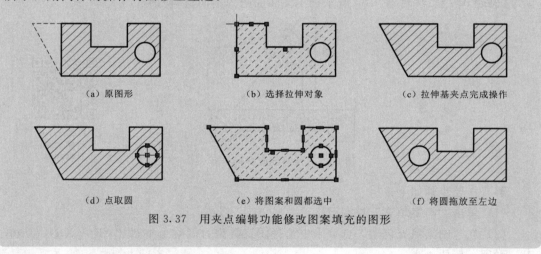

| (a) 原图形 | (b) 选择拉伸对象 | (c) 拉伸基夹点完成操作 |
| (d) 点取圆 | (e) 将图案和圆都选中 | (f) 将圆拖放至左边 |

图 3.37 用夹点编辑功能修改图案填充的图形

3.11.2 图案填充的编辑

图案填充编辑命令可对已填充图案进行修改，改变图案类型、比例、边界等。

1. 命令输入

(1) 功能区："默认"选项卡→"修改"面板→"编辑图案填充"按钮☒。

(2) 菜单："编辑 (M)" → "对象 (O)" → "图案填充 (H)"。

(3) 工具栏："修改 II" 工具栏→"编辑图案填充"按钮☒。

(4) 命令：HATCHEDIT。

2. 命令提示和操作

在 "草图与注释" 工作空间单击要修改的图案，打开 "图案填充编辑器" 功能面板（与 "图案填充创建" 面板相同），即可对图案进行修改。

在"草图与注释"和"AutoCAD 经典"工作空间输入 HATCHEDIT 命令并单击要修改的图案，打开与图 3.28 相同的"图案填充编辑"对话框，即可对图案进行修改。

3.12　面域（REGION）和边界（BOUNDARY）

面域是用闭合的形状或环创建的二维区域。面域可用于填充和着色、分析特性（例如面积）、提取设计信息（例如形心）。面域可以通过布尔运算（图形并、差、交集运算），创建新的二维区域，实现各种平面图形的构形，它是只有面积没有体积的二维实体，是用二维图形构成三维实体的一个途径。

边界是用现有封闭区域的内部点定义的面域或多段线，是定义面域的另一种方法。

3.12.1　面域

REGION 命令用于将闭合的图形对象转换为面域对象。所谓的面域，是使用闭合的环对象创建的二维闭合区域。环可以是直线、多段线、圆、圆弧、椭圆、椭圆弧和样条曲线等。

1. 命令输入

（1）功能区："默认"选项卡→"绘图"面板→"面域"按钮 ◙ 。

（2）菜单："绘图（D）"→"面域（N）"。

（3）工具栏："绘图"工具栏→"面域"按钮 ◙ 。

（4）命令：REGION。

2. 命令提示和操作

> 命令：REGION
>
> 选择对象：找到 1 个　　　（选择要转换为面域的对象，这个提示会反复出现，直至
> 　　　　　　　　　　　　　按下 Enter 键结束选择集）
>
> 选择对象：找到 1 个,总计 2 个
>
> ……
>
> 选择对象：找到 m 个,总计 m 个
>
> 选择对象：↙
>
> 已提取 n 个环。
>
> 已创建 n 个面域。

3. 说明

（1）选择要转换为面域的对象必须是闭合的多段线、直线或曲线，曲线包括圆弧、圆、椭圆弧、椭圆和样条曲线。面域的边界由端点相连的直线和曲线组成。

（2）可以拉伸或旋转面域创建三维实体模型。

（3）可以查询面域对象的面积、周长等。

（4）面域的布尔运算。面域之间可以使用并（UNION）、差（SUB-TRACT）、交（INTERSECT）命令进行并、差、交等集合运算，如图 3.38 所示。

资源 3.11
面域的运算

（5）在 AutoCAD 2022 中，面域总是以线框的形式显示，可以进行移

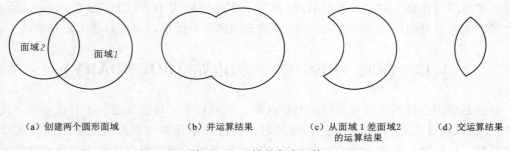

(a) 创建两个圆形面域　　　(b) 并运算结果　　　(c) 从面域 1 差面域 2　　　(d) 交运算结果
　　　　　　　　　　　　　　　　　　　　　　　 的运算结果

图 3.38　面域的集合运算

动、复制等编辑操作。当系统变量 DELOBJ 的值为 1 时，在定义了面域后，将删除原始边界对象；如果系统变量 DELOBJ 的值为 0，则不删除原始边界对象。

（6）使用 EXPLODE 分解命令对面域进行分解，则面域将转换成定义面域前的各个线对象。

3.12.2　边界

1. 命令输入

（1）菜单："绘图（D）" → "边界（B）"。

图 3.39　"边界创建"对话框

（2）命令：BOUNDARY。

2. 命令提示和操作

边界命令打开"边界创建"对话框，如图 3.39 所示。各参数的含义和设置方法说明如下：

（1）"拾取点（P）"：拾取边界区域内点。

（2）"孤岛检测（D）"：控制是否检测内部闭合边界（该边界称为孤岛）。

（3）"对象类型（O）"：定义边界为面域或多段线。

（4）"边界集"：设置通过指定点定义边界时要分析的对象集，是"当前视口"中的对象集或由"新建"按钮拾取的"现有集合"。

3.13　修订云线（REVCLOUD）

修订云线是由连续圆弧组成的云线形状的多段线，在审图看图时用以提醒看图者注意图形的某个部分。REVCLOUD 命令可以从头开始创建修订云线，也可以将圆、椭圆、矩形、样条曲线、多段线等图形对象转换为修订云线。

1. 命令输入

（1）功能区："默认"选项卡 → "绘图"面板 → "修订云线"按钮——"矩形修订云线"按钮▢、"徒手画修订云线"按钮⬚、"多边形修订云线"按钮⬠或"注释"选项卡 → "标记"面板 → "修订云线"按钮——"矩形修订云线"按钮▢、"徒手画修订云线"按钮、"多边形修订云线"按钮。

（2）菜单："绘图（D）"→"修订云线（V）"。

（3）工具栏："绘图"工具栏→"修订云线"按钮。

（4）命令：REVCLOUD。

2. 命令提示和操作

命令：REVCLOUD
最小弧长：2.1357　最大弧长：3.2714　样式：普通　类型：徒手画
指定第一个点或［弧长(A)/对象(O)/矩形(R)/多边形(P)/徒手画(F)/样式(S)/修改(M)］＜对象＞：_F
指定第一个点或［弧长(A)/对象(O)/矩形(R)/多边形(P)/徒手画(F)/样式(S)/修改(M)］＜对象＞：
沿云线路径引导十字光标…

选项说明如下：

（1）"弧长（A）"：设置每个圆弧的弦长近似值，圆弧的弦长是指云线中圆弧端点之间的距离。

（2）"对象（O）"：指定要转换为云线的图形对象，并在"反转方向［是（Y）/否（N）］＜否＞:"提示下指定是否反转修订云线弧线的方向，如图 3.40 所示。

当系统变量 DELOBJ 的值为 1 时，所选对象转换为修订云线后要删除原有的对象，为 0 时则保留原有的对象，区别如图 3.41 所示。

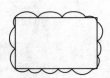

（a）不反转弧线方向　　　（b）反转弧线方向　　　　　（a）变量DELOBJ＝1　　（b）变量DELOBJ＝0

图 3.40　修订云线弧线方向　　　　　　　　图 3.41　矩形对象转换为修订云线

（3）"矩形（R）"：通过指定两个角点绘制矩形形状的修订云线。对应的工具按钮为"矩形修订云线"按钮。

（4）"多边形（P）"：通过指定点绘制多段线创建修订云线。对应的工具按钮为"多边形修订云线"按钮。

（5）"徒手画（F）"：通过拖动光标形成自由形状的多段线来创建修订云线。对应的工具按钮为"徒手画修订云线"按钮。

（6）"样式（S）"：该选项用于指定修订云线为"普通"还是"手绘"，手绘模式下的弧线带有渐变的宽度，如图 3.42 所示。

（7）"修改（M）"：该选项用于对现有云线添加或删除侧边。

（a）"手绘"样式　　　　（b）"普通"样式

图 3.42　修订云线的两种样式

3.14 表 格（TABLE）

表格是工程图中常见的内容。在 AutoCAD 2022 中，用户可以通过空表格或表格样式创建表格对象。还可以使用夹点修改表格的高度，编辑表格数据格式，编辑表格单元文字和插入块。通过设置表格样式，控制表格外观。

3.14.1 创建空表格（TABLE）

1. 命令输入

（1）功能区："默认"选项卡→"注释"面板→"表格"按钮▦或"注释"选项卡→"表格"面板→"表格"按钮▦。

（2）菜单："绘图（D）"→"表格..."。

（3）工具栏："绘图"工具→"表格"按钮▦。

（4）命令：TABLE。

2. 命令提示和操作

输入命令后，打开"插入表格"对话框，如图 3.43 所示。

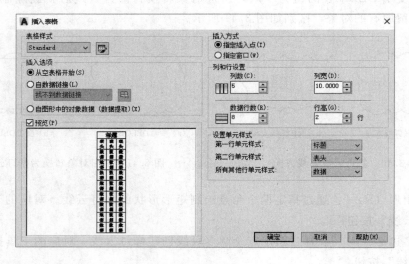

图 3.43 "插入表格"对话框

（1）"表格样式"：从列表中选择一个样式，或单击右侧的按钮▣创建一个新的表格样式。

（2）"插入选项"：选择从"空表格开始"。

（3）"插入方式"：指定表格的插入点或指定表格的窗口。

1）指定表格的插入点：指定表格左上角位置，通过设置列数和列宽、行数和行高插入表格。

2）指定表格窗口：通过指定矩形窗口的两个对角点插入表格，控制表格总体尺寸。

这时，列数或列宽两者只能设置其一，行数和行高也只能设置其一。

（4）"设置单元样式"：根据表格内容，分别设置表格各单元行的样式。

3. 说明

插入表格后，打开"文字格式"工具栏，并激活表头文字输入，如图 3.44 所示，这时可进行表格内容的填写。Tab 键和←、→、↑、↓键均可在表格内移动光标。若"文字格式"工具栏关闭，只要选中单元格并双击，可重新打开"文字格式"工具栏，注写或修改数据。

资源 3.12
创建表格

选择一个单元后，按 F2 键可以编辑该单元文字。

图 3.44　插入表格并填写表格内容

> **【例题 3.9】**　创建一个 6 行 5 列的空表格。
>
> **解**　操作步骤如下：
>
> （1）单击按钮▦，打开"插入表格"对话框。
>
> （2）设置"插入选项"为"从空表格开始"；"插入方式"为从指定点插入；列数 5，列宽 70；数据行数 4，行高 1；第一行单元样式为标题；第二行单元样式为表头；所有其他行单元样式为数据。单击确定，在图中指定表格左上角位置，一个 6 行 5 列的表格完成，如图 3.45 所示。
>
>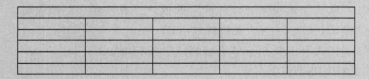
>
> 图 3.45　创建空表格

3.14.2　编辑表格

表格创建完成后，用户可以单击该表格上的任意网格线以选中该表格，然后通过使用"特性"选项板或夹点来编辑该表格，如图 3.46 所示。

更改表格某列的宽度时，直接拉伸该列网格线上的夹点即可，这时表格总的宽度保持不变，如图 3.47 所示。若在拉伸该列网格线上的夹点时按 Ctrl 键，则更改列宽的同时表格总宽相应增加，如图 3.48 所示。

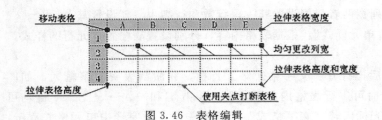

图 3.46 表格编辑

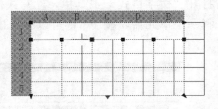

图 3.47 更改一列的宽度   图 3.48 按 Ctrl 键增加表的总宽

在表格的某个单元上单击，则可选中该单元表格进行编辑，如图 3.49 所示。选中的单元格边框中央将显示夹点，拖动单元上的夹点可以使单元及其列或行的高、宽改变。

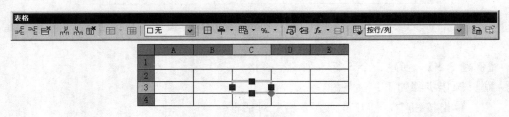

图 3.49 单元格编辑

3.14.3 表格样式（TABLESTYLE）

1. 命令输入

（1）功能区："默认"选项卡→"注释"面板→"表格样式"按钮▦。

（2）菜单："格式（O）"→"表格样式（B）"。

（3）工具栏："样式"工具栏→"表格样式"按钮▦。

（4）命令：TABLESTYLE。

2. 命令提示和操作

命令执行后，打开"表格样式"对话框，如图 3.50 所示。

单击"新建"按钮打开"创建新的表格样式"对话框，如图 3.51 所示。在"新样式名"栏中输入新的样式名，如"门窗表"。在"基础样式"列表中为新样式选择基础样式。

单击"继续"按钮，打开"新建表格样式：门窗表"对话框，如图 3.52 所示。新建样式有以下各设置：

（1）"起始表格"：使用户可以在图形中指定一个表格用作样例来设置此表格样式。选择表格后，可以指定要从该表格复制到表格样式的结构和内容。

使用删除表格按钮，可以将表格从当前指定的表格样式中删除。

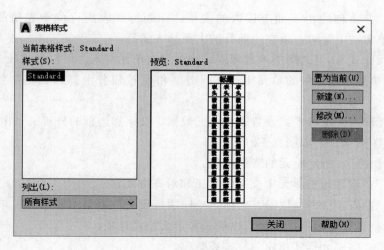

图 3.50 "表格样式"对话框

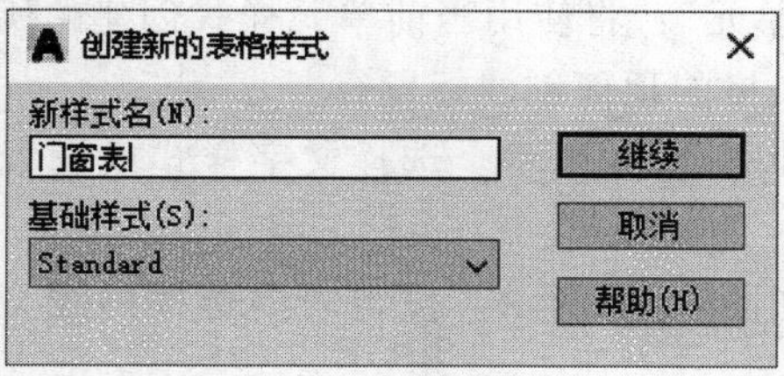

图 3.51 "创建新的表格样式"对话框

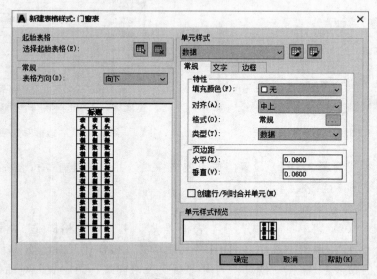

图 3.52 "新建表格样式：门窗表"对话框

（2）"表格方向"：设置表格读取方向。

1）"向下"：将创建由上而下读取的表格，标题行和表头行位于表格的顶部。单击"插入行"并单击"下"时，将在当前行的下面插入新行。

2)"向上":将创建由下而上读取的表格,标题行和表头行位于表格的底部。单击"插入行"并单击"上"时,将在当前行的上面插入新行。

(3)"单元样式":定义新的单元样式或修改现有单元样式。可以创建任意数量的单元样式。下拉菜单显示表格中的单元样式。单击📄和📄按钮分别打开创建和管理单元样式对话框。

(4)"单元样式"选项卡:设置表格单元数据、文字和边框的外观。其中:

1)"常规"选项卡,如图 3.52 所示。

a."填充颜色":指定单元的背景颜色。

b."对齐":设置表格单元中文字的对正和对齐方式。

c."格式":为表格中的数据、列标题或标题行设置数据类型和格式。单击▨按钮打开"表格单元格式"对话框,从中可以进一步定义格式选项。

d."类型":将单元样式指定为标签或数据。

e."页边距":控制单元边界和单元内容之间的间距。

f."创建行/列时合并单元":将使用当前单元样式创建的所有新行或新列合并为一个单元。可以使用此选项在表格的顶部创建标题行。

2)"文字"选项卡,如图 3.53 所示。选择文字样式或设置新文字样式。为表格中文字设定字高、转角和颜色。

3)"边框"选项卡,如图 3.54 所示。设定表格边框的线型、线宽、颜色以及应用在表格中的位置。

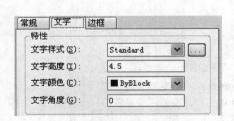

图 3.53 "文字"选项卡

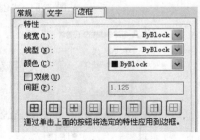

图 3.54 "边框"选项卡

资源 3.13
门窗表

【例题 3.10】 设置门窗表表格样式,并创建具有一行表头、9 行数据、5 列的门窗表。

解 操作步骤如下:

(1)菜单:"格式"→"表格样式",打开"表格样式"对话框。

(2)单击"新建",打开"创建新的表格样式"对话框,为新样式命名"门窗表"。单击"继续"打开"新建表格样式:门窗表"对话框。

(3)在"单元样式"中选择"表头";"常规"选项卡中对齐方式为"正中";页边距水平为 3,垂直为 2;"文字"选项卡中字高为 3.5;"边框"选项卡中线宽为 0.5,应用到外边框。

（4）在"单元样式"中选择"数据"；"文字"选项卡中字高为 2.5；其余均不变，完成设置。

（5）单击"表格"按钮▦，打开"插入表格"对话框。

（6）设列数为 5，列宽为 20，行数为 8，行高为 1。通常工程图的标题在表格外部上方，故第一行单元样式为表头；第二行单元样式为数据；其他行单元样式为数据。这样数据行正好 9 行。

（7）单击"确定"，指定插入点，插入门窗表格，同时打开"文字格式"工具栏，为表格填写数据、文字，如图 3.55 所示。

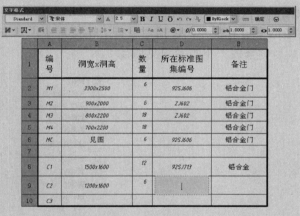

图 3.55 门窗表格

第4章

基本编辑命令

在图形绘制过程中，经常需要修改所绘制的对象，图形绘制完毕后也经常需要根据设计方案的变化来修改图形。AutoCAD 提供了强大的图形编辑功能，使用户可以方便快捷地修改图形。编辑对象的渠道有多种，包括命令行、快捷菜单、双击对象和使用夹点等。"修改"工具栏见图 4.1，"修改"下拉菜单见图 4.2。

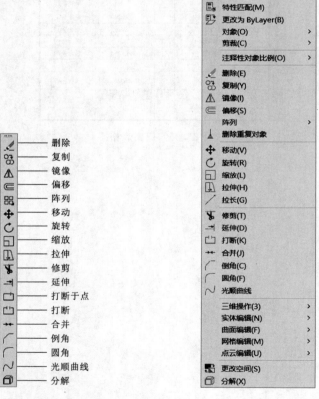

图 4.1   "修改"工具栏   图 4.2   "修改"下拉菜单

4.1   编辑对象的选择

执行编辑操作时，AutoCAD 通常会提示：

选择对象:

此时,十字光标变成小方框(称为拾取框),要求用户选择将要进行操作的对象,用户可以用交互方式在绘图窗口选择对象。被选中的对象有两种显示方式:系统变量 SE-LECTIONEFFECT=1 时为光晕显亮;系统变量 SELECTIONEFFECT=0 时为虚显。通常"选择对象:"的提示是一个连续的操作,按空格键、回车(Enter)键或单击鼠标右键即可结束构造选择集,按 Esc 键将中断选择操作,取消该选择集。AutoCAD 有多种选择对象的方式,要查看所有方式,可在"选择对象:"提示下输入"?",调出选项:

需要点或窗口(W)/上一个(L)/窗交(C)/框(BOX)/全部(ALL)/栏选(F)/圈围(WP)/圈交(CP)/编组(G)/添加(A)/删除(R)/多个(M)/前一个(P)/放弃(U)/自动(AU)/单个(SI)/子对象(SU)/对象(O)

下面介绍常用的选择对象方式。

1. 直接拾取方式

默认选择方式,只需移动拾取框至所选对象并点取,该对象即被选中。可连续逐个拾取多个所需对象。

2. 窗口(WINDOW,W)方式

默认选择方式,直接移动拾取框或在"选择对象:"提示后键入 W,通过建立一个浅蓝色底的实线矩形区域来选择对象。当以自左向右的方式指定了矩形窗口的两个对角点后,全部位于矩形窗口内的可见对象被选中,不在窗口内或只有部分在窗口内的可见对象不被选中,见图 4.3(a)。需要注意的是,矩形选择框的第二角点必须位于第一角点的右方,与上下方无关,否则将是"窗交"选择方式。

若在"选择对象:"提示后键入 WP,可以通过建立一个多边形实线区域选择对象。

3. 上一个(LAST,L)方式

在"选择对象:"提示后键入 L,可以选中最近一次创建的可见对象,可多次使用。

4. 窗交(CROSSING WINDOW,C)方式

默认选择方式,直接移动拾取框或在"选择对象:"提示后键入 C,通过建立一个浅绿色底的虚线矩形区域来选择对象。当以自右向左的方式指定了矩形窗口的两个对角点后,全部位于矩形窗口内、与矩形窗口相交的可见对象都被选中,见图 4.3(b)。

若在"选择对象:"提示后键入 CP,可以通过建立一个虚线多边形区域选择对象。

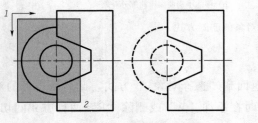

(a)窗口(实线矩形)方式选择对象

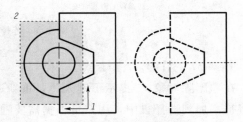

(b)窗交(虚线矩形)方式选择对象

图 4.3 两种窗口方式

5. 自动（AUTO，AU）方式

在"选择对象："提示后键入 AU，切换到默认选择方式。在对象上单击可直接选择该对象，若在图中空白处按拾取键，则 AutoCAD 提示以"指定对角点："方式拾取对象，AutoCAD 将自动以两个拾取点为对角点确定一矩形窗口：若自左向右进行框选则建立实线矩形［图 4.3（a）］，即为窗口方式；自右向左框选则建立虚线矩形［图 4.3（b）］，即为窗交方式。

6. 全选（ALL）方式

该方式选中图形中所有可见或不可见的对象，但不包括被冻结或被锁定图层中的对象。

7. 栏选（FENCE，F）方式

该方式按提示可以作一不封闭的多边形栏选线，与栏选线相交的对象均被选中，见图 4.4。

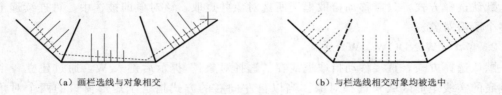

（a）画栏选线与对象相交　　　　　　（b）与栏选线相交对象均被选中

图 4.4　栏选选择对象

8. 删除（REMOVE，R）方式

在"选择对象："提示下键入 R，命令提示转为"删除对象："，可以使用任何对象选择方法从当前已选对象集中移除不需要编辑的部分对象，见图 4.5。也可以在选择对象模式下直接按住 Shift 键，逐一删除已被选择的对象。

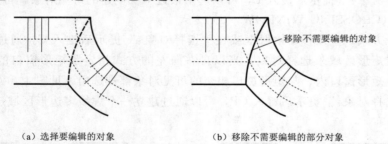

（a）选择要编辑的对象　　　　　　（b）移除不需要编辑的部分对象

图 4.5　选择对象的删除方式

9. 添加（ADD，A）方式

在"删除对象："提示下键入 A，重新返回到"选择对象："方式，此后所选择的对象都将被添加到选择集中，用户可根据需要随时在添加"A"或删除"R"两种方式间切换。

10. 前一个（PREVIOUS，P）方式

在"选择对象："提示下键入 P，可以选中上一次选择并执行操作的选择集，上一次选择但并未操作的对象不会被选取。

11. 放弃（UNDO，U）方式

在选择过程中键入 U，可取消最近一次的选择操作。

12. 单个（SINGLE，SI）方式

在"选择对象:"提示下键入 SI，切换到单选模式，选择一个或一组对象后立即执行编辑操作，不再要求继续选择。

13. 子对象（SU）方式

可以逐个选择原始形状，这些形状是复合实体的一部分或三维实体上的顶点、边和面。

4.2 复 制（COPY）

复制（COPY）命令将对象复制到指定位置。默认情况为多次复制，也可以单次复制。如果设置复制模式为单个，则每执行复制命令一次只复制一次对象。复制的对象与源对象位于同一图层，具有相同的特性。

1. 命令输入

（1）功能区:"默认"选项卡→"修改"面板→"复制"按钮❄。

（2）菜单:"修改（M）"→"复制（Y）"。

（3）工具栏:"修改"工具栏→"复制"按钮 ❄。

（4）夹点快捷菜单:夹点编辑快捷菜单中的"复制选择（Y）"选项。

（5）命令:COPY（CO）。

2. 命令提示和操作

命令:COPY
选择对象:
……   （任意方法选择对象）
选择对象:↙
指定基点或［位移(D)/模式(O)］＜位移＞:   （指定一点为基点）
指定第二个点或［阵列(A)］＜使用第一个点作为位移＞:   （指定目标点或目标方向及位移量）
……   （多次复制）
指定第二个点或［阵列(A)/退出(E)/放弃(U)]＜退出＞:↙

4.3 移 动（MOVE）

移动（MOVE）命令将选中的对象平移到指定位置。

1. 命令输入

（1）功能区:"默认"选项卡→"修改"面板→"移动"按钮 ✛。

（2）菜单:"修改（M）"→"移动（V）"。

（3）工具栏："修改"工具栏→"移动"按钮 ✛ 。

（4）夹点快捷菜单：夹点编辑快捷菜单中的"移动（M）"选项。

（5）命令：MOVE（M）。

2. 命令提示和操作

命令:MOVE
选择对象:
……　　　　　　　　　　　　　　　　　　　　　（任意方法选择对象）
选择对象:↙
指定基点或［位移(D)］＜位移＞:　　　　　　　　（指定一点为基点）
指定第二个点或 ＜使用第一个点作为位移＞:　　　　（指定目标点）

4.4　镜　像（MIRROR）

镜像（MIRROR）命令将对象按指定的镜像线进行镜像复制。

1. 命令输入

（1）功能区："默认"选项卡→"修改"面板→"镜像"按钮 ◭ 。

（2）菜单："修改（M）"→"镜像（I）"。

（3）工具栏："修改"工具栏→"镜像"按钮 ◭ 。

（4）命令：MIRROR（MI）。

2. 命令提示和操作

镜像复制操作过程如图 4.6 所示。

命令:MIRROR
选择对象:
……　　　　　　　　　　　　　　　　　　　　　（任意方法选择对象）
选择对象:↙
指定镜像线的第一点:
指定镜像线的第二点:
要删除源对象吗?［是(Y)/否(N)］＜N＞:　　　　（若输入"Y"，将删除源对象）

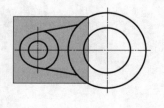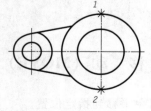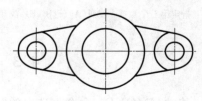

（a）选择对象　　　　　　　（b）指定镜像线　　　　　　　（c）完成镜像复制

图 4.6　镜像复制

3. 操作说明

文字镜像时，为了避免生成被反转或倒置的文字，应将系统变量 MIRRTEXT 设置为 0（关，为默认设置），则文字在镜像后可读，如图 4.7 所示。

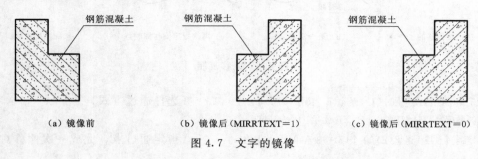

（a）镜像前　　　　　　（b）镜像后（MIRRTEXT＝1）　　　　　（c）镜像后（MIRRTEXT＝0）

图 4.7　文字的镜像

4.5　偏　移（OFFSET）

偏移（OFFSET）命令将选中的直线、圆、多段线等按指定的偏移量或通过点生成一个与原对象相似、等距的新对象。可偏移的对象包括直线、圆和圆弧、椭圆和椭圆弧、二维多段线、构造线、样条曲线等。当向内侧偏移时，若偏移距离过大，则圆角半径自动取 0。

系统变量 OFFSETGAPTYPE 用于控制偏移闭合多段线时处理线段之间潜在间隔的闭合方式：OFFSETGAPTYPE＝0，通过延伸多段线线段填充间隙；OFFSETGAP-TYPE＝1，用半径为偏移距离的圆弧填充间隙；OFFSETGAPTYPE＝2，用倒角直线段填充间隙，到每个倒角的垂直距离等于偏移距离。

1. 命令输入

（1）功能区："默认"选项卡→"修改"面板→"偏移"按钮 。

（2）菜单："修改（M）"→"偏移（S）"。

（3）工具栏："修改"工具栏→"偏移"按钮 。

（4）命令：OFFSET（O）。

2. 命令提示和操作

（1）指定距离偏移，见图 4.8。

命令：OFFSET
当前设置：删除源＝否　图层＝源　OFFSETGAPTYPE＝0
指定偏移距离或［通过（T）/删除（E）/图层（L）］＜通过＞：　（输入偏移距离，也可通过定点方式
　　　　　　　　　　　　　　　　　　　　　　　　　　在屏幕上指定两点作为偏移距离）

选择要偏移的对象，或［退出（E）/放弃（U）］＜退出＞：
指定要偏移的那一侧上的点，或［退出（E）/多个（M）/放弃（U）］＜退出＞：
……
选择要偏移的对象，或［退出（E）/放弃（U）］＜退出＞：↙　　（重复偏移复制至结束）

（2）使偏移对象通过一点。

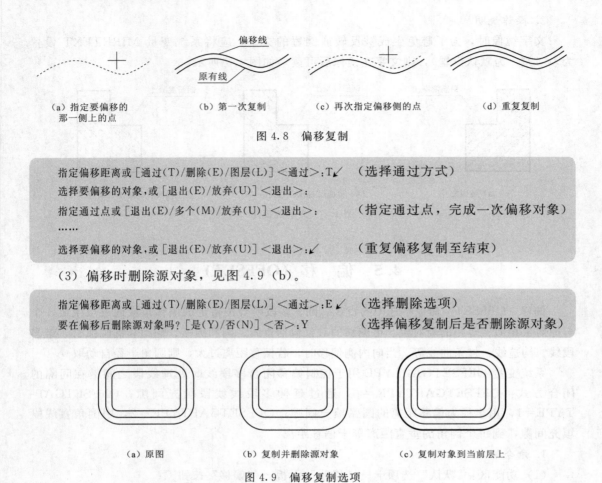

（a）指定要偏移的 （b）第一次复制 （c）再次指定偏移侧的点 （d）重复复制
那一侧上的点

图 4.8 偏移复制

指定偏移距离或［通过(T)/删除(E)/图层(L)］＜通过＞:T✔ （选择通过方式）
选择要偏移的对象,或［退出(E)/放弃(U)］＜退出＞:
指定通过点或［退出(E)/多个(M)/放弃(U)］＜退出＞: （指定通过点，完成一次偏移对象）
……
选择要偏移的对象,或［退出(E)/放弃(U)］＜退出＞:✔ （重复偏移复制至结束）

（3）偏移时删除源对象，见图 4.9（b）。

指定偏移距离或［通过(T)/删除(E)/图层(L)］＜通过＞:E✔ （选择删除选项）
要在偏移后删除源对象吗?［是(Y)/否(N)］＜否＞:Y （选择偏移复制后是否删除源对象）

（a）原图 （b）复制并删除源对象 （c）复制对象到当前层上

图 4.9 偏移复制选项

（4）偏移至当前图层，见图 4.9（c）。

指定偏移距离或［通过(T)/删除(E)/图层(L)］＜通过＞:L✔ （选择图层选项）
输入偏移对象的图层选项［当前(C)/源(S)］＜源＞: （默认复制对象在源图层上；响应
"C"，则复制对象在当前层上）

3. 操作说明

执行 OFFSET 命令时，应首先指定偏移距离，然后选择要偏移的对象，最后指定偏移侧位置，注意每次只能选择一个对象进行偏移操作。若要平行偏移由多段直线或直线、圆弧构成的图形，应先用 PEDIT 命令将它们转换为二维多段线，以免在偏移后产生重叠或间隙。

4.6 阵 列（ARRAY）

阵列（ARRAY）是一个高效的复制命令，可以按指定的行数、列数及间距进行矩形阵列，也可以进行路径阵列和环形阵列。

1. 命令输入

（1）功能区："默认"选项卡→"修改"面板→"阵列"按钮："矩形阵列" 品、"路径阵列" ⚙、"环形阵列" ⚙。

（2）菜单："修改（M）"→"阵列"→"三种阵列方式"。

（3）工具栏："修改"工具栏→"阵列"按钮：品、⚙、⚙。

（4）命令：ARRAY（AR）。

2. 命令提示和操作

命令：ARRAY
选择对象：
……   （任意方法选择源对象）
选择对象：↙
选择对象：
输入阵列类型［矩形(R)/路径(PA)/极轴(PO)］＜矩形＞：

（1）矩形（R）阵列模式。选择矩形阵列模式，等同于 ARRAYRECT 命令，此时将出现矩形阵列预览（图 4.10），同时命令行继续提示如下：

命令：ARRAYRECT
选择对象：   （任意方法选择源对象）
……
选择对象：↙
类型＝矩形　关联＝是
选择夹点以编辑阵列或［关联(AS)/基点(B)/计数(COU)/间距(S)/列数(COL)/行数(R)/层数(L)/退出(X)］
＜退出＞：

在矩形阵列预览中，系统自动显示了六个夹点（无编号），为方便阐述各夹点的作用及功能，现将各点进行编号并分别说明如下：

1）夹点 1：位于源对象上，也称为阵列基点，系统默认为源图形的质心，将光标悬停在其上变为红色后单击，可直接移动阵列和设定三维阵列的层数。可以通过选择"基点（B）"选项另行选择基点位置。

资源 4.1
矩形阵列

2）夹点 2：设置行间距，方法为将光标悬停在其上变为红色后单击，拖动光标可控制阵列垂直向上或向下的方向，以及指定行之间的距离。也可以通过选择"间距（S）"选项设置行间距。

3）夹点 3：设置列间距，方法为将光标悬停在其上变为红色后单击，拖动光标可控制阵列水平向左或向右的方向，以及指定列之间的距离。也可以通过选择"间距（S）"选项设置列间距。

4）夹点 4：设置行数，方法为将光标悬停在其上变为红色后单击，通过拖动光标或输入数值来设置阵列的行数。也可以通过选择"行数（R）"选项设置行数。

5）夹点 5：设置列数，方法为将光标悬停在其上变为红色后单击，通过拖动光标或

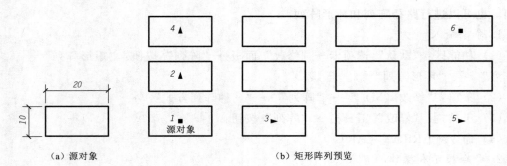

（a）源对象　　　　　　　　　（b）矩形阵列预览

图 4.10　源对象及矩形阵列预览

输入数值来设置阵列的列数。也可以通过选择"列数（COL）"选项设置列数。

6）夹点 6：设置行数、列数，以及行和列的总间距，方法为将光标悬停在其上，变为红色后单击，通过拖动光标设置上述矩形阵列的各参数。

命令的部分选项说明如下：

1）"关联（AS）"：关联情况下，阵列的所有图形同属一个阵列对象，可以通过双击阵列或从工具栏中选择"编辑阵列"对行列数、间距等阵列特性进行编辑；反之在非关联情况下，阵列中的每个项目均为独立的对象，无法对阵列特性进行编辑。

2）"计数（COU）"：设置行数和列数。

对图 4.10 所展示的矩形阵列预览，分别设置行间距＝15，列间距＝30，行数＝3，列数＝5，可以得到一个矩形阵列，如图 4.11 所示。

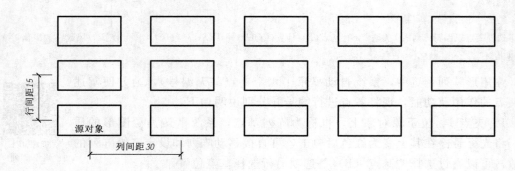

图 4.11　完成的矩形阵列（3 行 5 列）

在系统默认情况下，矩形阵列的阵列角度为 90°，即按照垂直方向行偏移，按照水平方向列偏移。若要改变阵列角度，可以通过 ARRAYCLASSIC 命令实现，如图 4.12 所示。

资源 4.2
路径阵列

（2）路径（PA）阵列模式。路径阵列指的是将选定对象的副本沿指定路径均匀分布，路径可以是直线、多段线、三维多段线、样条曲线、螺旋线、圆弧、圆或椭圆。选择路径阵列模式等同于 ARRAYPATH 命令，此时将出现路径阵列预览（以样条曲线作为路径为例，见图 4.13），同时命令行继续提示如下：

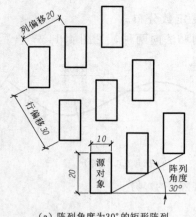

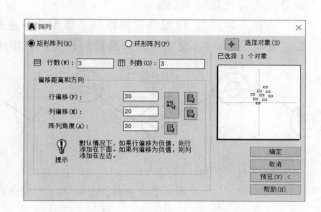

（a）阵列角度为30°的矩形阵列　　　　　　（b）用ARRAYCLASSIC命令设置矩形阵列角度

图 4.12　矩形阵列的阵列角度

命令：ARRAYPATH

选择对象：　　　　　　　　　　　　　　　（任意方法选择源对象）

……

选择对象：↙

类型＝路径　关联＝否

选择路径曲线：　　　　　　　　　　　　　（选择路径曲线）

选择夹点以编辑阵列或［关联（AS）/方法（M）/基点（B）/切向（T）/项目（I）/行（R）/层（L）/对齐项目（A）/z 方向（Z）/退出（X）］＜退出＞：

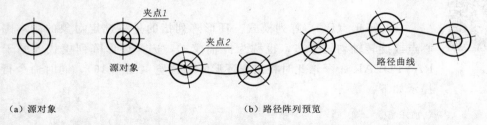

（a）源对象　　　　　　　　　　　　　　　（b）路径阵列预览

图 4.13　源对象及路径阵列预览

在路径阵列预览中，系统自动显示了两个夹点，现将两个夹点的作用及功能阐述如下：

1）夹点 1：为阵列基点，系统默认为路径曲线的起点，将光标悬停在其上变为红色后单击，可直接移动阵列和设定阵列的行数和层数。可以通过选择"基点（B）"选项另行选择基点位置。

2）夹点 2：设置项目间距，方法为将光标悬停在其上变为红色后单击，拖动光标可控制对象按照指定的间距沿着路径曲线方向均匀分布。

命令的部分选项说明如下：

1）"方法（M）"：设置项目沿路径是等距分布还是定数分布。

2）"切向（T）"：设置项目对路径的相位，有切向和法向两种，见图 4.14。

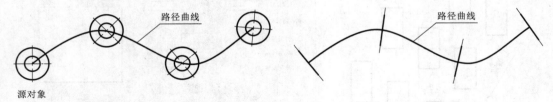

（a）切向方式，4等分　　　　　　　　　（b）法向方式，4等分

图 4.14　选项"切向（T）"对路径阵列的影响

3）"项目（I）"：指定项目间的距离和项目数。

4）"行（R）"：设置项目的行数、行间距和标高增量。

5）"对齐项目（A）"：设置阵列项目是否与路径对齐。

6）"z方向（Z）"：设置阵列项目是否保持 Z 方向。

对图 4.13 所展示的路径阵列预览，设置定数等分，沿路径的项目数为 7，可以得到一个路径阵列，如图 4.15 所示。

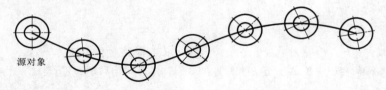

图 4.15　完成的路径阵列（定数等分，项目数为 7）

资源 4.3
环形阵列

　　（3）环形（PO）阵列模式。环形阵列指的是将选定对象的副本围绕中心点或旋转轴均匀分布，也称为极轴模式，选择环形阵列模式等同于 AR-RAYPOLAR 命令，此时将出现环形阵列预览（图 4.16），同时命令行继续提示如下：

命令：ARRAYPOLAR

选择对象：　　　　　　　　　　　　　　　　　（任意方法选择源对象）

……

选择对象：✓

类型＝极轴　关联＝否

指定阵列的中心点或［基点（B）/旋转轴（A）］：　　　　（指定阵列中心点）

选择夹点以编辑阵列或［关联（AS）/基点（B）/项目（I）/项目间角度（A）/填充角度（F）/行（ROW）/层（L）/旋转项目（ROT）/退出（X）］＜退出＞：

在环形阵列预览中，系统自动显示三个夹点，各夹点的作用及功能阐述如下：

1）夹点 1：即为阵列基点，位于源对象上，将光标悬停在其上变为红色后单击，可以设置环形阵列的半径、行数和层数。通过选择"基点（B）"选项可以另行选择基点位置。

2）夹点 2：环形阵列中心点，将光标悬停在其上变为红色后单击，可移动和复制环形阵列。

3）夹点 3：设置项目间距，方法为将光标悬停在其上变为红色后单击，拖动光标或输入角度可控制项目之间的角度。

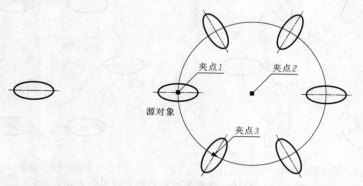

（a）源对象　　　　　　　　（b）环形阵列预览（以夹点2所在圆心为阵列中心点）

图 4.16　源对象及环形阵列预览

命令的部分选项说明如下：

1）"项目（I）"：指定环形阵列内的项目数。

2）"项目间角度（A）"：指定项目之间的角度。

3）"填充角度（F）"：指定项目环形填充的总角度，正值为逆时针方向，负值为顺时针方向。

对图 4.16（b）所展示的环形阵列预览，分别设置两组不同的项目数和填充角度，得到两个不同的环形阵列，如图 4.17 所示。

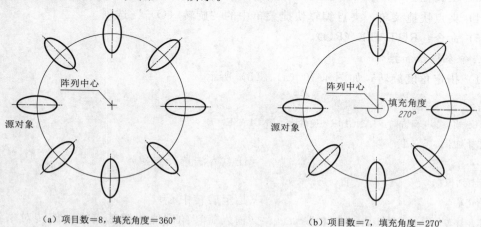

（a）项目数＝8，填充角度＝360°　　　　　　　（b）项目数＝7，填充角度＝270°

图 4.17　项目数和填充角度参数对环形阵列效果的影响

4) "行（ROW）"：输入行数、行间距和标高增量。

5) "旋转项目（ROT）"：设置在环形阵列项目的同时是否旋转阵列项目。

对于图 4.16（b）所展示的环形阵列预览，在项目数和填充角度相同的情况下，分别将"旋转项目（ROT）"参数设置为"Y"与"N"，可看出该参数对环形阵列效果的影响，如图 4.18 所示。

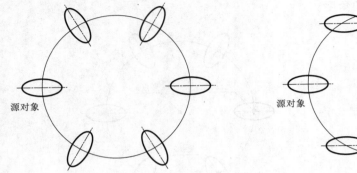

（a）旋转项目参数设置为"Y"　　　　　　　　　（b）旋转项目参数设置为"N"

图 4.18　旋转项目参数对环形阵列效果的影响

4.7　旋　转（ROTATE）

旋转（ROTATE）命令可以将对象按指定角度绕指定点或参照对象进行旋转，旋转时基点不动。

1. 命令输入

(1) 功能区："默认"选项卡→"修改"面板→"旋转"按钮 ⟳。

(2) 菜单："修改（M）"→"旋转（R）"。

(3) 工具栏："修改"工具栏→"旋转"按钮 ⟳。

资源 4.4
旋转复制图形

(4) 夹点快捷菜单：夹点编辑快捷菜单中的"旋转（O）"选项。

(5) 命令：ROTATE（RO）。

2. 命令提示和操作

(1) 指定角度旋转，如图 4.19（a）、（b）所示。

命令：ROTATE

UCS 当前的正角方向：ANGDIR=逆时针　ANGBASE=0

选择对象：

……　　　　　　　　　　　　　　　（任意方法选择对象）

选择对象：↵

指定基点：　　　　　　　　　　　　（指定旋转中心）

指定旋转角度，或 [复制(C)/参照(R)] <0>：（输入旋转角度值或绕基点拖动旋转对象到指定方向：输入正值，按逆时针方向旋转对象，输入负值，按顺时针方向旋转对象）

（a）选择对象指定基点　　　（b）指定角度旋转　　　（c）指定旋转角度复制

图 4.19　旋转操作

（2）旋转复制，如图 4.19（c）所示。

指定旋转角度，或［复制(C)/参照(R)］<0>:C↙　　（旋转并复制原对象至指定角度）

（3）参照方式，如图 4.20 所示。

指定旋转角度，或［复制(C)/参照(R)］<0>:R↙　　（选择参照方式）
指定参照角 <0>：　　　　　　　　　　　　　　　［输入参照角（原角度）或用两点定角
　　　　　　　　　　　　　　　　　　　　　　　度，见图 4.20（a）、（b）］
指定新角度或［点(P)］<0>：　　　　　　　　　　［输入新角度或绕基点拖动旋转对象到
　　　　　　　　　　　　　　　　　　　　　　　指定方向，见图 4.20（c）］

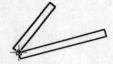 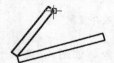 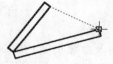 

（a）指定参照角的第一点　　（b）指定参照角的第二点　　（c）指定新角度的位置　　　　（d）完成旋转

图 4.20　用参照角方式旋转对象

4.8　缩　放（SCALE）

缩放（SCALE）命令用于将对象按给定的基点和缩放比例，沿 X、Y、Z 方向按比例放大或缩小。基点可选在图形的任何地方，通常选择中心点或左下角等图形特征点，缩放过程中基点保持不动。比例因子大于 1，放大对象；比例因子在 0～1 之间，缩小对象。

1. 命令输入

（1）功能区："默认"选项卡→"修改"面板→"缩放"按钮⬜。
（2）菜单："修改（M）"→"缩放（L）"。
（3）工具栏："修改"工具栏→"缩放"按钮⬜。
（4）夹点快捷菜单：夹点编辑快捷菜单中的"缩放（L）"选项。

（5）命令：SCALE（SC）。

2. 命令提示和操作

（1）用比例因子缩放对象。

命令：SCALE

选择对象：　　　　　　　　　　　　　　　　（任意方法选择对象）

……

指定基点：　　　　　　　　　　　　　　　　（指定缩放基点，可在屏幕拾取）

指定比例因子或［复制(C)/参照(R)］<1.0000>：　（指定缩放比例因子）

（2）用缩放复制方式缩放对象，如图 4.21 所示。

指定比例因子或［复制(C)/参照(R)］<1.0000>:C↙　（选择复制并缩放的方式）

缩放一组选定对象。

指定比例因子或［复制(C)/参照(R)］<1.0000>:1.3↙　（指定缩放比例因子）

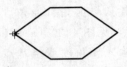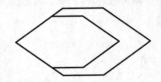

（a）选择对象确定基点　　　　（b）复制并放大对象

图 4.21　缩放并复制

（3）用参照方式（输入参照长度）缩放对象，如图 4.22 所示。

命令：SCALE

选择对象：　　　　　　　　　　　　　　　（选择缩放对象，正五边形）

指定基点：　　　　　　　　　　　　　　　（指定基点，拾取点 A 作为基点）

指定比例因子或［复制(C)/参照(R)］<1.0000>:R↙　（选择参照方式）

指定参照长度 <1.0000>:160 ↙　　　　　　　（输入参照长度的值，或指定原对

象的任何一个长度）

指定新的长度或［点(P)］<1.0000>:300 ↙　　（输入新长度）

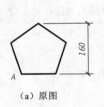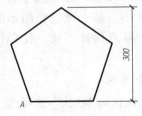

（a）原图　　　　　（b）拾取点 A 为基点　　　　（c）参照缩放后

图 4.22　用参照方式缩放（输入参照长度）

（4）用参照方式（拾取点）缩放对象，如图4.23所示。

命令：SCALE
选择对象：　　　　　　　　　　　　　　　　　　（选择缩放对象，正五边形）
指定基点：　　　　　　　　　　　　　　　　　　（指定基点，拾取点 A 作为基点）
指定比例因子或［复制(C)/参照(R)］<1.0000>：R↙　（选择参照方式）
指定参照长度 <1.0000>：　　　　　　　　　　　（拾取点 A）
指定第二点：　　　　　　　　　　　　　　　　　（拾取点 B）
指定新的长度或［点(P)］<1.0000>：170↙　　　　（输入新长度）

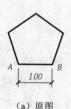

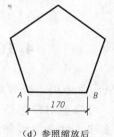

资源4.5
参照方式
缩放

（a）原图　　　（b）拾取点 A　　　（c）分别拾取点 A 和点 B　　　（d）参照缩放后
　　　　　　　　　　为基点　　　　　　作为参照长度控制点

图 4.23　用参照方式缩放（拾取点）

4.9　拉　伸 （STRETCH）

拉伸（STRETCH）命令用于将所选对象的部分拉长或压缩到指定位置。执行该命令时，必须用窗交方式来选择拉伸对象，位于交叉窗口内的端点将被移动。

1. 命令输入

（1）功能区："默认"选项卡→"修改"面板→"拉伸"按钮。

（2）菜单："修改（M）"→"拉伸（H）"。

（3）工具栏："修改"工具栏→"拉伸"按钮。

（4）命令：STRETCH（S）。

2. 命令提示和操作

命令：STRETCH
指定第二个点或 <使用第一个点作为位移>：
以交叉窗口或交叉多边形选择要拉伸的对象…
选择对象：　　　　　　　　　　　　　　　［用窗交方式选择拉伸对象，见图4.24（a）]
……
选择对象：↙
指定基点或［位移(D)］<位移>：　　　　　　［指定基点，见图4.24（b）]
指定位移的第二个点或 <使用第一个点作位移>：［指定目标点，见图4.24（c）]

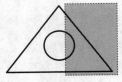
（a）选择拉伸对象

（b）指定基点

（c）指定目标点，完成拉伸

图 4.24　拉伸对象

3．操作说明

圆、椭圆以及文字均不能被拉伸。当圆心在交叉窗口内或文字完全位于交叉窗口内时，对象将被移动。

4.10　修　剪（TRIM）

修剪（TRIM）命令用于修剪对象，将所选对象在指定的修剪边界断开，删除修剪边界指定侧的部分。可修剪对象包括圆弧、圆、椭圆弧、直线、打开的二维和三维多段线、射线、构造线、多线、样条曲线和图案填充等。修剪边界可以是一个或多个对象。执行修剪命令时，对象既可以作为剪切边，也可以是被修剪的对象。

1．命令输入

（1）功能区："默认"选项卡→"修改"面板→"修剪"按钮 。

资源 4.6
修剪对象

（2）菜单："修改（M）"→"修剪（T）"。

（3）工具栏："修改"工具栏→"修剪"按钮 。

（4）命令：TRIM（TR）。

2．命令提示和操作

（1）无需指定修剪边界的快速模式。系统默认的修剪模式为快速模式，此时无需指定修剪边界，可直接执行修剪或删除操作。通过更改修剪模式选项可进入标准模式。

> 命令：TRIM
>
> 当前设置：投影＝UCS,边＝无,模式＝快速
>
> 选择要修剪的对象,或按住 Shift 键选择要延伸的对象,或 [剪切边(T)/窗交(C)/模式(O)/投影(P)/删除(R)]：O
> 　　　　　　　　　　　　　　　　　　（输入 O 进入模式选项）
>
> 输入修剪模式选项[快速(Q)/标准(S)]<快速(Q)>:S　　　（输入 S 进入标准模式）
>
> 选择要修剪的对象,或按住 Shift 键选择要延伸的对象,或[剪切边(T)/栏选(F)/窗交(C)/模式(O)/投影(P)/边(E)/删除(R)/放弃(U)]：

（2）需指定修剪边界的标准模式。

> 命令：TRIM
>
> 当前设置:投影＝UCS,边＝无,模式＝标准
>
> 选择剪切边 ...

选择对象或[模式(O)]<全部选择>：　　　　　　　　[选择剪切边界 1、2、3，见图
　　　　　　　　　　　　　　　　　　　　　　　　　　4.25（a）]

选择对象：↙

　选择要修剪的对象，或按住 Shift 键选择要延伸的对象，或[剪切边(T)/栏选(F)/窗交(C)/模式(O)/投影(P)/
边(E)/删除(R)/放弃(U)]：　　　　　　　　　　　[依次点取要修剪的对象 4、5、
　　　　　　　　　　　　　　　　　　　　　　　　　6、7，见图 4.25（b）]

　选择要修剪的对象，或按住 Shift 键选择要延伸的对象，或[剪切边(T)/栏选(F)/窗交(C)/模式(O)/投影(P)/
边(E)/删除(R)/放弃(U)]：↙　　　　　　　　　　[完成修剪，见图 4.25（c）]

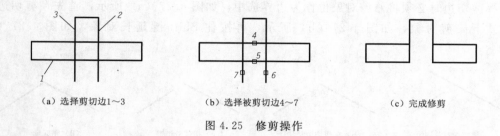

　　（a）选择剪切边1~3　　　　　（b）选择被剪切边4~7　　　　　（c）完成修剪

图 4.25　修剪操作

3. 操作说明

（1）在标准模式下，用单点方式选择被剪切边，选择一次只能修剪一条边。

（2）可以用"栏选（F）"或"窗交（C）"的方式选择多条被剪切边。

（3）对于"[栏选(F)/窗交(C)/投影(P)/边(E)/删除(R)/放弃(U)]："，各选项含义
如下：

1）"投影（P）"：指修剪对象时 AutoCAD 使用的投影模式。

输入投影选项[无(N)/UCS(U)/视图(V)]<视图>：　　　　　（输入选项）

a. 选项"无（N）"：指定无投影，该选项只能修剪与三维空间中的剪切边相交的
对象。

b. 选项"UCS（U）"：指定在当前用户坐标系 XOY 平面上的投影，该选项可修剪
不与三维空间中的剪切边相交的对象。

c. 选项"视图（V）"：以当前视图为投影方向，该选项将修剪与当前视图中的剪切
边相交的对象。

2）"边（E）"：指按边的模式修剪。

输入隐含边延伸模式[延伸(E)/不延伸(N)]<延伸>：　　　　　（输入选项）

a. 选项"延伸（E）"：选择的剪切边界无须与修剪对象相交，被修剪对象在与剪切
边的自然延伸路径相交处剪切，如图 4.26（b）所示。

b. 选项"不延伸（N）"：剪切边与被剪切边不相交，不执行修剪，如图 4.26（c）
所示。

3）"删除（R）"：删除不需修剪的选中对象，无须退出 TRIM 命令。

4)"放弃（U）"：撤销剪切命令的最近一次操作。

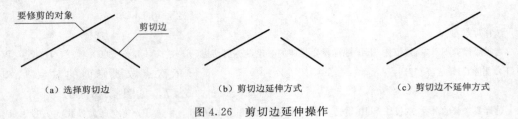

（a）选择剪切边　　　　　　（b）剪切边延伸方式　　　　　　（c）剪切边不延伸方式

图 4.26　剪切边延伸操作

（4）修剪线段时也可同时执行延伸操作，如图 4.27 所示。若想同时执行修剪及延伸，在选择剪切边时必须将修剪对象也作为边界选中，如图 4.27（a）所示，首先在剪切边延伸方式下修剪对象，如图 4.27（b）所示，再按住 Shift 键延长对象，如图 4.27（c）所示。

（a）将剪切对象同时　　　（b）在剪切边延伸　　　　（c）按住Shift键　　　　（d）完成延伸
　　作为剪切边选中　　　　方式下修剪对象　　　　　选择延长对象

图 4.27　修剪与延伸同时完成的操作

4.11　延　伸（EXTEND）

延伸（EXTEND）命令用于将选中的对象延伸到指定边界，但无法缩短对象。

1. 命令输入

（1）功能区："默认"选项卡→"修改"面板→"延伸"按钮　。

（2）菜单："修改（M）"→"延伸（D）"。

（3）工具栏："修改"工具栏→"延伸"按钮　。

（4）命令：EXTEND（EX）。

2. 命令提示和操作

（1）无需指定延伸边界的快速模式。系统默认的延伸模式为快速模式，此时无需指定延伸边界，可直接将选中的对象延伸至最近的边界。通过更改延伸模式选项可进入标准模式。

命令：EXTEND
当前设置：投影＝UCS,边＝无,模式＝快速
选择要延伸的对象,或按住 Shift 键选择要修剪的对象,或[边界边（B）/窗交（C）/模式（O）/投影（P）]:O
输入延伸模式选项[快速（Q）/标准（S）]＜快速（Q）＞:S
选择要延伸的对象,或按住 Shift 键选择要修剪的对象,或[边界边（B）/栏选（F）/窗交（C）/模式（O）/投影（P）/边（E）/放弃（U）]:

（2）指定延伸边界的标准模式。在此模式下，需要先指定延伸的边界，再将选中的对象进行延伸，操作过程如图 4.28 所示。

```
命令:EXTEND
当前设置:投影＝UCS,边＝延伸
选择边界的边…
选择对象或＜全部选择＞:                           （选择延伸边界）
选择对象:↙
选择要延伸的对象,或按住 Shift 键选择要修剪的对象,或[栏选(F)/窗交(C)/投影(P)/边(E)/放弃(U)]:
                                                （选择延伸对象）
选择要延伸的对象,或按住 Shift 键选择要修剪的对象,或[栏选(F)/窗交(C)/投影(P)/边(E)/放弃(U)]:↙
                                                （完成延伸）
```

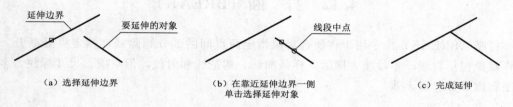

（a）选择延伸边界　　　　　　（b）在靠近延伸边界一侧　　　　　　（c）完成延伸
　　　　　　　　　　　　　　单击选择延伸对象

图 4.28　指定延伸边界的操作

（3）选择所有显示的对象来定义延伸边界，操作过程如图 4.29 所示。

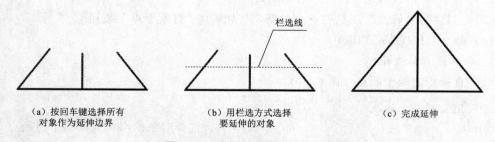

（a）按回车键选择所有　　　　　（b）用栏选方式选择　　　　　　（c）完成延伸
　　对象作为延伸边界　　　　　　　要延伸的对象

图 4.29　不指定延伸边界的操作

```
命令:EXTEND
当前设置:投影＝视图,边＝无
选择边界的边…
选择对象或＜全部选择＞:↙                         （选择延长对象的边界线,或
                                                按回车键选择所有显示的对
                                                象来定义对象延伸到的边界）
选择要延伸的对象,或按住 Shift 键选择要修剪的对象,或[栏选(F)/窗交(C)/投影(P)/边(E)/放弃(U)]:E↙
                                                （选择边的模式）
输入隐含边延伸模式[延伸(E)/不延伸(N)]＜不延伸＞:E↙　（选择边界延伸模式）
```

选择要延伸的对象,或按住 Shift 键选择要修剪的对象,或[栏选(F)/窗交(C)/投影(P)/边(E)/放弃(U)]:F ↙
（选择栏选方式）

指定第一个栏选点:
指定下一个栏选点或［放弃(U)］:
指定下一个栏选点或［放弃(U)］:↙　　　　　（完成延伸）

3. 操作说明

（1）选择延伸边界时，如果指定了多个边界，则对象将延伸到最近的边界，再次选择该延伸对象可延伸到下一边界。

（2）选择延伸对象时，必须以延伸对象的中点为界，在靠近延伸边界的一侧单击，直线段沿直线方向延伸，弧线段沿着弧的方向顺势延伸，否则延伸命令无效。

4.12　打　断 (BREAK)

打断（BREAK）命令用于将所选对象指定两点间的部分删除或在指定点处断开，可操作对象包括直线、多段线、椭圆、样条曲线、构造线和射线，但对块、尺寸标注、多行文字和面域等对象无效。

1. 命令输入

（1）功能区："默认"选项卡→"修改"面板→"打断"按钮 / "打断于点"按钮 。

（2）菜单："修改（M）"→"打断（K）"。

（3）工具栏："修改"工具栏→"打断"按钮 / "打断于点"按钮 。

（4）命令：BREAK（BR）。

2. 命令提示和操作

（1）直接指定两个断点（图4.30）。

命令:BREAK
选择对象:　　　　　　　　　　　　　　（选择对象的点作为第一个打断点）
指定第二个打断点或［第一点(F)］:　　　（指定第二个打断点，完成打断）

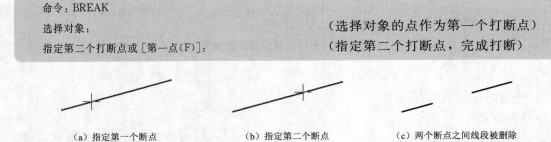

(a) 指定第一个断点　　　　(b) 指定第二个断点　　　　(c) 两个断点之间线段被删除

图4.30　直线的打断

（2）先选择对象，再指定打断点。

命令:BREAK
选择对象:　　　　　　　　　　　　　　（选择打断对象）

指定第二个打断点或 [第一点(F)]: F ↙ （重新选择第一个打断点）

指定第一个打断点： （指定第一个打断点）

指定第二个打断点： （指定第二个打断点，完成打断）

（3）打断于点（按钮 □），将所选对象在指定点处断开，见图 4.31。

命令:BREAK 选择对象： （选择打断对象）

指定第二个打断点或 [第一点(F)]: F

指定第一个打断点： （指定断点）

指定第二个打断点:@ （对象在指定断点处断成两段）

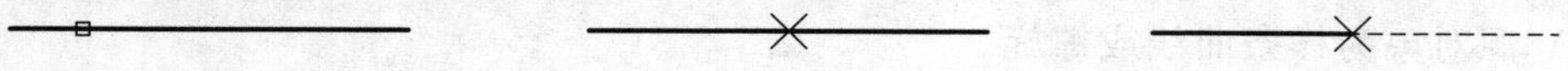

（a）选择打断对象　　　　　　　　（b）指定断点　　　　　　（c）对象在指定断点处断成两段

图 4.31　打断于点

4.13　合　并 （JOIN）

合并（JOIN）命令用于将相似的对象结合以形成一个完整的对象，可操作的对象包括多段线、直线、圆弧、椭圆弧和样条曲线等。要合并的对象必须位于相同的平面上，并满足一定的附加约束。

1. 命令输入

（1）功能区："默认"选项卡→"修改"面板→"合并"按钮 ━。

（2）菜单："修改（M）"→"合并（J）"。

（3）工具栏："修改"工具栏→"合并"按钮 ━。

（4）命令：JOIN（J）。

2. 命令提示和操作

命令:JOIN

选择源对象或要一次合并的多个对象：可以选择直线、多段线、圆弧、椭圆弧、样条曲线或螺旋作为源对象。根据选定的源对象，显示以下提示之一：

（1）源对象为直线。

选择要合并到源的直线：

选择一条或多条直线，所选直线对象之间可以有间隙，但必须共线（位于同一无限长的直线上）。所选对象可以在不同图层上，合并后具有源对象的特性，如图 4.32 所示。

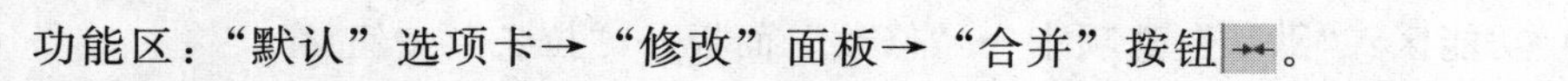

（a）选择源对象　　　　　（b）选择要合并到源的直线　　　　（c）完成合并

图 4.32　直线的合并

（2）源对象为多段线。

選择要合并到源的多段线：

选择一条或多条多段线，所选多段线之间不能有间隙，并且必须位于与 UCS 的 *XOY* 平面平行的同一平面上。

（3）源对象为圆弧。

選择圆弧，以合并到源或进行［闭合(L)］：

圆弧对象必须位于同一假想的圆上，但是它们之间可以有间隙。"闭合"选项可将源圆弧转换成圆。合并两条或多条圆弧时，从源对象开始按逆时针方向合并圆弧。

（4）源对象为样条曲线或螺旋。

選择要合并到源的样条曲线或螺旋：

样条曲线对象必须位于同一平面内，且必须首尾相接（端点对端点）。

4.14　拉　长（LENGTHEN）

拉长（LENGTHEN）命令用于修改对象的长度和圆弧包含角，可以将修改方式指定为百分数、增量、最终长度或角度，可操作对象包括直线、圆弧、椭圆弧等。LENGTH-EN 命令以正负数值指定拉长量，对象既可以被拉长，也可以被缩短。

1. 命令输入

（1）功能区："默认"选项卡→"修改"面板→"拉长"按钮 ╱ 。

（2）菜单："修改（M）"→"拉长（G）"。

（3）命令：LENGTHEN（LEN）。

2. 操作说明

命令：LENGTHEN
选择要测量的对象或［增量(DE)/百分数(P)/全部(T)/动态(DY)］: DE ↙　　（选择给增量方式）
输入长度增量或［角度(A)］<0.0000>:　　（增量为正，延长对象；
　　　　　　　　　　　　　　　　　　　　增量为负，缩短对象）

选择要修改的对象或［放弃(U)］:　　（在对象要改变长度的一端拾取一点）

……　　（可持续操作）
选择要修改的对象或［放弃(U)］: ↙　　（完成拉长）

各选项含义如下：

（1）"动态（DY）"：动态拖动对象的端点。

（2）"百分数（P）"：以所选对象当前总长为 100，按总长度或角度的百分比指定新长度或角度，输入值大于 100 时伸长，小于 100 时缩短。

（3）"增量（DE）"：指定从端点开始测量的增量长度或角度，输入正值则伸长，输入负值则缩短。

（4）"全部（T）"：按输入值指定对象的总绝对长度或包含角。

4.15 倒斜角（CHAMFER）

倒斜角（CHAMFER）命令按指定的距离或角度在一对相交直线、多段线、构造线、射线上倒斜角。倒角的两条边上的距离可以相等也可以不等。

倒斜角命令还可以对三维实体和曲面进行倒斜角操作。

系统变量 TRIMMODE 用于控制对象在倒角时是否同时被修剪，即"修剪"模式或"不修剪"模式。当 TRIMMODE＝1 时，对于相交的两直线，执行倒角命令的同时直线将被修剪至倒角端点处，对于不相交的两直线，则直线将被延伸或修剪至相交。当 TRIMMODE＝0 时，仅执行倒角而不修剪选定的两边。

1. 命令输入

（1）功能区："默认"选项卡→"修改"面板→"倒角"按钮 。

（2）菜单："修改（M）"→"倒角（C）"。

（3）工具栏："修改"工具栏→"倒角"按钮 。

（4）命令：CHAMFER（CHA）。

2. 命令提示和操作

（1）设置距离倒角，见图 4.33。此为默认方式，进行倒角时，首先要查看命令提示行中当前倒角的距离，如果不是所需距离，应先设置倒角的距离。如果将两个距离均设置为零，倒角操作将延伸或修剪两条直线，以使它们交于一点。

命令：CHAMFER

（"修剪"模式）当前倒角距离 1＝0.0000,距离 2＝0.0000　　　　　（默认倒角距离为零）

选择第一条直线或[放弃(U)/多段线(P)/距离(D)/角度(A)/修剪(T)/方式(E)/多个(M)]：D✓

　　　　　　　　　　　　　　　　　　　　　　　　　　　（选择设置倒角距离选项）

指定第一个倒角距离 ＜0.0000＞：10✓　　　　　　　　　　　　　（输入第一个距离）

指定第二个倒角距离 ＜10.0000＞：5✓　　　　　　　　　　　　　（输入第二个距离）

选择第一条直线或［放弃(U)/多段线(P)/距离(D)/角度(A)/修剪(T)/方式(E)/多个(M)]：

　　　　　　　　　　　　　　　　　　　　　　　　　　　（点取第一条倒角线）

选择第二条直线,或按住 Shift 键选择要应用角点的直线：　　　（点取第二条倒角线）

（2）指定距离和角度倒角，见图 4.34。

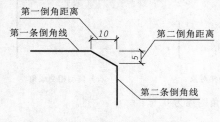

图 4.33　指定两个距离倒角

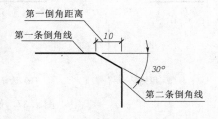

图 4.34　指定距离和角度倒角

选择第一条直线或 [多段线(P)/距离(D)/角度(A)/修剪(T)/方式(E)/多个(M)]：A ↙　　（选择设置倒角距离和角度选项）

指定第一条直线的倒角长度 ＜0.0000＞：10 ↙　　（输入长度）

指定第一条直线的倒角角度 ＜0＞：30 ↙　　（输入角度）

选择第一条直线或 [放弃(U)/多段线(P)/距离(D)/角度(A)/修剪(T)/方式(E)/多个(M)]：　　（点取第一条倒角线）

选择第二条直线，或按住 Shift 键选择要应用角点的直线：　　（点取第二条倒角线）

（3）整条二维多段线倒角，见图 4.35。

（"修剪"模式)当前倒角距离 1＝2.0000，距离 2＝2.0000

选择第一条直线或 [放弃(U)/多段线(P)/距离(D)/角度(A)/修剪(T)/方式(E)/多个(M)]：P ↙　　（选择多段线倒角选项）

选择二维多段线：　　（选择要倒角的多段线，完成倒角）

6 条直线已被倒角

如果多段线包含的线段过短以至于无法容纳倒角距离，则不对这些线段倒角。

3. 选项说明

（1）"修剪（T）"：控制是否修剪倒角的选定边，见图 4.36。

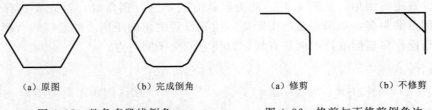

（a）原图　　　　　　（b）完成倒角　　　　　　（a）修剪　　　　　　（b）不修剪

图 4.35　整条多段线倒角　　　　　图 4.36　修剪与不修剪倒角边

（2）"方式（E）"：选择使用已设定的两个距离还是一个距离和角度来创建倒角。

（3）"多个（M）"：使用"多个"选项可以为多组对象倒角。

（4）"距离（D）"：通过设置倒角距离进行倒角。若指定倒角距离太大，系统会提示：距离太大，＊无效＊。当两倒角距离设置为 0 时，被倒角的两对象将以拾取处为依据自动相交成角，见图 4.37。

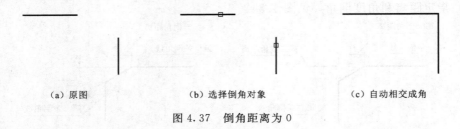

（a）原图　　　　　　（b）选择倒角对象　　　　　　（c）自动相交成角

图 4.37　倒角距离为 0

4.16 倒 圆 角（FILLET）

倒圆角（FILLET）命令是通过一个指定半径的圆弧来光滑地连接两个对象。被连接的两个对象可以是直线、圆弧、圆、椭圆、椭圆弧、多段线、射线、样条曲线和构造线。倒圆角时，要先设置圆角半径。倒圆角命令还可以对三维实体和曲面进行圆角操作。

1. 命令输入

（1）功能区："默认"选项卡→"修改"面板→"圆角"按钮 。

（2）菜单："修改（M）"→"圆角（F）"。

（3）工具栏："修改"工具栏→"圆角"按钮 。

（4）命令：FILLET（F）。

2. 命令提示和操作

（1）指定半径倒圆角，见图 4.38。

> 命令：FILLET
> 当前设置：模式＝不修剪,半径＝0.0000
> 选择第一个对象或［放弃(U)/多段线(P)/半径(R)/修剪(T)/多个(M)］:R↙
>   （选择设置圆角半径选项）
> 指定圆角半径 ＜0.0000＞:10↙   （输入半径值）
> 选择第一个对象或［多段线(P)/半径(R)/修剪(T)/多个(U)］:T↙
>   （选择改变修剪模式）
> 输入修剪模式选项［修剪(T)/不修剪(N)］＜不修剪＞:T↙
>   （选择修剪模式）
> 选择第一个对象或［放弃(U)/多段线(P)/半径(R)/修剪(T)/多个(M)］:
>   （指定第一条倒角线）
> 选择第二个对象,或按住 Shift 键选择要应用角点的对象:
>   （指定第二条倒角线。若按住 Shift 键选择对
>   象，则创建一个锐角，见图 4.39）

（2）整条二维多段线倒圆角，见图 4.40。

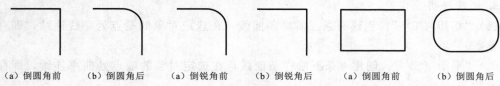

(a) 倒圆角前 (b) 倒圆角后 (a) 倒锐角前 (b) 倒锐角后 (a) 倒圆角前 (b) 倒圆角后

图 4.38 指定半径倒圆角 图 4.39 创建一个锐角 图 4.40 多段线倒圆角

> 选择第一个对象或［放弃(U)/多段线(P)/半径(R)/修剪(T)/多个(M)］:P↙
> 选择二维多段线：
> 4 条直线已被圆角

3. 选项说明

（1）"修剪（T）"：控制是否修剪倒圆角的选定边。

（2）"多个（M）"：使用"多个"选项可以为多组对象倒圆角。

若圆角半径太大，系统会提示：半径太大，＊无效＊。

4.17　光　顺　曲　线（BLEND）

光顺曲线（BLEND）命令用于在两条开放曲线之间创建相切或平滑的样条曲线，该样条曲线的形状取决于给定的连续边界条件。

资源 4.8
光顺曲线

1. 命令输入

（1）菜单："修改（M）"→"光顺曲线"。

（2）工具栏："修改"工具栏→"光顺曲线"按钮 。

（3）命令：BLEND（BLE）。

2. 命令提示和操作

命令：BLEND

连续性 = 相切

选择第一个对象或［连续性(CON)］:CON ↙　　　（选择连续性选项，设置连接边界条件）

输入连续性［相切(T)/平滑(S)］＜相切＞:T

选择第一个对象或［连续性(CON)］:　　　　　　（拾取第一条开放曲线）

选择第二个点：　　　　　　　　　　　　　　　（拾取第二条开放曲线）

完成光顺曲线命令，见图 4.41。

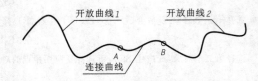

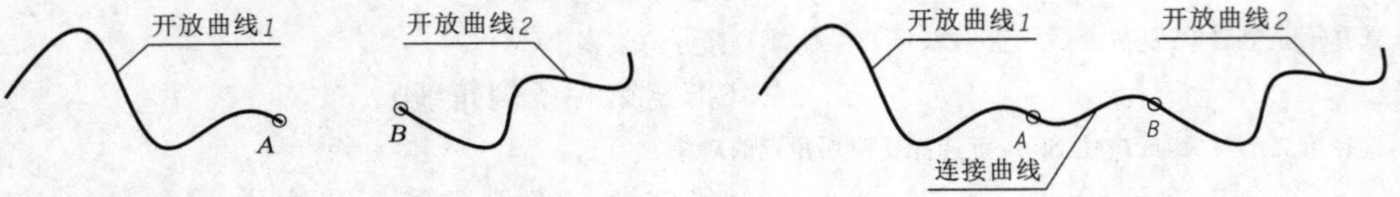

（a）原图　　　　　　　　　　　　（b）在 A、B 两点之间创建光滑曲线相连

图 4.41　光顺曲线命令

3. 选项说明

（1）"相切（T）"：创建一条三阶样条曲线，在选定对象的端点处切线连续，即存在一阶导数。

（2）"平滑（S）"：创建一条五阶样条曲线，在选定对象的端点处曲率连续，即存在二阶导数。

4.18　分　解（EXPLODE 和 XPLODE）

分解（EXPLODE）命令用于将复合对象分解。可分解多段线、多行文本、图块、尺寸、关联阵列、面域、三维实体等。对象分解后形状不发生变化，但对象的颜色、线型和线宽都可能会改变，其结果取决于所分解的合成对象的类型。

XPLODE 命令也可用于分解除填充图案外的复合对象，与 EXPLODE 命令不同的是执行分解的同时还可以指定被分解对象的特性。

1. 命令输入

（1）功能区："默认"选项卡→"修改"面板→"分解"按钮 📦。

（2）菜单："修改（M）"→"分解（X）"。

（3）工具栏："修改"工具栏→"分解"按钮 📦。

（4）命令：EXPLODE（X）。

2. 命令提示和操作

（1）EXPLODE 命令提示和操作。

命令：EXPLODE
选择对象：
……
选择对象：↙   （复合对象分解）

图 4.42 所示为有宽度多段线分解的例子，原来有宽度的一条多段线，经分解后成为宽度为 0 的 5 个对象。

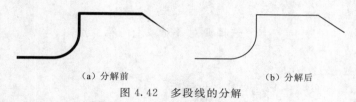

（a）分解前   （b）分解后

图 4.42　多段线的分解

（2）XPLODE 命令提示和操作。

命令：XPLODE
请选择要分解的对象。
选择对象：
……
选择对象：↙
输入选项
[全部(A)/颜色(C)/图层(LA)/线型(LT)/线宽(LW)/从父块继承(I)/分解(E)] <分解>：C↙
新颜色 [真彩色(T)/配色系统(CO)] <BYLAYER>：

部分选项说明如下：

1)"颜色（C）"：设置分解对象之后部件对象的颜色。输入"BYLAYER"继承分解对象所在图层的颜色。输入"BYBLOCK"继承分解对象的颜色。输入"T"将真彩色应用到选定的对象。输入"CO"将加载的配色系统中的颜色应用到选定的对象。

2)"图层（LA）"：设置分解对象之后部件对象所在的图层。默认选项是继承当前图层而不是分解对象所在的图层。

3)"线型（LT）"：设置分解对象之后部件对象的线型。输入"BYLAYER"继承分解对象所在的图层的线型。输入 "BYBLOCK" 继承分解对象的线型。

4) "分解（E）"：将一个合成对象分解为单个的部件对象，这与 EXPLODE 命令的功能完全一样。

4.19 对　齐（ALIGN）

对齐（ALIGN）命令用于在二维和三维空间中将一个对象与其他对象对齐，它通过源点和目标点的对应关系对齐对象（图 4.43）。

资源 4.9
对齐图形

1. 命令输入

（1）功能区："默认"选项卡→"修改"面板→"对齐"按钮 。

（2）菜单："修改（M）"→"三维操作（3）"→"对齐（L）"。

（3）命令：ALIGN（AL）。

2. 命令提示和操作

命令：ALIGN

选择对象：

选择对象：↙

指定第一个源点：　　　　　　　　（选择要对齐对象上的第一点）

指定第一个目标点：

指定第二个源点：　　　　　　　　（选择要对齐对象上的第二点）

指定第二个目标点：

指定第三个源点或 ＜继续＞：↙

是否基于对齐点缩放对象？［是(Y)/否(N)］＜否＞：↙

　　　　　　　　　　　　　　　　［选择"N"，不缩放，见图 4.43（e）；选择"Y"，则
　　　　　　　　　　　　　　　　可缩放源对象与目标对象一致，见图 4.43（f）］

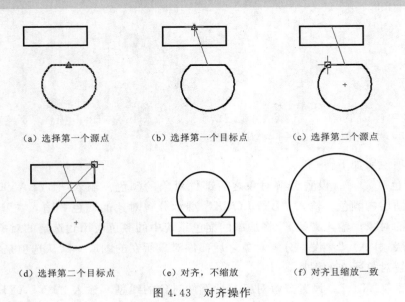

（a）选择第一个源点　　　（b）选择第一个目标点　　　（c）选择第二个源点

（d）选择第二个目标点　　　（e）对齐，不缩放　　　（f）对齐且缩放一致

图 4.43　对齐操作

4.20 反 转 (REVERSE)

反转 (REVERSE) 命令用于使选定直线、多段线、样条曲线和螺旋线的顶点顺序反向,对于具有包含文字的线型或具有不同起点宽度和端点宽度的宽多段线,此操作非常有用。

1. 命令输入

(1) 功能区:"默认"选项卡→"修改"面板→"反转"按钮⇄。

(2) 命令:REVERSE。

2. 命令提示和操作

命令: REVERSE
选择要反转方向的直线、多段线、样条曲线或螺旋:
选择对象:找到1个
选择对象:↙
已反转对象的方向。　　　　　　　　 (反转前后对比见图 4.44)

3. 说明

系统变量 PLINEREVERSEWIDTHS 用于控制反转操作的执行效果,当设置为 1 时,反转命令按作图顺序将顶点反转,各段图线原有的性质也随之反转,如图 4.45 所示。当系统变量设置为 0 时,只反转顶点的内部编号,对图形显示并无影响。若对象各段粗细相同,反转后图形外观没有变化,实际定点顺序已颠倒。

　(a) 反转前　　　(b) 反转后　　　　　 (a) 原图形　　　　(b) 原性质反转

　　　图 4.44　反向图形　　　　　　　　 图 4.45　反向图形的特性

第5章

文字与尺寸标注

5.1 文　　字

图形中有表达各种信息的文字，如技术要求、标题栏、注释、标签等等，AutoCAD中文字命令可以方便地注写和编辑图形中的文字。输入简短的文字段时，可以使用单行文字命令；输入较长的、不同格式的文字段落时，可以使用多行文字命令；文字外观效果使用文字样式来设置。

5.1.1 单行文字（TEXT）

单行文字（TEXT）命令以单行方式注写文字，每一行都是一个独立的对象。单行文字可以创建一行或多行文字，按 Enter 键结束一行文字转入下一行文字。可对其进行重定位、调整格式或进行其他修改。

1. 命令输入

（1）功能区："默认"选项卡→"注释"面板→"单行文字"按钮A或"注释"选项卡→"文字"面板→"单行文字"按钮A。

（2）菜单："绘图（D）"→"文字（X）"→"单行文字（S）"。

（3）工具栏："文字"工具栏→"单行文字"按钮A。

（4）命令：TEXT 或 DTEXT。

2. 命令提示和操作

命令：TEXT
当前文字样式："Standard" 文字高度：1.0000 注释性：否 对正：左
指定文字的起点 或 [对正(J)/样式(S)]：　　（拾取一点作为第一行文字的左下角点）
指定高度 <1.0000>：4↙　　　　　　　（指定文字高度）
指定文字的旋转角度 <0>：↙　　　　　（指定文字旋转角度）

进入文字输入状态，按 Enter 键换行，按两次 Enter 键结束输入。

3. 说明

（1）指定文字的起点，默认指定文字左下侧为起点。

（2）文字的对齐方式。输入文字命令后，选择"对正（J）"选项，命令提示如下：

指定文字的起点或［对正（J）/样式（S）］:J↙　　　　（进入文字的对齐方式选择）

输入选项［左（L）/居中（C）/右（R）/对齐（A）/中间（M）/布满（F）/左上（TL）/中上（TC）/右上（TR）/左中（ML）/

正中（MC）/右中（MR）/左下（BL）/中下（BC）/右下（BR）］：　　（选择需要的对齐方式）

其中各选项含义如下：

1）"对齐（A）"：指定所注写文字行基线的起始点与终止点的位置，AutoCAD 自动调整文字的高度与宽度，保持文字的高、宽比不变使文字充满所指定两点之间。如果两点间连线不水平，则文字行倾斜放置。选择此项后，AutoCAD 进一步提示：

指定文字基线的第一个端点：

指定文字基线的第二个端点：

2）"布满（F）"：指定所注写文字行基线的起始点与终止点的位置，AutoCAD 将使用指定的字高，只调整字宽，使所注写文字充满指定两点之间。

3）"左（L）"：指定一个点作为所标注文字行基线的左端点，输入的文字向右边排列。

4）"居中（C）"：指定一个点作为所注写文字行基线的中点，输入的文字向两边排列。

5）"中间（M）"：指定以文字行在水平方向和垂直方向的中心点为文字的定位点。

6）"右（R）"：指定一个点作为所标注文字行基线的右端点，输入的文字向左边排列。

图 5.1 所示为文字排列与不同对正选项的相对位置图。

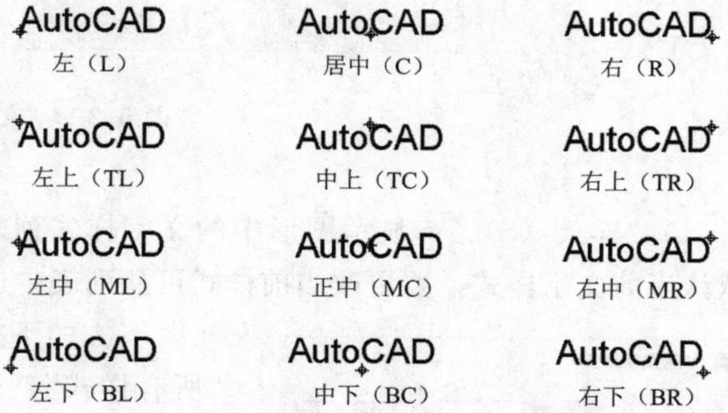

（3）创建单行文字时，首先要指定文字样式，详见 5.1.2 节。

（4）特殊字符输入。有些特殊字符在键盘上是没有的，AutoCAD 提供了特殊字符的注写方法，常用的有:％％c，直径符号"ϕ"；％％d，角度符号"°"；％％p，上下偏差符号"±"；％％o，打开或关闭文字上划线；％％u，打开或关闭文字下划线。

例如要注写"ϕ100"，只需输入:％％c100。

AutoCAD　　　AutoCAD　　　AutoCAD
左（L）　　　　居中（C）　　　　右（R）

AutoCAD　　　AutoCAD　　　AutoCAD
左上（TL）　　　中上（TC）　　　右上（TR）

AutoCAD　　　AutoCAD　　　AutoCAD
左中（ML）　　　正中（MC）　　　右中（MR）

AutoCAD　　　AutoCAD　　　AutoCAD
左下（BL）　　　中下（BC）　　　右下（BR）

图 5.1　文字排列与不同对正选项指定点位置图

5.1.2　文字样式（STYLE）

文字样式是用来控制文字的字体、基本形状和书写格式的一组设置，文字样式确定文字的外观。在图形中输入文字时，AutoCAD 将使用当前的文字样式。默认的文字样式名为 Standard（标准）。用户可以使用默认设置，也可以定义新的文字样式。

1．命令输入

(1) 功能区："默认"选项卡→"注释"面板→"文字样式"按钮A。

(2) 菜单："格式（O）"→"文字样式（S）"。

(3) 工具栏："文字"工具栏→"文字样式"按钮A或"样式"工具栏→"文字样式"按钮A。

(4) 命令：STYLE。

2．命令提示和操作

命令执行后，打开"文字样式"对话框，如图 5.2 所示。其中各项的含义如下：

资源 5.1
文字样式及应用

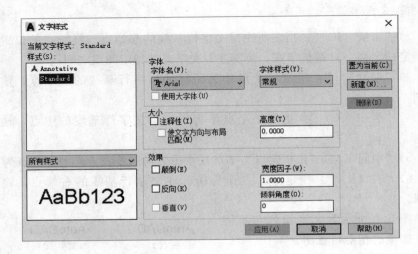

图 5.2　"文字样式"对话框

(1) "样式（S）"：显示图形中的文字样式列表。列表包括已定义的样式名，Standard 为默认当前文字样式，要更改当前样式可从列表中选择。

下方的下拉列表框可指定显示在列表中的样式是"所有样式"，还是"正在使用的样式"。

(2) "置为当前（C）"：将样式名列表中选中的文字样式置为当前文字样式。

图 5.3　"新建文字样式"对话框

(3) "新建（N）"：打开"新建文字样式"对话框，如图 5.3 所示。在"样式名"文字框中输入新文字样式的名，名称最长为 255 个字符。

(4) "删除（D）"：删除未使用的文字样式。

(5) "字体名（F）"：打开下拉列表，选择一个字体后，程序将读取指定字体文件。如果要输入中文文字，在此应选择中文字体。

(6) "字体样式（Y）"：指定字体格式，如斜体、粗体或常规。有时在多个样式中可以使用同一种标准字体，为了区别，这些样式可以使用不同的倾斜或粗体设置定义文字的样式。

(7)"使用大字体（U）"：指定亚洲语言的大字体文件。只有在"字体名"下拉列表框中指定使用 Shx 文件的字体名，才能使用"使用大字体"复选框，只有 Shx 文件可以创建"大字体"。

(8)"注释性（I）"：指定文字为注释性。关于注释性的内容详见 7.5 节。

(9)"高度（T）"：用来设置文字高度。如果在此文字框中输入一个非零数值，则该值将作为所建文字样式的固定字高。在用"单行文字"命令注写文字时，AutoCAD 不再提示输入字高参数，用此样式书写的文字高度将不可改变。如果在此文字框中输入"0"，AutoCAD 将会在每一次注写文字时提示输入字高。

图 5.4 文字样式的特殊效果

(10)"效果"：用于设置文字样式的各项特殊效果，如图 5.4 所示。

1)"颠倒（E）"：将文字颠倒注写。

2)"反向（K）"：将文字反向注写。

3)"垂直（V）"：将文字垂直注写。

4)"宽度因子（W）"：设置文字的宽、高比。当此值为 1 时，按系统定义的宽、高比注写。此值小于 1，文字变窄；大于 1，文字变宽。

5)"倾斜角度（O）"：设置文字的倾斜角度。

【例题 5.1】 定义工程图中的文字样式。

解 工程图中的汉字和数字，一般应分别定义两种文字样式。

(1)定义汉字样式。

1)菜单："格式（O）"→"文字样式（S）"，打开"文字样式"对话框。

2)单击"新建"按钮，打开"新建文字样式"对话框。在样式名框中输入"HZ"，单击"确定"。

3)在"字体名"下拉列表中选择"T 仿宋_GB2312"或"T 宋体"字体，字高取默认值 0，宽度因子取 0.7，其余各项也均用默认设置。

4)单击"应用"按钮，完成设置。

(2)定义数字样式。数字样式主要用于注写尺寸和图中数字。

1)单击"新建"按钮，在样式名框中输入"SZ"，单击"确定"。

2)在"字体名"下拉列表中选择"isocp.shx"字体，字高取默认值 0，倾斜角度取 15°，其余各项均用默认设置。

3)单击"应用"按钮，完成设置。

"T 仿宋_GB2312"和"isocp.shx"是工程图中常用的注写汉字和数字的字体。注写文字时，应根据所注写内容选择文字样式。

【例题 5.2】　应用［例题 5.1］定义的文字样式在图中分别注写"规划蓄水位"和高程"12.600"，见图 5.5。

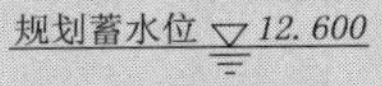

规划蓄水位 ▽ 12.600

图 5.5　注写数字和汉字

　　解　操作步骤如下：

命令:DTEXT

当前文字样式：Standard　当前文字高度：2.5000

指定文字的起点或［对正(J)/样式(S)］：S✓　　　（进入文字样式选择）

输入样式名或［?］＜Standard＞：SZ ✓　　　（输入数字样式名。如果输入"?"则打开文
　　　　　　　　　　　　　　　　　　　　本窗口，列表显示当前已有的文字样式）

当前文字样式：SZ　当前文字高度：2.5000

指定文字的起点或［对正(J)/样式(S)］：　　　（指定文字的起始位置）

指定高度＜2.5000＞：✓

指定文字的旋转角度＜0＞：✓

　　输入"12.600"，按两次回车键结束。

命令：✓　　　　　　　　　　　　　　　（重复执行文字命令）

命令：DTEXT

当前文字样式：SZ　当前文字高度：2.5

指定文字的起点或［对正(J)/样式(S)］：S✓

输入样式名或［?］＜HZ＞：HZ ✓

当前文字样式：汉字　当前文字高度：2.5

指定文字的起点或［对正(J)/样式(S)］：

指定高度＜3＞:3.5 ✓　　　　　　　　　（改变字高）

指定文字的旋转角度＜0＞:✓

　　进入汉字输入状态，输入"规划蓄水位"，按两次回车键结束。

5.1.3　多行文字（MTEXT）

　　多行文字（MTEXT）命令适用于注写较长的段落文字。书写时，可以指定文字行的宽度，当书写的文字超出设定宽度时，自动换行。与单行文字不同，多行文字命令注写的文字是由多行文字或段落组成的一个对象。可以用夹点移动或旋转多行文字对象，也可以用"分解"（EXPLODE）命令将其分解成单行文字。

　　1. 命令输入

　　（1）功能区："默认"选项卡→"注释"面板→"多行文字"按钮Ａ或"注释"选项卡→"文字"面板→"多行文字"按钮Ａ。

　　（2）菜单："绘图（D）"→"文字（X）"→"多行文字（M）"。

　　（3）工具栏："绘图"工具栏→"多行文字"按钮Ａ或"文字"工具栏→"多行文字"按钮Ａ。

（4）命令：MTEXT。

2．命令提示和操作

命令：MTEXT
当前文字样式："Standard" 文字高度： 2.5000 注释性： 否
指定第一角点： （指定多行文字编辑框的第一角点）
指定对角点或［高度(H)/对正(J)/行距(L)/旋转(R)/样式(S)/宽度(W)/栏(C)］：
（指定文字编辑框的第二角点，或选择其中一个
选项进行设置）

在指定了多行文字编辑框的位置后，系统会自动弹出"文字编辑器"面板、"文字格式"工具栏和"文字输入窗口"，如图5.6所示。

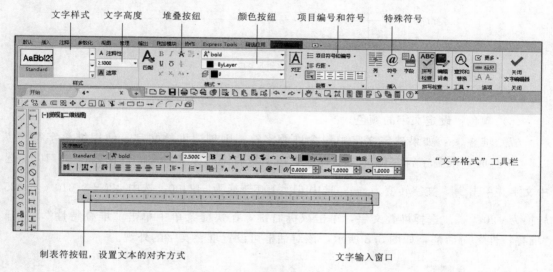

图5.6 多行文字输入窗口

当控制"文字格式"工具栏的系统变量 MTEXTTOOLBAR 的值为1时，显示"文字格式"工具栏；值为0时，不显示"文字格式"工具栏。用户既可以通过"文字编辑器"面板中各选项卡"样式""格式""段落""插入""拼写检查""工具""选项"等设置多行文字的特性参数，也可以通过"文字格式"工具栏进行设置，或将两者结合起来完成多行文字的创建。

3．说明

"文字格式"工具栏及"文字输入窗口"如图5.7所示，主要内容说明如下：

（1）文字样式：用于选择已设置的文字样式。

（2）字体：在没有合适的文字样式时，用于选择字体。

（3）注释性：打开或关闭当前多行文字对象的注释性。

（4）字高：指定字高。

（5）常用格式：指定文字是否要加粗、倾斜、加下划线、堆叠等。

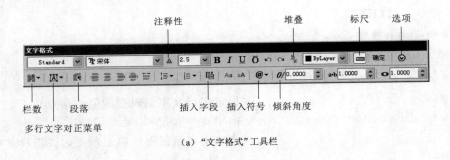

（a）"文字格式"工具栏

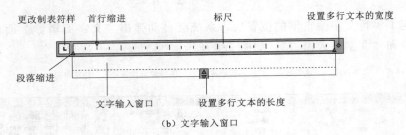

（b）文字输入窗口

图 5.7　"文字格式"工具栏及文字输入窗口

（6）颜色：设定文字的颜色。

（7）堆叠 $\frac{b}{a}$：如果选定文字中包含堆叠字符，则创建堆叠文字。使用堆叠字符"^"
"/""♯"时，堆叠字符左侧的文字将堆叠在字符右侧的文字之上。例如输入 61/100，选
中文字并单击 $\frac{b}{a}$，文字转变为 $\frac{61}{100}$；选中 61♯100 转换为 61/100；选中 $\phi20+0.010^\wedge-0.025$
转换为 $\phi20^{+0.010}_{-0.025}$。选择堆叠文字，单击鼠标右键，在快捷菜单中单击"堆叠特性"，打开
"堆叠特性"对话框，如图 5.8 所示，该对话框可设置堆叠文字的外观。

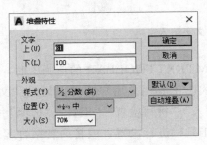

图 5.8　"堆叠特性"对话框

图 5.9　"栏"菜单

如果选定堆叠文字，单击"堆叠"按钮 $\frac{b}{a}$，则取消堆叠。

（8）标尺：在编辑器顶部显示标尺。拖动标尺末尾的箭头 可更改多行文字的
行宽。

（9）栏数：弹出"栏"菜单，如图 5.9 所示。该功能可使图中较长的文字分多栏
书写。可以指定栏宽度、高度、间距及栏数。可以使用夹点编辑栏宽和栏高。

（10）段落：显示"段落"对话框。为段落和段落的第一行设置缩进。指定制表位

和缩进，控制段落对齐方式、段落间距和段落行距。

（11）选项 ：弹出"选项"菜单，显示其他文字选项列表，如图5.10所示。在"选项"菜单中，点取"输入文字"项，可以将已经在其他文字编辑器中创建的文本文件内容直接输入到当前图形中，输入文件应为".txt"或".rtf"文件。

5.1.4　文字编辑（DDEDIT）

文字编辑命令用于修改已注写的文字。

1. 命令输入

（1）工具栏："文字"工具栏→"编辑..."按钮 。

（2）菜单："修改（M）"→"对象（O）"→"文字（T）"→"编辑（E）"。

（3）命令：DDEDIT。

（4）直接调用：双击要修改的文字。

2. 说明

（1）选择修改单行文字，显示单行文字的编辑框，直接修改即可。

图5.10　"选项"菜单

（2）双击选择修改多行文字，进入多行文字编辑功能，回到多行文字输入窗口，可对多行文字进行编辑。

（3）文字还可以用特性编辑修改，详见7.2节特性命令。

5.2　尺　寸　标　注

5.2.1　尺寸标注基础

AutoCAD提供了一套完整的尺寸标注命令，主要有线性尺寸、角度尺寸、直径尺寸、半径尺寸以及公差标注等命令。尺寸标注的工具栏和下拉菜单如图5.11所示。

1. 尺寸标注的要素

工程图中的尺寸要素有尺寸界线、尺寸线、尺寸起止符（AutoCAD 2022称为"箭头"）、尺寸数字（AutoCAD 2022称为"文字"），如图5.12所示。

尺寸标注必须符合有关行业制图标准。我国现行标准有多种，各标准对尺寸标注的要求不完全相同。AutoCAD提供了多种尺寸标注的样式，但不完全适合我国标准。所以标注尺寸时用户需要根据有关制图标准建立自己的尺寸标注样式，来控制尺寸各要素的外观，详见5.2.3节。

2. 尺寸标注的类型

AutoCAD具有多种标注类型，其中尺寸标注的基本类型包括以下几种：

（1）线性标注。线性标注主要用于标注直线段的尺寸，包括水平、垂直、对齐、基线和连续标注，如图5.13所示。

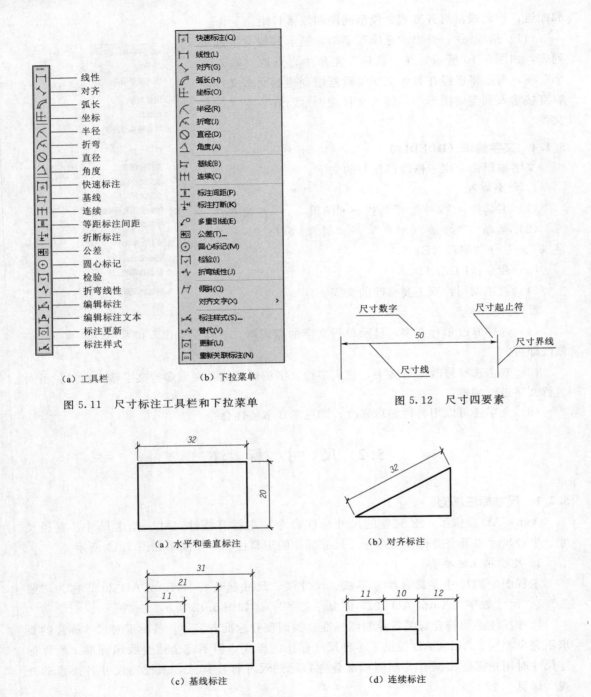

（a）工具栏　　　（b）下拉菜单

图 5.11　尺寸标注工具栏和下拉菜单

图 5.12　尺寸四要素

（a）水平和垂直标注

（b）对齐标注

（c）基线标注

（d）连续标注

图 5.13　线性标注

（2）径向标注。径向标注用于标注圆弧或圆的半径或直径尺寸，包含直径标注、半径标注和折弯半径标注，如图 5.14 所示。

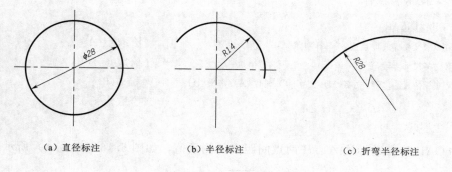

（a）直径标注   （b）半径标注   （c）折弯半径标注

图 5.14 径向标注

（3）角度标注。角度标注用于标注两直线夹角或圆弧的包含角等尺寸，如图 5.15（a）所示。

（4）弧长标注。弧长标注用于标注圆弧的长度尺寸，如图 5.15（b）所示。

3. 尺寸标注的关联性

尺寸标注的关联性是指几何对象（图线）和尺寸间的关系。AutoCAD 2022 通过系统变量 DIMASSOC 控制几何对象和尺寸标注之间的关联性。

（a）角度标注   （b）弧长标注

图 5.15 角度和弧长标注

（1）创建关联标注对象。当与其关联的几何对象（图线）被修改时，关联标注将自动调整其位置、方向和测量值。布局中的标注可以与模型空间中的对象相关联。系统变量 DIMASSOC 设置为 2（缺省值）。此时，只要有一个尺寸界线的起点在几何对象（如直线、圆弧等）的端点上，尺寸就与该几何对象相关联。

（2）创建非关联标注对象。非关联标注在其测量的几何对象（图线）被修改时不发生改变。系统变量 DIMASSOC 设置为 1。

（3）创建分解标注。在前两种情况下，尺寸标注的各要素以互相关联的对象标出，以块的形式出现。分解标注时，尺寸标注的各要素不再互相关联（不以块的形式出现），各自独立。同时，尺寸也不再与几何对象相关联。系统变量 DIMASSOC 设置为 0。

5.2.2 尺寸标注命令

5.2.2.1 标注线性尺寸（DIMLINEAR）

用于标注水平、垂直和倾斜尺寸，如图 5.16 所示。

1. 命令输入

（1）功能区："默认"选项卡→"注释"面板→"线性"按钮⊢或"注释"选项卡→"标注"面板→"线性"按钮⊢。

（2）菜单："标注（N）"→"线性（L）"。

（3）工具栏："标注"工具栏→"线性"按钮⊢。

（4）命令：DIMLINEAR。

2. 命令提示和操作

命令：DIMLINEAR

指定第一个尺寸界线原点或 <选择对象>：　　　　　　（拾取点 A）

指定第二条尺寸界线原点：　　　　　　　　　　　　（拾取点 B）

指定尺寸线位置或[多行文字(M)/文字(T)/角度(A)/水平(H)/垂直(V)/旋转(R)]：

　　　　　　　　　　　　　　　　　　　　　　　　（拾取点 C）

标注文字 ＝28

AutoCAD 将自动标注 A、B 两点间距离的测量值，如图 5.16（a）、（b）所示。

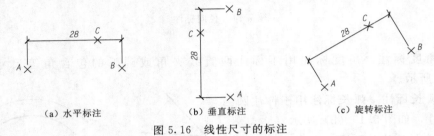

（a）水平标注　　　　　　（b）垂直标注　　　　　　（c）旋转标注

图 5.16　线性尺寸的标注

3. 说明

在指定尺寸线位置（点 C）时，有多个选项，其含义如下：

（1）"多行文字（M）"：显示多行文字输入窗口，可用它来编辑标注文字。多行文字的具体用法参见 5.1.3 节。

（2）"文字（T）"：在命令行输入标注文字。AutoCAD 在尖括号中显示尺寸的测量值（缺省值）。

（3）"角度（A）"：指定尺寸数字的旋转角度。

（4）"水平（H）"：标注水平线性尺寸（尺寸线水平）。

（5）"垂直（V）"：标注垂直线性尺寸（尺寸线垂直）。

（6）"旋转（R）"：设置尺寸线与水平线的夹角。如夹角为30°，结果见图 5.16（c）。

完成选项操作后，AutoCAD 会再一次提示要求给出尺寸线位置，指定位置（点 C）后，完成标注。

水平或垂直标注可以直接拖动鼠标确定，由 A、B、C 三点的相对位置自动识别。

标注尺寸也可以用"选择对象"的方式进行，见图 5.17，点取某一对象（直线、圆、圆弧等），以其两端点作为尺寸界线的两个起点进行标注，操作如下：

命令：DIMLINEAR

指定第一条尺寸界线原点或 <选择对象>：↙　　　　　（按 Enter 键或鼠标右键）

选择标注对象：　　　　　　　　　　　　　　　　　（拾取点 A）

指定尺寸线位置或[多行文字(M)/文字(T)/角度(A)/水平(H)/垂直(V)/旋转(R)]：

　　　　　　　　　　　　　　　　　　　　　　　　（拾取点 B）

标注文字＝28

5.2.2.2 标注对齐尺寸 （DIMALIGNED）

用于标注斜线尺寸，即尺寸线与两尺寸界线起点连线平行的尺寸，见图 5.18。

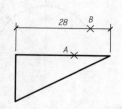
图 5.17 "选择对象"标注方式

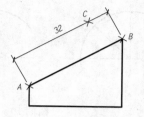
图 5.18 对齐尺寸的标注

1. 命令输入

（1）功能区："默认"选项卡→"注释"面板→"对齐"按钮↖或"注释"选项卡→"标注"面板→"对齐"按钮↖。

（2）菜单："标注（N）"→"对齐（G）"。

（3）工具栏："标注"工具栏→"对齐"按钮↖。

（4）命令：DIMALIGNED。

2. 命令提示和操作

> 命令：DIMALIGNED
> 指定第一条尺寸界线原点或＜选择对象＞： （拾取点 A）
> 指定第二条尺寸界线原点： （拾取点 B）
> 指定尺寸线位置或[多行文字(M)/文字(T)/角度(A)]： （拾取点 C）
> 标注文字＝32
> 提示的含义与标注线性尺寸命令的相同。

5.2.2.3 标注半径尺寸 （DIMRADIUS）

用于标注圆或圆弧的半径尺寸，如图 5.19 所示。

1. 命令输入

（1）功能区："默认"选项卡→"注释"面板→"半径"按钮↖或"注释"选项卡→"标注"面板→"半径"按钮↖。

（2）菜单："标注（N）"→"半径（R）"。

（3）工具栏："标注"工具栏→"半径"按钮↖。

（4）命令：DIMRADIUS。

2. 命令提示和操作

> 命令：DIMRADIUS
> 选择圆弧或圆： （拾取圆弧或圆）
> 标注文字 ＝15 （半径测量值）
> 指定尺寸线位置或[多行文字(M)/文字(T)/角度(A)]： （拾取尺寸线位置）

各选项与标注线性尺寸的选项含义相同。AutoCAD 测量圆或圆弧的半径并标注前缀为 R 的尺寸文字。

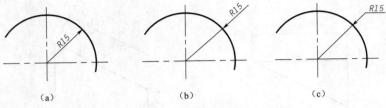

图 5.19　半径尺寸的标注

5.2.2.4　标注折弯半径尺寸（DIMJOGGED）

折弯半径标注是 AutoCAD 提供的另外一种半径标注方式。当圆弧或圆的中心位于图形外部，且无法在其实际位置显示时，可以创建折弯半径标注，也称为"缩放的半径标注"，如图 5.20 所示。可以在更方便的位置指定标注的原点（称为"中心位置替代"）。

1. 命令输入

（1）功能区："默认"选项卡→"注释"面板→"折弯"按钮 或"注释"选项卡→"标注"面板→"折弯"按钮 。

（2）菜单："标注（N）"→"折弯（J）"。

（3）工具栏："标注"工具栏→"折弯"按钮 。

（4）命令：DIMJOGGED。

2. 命令提示和操作

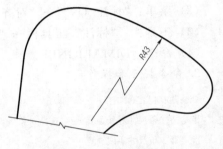

图 5.20　折弯半径标注

命令：DIMJOGGED
选择圆弧或圆：
指定图示中心位置：
标注文字＝43
指定尺寸线位置或［多行文字(M)/文字(T)/角度(A)］：
指定折弯位置：

5.2.2.5　标注直径尺寸（DIMDIAMETER）

用于标注圆或圆弧的直径尺寸，如图 5.21 所示。

1. 命令输入

（1）功能区："默认"选项卡→"注释"面板→"直径"按钮 或"注释"选项卡→"标注"面板→"直径"按钮 。

（2）菜单："标注（N）"→"直径（D）"。

（3）工具栏："标注"工具栏→"直径"按钮 。

（4）命令：DIMDIAMETER。

2. 命令提示和操作

命令：DIMDIAMETER

选择圆弧或圆： （拾取圆弧或圆）

标注文字 = 23 （直径测量值）

指定尺寸线位置或[多行文字(M)/文字(T)/角度(A)]： （拾取尺寸线位置）

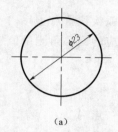 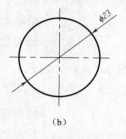 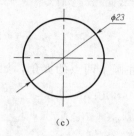

（a）　　　　　　　　　（b）　　　　　　　　　（c）

图 5.21　直径尺寸的标注

5.2.2.6 标注角度尺寸（DIMANGULAR）

用于标注两不平行直线、圆弧或圆的两点间的角度尺寸，如图 5.22 所示。

 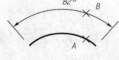 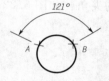 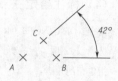

（a）两不平行直线的夹角　　（b）圆弧包含角　　（c）圆上两点的夹角　　（d）三点的夹角

图 5.22　角度尺寸的标注

1. 命令输入

（1）功能区："默认"选项卡→"注释"面板→"角度"按钮△或"注释"选项卡→"标注"面板→"角度"按钮△。

（2）菜单："标注（N）"→"角度（A）"。

（3）工具栏："标注"工具栏→"角度"按钮△。

（4）命令：DIMANGULAR。

2. 命令提示和操作

（1）标注两不平行直线的夹角，如图 5.22（a）所示。

命令：DIMANGULAR

选择圆弧、圆、直线或<指定顶点>： （拾取第一条直线上一点 A）

选择第二条直线： （拾取第二条直线上一点 B）

指定标注弧线位置或[多行文字(M)/文字(T)/角度(A)/象限点(Q)]：

（拾取尺寸弧线位置点 C）

标注文字 = 51 （角度测量值）

注：选项"象限点（Q）"用于指定标注的夹角。例如两直线有 4 个夹角，通过指定象限点（夹角所在的区域），可以确保标注需要的角度。

（2）标注圆弧两端点的夹角，如图 5.22（b）所示。

命令：DIMANGULAR

选择圆弧、圆、直线或 ＜指定顶点＞：　　　　　　　（拾取圆弧上一点 A）

指定标注弧线位置或 ［多行文字(M)/文字(T)/角度(A)/象限点(Q)］：

　　　　　　　　　　　　　　　　　　　　　（拾取尺寸弧线位置点 B）

　　　　　　　　　　　　　　　　　　　　　（圆弧所对应的圆心角测量值）

标注文字＝82

（3）标注圆上两点的夹角，如图 5.22（c）所示。

命令：DIMANGULAR

选择圆弧、圆、直线或 ＜指定顶点＞：　　　　　　　（拾取圆上一点 A）

指定角的第二个端点：　　　　　　　　　　　　　　（拾取圆上第二点 B）

指定标注弧线位置或 ［多行文字(M)/文字(T)/角度(A)/象限点(Q)］：

　　　　　　　　　　　　　　　　　　　　　（拾取尺寸弧线位置）

　　　　　　　　　　　　　　　　　　　　　（A、B 两点所对的圆心角测量值）

标注文字 ＝ 121

（4）标注给定三点的夹角，如图 5.22（d）所示。

命令：DIMANGULAR

选择圆弧、圆、直线或 ＜指定顶点＞：↙　　　　　　（按 Enter 键或鼠标右键）

指定角的顶点：　　　　　　　　　　　　　　　　　（拾取点 A）

指定角的第一个端点：　　　　　　　　　　　　　　（拾取点 B）

指定角的第二个端点：　　　　　　　　　　　　　　（拾取点 C）

创建了无关联的标注。

指定标注弧线位置或 ［多行文字(M)/文字(T)/角度(A)/象限点(Q)］：

　　　　　　　　　　　　　　　　　　　　　（拾取尺寸弧线位置）

　　　　　　　　　　　　　　　　　　　　　（AB、AC 夹角测量值）

标注文字 ＝ 42

5.2.2.7　标注基线尺寸（DIMBASELINE）

基线尺寸是指具有同一起点的若干个平行尺寸，如图 5.23 所示。基线尺寸应在标注了基准尺寸后标注。基准尺寸可以是线性尺寸、角度尺寸等。

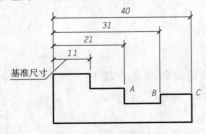

图 5.23　基线尺寸的标注

1. 命令输入

（1）功能区："默认"选项卡→"注释"面板→"标注"按钮；"注释"选项卡→"标注"面板→"标注"按钮 或"基线"按钮。

（2）菜单："标注（N）"→"基线（B）"。

（3）工具栏："标注"工具栏→"基线"按钮。

（4）命令：DIMBASELINE。

2. 命令提示和操作

（1）标注基准尺寸，见图 5.23 中的尺寸 11。

（2）标注基线尺寸。

命令：DIMBASELINE

指定第二条尺寸界线原点或 ［放弃(U)/选择(S)］＜选择＞：　　（拾取点 A）

标注文字 ＝ 21

指定第二条尺寸界线原点或 ［放弃(U)/选择(S)］＜选择＞：　　（拾取点 B）

标注文字 ＝ 31

指定第二条尺寸界线原点或 ［放弃(U)/选择(S)］＜选择＞：　　（拾取点 C）

标注文字 ＝ 40

指定第二条尺寸界线原点或 ［放弃(U)/选择(S)］＜选择＞：↙　（结束本基线尺寸标注）

选择基准标注：　　（若要标注其他基准尺寸的基线尺寸，在此点取该尺寸即可进行标注。按 Enter 键则结束命令）

如果在标注基线尺寸命令之前，当前任务中未标注尺寸，AutoCAD 将提示用户选择线性标注、坐标标注或角度标注，以用作基线标注的基准。

标注的基线尺寸数值只能使用 AutoCAD 的测量值，命令未结束时，不能更改。

各基线尺寸的间距在尺寸样式（STYLE）中预先设定。

5.2.2.8 标注连续尺寸（DIMCONTINUE）

连续尺寸是指该尺寸的第一条尺寸界线与前一条尺寸的第二条尺寸界线的起点重合，且尺寸线平齐，如图 5.24 所示。连续尺寸应在标注了基准尺寸后标注。基准尺寸可以是线性尺寸、角度尺寸等。

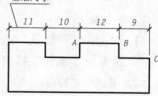

图 5.24　连续尺寸的标注

1. 命令输入

（1）功能区："默认"选项卡→"注释"面板→"标注"按钮；"注释"选项卡→"标注"面板→"标注"按钮或"连续"按钮。

（2）菜单："标注（N）"→"连续（C）"。

（3）工具栏："标注"工具栏→"连续"按钮。

（4）命令：DIMCONTINUE。

2. 命令提示和操作

（1）标注基准尺寸，见图 5.24 中的尺寸 11。

（2）标注连续尺寸。

命令：DIMCONTINUE

指定第二条尺寸界线原点或 ［放弃(U)/选择(S)］＜选择＞：　　（拾取点 A）

标注文字 ＝ 10

指定第二条尺寸界线原点或 ［放弃(U)/选择(S)］＜选择＞：　　（拾取点 B）

标注文字 = 11
指定第二条尺寸界线原点或 [放弃(U)/选择(S)]<选择>: （拾取点 C）
标注文字 = 9
指定第二条尺寸界线原点或 [放弃(U)/选择(S)]<选择>:↙ （结束本连续尺寸）
选择基准标注: （若要标注其他基准尺寸的连续
尺寸，在此点取该尺寸即可进
行标注。按 Enter 键结束命令）

5.2.2.9 标注弧长尺寸（DIMARC）

用于标注圆弧段或多段线圆弧部分的弧长，如图 5.25 所示。

默认情况下，弧长标注将显示一个圆弧符号（也称为"帽子"或"盖子"），以区别角度标注。圆弧符号显示在标注文字的上方或前方，可以使用"标注样式管理器"设定位置和样式。

弧长标注的尺寸界线（延伸线）有径向或正交方向，仅当圆弧的包含角度（圆心角）小于 90°时才显示正交尺寸界线 [图 5.25（a）]。

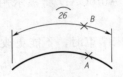
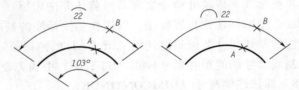

(a) 圆弧的包含角度小于90°   (b) 圆弧的包含角度大于90°

图 5.25 弧长标注

1. 命令输入

（1）功能区："默认"选项卡→"注释"面板→"弧长"按钮⌒或"注释"选项卡→"标注"面板→"弧长"按钮⌒。

（2）菜单："标注（N）"→"弧长（H）"。

（3）工具栏："标注"工具栏→"弧长"按钮⌒。

（4）命令：DIMARC。

2. 命令提示和操作

命令：DIMARC
选择弧线段或多段线圆弧段: （拾取点 A）
指定弧长标注位置或 [多行文字(M)/文字(T)/角度(A)/部分(P)/引线(L)]:
（拾取点 B）

标注文字 = 26

在指定弧长标注位置时，有多个选项，其中前三个选项的含义与标注线性尺寸命令的相同，后两个选项分别含义如下：

（1）"部分（P）"：通过指定圆弧上两个点来标注部分圆弧的弧长 [图 5.26（a）]。

（2）"引线（L）"：标注弧长时加一引线从尺寸文字指到被注圆弧 [图 5.26（b）]。

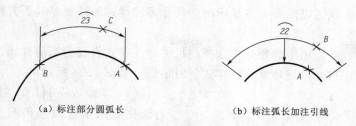

（a）标注部分圆弧长　　　　　　　（b）标注弧长加注引线

图 5.26　弧长标注选项的作用

5.2.3　尺寸标注样式

尺寸标注样式用来控制尺寸标注各个组成部分的外观，如箭头、文字样式、尺寸单位、精度、标注格式和位置等。AutoCAD 2022 提供了一个尺寸标注样式管理器，可以直观、方便地建立或修改尺寸标注样式。

5.2.3.1　尺寸标注样式管理器（DIMSTYLE）

1. 命令输入

（1）功能区："默认"选项卡→"注释"面板→"标注样式"按钮 。

（2）菜单："标注（N）"→"标注样式（S）"或"格式（O）"→"标注样式（D）"。

（3）工具栏："标注"工具栏→"标注样式"按钮 或"样式"工具栏→"标注样式"按钮 。

（4）命令：DIMSTYLE。

2. 命令提示和操作

命令执行后，AutoCAD 打开"标注样式管理器"对话框，如图 5.27 所示。

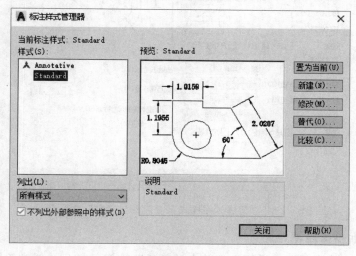

图 5.27　"标注样式管理器"对话框

（1）"样式"：在该区中，列表显示了图形中的尺寸标注样式名称。上方为当前标注样式，下方的"列出"下拉列表框提供了控制尺寸标注样式名称显示的选项："所有样式"和"正在使用的样式"。

（2）"预览"：该区以图形方式显示所选尺寸标注样式的外观，其下方说明区显示该样式的描述。

（3）"置为当前"：用于将样式中选择的尺寸标注样式设置为当前样式。

（4）"新建"：打开"创建新标注样式"对话框，如图 5.28 所示。

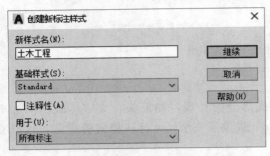

图 5.28　"创建新标注样式"对话框

（5）"修改"：打开"修改标注样式"对话框，用来修改当前尺寸样式的设置。此对话框选项与"新建标注样式"对话框中的选项完全一样，参见"新建标注样式"对话框（图 5.29）。

（6）"替代"：打开"替代当前样式"对话框，用于设置尺寸标注样式的临时替代，替代当前尺寸标注样式的相应设置，这样不会改变当前所选尺寸标注样式的设置。此对话框与"新建标注样式"对话框（图 5.29）中的选项完全一样，不再详述。

（7）"比较"：显示"比较标注样式"对话框，该对话框比较两种标注样式的特性或列出一种样式的所有特性。

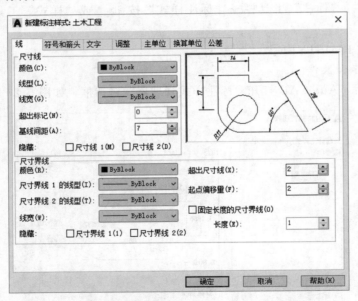

图 5.29　"新建标注样式"对话框与"线"选项卡

5.2.3.2　创建新标注样式

在"标注样式管理器"对话框中，单击"新建"按钮，打开"创建新标注样式"对话框，如图 5.28 所示。

（1）在"新样式名"框中输入新建的尺寸标注样式名称（如：土木工程）。

（2）在"基础样式"下拉列表框中选择新建样式的一个样式模板。

（3）在"用于"下拉列表框中指定新建样式所运用的尺寸标注类型。

单击"继续"按钮，关闭"创建新标注样式"对话框，并打开"新建标注样式"对话框，如图 5.29 所示，可以定义新样式的特性。此对话框最初显示的参数是在"创建新标注样式"对话框中所选择的基础样式的特性。

5.2.3.3 "新建标注样式"对话框中各选项卡内容

"新建标注样式"对话框有 7 个选项卡，每个选项卡均有一个预览窗口，用于预览设置的效果。

1. "线"选项卡

此选项卡用于设置尺寸线、尺寸界线的样式，见图 5.29。

（1）"颜色"：用于设置尺寸线的颜色。

（2）"线宽"：用于设置尺寸线的线宽。

（3）"超出标记"：用于设置尺寸线超出尺寸界线的长度，如图 5.30 所示。

（4）"基线间距"：用于设置使用基线标注时，各尺寸线之间的距离，如图 5.31 所示。

（5）"隐藏"（隐藏尺寸线）：用于控制第一条尺寸线和第二条尺寸线显示的开关。所谓第一条（第二条）尺寸线是指第一条（第二条）尺寸界线侧的一半尺寸线，通常与尺寸界限隐藏配合使用，如图 5.32 所示。

图 5.30　尺寸线超出标记　　图 5.31　基线尺寸线间距

（6）"超出尺寸线"：用于设置尺寸界线超出尺寸线的长度。一般该值为 2～3mm，如图 5.33 所示。

（7）"起点偏移量"：用于设置尺寸界线起点相对于给定起点偏移的距离，如图 5.33 所示。

（8）"隐藏"（隐藏尺寸界线）：用于控制两条尺寸界线的显示开关，如图 5.32 所示。

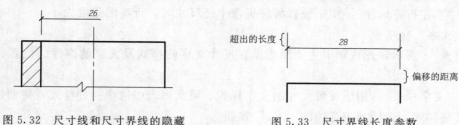

图 5.32　尺寸线和尺寸界线的隐藏　　图 5.33　尺寸界线长度参数

2. "符号和箭头"选项卡

此选项卡用于设置箭头、圆心标记和弧长符号等的样式（图 5.34）。

（1）"箭头"（尺寸起止符）：三个下拉列表框分别用于设置尺寸线第一端点、第二端点和引出标注的引出线端点的起止符号类型。AutoCAD 中提供了多种符号供选择，工程图中常用的尺寸起止符号如图 5.35 所示。

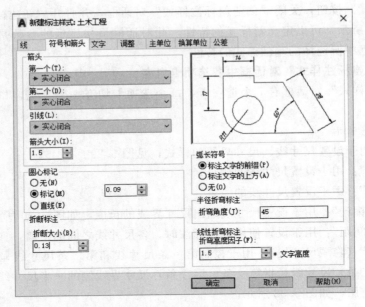

图 5.34　"符号和箭头"选项卡

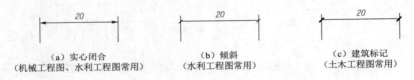

|（a）实心闭合|（b）倾斜|（c）建筑标记|
|（机械工程图、水利工程图常用）|（水利工程图常用）|（土木工程图常用）|

图 5.35　常用尺寸起止符号

（2）"圆心标记"：用于设置圆心标记的类型及大小，

（3）"折断标注"：用于设置折断标注时自动放置的折断标注的大小。指定的大小受当前视口的折断标注大小、标注比例以及当前注释比例的影响。

（4）"弧长符号"：用于设置标注弧长尺寸时，弧长符号的位置与有无。

（5）"半径折弯标注"：用于设置标注折弯半径尺寸时，折弯的角度大小。

3．"文字"选项卡

如图 5.36 所示，此选项卡主要用来设置尺寸文字的样式及文字的高度、位置、对齐方式等。

（1）"文字样式"：用于设置尺寸的文字样式。可从列表中选择一种样式，要创建和修改标注文字样式，选择列表旁边的"..."按钮。

（2）"文字高度"：用于设置尺寸文字的字高。

（3）"分数高度比例"：用于设置尺寸数字中分数数字高度与基本尺寸数字高度的比例。在此处输入的值乘以文字高度，即可确定标注分数相对于标注文字的高度。只有在主单位选项卡上选择分数作为单位格式时，此选项才可用。

（4）"绘制文字边框"：用于设置是否在尺寸文字外画边框。

（5）"垂直"：用于设置尺寸数字沿尺寸线垂直方向的位置，一般设置为"上"。

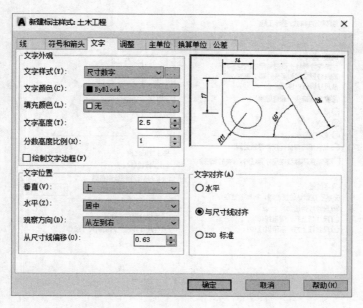

图 5.36 "文字"选项卡

（6）"水平"：用于设置尺寸数字沿尺寸线方向的位置，一般设置为"居中"。

（7）"观察方向"：用于设置尺寸文字的书写与阅读方向，即从左到右还是从右到左阅读。中英文均应设置为"从左到右"。

（8）"从尺寸线偏移"：用于设置尺寸数字在尺寸线上方时，尺寸文字底部到尺寸线的距离；或者当尺寸线断开时，尺寸文字周围的距离。

（9）"水平"：选择此项，水平标注文字。

（10）"与尺寸线对齐"：选择此项，与尺寸线平行标注文字。

（11）"ISO 标准"：选择此项，按 ISO 制图标准标注尺寸文字，即尺寸文字在尺寸界线内时与尺寸线平行标注，在尺寸界线外时水平标注。

4. "调整"选项卡

如图 5.37 所示，此选项卡主要用于调整尺寸要素之间的相对位置。

（1）"调整选项"：用于设置尺寸界线间没有足够空间位置放置文字和箭头时，将其从尺寸界线中间移出的方式。

（2）"文字位置"：用于将尺寸文字从默认位置（由文字选项卡设置的位置）移动到设定的位置，如图 5.38 所示。

（3）"标注特征比例"：用于设置全局标注比例或图纸空间比例。

（4）"使用全局比例"：选择此项则使用整体比例，即所有尺寸要素的大小及位置值都乘上比例因子。比例因子在右侧的数据框中设置。该比例只调整尺寸标注要素的几何大小（诸如：尺寸文字高度、起止符大小、尺寸界线的长度等），不改变尺寸标注的测量值。

（5）"将标注缩放到布局"：选择此项，则在布局（图纸空间）视窗上使用此比例因子。

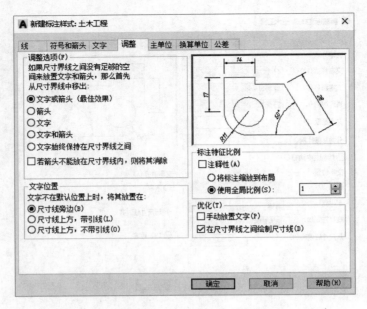

图 5.37 "调整"选项卡

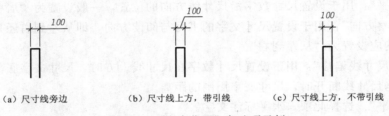

(a) 尺寸线旁边   (b) 尺寸线上方,带引线   (c) 尺寸线上方,不带引线

图 5.38 "文字位置"各选项示例

(6) "手动放置文字":打开此开关,标注时用户自行指定尺寸数字的位置。

(7) "在尺寸界线之间绘制尺寸线":打开此开关,始终在尺寸界线内画尺寸线;若关闭此开关,当箭头在尺寸界线外时,尺寸界线之间不画尺寸线。

5. "主单位"选项卡

如图 5.39 所示,该选项卡主要用于设置尺寸单位的格式和精度,以及加注文字的前缀和后缀。

(1) "线性标注":用于设置线性尺寸(除角度之外的所有标注类型)的单位、精度及尺寸文字中的前后缀。

1) "单位格式":设置线性尺寸单位格式。有科学、小数、工程、建筑、分数等单位制。

2) "精度":设置基本尺寸小数点后保留的位数。

3) "分数格式":设置分数的格式。

4) "小数分隔符":设置小数分隔符号的形式。有句点、逗点和空格等 3 种形式。

5) "舍入":设置线性基本尺寸的测量值舍入(取近似值)的误差值。

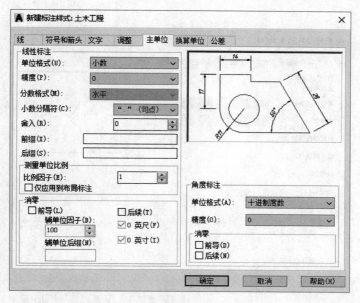

图 5.39 "主单位"选项卡

6）"前缀"：在尺寸文字前加一个前缀。该前缀将替换缺省的前缀（如半径标记 R）。

7）"后缀"：在尺寸文字后加一个后缀。

8）"比例因子"：为线性尺寸设置一个改变测量值的比例因子。标注的尺寸数值是测量值与该比例因子的乘积，可应用在按不同绘图比例时，直接标注出形体的实际尺寸的情况。

9）"仅应用到布局标注"：用于设置比例因子只应用到布局中的线性尺寸标注。

10）"消零"：有两个开关选项："前导"和"后续"。用于设置是否清除所有十进制标注中的前导和后续 0，例如打开前导开关，数据 0.6800 变为 .6800；打开后续开关，数据 0.6800 变为 0.68。

（2）"角度标注"：用于设置角度基本尺寸度量单位、精度等。

6. "换算单位"选项卡

如图 5.40 所示，该选项卡用于设置尺寸标注测量值中换算单位的显示并设置其格式和精度，其各选项与主单位选项卡的同类项基本相同，在此不再赘述。

7. "公差"选项卡

如图 5.41 所示，该选项卡用于设置尺寸文字中公差的样式和尺寸偏差值等（公差标注是机械图样中的尺寸标注方式。

（1）"方式"：用于设置尺寸公差标注方式，共有 5 个选项："无""对称""极限偏差""极限尺寸""基本"。各选项的效果如图 5.42 所示。

（2）"精度"：用于设置公差值小数位数。

（3）"上偏差"：用于输入上偏差值，其默认带"＋"号。

（4）"下偏差"：用于输入下偏差值，其默认带"－"号。

（5）"高度比例"：用于设置尺寸偏差文字相对于基本尺寸文字的高度比例因子。例如

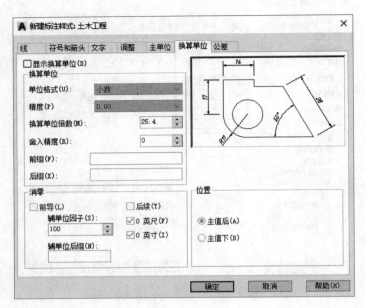

图 5.40　"换算单位"选项卡

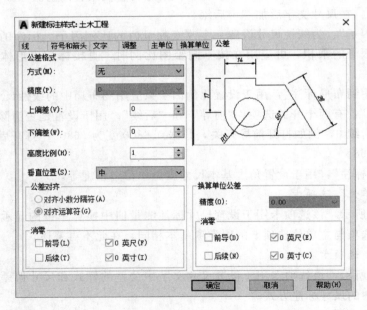

图 5.41　"公差"选项卡

该值输入 0.7，则尺寸偏差值的高度是基本尺寸文字高度的 0.7 倍。

（6）"垂直位置"：用于设置对称公差和极限公差的文字对正位置，有 3 个选项："下""中"和"上"。各项效果如图 5.43 所示。

换算单位公差参数，用于设置换算公差单位的精度和消零规则。

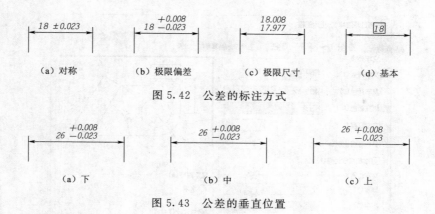

（a）对称　　　　（b）极限偏差　　　　（c）极限尺寸　　　　（d）基本

图 5.42　公差的标注方式

（a）下　　　　　　（b）中　　　　　　（c）上

图 5.43　公差的垂直位置

5.2.4　尺寸样式设置实例

1. 土木工程图的尺寸样式设置

土木工程图的尺寸样式设置步骤如下：

（1）打开尺寸"标注样式管理器"对话框（图 5.27），单击"新建"按钮，先建立一个新的尺寸样式，如图 5.28 所示，命名为"土木工程"。单击"继续"按钮，进入"新建标注样式"对话框。

（2）选取"线"选项卡，设置各个参数，如图 5.29 所示。

（3）选取"符号和箭头"选项卡，设置各个参数，如图 5.44 所示。其中箭头选择土木工程图中用"建筑标记"。

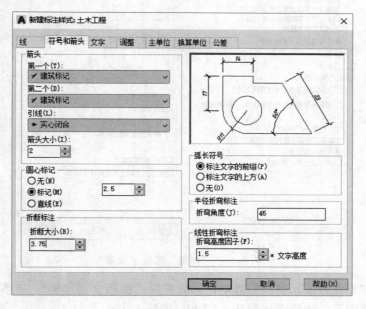

图 5.44　"符号和箭头"选项卡设置

（4）选取"文字"选项卡，设置各个参数，如图 5.45 所示。

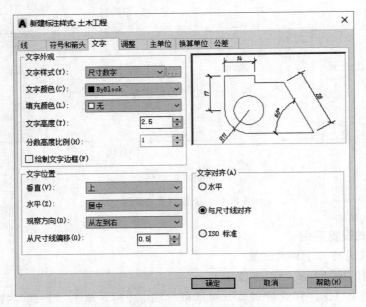

图 5.45　"文字"选项卡设置

（5）选取"调整"选项卡，设置各个参数，如图 5.46 所示。

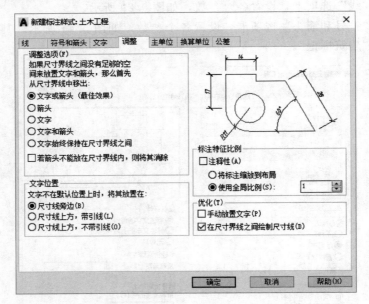

图 5.46　"调整"选项卡设置

注意：在"标注特征比例"参数中，一般选择"使用全局比例"，在其右侧的数据框中输入绘图比例因子，如绘图比例是 1∶100，则输入 100。

（6）选取"主单位"选项卡，设置各个参数，如图 5.47 所示，其中精度一般设为 0，即不保留小数位。

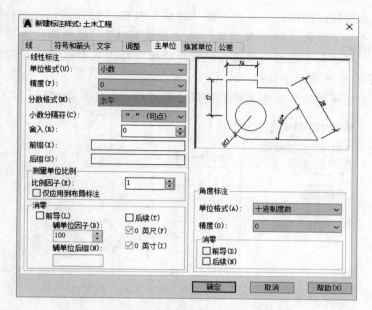

图 5.47 "主单位"选项卡设置

（7）单击"新建标注样式"对话框中的"确定"按钮，返回"标注样式管理器"对话框，并单击"置为当前"按钮，把"土木工程"设置为当前尺寸标注样式。

至此，尺寸标注样式基本设置完成。但是在土木（水利）工程图中，标注线性尺寸的尺寸起止符通常用45°短划线，而标注直径、半径和角度时，尺寸起止符用箭头。因此，如果图中有直径、半径和角度标注时，还要进行直径、半径和角度的标注设置。

（8）设置半径标注的样式。

1）在"标注样式管理器"对话框中，单击"新建"按钮，打开"创建新标注样式"对话框。此时直接单击"用于"下拉列表框下拉出尺寸对象的选择项，如图 5.48 所示。点取适用的标注项——"半径标注"，再单击"继续"按钮，进入"新建标注样式"对话框。

2）在"符号和箭头"选项卡中，将"建筑标记"改为"实心闭合"箭头，其箭头大小一般取 2.5。

3）选取"文字"选项卡，在文字对齐选项组中，选择"ISO 标准"。

4）选取"调整"选项卡，点取"文字和箭头"选项和"尺寸线旁边"选项。

5）单击"确定"按钮，返回"标注样式管理器"对话框。

（9）设置直径标注的样式。如图 5.48 所示，点取适用的标注项——"直径标注"，再单击"继续"按钮，进入"新建标注样式"对话框。之后的设置与设置半径标注样式相同，参见步骤（8）。

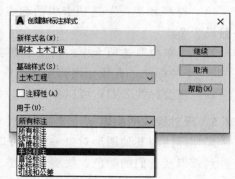

图 5.48 在"创建新标注样式"对话框中
选择用于"半径标注"

（10）设置角度标注的样式。再次点取"新建"按钮，打开"创建新标注样式"对话框，如图 5.48 所示，点取适用的标注项——"角度标注"，再单击"继续"按钮，进入"新建标注样式"对话框。之后的设置与设置半径标注样式基本相同，不同之处是"文字"选项卡，在文字对齐选项组中选择"水平"。

（11）完成上述设置后，土木工程图的尺寸标注样式如图 5.49 所示。

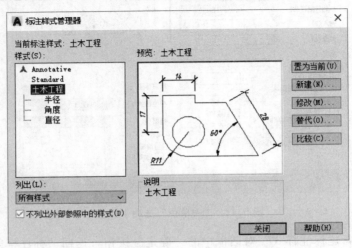

图 5.49　"土木工程"尺寸标注样式

2. 水利工程图的尺寸样式设置

水利工程图和土木工程图的尺寸标注要求基本相同，不同之处在"符号与箭头"选项卡（图 5.44）中的"箭头"选择，土木工程图中用"建筑标记"，水利工程图中用"倾斜"。

资源 5.3
水利工程图尺
寸样式及实例

3. 机械工程图的尺寸样式设置

机械工程图与土木工程图的尺寸标注要求主要区别如下：

（1）所有尺寸起止符均用箭头。设置步骤可以参考土木工程的尺寸标注样式，但有些参数设置不同。

1）"符号和箭头"选项卡中的起点偏移量设置为 0，箭头选用"实心闭合"，其大小一般设为 2.5。

2）"主单位"选项卡中的精度根据实际需要设置。

3）半径标注、直径标注和角度标注与土木工程的设置相同。

（2）需要标注公差，可以参见图 5.41 中"公差"选项卡的设置。

5.2.5　尺寸标注的编辑

尺寸标注与其他图形对象一样，可以对其进行编辑。可编辑的内容包括组成尺寸的所有要素，以及它们的颜色、线型、位置、大小等样式。

5.2.5.1　修改尺寸文字及尺寸界线（DIMEDIT）

用新尺寸文字替换现有标注文字、旋转尺寸文字、移动尺寸文字，还可以改变尺寸界线与尺寸线的倾角。

1. 命令输入

（1）工具栏："标注"工具栏→"编辑标注"按钮 ⊢◢。

（2）命令：DIMEDIT。

2. 命令提示和操作

命令：DIMEDIT
输入标注编辑类型［默认（H）/新建（N）/旋转（R）/倾斜（O）］＜默认＞：

　　　　　　　　　　　　　　　　　　（输入选项或按 Enter 键）

选择对象：　　　　　　　　　　　　　（选取要编辑的尺寸）

······

选择对象：

命令提示中的各选项功能如下：

（1）"默认（H）"：将尺寸文字移到它的默认位置。

（2）"新建（N）"：使用多行文字功能修改尺寸文字。

（3）"旋转（R）"：旋转尺寸文字。此时会提示输入尺寸文字与尺寸线的夹角。

（4）"倾斜（O）"：调整尺寸界线与尺寸线的夹角。

5.2.5.2　移动和旋转标注文字（DIMTEDIT）

可以改变尺寸文字的位置和角度。

1. 命令输入

（1）功能区："注释"选项卡→"标注"面板→"倾斜"按钮 ⊢⁄、"文字角度"按钮 ⚡、"左对正"按钮 ⊢×⊣、"居中对正"按钮 ⊢×⊣、"右对正"按钮 ⊢×⊣。

（2）菜单："标注（N）"→"对齐文字（X）"→"默认（H）""角度（A）""左（L）""居中（C）""右（R）"。

（3）工具栏："标注"工具栏→"编辑标注文字"按钮 ▲。

（4）命令：DIMTEDIT。

2. 命令提示和操作

命令：DIMTEDIT
选择标注：　　　　　　　　　　　　　（拾取要编辑的尺寸）
为标注文字指定新位置或［左对齐(L)/右对齐(R)/居中(C)/默认(H)/角度(A)］：

　　　　　　　　　　　　　　　（可以用拖动方式将尺寸文字放到新位置，
　　　　　　　　　　　　　　　也可以用选项进行编辑）

各选项含义如下：

（1）"左对齐（L）"：把尺寸文字移到尺寸线左边。

（2）"右对齐（R）"：把尺寸文字移到尺寸线右边。

（3）"居中（C）"：把尺寸文字移到尺寸线中间。

（4）"默认（H）"：把尺寸文字移到标注样式所设置的位置。

（5）"角度（A）"：把尺寸文字旋转指定的角度。

5.2.5.3　折弯尺寸线（DIMJOGLINE）

在线性标注或对齐标注中添加或删除折弯线。标注中的折弯线表示所标注的对象中的折断。标注值表示实际距离，而不是图形中测量的距离。

1. 命令输入

（1）功能区："注释"选项卡→"标注"面板→"标注，折弯标注"按钮 ✓。

（2）菜单："标注（N）"→"折弯线性（J）"。

（3）工具栏："标注"工具栏→"折弯线性"按钮 ✓。

（4）命令：DIMJOGLINE。

2. 命令提示和操作

> 命令：DIMJOGLINE
> 选择要添加折弯的标注或［删除(R)］：
> 指定折弯位置(或按 Enter 键)：

（1）"添加折弯"：指定要向其添加折弯的线性标注或对齐标注。添加折弯结果如图 5.50 所示。

（2）"删除（R）"：指定要从中删除折弯的线性标注或对齐标注。

5.2.5.4　调整尺寸线间距（DIMSPACE）

可以调整图形中现有的平行线性标注和角度标注，以使其间距相等或在尺寸线处相互对齐。

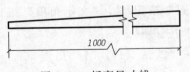

图 5.50　折弯尺寸线

1. 命令输入

（1）功能区："注释"选项卡→"标注"面板→"调整间距"按钮 ▦。

（2）菜单："标注（N）"→"标注间距（P）"。

（3）工具栏："标注"工具栏→"等距标注"按钮 ▦。

（4）命令：DIMSPACE。

2. 命令提示和操作

> 命令：DIMSPACE
> 选择基准标注：　　　　　（选择平行线性标注或角度标注作为均匀排列的基准标注）
> 选择要产生间距的标注：　（选择需要与基准标注均匀排列的平行线性标注或角度标注）
> ……
> 选择要产生间距的标注：✓
> 输入值或［自动(A)］＜自动＞：
> 　　　　　（输入排列间距或按 Enter 键确定自动间距为字高的两倍）

5.2.5.5　标注打断（DIMBREAK）

在标注和尺寸界线与其他对象的相交处打断或者恢复（图 5.51）。

1. 命令输入

（1）功能区："注释"选项卡→"标注"面板→"打断"按钮 ▦。

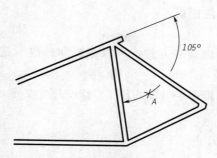

图 5.51 标注打断

(2) 菜单："标注（N）"→"标注打断（K）"。

(3) 工具栏："标注"工具栏→"打断标注"按钮⊹。

(4) 命令：DIMBREAK。

2. 命令提示和操作

> 命令：DIMBREAK
>
> 选择要添加/删除折断的标注或［多个(M)］：　　　　　　　（拾取点 A）
>
> 选择要折断标注的对象或［自动(A)/手动(M)/删除(R)］＜自动＞:A↙

5.2.5.6　更新标注

使已标注尺寸与当前尺寸样式相一致。

1. 命令输入

(1) 功能区："注释"选项卡→"标注"面板→"更新"按钮⊡。

(2) 菜单："标注（N）"→"更新（U）"。

(3) 工具栏："标注"工具栏→"标注更新"按钮⊡。

(4) 命令：-DIMSTYLE。

2. 命令提示和操作

> 命令：-DIMSTYLE
>
> 当前标注样式：土木工程　注释性：否
>
> 输入标注样式选项
>
> ［注释性(AN)/保存(S)/恢复(R)/状态(ST)/变量(V)/应用(A)/?］＜恢复＞:A
>
> 选择对象：　　　　　　　　　　　　　　　（拾取要更新的尺寸）
>
> ……
>
> 选择对象：↙　　　　　　　　　　　　　　（结束命令）

(1)"保存（S）"：将标注系统变量的当前设置保存到标注样式。

(2)"恢复（R）"：将标注系统变量设置恢复为选定标注样式的设置。

(3)"状态（ST）"：显示所有标注系统变量的当前值。

(4)"变量（V）"：列出某个标注样式或选定标注的标注系统变量设置，但不修改当前设置。

(5)"应用（A）"：将当前尺寸标注系统变量设置应用到选定标注对象，永久替代应用于这些对象的任何现有标注样式。

5.2.5.7 编辑标注特性

利用"特性"选项板,以列表方式,可以编辑和修改所选择尺寸的任何参数,参见7.2.2.1 节。

此外,还可以用文本编辑命令(DDEDIT)修改尺寸文字,用夹点编辑方法对尺寸要素位置进行编辑。

5.2.6 引线注释

在工程图中经常要对图形的某一部分进行注释。如土木工程图中的引出说明和详图索引、零件图的形位公差、装配图的序号等,都需要绘制引线注释。AutoCAD 2022 提供了多重引线工具,用于引线标注。多重引线工具栏如图 5.52 所示。

多重引线对象可以包含多条引线,每条引线可以包含一条或多条线段,因此,一条说明可以指向图形中的多个对象。可以从图形中的任意点或局部创建引线并在绘制时控制其外观。

引线可以是直线段或平滑的样条曲线(图 5.53)。

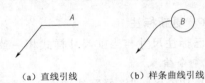

(a)直线引线　　(b)样条曲线引线

图 5.52　多重引线工具栏　　　　图 5.53　多重引线标注

引线对象通常包含箭头、可选的水平基线、引线或曲线和多行文字对象或块。

可以在特性选项板中修改引线线段的特性。使用 MLEADEREDIT 命令,可以向已建立的多重引线对象添加引线,或从已建立的多重引线对象中删除引线。

5.2.6.1 多重引线(MLEADER)

用于创建多重引线对象。

1. 命令输入

(1)功能区:"默认"选项卡→"注释"面板→"引线"按钮或"注释"选项卡→"引线"面板→"引线"按钮。

(2)菜单:"标注(N)"→"多重引线(E)"。

(3)工具栏:"多重引线"工具栏→"多重引线"按钮。

(4)命令:MLEADER。

2. 命令提示和操作

命令:MLEADER
指定引线箭头的位置或[引线基线优先(L)/内容优先(C)/选项(O)]<选项>:
指定引线基线的位置:

各选项含义如下：

（1）"引线基线优先（L）"：指定多重引线对象的基线的位置。如果先前绘制的多重引线对象是基线优先，则后续的多重引线也将先创建基线（除非另外指定）。

（2）"内容优先（L）"：指定与多重引线对象相关联的文字或块的位置。如果先前绘制的多重引线对象是内容优先，则后续的多重引线对象也将先创建内容（除非另外指定）。

（3）"选项（O）"：指定用于放置多重引线对象的选项。此时 AutoCAD 提示：

> 输入选项［引线类型(L)/引线基线(A)/内容类型(C)/最大节点数(M)/第一个角度(F)/第二个角度(S)/退出选项(X)］＜退出选项＞：

1）"引线类型（L）"：设置引线类型：直线、样条曲线或者无引线。

2）"引线基线（A）"：设置水平基线的长度或者无基线。

3）"内容类型（C）"：设置要使用的内容类型，使用块或者无。

4）"最大节点数（M）"：设置确定引线的最大点位数。

5）"第一个角度（F）"：约束引线中第一段的引出角度。

6）"第二个角度（S）"：约束引线中第二段的引出角度。

7）"退出选项（X）"：结束选项，返回上一级提示。

5.2.6.2 多重引线样式管理器（MLEADERSTYLE）

多重引线样式可以控制引线的外观，可以指定基线、引线、箭头和内容的格式，如 STANDARD（标准）多重引线样式使用带有实心闭合箭头和多行文字内容的直线引线。

用户可以使用默认多重引线样式 STANDARD，也可以通过"多重引线样式管理器"对话框创建新的多重引线样式。

1. 命令输入

（1）功能区："注释"选项卡→"引线"面板→"多重引线样式管理器"按钮 。

（2）菜单："标注（N）"→"多重引线样式（I）"。

（3）工具栏："多重引线"工具栏→"多重引线样式"按钮 或"样式"工具栏→"多重引线样式"按钮 。

（4）命令：MLEADERSTYLE。

2. 命令提示和操作

> 命令：MLEADERSTYLE

命令执行后，AutoCAD 打开"多重引线样式管理器"对话框，如图 5.54 所示。

（1）"样式"：在该区中，列表显示了图形中的多重引线样式名称。上方为当前多重引线样式，下方的"列出"下拉列表框提供了控制多重引线样式名称显示的选项："所有样式""正在使用的样式"。

（2）"预览"：该区以图形方式显示所选多重引线样式的外观。

（3）"置为当前"：用于将样式中选择的多重引线样式设置为当前样式。

（4）"新建"：打开"创建新多重引线样式"对话框（图 5.55）。

（5）"修改"：打开"修改标注样式"对话框，用来修改当前尺寸样式的设置。此对话框选项与"创建新多重引线样式"对话框中的选项完全一样。

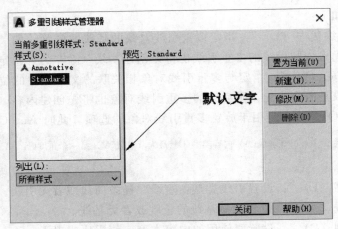

图 5.54　"多重引线样式管理器"对话框

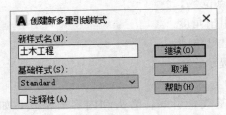

图 5.55　"创建新多重引线样式"对话框

在"多重引线样式管理器"对话框中单击"新建"按钮,打开"创建新多重引线样式"对话框,如图 5.55 所示。

在"新样式名"框中输入新建的多重引线样式名(如:土木工程)。

在"基础样式"下拉列表框中选择尺寸标注的模板样式。

单击"继续"按钮,打开"修改多重引线样式"对话框,如图 5.56 所示。对话框中显示的初始数据是"创建新多重引线样式"对话框中所选的基础样式的数据。

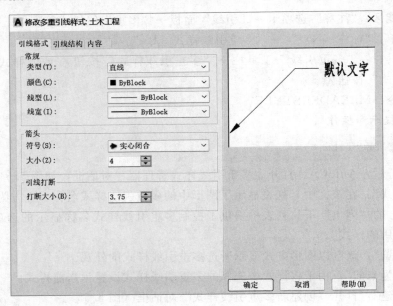

图 5.56　"修改多重引线样式"对话框的"引线格式"选项卡

该对话框有 3 个选项卡，每个选项卡上均有一个预览窗口，用于预览设置的效果。

（1）"引线格式"选项卡。此选项卡用于设置引线、箭头的样式与大小（图 5.56）。

（2）"引线结构"选项卡。此选项卡用于设置引线的约束要求等（图 5.57）。

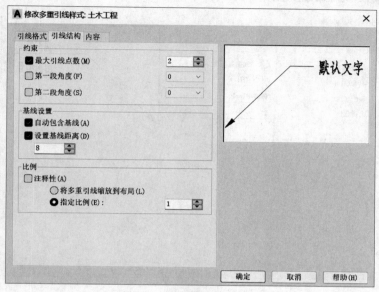

图 5.57　"引线结构"选项卡

（3）"内容"选项卡。此选项卡用于设置多重引线的类型。如果选择多重引线类型"多行文字"，选项卡内容如图 5.58 所示。可以设置文字的有关形式，以及文字与引线的连接位置等，见图 5.53（a）。

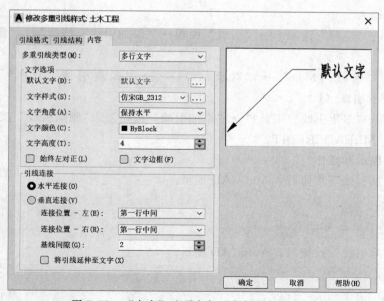

图 5.58　"内容"选项卡与"多行文字"类型

如果选择多重引线类型"块",选项卡内容如图 5.59 所示。可以设置块的形式与比例等。AutoCAD 提供了多个形式的块,以供选择使用,见图 5.53(b)。

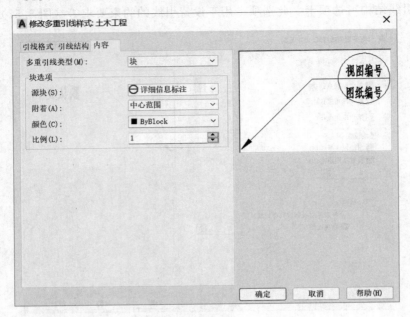

图 5.59   "内容"选项卡与"块"类型

5.2.6.3   编辑多重引线

1. 添加与删除引线

将引线添加至多重引线对象或从多重引线对象中删除引线。

(1)命令输入。

1)功能区:"注释"选项卡→"引线"面板→"添加引线"按钮 、"删除引线"按钮 。

2)菜单:"修改(M)"→"对象(O)"→"多重引线(U)"→"添加引线(A)""删除引线(L)"。

3)工具栏:"多重引线"工具栏→"添加引线"按钮 、"删除引线"按钮 。

4)命令:MLEADEREDIT。

(2)命令提示和操作。

单击"添加引线"按钮后,AutoCAD 提示:

> 选择多重引线:
> 指定引线箭头位置或[删除引线(R)]:

单击"删除引线"按钮后,AutoCAD 提示:

> 选择多重引线:
> 指定要删除的引线或[添加引线(A)]:

2. 对齐

对齐并间隔排列选定的多重引线对象。

（1）命令输入。

1）功能区："注释"选项卡→"引线"面板→"对齐"按钮。

2）菜单："修改（M）"→"对象（O）"→"多重引线（U）"→"对齐（L）"。

3）工具栏："多重引线"工具栏→"对齐"按钮。

4）命令：MLEADERALIGN。

（2）命令提示和操作。

```
命令：MLEADERALIGN
选择多重引线：                    （指定要与之对齐的基准多重引线）
选择要对齐的多重引线或［选项（O）］：
```

3. 合并

将包含块的选定多重引线整理到行或列中，并通过单引线显示结果。

（1）命令输入。

1）功能区："注释"选项卡→"引线"面板→"合并"按钮。

2）菜单："修改（M）"→"对象（O）"→"多重引线（U）"→"合并（C）"。

3）工具栏："多重引线"工具栏→"合并"按钮。

4）命令：MLEADERCOLLECT。

（2）命令提示和操作。

```
命令：MLEADERCOLLECT
选择多重引线：
指定合并的多重引线位置或［垂直(V)/水平(H)/缠绕(W)］：
```

4. 其他编辑

利用"特性"选项板，可以编辑和修改所选择多重引线，参见7.2.2.1节。

此外，还可以用夹点编辑对多重引线的位置进行编辑。

第6章

块、图形库与外部参照

在工程图中，常常要重复绘制一些图形及图形符号，如图纸上的标题栏、建筑图上的门窗图例、高程符号等，为了避免重复工作，可以将相同或相似的内容定义成块，存放在图形库中，当需要时，可以用插入图块的方法插入图样，从而提高绘图速度和质量。

6.1 块

6.1.1 块的特点

块是用块（BLOCK）命令从选定的对象中创建的一个图形实体。块中的对象可以绘制在几个不同颜色、线型和线宽特性的图层上。

用户可根据需要将块插入到图中任意指定的位置，并且可以采用不同的比例以及旋转角度，可以避免大量的重复工作，提高绘图效率。

使用块主要有下面几个优点：

（1）便于建立图形库。将图样中重复出现的图形定义成图块，保存在图形库。当需要时，随时从库中将所需的块调出，插入到图中，可以将复杂图形的绘制变为拼图和绘图的结合，大大提高了绘图速度。

（2）节省存储空间。图形中的每个对象都有相关信息，如图形对象的类型、位置、图层、线型、颜色等，AutoCAD 保存这些信息要占用存储空间。因此图形每增加一个对象，都会增加许多信息，占用存储空间。将一组对象定义成块，就成为一个对象，插入块时，AutoCAD 只存储块的特征信息，如块名、插入点坐标、插入比例因子、旋转角度等，而不需要保存块中每一个对象的特征信息，从而大大节省了存储空间。对于复杂且重复单元多的图样，这一优点更为突出。

（3）便于修改图形。如果在图形中修改或更新了一个块的定义，AutoCAD 将自动更新该块在图中的所有引用。

（4）可以包含属性信息。在块定义时，可以带有属性。插入带属性的块时，可以输入相关的数据，还可以对属性进行提取，传送给外部数据库进行管理。

创建块的方法有多种：

（1）合并对象以在当前图形中创建块定义。

（2）创建一个图形文件，随后将它作为块插入到其他图形中。

（3）使用若干种相关块创建一个图形文件以用作块库。

（4）使用块编辑器上下文选项卡（功能区处于激活状态时）或块编辑器（功能区处于

未激活状态时）将动态行为添加到当前图形中的块定义。

块保存包含在该块中的对象的原图层、颜色和线型特性的信息。可以控制块中的对象是保留其原特性还是继承当前的图层、颜色、线型或线宽设置。

块名称及块定义保存在当前图形中。

块需要先创建（定义），才能被引用。

6.1.2 块的定义

BLOCK 命令用于从当前图形中选定对象，创建一个块定义。每个块都包括块名、一个或多个对象、用于插入块的基点和相关的属性数据。

1. 命令输入

（1）功能区："默认"选项卡→"块"面板→"创建"按钮。

（2）菜单："绘图（D）"→"块（K）"→"创建（M）"。

（3）工具栏："绘图"工具栏→"创建块"按钮。

（4）命令：BLOCK。

2. 命令提示和操作

命令执行后，AutoCAD 打开"块定义"对话框，如图 6.1 所示。

图 6.1 "块定义"对话框

各操作项含义如下：

（1）"名称"下拉列表框。输入要定义的块的名称，或从当前列表中选择一个。

单击下拉列表框右侧向下的箭头，将列出当前图形中所有已经定义的图块名称。

（2）"基点"选项区域。在该选项区域指定块在插入时的基点。

1）"在屏幕上指定"：勾选并单击"确定"后，将在关闭对话框后，提示用户指定基点。

2）"拾取点"：单击按钮，AutoCAD 隐藏对话框，在命令行上提示"指定插入基点："，指定基点后，返回"块定义"对话框。

3）"X""Y""Z"：直接在"X""Y""Z"框中输入插入基点的坐标值。

（3）"对象"选项区域。指定所建的块中要包含的对象，以及创建块之后如何处理这些对象，是保留还是删除选定的对象或者将它们转换成块实例。

1）"在屏幕上指定"：勾选并单击"确定"后，关闭对话框时，将提示用户指定对象。

2）"选择对象" ▨：单击按钮，AutoCAD 隐藏对话框，并在命令行上提示"选择对象:"，此时用户选择组成块的对象。完成对象选择后，按 Enter 键重新显示"块定义"对话框，并显示选定对象的数量。

3）"快速选择" ▨：显示"快速选择"对话框，以便按对象类型定义选择集。

4）"保留"：创建块以后，将选定对象以原来状态保留在图形中。

5）"转换为块"：创建块以后，将选定对象转换成图形中的块实例。

6）"删除"：创建块以后，从图形中删除选定的对象。

（4）"方式"选项区域。

1）"注释性"：指定块为注释性。

2）"使块方向与布局匹配"：指定在图纸空间视口中的块参照的方向与布局的方向匹配。如果未选择"注释性"选项，则该选项不可用。

3）"按统一比例缩放"：指定是否阻止块参照不按统一比例缩放。

4）"允许分解"：指定块参照是否可以被分解。

（5）"设置"选项区域。

1）"块单位"：指定块参照插入单位。通常，块单位选择"毫米"。

2）"超链接"：打开"插入超链接"对话框，可以使用该对话框将某个超链接与块定义相关联。

3）"在块编辑器中打开"：勾选并单击"确定"后，在块编辑器中打开当前的块定义。

（6）"说明"编辑区。输入块的文字描述信息。

6.1.3　块存盘（WBLOCK）

将块或选定的对象写入新图形文件，文件的扩展名为".DWG"。

1. 命令输入

命令：WBLOCK。

2. 命令提示和操作

输入命令后，将打开"写块"对话框，如图 6.2 所示。

（1）"源"选项组。指定要写入文件的图形对象或块，将其保存为文件并指定插入点。

1）"块"：选择此项可在其右侧的下拉列表框中选择一个块名称，AutoCAD 将该块写入文件。

2）"整个图形"：选择此项，将把当前整个图形写入文件。

3）"对象"：选择此项，将从当前图形中选择对象写入文件。

在该组中，"基点"和"对象"2 个选项组与"块定义"对话框中的相同。

（2）"目标"选项区域。

1）"文件名和路径"：指定文件名和保存块的路径。

2）按钮 … ：显示标准的文件选择对话框，让用户直接选择输出文件的路径。

3）"插入单位"：指定从设计中心中拖动新文件，并将其作为块插入到使用不同单位的图形中时，自动缩放所使用的单位值。如果希望插入时不自动缩放图形，选择"无单位"。

6.1.4 块的插入（INSERT）

用于将块或图形文件插入到当前图形中，插入时可以改变插入图形的比例因子和旋转角度。

1. 命令输入

（1）功能区："默认"选项卡→"块"面板→"插入块"按钮 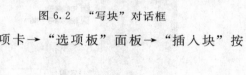 或"插入"选项卡→"块"面板→"插入块"按钮 或"视图"选项卡→"选项板"面板→"插入块"按钮 。

（2）菜单："插入（I）"→"块选项板（B）"。

（3）工具栏："绘图"工具栏→"插入块"按钮 。

（4）命令：INSERT（I）。

图 6.2　"写块"对话框

2. 命令提示和操作

命令执行后，打开一个"插入块"对话框，如图 6.3 所示。

"插入块"对话框有"当前图形"选项卡、"最近使用"选项卡、"收藏夹"选项卡、"库"选项卡。

（1）"当前图形"选项卡。"当前图形"选项卡界面列出当前图形中可用块的预览或列表，包含当前图形中创建的图块及当前图形中使用过的图块。

（2）"最近使用"选项卡。"最近使用"选项卡界面，显示当前和上一个任务中最近插入或创建的块预览或列表。新建图形时，可以直接使用这些图块。

（3）"收藏夹"选项卡。选择"收藏夹"选项卡，会列出系统收藏的块定义。块收藏夹中的图块可以在任何图形中使用。

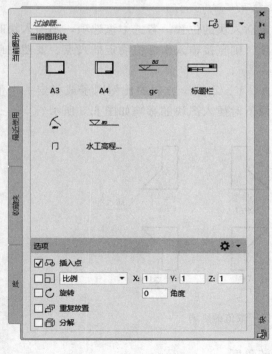

图 6.3　"插入块"对话框

（4）"库"选项卡。"库"选项卡显示单个指定图形或文件夹中的预览或块定义列表。将图形文件作为块插入还会将其所有块定义输入到当前图形中。在对话框中单击"文件导航"按钮圖或"打开块库"按钮可以打开"为块库选择文件夹或文件"对话框，如图6.4所示。

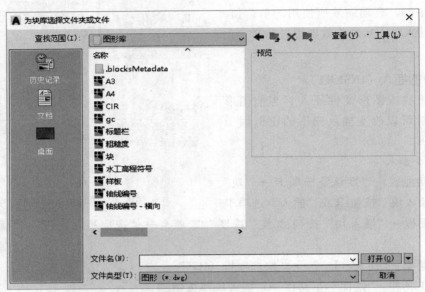

图6.4 "为块库选择文件夹或文件"对话框

在"插入块"对话框中，各选项含义如下：

（1）"插入点"：指定块的插入点，以确定插入块的位置。若选中该选项，则插入块时可以在屏幕上指定插入点。若取消选中该选项，则直接输入坐标值确定插入点。要使用此功能，必须在选项板中双击插入块。

（2）"比例"/"统一比例"：分别输入 X、Y、Z 三个方向的比例因子或指定一个值作为三个方向统一的比例因子。比例因子的取值对插入图块的影响如图6.5所示。

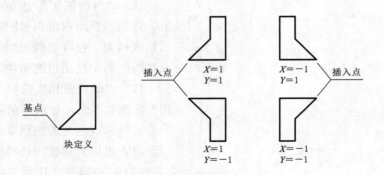

图6.5 比例因子取值的影响

（3）"旋转"：用于设置指定插入块的旋转角度。

（4）"重复放置"：重复插入选择的块。如果插入的块带有属性，每次插入时分别确定属性值。

（5）"分解"：插入后分解为块定义前的多个对象状态，相当于块插入后再使用分解（EXPLODE）命令。此时，X、Y、Z 三个方向只可以指定统一的比例因子。

如果想要把某图块插入图纸，鼠标先单击该块的图标，然后再单击图纸内想要插入的位置即可。块的插入也可以不通过对话框而使用命令操作来实现：

命令：- INSERT

输入块名或［?］＜A3＞：GC　　　　　　　　　　　　（输入要插入图框的名称 GC）

单位：毫米转换：1.0000

指定插入点或［基点(B)/比例(S)/X/Y/Z/旋转(R)］：　　　（在绘图区域指定插入点）

输入 X 比例因子，指定对角点，或［角点(C)/xyz(XYZ)］＜1＞：✓

输入 Y 比例因子或 ＜使用 X 比例因子＞：✓

指定旋转角度 ＜0＞：✓

其中，"基点（B）"表示重新指定块的基点。

3. 说明

（1）在"插入块"对话框中，单击"将 DWG 作为块插入"按钮，将弹出图 6.6 所示对话框，选择的图形文件将作为一个块插入到当前图形中。

（2）在"插入块"对话框中，单击"显示多种模式以列出或预览可用块"按钮，会弹出如图 6.7 所示的菜单，每个选项对应不同模式预览可用块。

（3）收藏块的方法：在块选项板中的块上单击鼠标右键，在弹出的菜单中，选择"复制到收藏夹"，如图 6.8 所示，即可将该块放入收藏夹中。

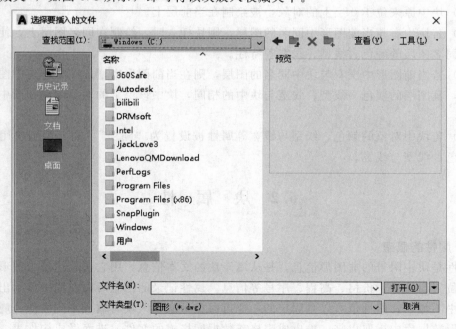

图 6.6　"选择要插入的文件"对话框

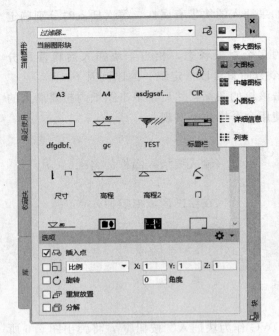

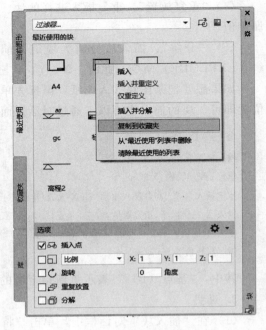

图 6.7　"显示多种模式以列出或预览可用块"菜单　　　　图 6.8　块的收藏

6.1.5　块与图层的关系

定义块的原始对象，可以绘制在相同图层上，也可以在不同图层上，AutoCAD 将图层信息储存在块定义中。在插入块时，层的规则如下：

（1）块中原来位于 0 层上的对象，被绘制在当前层上。

（2）若块中有与当前图形中同名的图层，则块插入时，绘制在同名图层上，使用当前图形中同名图层的颜色、线型、线宽等特性。

（3）若当前图形中没有与块中同名的图层，则在当前图形中增加一个与块中图层同名的图层，其图层的颜色、线型、线宽与块中的相同，块中该层上的对象绘制在图中同名的图层上。

（4）若块中对象的颜色、线型与线宽等属性被设置为"随层"，插入后则使用所在图层的颜色、线型与线宽。

6.2　块　属　性

6.2.1　属性的概念

属性是块中附带的非图形信息，是从属于块的文本信息，用它可表达块中图形所表达对象的位置、编号、价格、高程、序号等信息。属性记录的信息可以在图中显示出来或隐含在图中不显示；属性值可以是固定的，也可以在每次插入块时输入不同的值；属性值可以从图形数据库中提取出来，输出成表格或数据库格式的文件，进而做成构件表、材料表和门窗表等。一个块可以带多个属性，属性可以是门窗的编号、价格、形式等的数据。

属性不同于一般的文本实体，它有如下的特点：

(1) 一个属性包含属性标记（ATTRIBUTE TAG）和属性值（ATTRIBUTE VALUE）两方面内容。属性标志是属性提取时用的标识，属性值是具体内容。例如，可以把"高程"定义为属性标记，而具体的值"13.500"就是属性值。

(2) 在定义块前，每个属性要用 ATTDEF 命令进行定义，由它规定属性标记、属性提示、属性缺省值、属性的显示方式（可见或不可见）、属性在图中的位置等。属性定义后，该属性以其标记在图中显示出来，并把有关的信息保留在图形文字中。

(3) 在定义块前，属性定义可以用 DDEDIT 命令修改，用户不仅可以修改属性标记，还可以修改属性提示和属性缺省值。

(4) 在插入块时，AutoCAD 通过属性提示要求用户输入属性值（可以用缺省值）。插入块后，属性用属性值表示。因此，同一个块定义，在不同点插入时，可以有不同的属性值。如果属性值在定义属性时规定为常量，插入块时，AutoCAD 则不询问属性值。

(5) 在块插入后，可以用 ATTDISP 命令（显示命令）改变属性的可见性。可以用 ATTEDIT 等命令对属性进行修改；用 ATTEXT（属性提取）命令把属性单独提取出来写入文件，以供统计、制表使用；也可以与其他高级语言或数据库进行数据交换。

6.2.2　定义属性（ATTDEF）命令

1. 命令输入

(1) 功能区："默认"选项卡→"块"面板→"定义属性"按钮 ◈ 或 "插入"选项卡→"块定义"面板→"定义属性"按钮 ◈。

资源 6.1
定义属性

(2) 菜单："绘图（D）"→"块（K）"→"定义属性（D）"。

(3) 命令：ATTDEF。

2. 命令提示和操作

命令执行后，将打开"属性定义"对话框，如图 6.9 所示。

对话框各操作项含义如下：

(1)"模式"选项区域。

1)"不可见（I）"：指定插入块时不显示和不打印属性值。属性值在图中为不可见。

2)"固定（C）"：设置属性值为恒值方式。属性值在定义时给出，不能被修改。

3)"验证（V）"：设置属性为验证方式。即块插入时输入属性值后，要求用户再一次输入属性值予以确认值的正确性。

4)"预设（P）"：设置属性值为预置方式。在块插入时，不提示输入属性值，而是自动将预设数据作为默认值。与固定选项不同的是用户可以对预置方式的属性值进行修改。

5)"锁定位置（K）"：锁定块参照中属性的位置。解锁后，属性可以使用夹点编辑命令进行编辑，并且可以调整多行文字属性值的大小。

注意：在动态块中，由于属性的位置包括在动作的选择集中，因此必须将其锁定。

6)"多行（U）"：指定属性值可以包含多行文字。选定此选项后，可以指定属性的

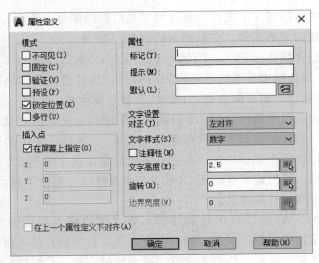

图 6.9　"属性定义"对话框

边界宽度。

（2）"属性"选项区域。

1）"标记（T）"：输入属性标记（相当于属性名）。可以使用任何字符组合（空格除外），AutoCAD 将小写字符更改为大写字符。

2）"提示（M）"：输入属性提示。在插入块时，提示用户输入属性值。如果不输入提示，把属性标记用作提示。如果在模式区域选择常数（固定）模式，提示选项将不可用。

3）"默认（L）"：输入默认的属性值。

4）插入字段按钮：单击该按钮，弹出"字段"对话框。可以插入一个字段作为属性的全部或部分值。

（3）"插入点"选项区域。指定属性值的放置位置，输入坐标值，或选择"在屏幕上指定"并使用定点设备，根据与属性关联的对象指定属性的位置。

（4）"文字设置"选项区域。在该区域可设置属性文字的对正、样式、高度和旋转等，具体设置可参见 5.1 节文字的有关内容。

（5）"在上一个属性定义下对齐（A）"选项区域。选中该复选框，表示当前属性将采用上一个属性的文字样式、字高及倾斜角度，且另起一行，按上一个属性对正方法排列。选中该复选框后，"插入点"与"文字设置"选项区均为灰色显示，即不能通过它进行设置了。

6.2.3　使用带属性的块

通常，属性只有包含在块定义中才有意义。定义和使用带属性的块的步骤如下：

（1）绘制构成图块的各个图形。

（2）定义属性（用 ATTDEF 命令）。

（3）块定义：用 BLOCK 命令将图形与属性一起定义为块。

（4）插入块：用 INSERT 命令插入带属性的块。插入块时，在命令行上有输入属性的提示，即可输入属性值。

【例题 6.1】 将图 6.10 中梁断面的标高符号用带属性的块绘制，绘图比例为 1：20。

解 作图步骤如下：

（1）将细实线层设为当前层，因为标高符号必须用细实线。

（2）用直线命令，绘制等腰直角三角形，构成直角顶点至斜边高度为 3mm 的标高符号，如图 6.11 所示。

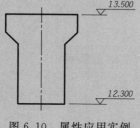

图 6.10 属性应用实例   图 6.11 标高符号

（3）定义属性：

1）打开"属性定义"对话框，设置各项参数，如图 6.12（a）所示。

2）单击"确定"按钮，在图中指定属性的插入点，结果如图 6.12（b）所示。

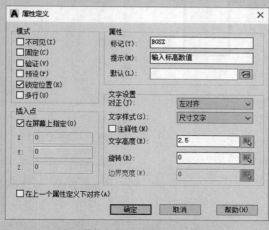

（a）"属性定义"对话框数据的设置   （b）完成属性定义

图 6.12 属性定义

（4）定义块。打开"块定义"对话框，设置各项参数，如图 6.13 所示。

（5）插入"高程符号"块。执行"插入"命令，弹出如图 6.14 所示的"插入块"对话框，在块预览区域单击图块"标高符号"后，光标移至梁断面图右上角，并拾取一个点作为图块的插入点，即弹出"编辑属性"对话框，如图 6.15 所示，输入标高 13.500，单击"确定"按钮，即完成标高 13.500 的绘制。再次在块预览区单击图块"标高符号"，并在梁断面图右下角拾取块插入点，输入高程 12.300，即完成高程数值为 12.300 的高程符号的插入，完成如图 6.10 所示的梁断面图两个标高的绘制。

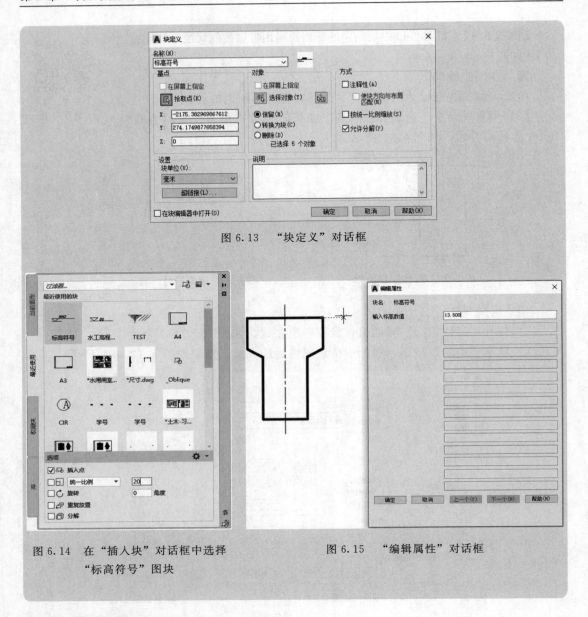

图 6.13　"块定义"对话框

图 6.14　在"插入块"对话框中选择
"标高符号"图块

图 6.15　"编辑属性"对话框

6.2.4　属性的修改

1. 命令输入

（1）功能区："默认"选项卡→"块"面板→"编辑属性"按钮 或"插入"选项卡→
"块"面板→"编辑属性"按钮 。

（2）菜单："修改（M）"→"对象（O）"→"属性（A）"。

（3）工具栏："修改 II"工具栏→"编辑属性"按钮 。

（4）命令：EATTEDIT。

（5）鼠标：双击块属性。

2. 命令提示和操作

执行 EATTEDIT 命令，并选择带属
性的块后，打开"增强属性编辑器"对话
框，如图 6.16 所示。

"增强属性编辑器"对话框中各项含义
如下：

（1）"块"：显示当前选择的块。

（2）"选择块" 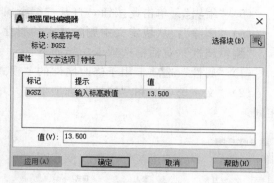：在图形中选择块。

（3）"属性"选项卡：显示属性的标
记、提示信息和当前值（图 6.16）。

图 6.16　"增强属性编辑器"对话框

其中"值"用来修改属性值。

（4）"文字选项"选项卡：用于修改属性文字的样式、对正方式、字高等，如图 6.17
所示。

（5）"特性"选项卡：用于修改属性的图层、线型、颜色等，如图 6.18 所示。

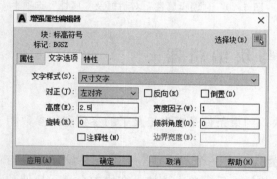

图 6.17　"文字选项"选项卡

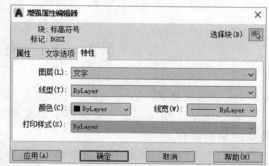

图 6.18　"特性"选项卡

3. 块属性管理器

块属性管理器用于管理当前图形中块的属性定义，可以修改属性定义、从块中删除属
性以及更改插入块时系统提示用户输入属性值的顺序等。命令输入方法如下：

（1）功能区："默认"选项卡→"块"面板→"块属性管理器"按钮 或"插入"选
项卡→"块定义"面板→"块属性管理器"按钮。

（2）菜单："修改（M）"→"对象（O）"→"属性（A）"。

（3）工具栏："修改 II"工具栏→"块属性管理器"按钮。

（4）命令：BATTMAN。

输入 BATTMAN 命令，并选择带属性的快后，打开"块属性管理器"对话框，如图
6.19 所示。图 6.19 中各项含义如下：

（1）"选择块" ：在图形中选择块。

（2）"块"：列出当前图形中所有具有属性的块。在列表中选择要修改属性的块。

（3）"属性列表"：显示所选块中每个属性的特性。

（4）"同步"：将具有当前定义的属性特性的选定块全部同步更新。

(5)"编辑":单击此按钮,打开"编辑属性"对话框,如图 6.20 所示。

(6)"删除":从块定义中删除选定的属性。

"编辑属性"对话框选项卡功能如下:

(1)"属性"选项卡用于修改属性的"模式"和"数据",见图 6.20。

(2)"文字选项"和"特性"选项卡与"增强属性编辑器"对话框中同名选项卡完全相同。

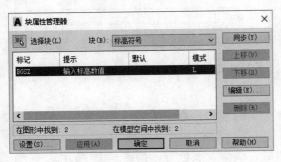

图 6.19 "块属性管理器"对话框

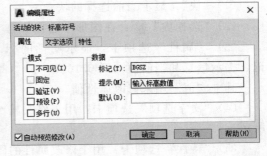

图 6.20 "编辑属性"对话框及"属性"选项卡

6.3 动态块与块编辑器

6.3.1 动态块概述

动态块是一种在一定约束条件下可变的块,约束条件是事先定义了的参数和与参数相关联的编辑动作。

如图 6.21(a)所示的"梁断面",可以为其定义一个"线性"参数,并设置一个与该参数相关联的"拉伸"动作,并保存为块。块插入后,单击该块,在块中会显示拉伸动作符号"▲",如图 6.21(b)所示。单击此符号,并上下拖动即可拉伸图形(只能上下拖动)改变其高度,如图 6.21(c)所示。

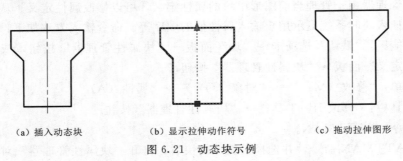

(a)插入动态块　　　　(b)显示拉伸动作符号　　　　(c)拖动拉伸图形

图 6.21 动态块示例

动态块具有灵活性和智能性。用户可以通过自定义夹点或自定义特性来改变几何图形。这使得用户可以根据需要方便地调整块的参照,而不用插入另一个块或重定义已有的块。

6.3.2 创建动态块的步骤

为了创建高质量的动态块,达到预期的效果,可以按照下列步骤进行操作:

1. 合理设计动态块的内容

在创建动态块之前，应当了解其外观以及在图形中的使用方式。确定当操作动态块参照时，块中的哪些对象需要更改或移动，以及如何更改或移动。这些因素决定了添加到块定义中的参数和动作的类型。

2. 绘制几何图形

可以在绘图区域、块编辑器上下文选项卡或块编辑器中为动态块绘制几何图形，也可以使用图形中的已有几何图形或已有的块定义。

3. 确定块元素的共同作用要素，添加适当的参数和动作

在添加参数和动作之前，应确定它们相互之间以及它们与块中的几何图形的相关性。在向块定义添加动作时，需要将动作与参数以及几何图形建立相关性，以便块的动作能在图形中正确作用。

4. 定义动态块参照的操作方式

在创建动态块定义时，用户可定义显示哪些夹点以及如何通过这些夹点来编辑动态块参照，以便通过自定义夹点和自定义特性来操作动态块参照。另外还可以指定是否在"特性"选项板中显示出块的自定义特性，以及是否可以通过"特性"选项板或自定义夹点来更改这些特性。

5. 测试块

在"草图与注释"工作空间的功能区面板上，"块编辑器"选项卡的"打开/保存"面板中，单击"测试块"进行测试，以检验动态块的正确性。

6.3.3　块编辑器（BEDIT）

块编辑器是一个独立的环境，用于为当前图形创建和更改块定义。

可以使用块编辑器定义和编辑块以及将动态行为添加到块定义。块编辑器包含一个特殊的绘图区域，在该区域中，可以像在原绘图区域中一样绘制和编辑几何图形。

1. 命令输入

（1）功能区："默认"选项卡→"块"面板→"块编辑器"按钮 或"插入"选项卡→"块定义"面板→"块编辑器"按钮 。

（2）菜单："工具（T）"→"块编辑器（B）"。

（3）命令：BEDIT。

2. 命令提示和操作

输入命令后，AutoCAD 打开"编辑块定义"对话框，如图 6.22 所示。

在"编辑块定义"对话框中，可以从图形中保存的块定义列表中选择要在块编辑器中编辑的块定义，也可以输入要在块编辑器中创建的新块名。

单击"确定"后，关闭"编辑块定义"对话框，并显示块编辑器。如果从列表中选择了一个

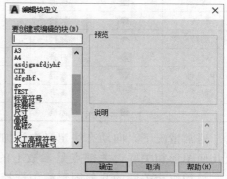

图 6.22　"编辑块定义"对话框

块定义，该块将显示在块编辑器中且可以编辑。如果输入新块名，将显示块编辑器，可向该块中添加对象。

当系统变量 BLOCKEDITLOCK 设置为 1 时，无法打开块编辑器。

如果工作在"草图与注释"工作空间，将显示"块编辑器"选项卡（图 6.23）。

图 6.23　块编辑器功能区上下文选项卡

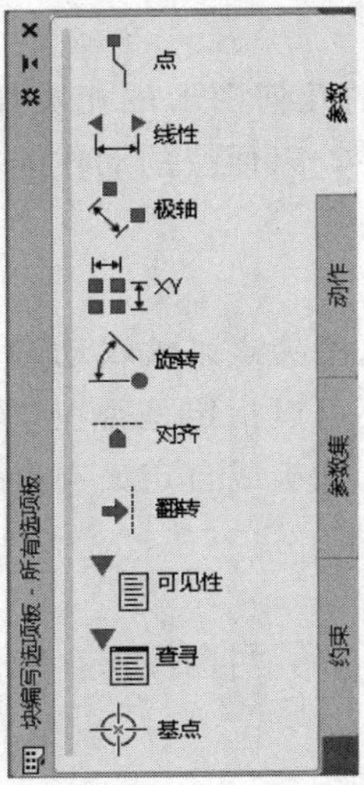

块编辑器包含了一个常用的工具——块编写选项板（图 6.24），可以使用选项板中的工具向动态块定义添加参数和动作等。"块编写选项板"窗口只能显示在块编辑器中。

块编写选项板包含有 4 个选项卡："参数""动作""参数集"和"约束"。

动态块中至少应包含一个参数。参数为块中的几何图形指定自定义位置、距离和角度等。

动作用于定义操作动态块参照的自定义特性，给定该块参照的几何图形将如何移动或修改。

参数和动作仅显示在块编辑器中。将动态块参照插入到图形中时，将不会显示动态块定义中包含的参数和动作。

添加到动态块中的参数类型决定了添加的夹点类型（用不同形状表示）和支持的特定动作，表 6.1 给出了参数、夹点与动作之间的关系。

图 6.24　"块编写选项板"窗口

表 6.1　　　　　　　　　　　参数、夹点与动作之间的关系

参数类型	夹点类型		可与参数关联的动作
点	■	标准	移动、拉伸
线性	▶	线性	移动、缩放、拉伸、阵列
极轴	■	标准	移动、缩放、拉伸、极轴拉伸、阵列
XY	■	标准	移动、缩放、拉伸、阵列
旋转	●	旋转	旋转
翻转	➡	翻转	翻转
对齐	▶	对齐	无（此动作隐含在参数中）
可见性	▼	查寻	无（此动作时隐含的，并且受可见性状态的控制）
查寻	▼	查寻	查寻
基点	■	标准	无

通常情况下，向动态块定义中添加动作后，必须将该动作与参数、参数上的关键点以及几何图形相关联。关键点是参数上的点，编辑参数时该点将会驱动与参数相关联的动作。与动作相关联的几何图形称为选择集。

动态块中的动作类型如下：

（1）移动动作：使对象移动指定的距离和角度。

（2）缩放动作：可以缩放块的选择集。

（3）拉伸动作：将使对象在指定的位置移动和拉伸指定的距离。

（4）极轴拉伸：将对象旋转、移动和拉伸指定角度和距离。

（5）旋转动作：使其关联对象进行旋转。

（6）翻转动作：允许用户围绕一条称为投影线的指定轴翻转动态块参照。

（7）阵列动作：复制关联对象并以矩形样式对其进行阵列。

（8）查寻动作：将自定义特性和值指定给动态块。

6.3.4　创建动态块举例

【例题 6.2】　创建一个六角头螺栓块，如图 6.25（a）所示，其长度可以改变，以适应不同长度规格。要求螺栓的螺纹部分和螺栓头长度不可变，只能改变无螺纹的螺杆部分的长度。

解　作图步骤如下：

（1）绘制六角头螺栓块的图形，如图 6.25（a）所示。

（2）将其创建为块"六角头螺栓"，基点设在点 A 处，见图 6.25（b）。

（3）打开块编辑器（命令：BEDIT），在"编辑块定义"对话框中选取块"六角头螺栓"，并单击"确定"，进入块编辑器。

（4）给块添加参数。选择"块编写选项板"中的"参数"选项卡，单击"线性"选项，操作过程如下，参见图 6.25（c）：

命令：_BPARAMRTER 线性指定起点或［名称(N)/标签(L)/链(C)/说明(D)/基点(B)/选项板(P)/值集(V)］：

　　　　　　　　　　　　　　　　（拾取点 A）

指定端点：　　　　　　　　　　　（拾取点 B）

指定标签位置：　　　　　　　　　（拾取点 B）

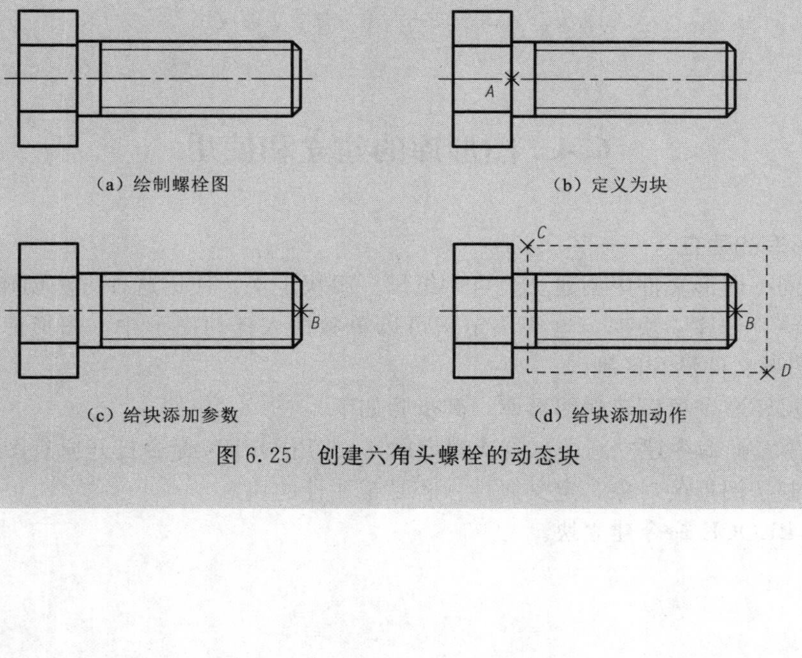

（a）绘制螺栓图　　　　　　　　　（b）定义为块

（c）给块添加参数　　　　　　　　（d）给块添加动作

图 6.25　创建六角头螺栓的动态块

（5）给块添加动作。切换到"块编写选项板"中的"动作"选项卡，单击"拉伸"选项，操作过程如下，参见图 6.25（d）：

命令：_BACTIONTOOL 拉伸

选择参数： （拾取点 B）

指定要与动作关联的参数点或输入［起点(T)/第二点(S)］＜第二点＞：

（拾取点 B）

指定拉伸框架的第一个角点或［圈交(CP)］： （拾取点 C）

指定对角点： （拾取点 D）

指定要拉伸的对象 （用"CROSSING"交叉窗口选取，窗口可以与拉伸框架相同）

（6）测试动态块。单击"块编辑器"选项卡的"测试块"（或者单击"块编辑器"工具栏中的"测试块"图标 ），进入测试状态，并显示块定义。单击该块，显示所定义的动作符号" "，拖动该动作符号，检验动作是否正确。确认设置正确后保存块，单击"关闭块编辑器"，完成动态块"六角头螺栓"的创建。

六角头螺栓动态块的使用：插入块"六角头螺栓"，单击该块，显示动作符号（夹点），如图 6.26（a）所示；单击动作符号" "，提示：

指定点位置或［基点(B)/放弃(U)/退出(X)］： ［输入螺杆长度或拉伸到点 E，如图 6.26（b）所示］

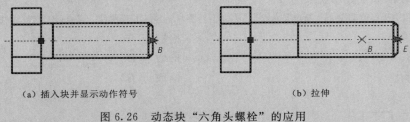

（a）插入块并显示动作符号 （b）拉伸

图 6.26 动态块"六角头螺栓"的应用

6.4 图形库的建立和使用

6.4.1 图形库的建立

通过在同一图形文件中创建块，可以组织一组块定义。使用这种方法创建的图形文件称为图形库或符号库、块库。这些块定义可以单独插入任何图形中。图形库文件与其他 AutoCAD 图形文件没有区别。

用 BLOCK 命令可以建立图形库，其步骤如下：

（1）用 NEW 命令建立新图（首次建库时），或用 OPEN 命令打开原有图形库文件。

（2）绘制子图形的对象，定义属性（若是带属性的块）。

（3）用 BLOCK 命令建立块。

(4) 重复 (2)、(3) 两步, 建立一系列块。

(5) 清理, 将屏幕上所有内容全部删除, 显示一张空白图。

(6) 将图形库文件存盘 (.DWG 文件), 完成建库。

6.4.2 图形库的使用

1. 使用设计中心

使用设计中心可以逐个查看图形库中的块定义, 将其复制到当前图形中。详见 7.4 节设计中心的有关内容。

2. 使用 INSERT 命令

需要使用图形库时, 首先要将图形库调入当前图形中。因为图形库是一个独立的图形文件, 用 INSERT 命令即可将图形库装入到当前图形中。而图形库看上去是一张 "空白图", 所以调入图形库时, 其插入基点、比例因子可以任意给定。在装入图形库的图形文件中, 可用 INSERT 命令, 随时插入所需的块。

6.4.3 建立图形库的 2 个要点

1. 块的大小问题

(1) 1×1 块。所谓 1×1 块即在 1×1 的图形单位内绘制的块, 调用时可以很方便地绘制出任意长度和宽度的图形。例如最简单的 1×1 正方形块, 插入时可以画出任意长度和角度的矩形, 其 X 和 Y 方向的比例因子就是矩形的长度和宽度。

(2) 1:1 块。1:1 块即实际大小的图形块。工程图中常用的一些图形符号, 如各种形式的高程符号, 制图标准已规定了大小, 它们适合做成 1:1 块, 在插入时, 其 X、Y 和 Z 方向的比例因子相同 (统一比例) 取绘图比例即可。

2. 块的基点问题

块的插入基点是决定块是否使用方便的另一个重要因素。因此, 要根据工程图的绘制方法与习惯, 选择合适的插入基点。一般地说, 圆形块插入基点可选圆心, 而方形块选其一角点或一边的中点。

6.5 外 部 参 照

6.5.1 概述

外部参照是把其他图形文件引用到当前图形中。它不同于将其他图形文件作为块插入到当前图形中, 二者的主要区别如下:

(1) 块一旦插入到当前图形中, 就成为当前图形的一部分。而作为外部参照插入到当前图形中后, 被插入的只是外部图形文件的有关信息, 是一个 "链接", 所以外部参照可以生成图形而不会显著增加图形文件的大小。

(2) 将一个图形作为块插入到当前图形后, 原图形的修改, 不能反映到当前图形中。而外部参照则不然, 当用户打开带有外部参照的图形文件时, AutoCAD 自动地把所引用的外部参照图形重新装载, 使之始终保持最新的版本。另外, 用户在图形文件打开后, 可以用命令更新外部参照。

因此，通过使用外部参照，用户可以协调相互之间的工作，从而与其他用户所做的修改保持同步。多个用户也可以分别绘制各自的图形，通过使用外部参照装配一个主图形，主图形将随工程的开发而被修改。

当工程完成并准备归档时，将附着的外部参照和当前图形永久合并（绑定）到一起，以确保最终图形的完整性。

与块参照相同，外部参照在图形中以单个对象的形式存在。如果外部参照包含任何可变块属性，那么它们会被忽略。如果要分解外部参照，必须首先绑定外部参照。

在 AutoCAD 中，可以使用多种方法附着外部参照，例如 ATTACH 命令、XATTACH 命令、EXTERNALREFERENCES（XREF）命令和设计中心等。

6.5.2　命令输入及其操作提示

1. 命令输入

（1）功能区："插入"选项卡→"参照"面板→"外部参照"按钮 ◥。

（2）菜单："插入（I）"→"外部参照（N）"。

（3）工具栏："参照"工具栏→"外部参照"按钮 ▱。

（4）命令：EXTERNALREFERENCES（XREF）。

2. 命令提示和操作

输入 EXTERNALREFERENCES 命令后，AutoCAD 打开"外部参照"选项板，如图 6.27 所示。

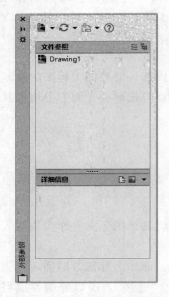

图 6.27　"外部参照"选项板

（1）"外部参照"选项板。该选项板用于组织、显示和管理参照文件，例如 DWG 文件（外部参照）、DWF、DWFx、PDF 或 DGN 参考底图以及光栅图像。

只有 DWG、DWF、DWFx、PDF 和光栅图像文件可以从"外部参照"选项板中直接打开。

1）"附着" ▱ ▾：单击该按钮，打开"选择参照文件"对话框（标准文件对话框）。选取要参照的文件并单击"打开"按钮后，AutoCAD 打开"附着外部参照"对话框（图 6.28）。

单击此按钮右侧的 ▾，选择要附着的文件类型：附着 DWG、附着图像、附着 DWF、附着 DGN、附着 PDF。

2）"刷新" ☷ ▾：单击该按钮，刷新所附着的外部参照。

3）"文件参照"：列出当前所附着的外部图形文件。右击外部文件名，打开外部参照的快捷菜单。

（2）"附着外部参照"对话框，如图 6.28 所示。

1）"名称"：附着了一个外部参照之后，该外部参照的名称将出现在列表里。

2）"浏览"：单击"浏览"，打开"选择参照文件"对话框，可以选择新的外部参照。

3）"参照类型"：指定外部参照是"附着型"还是"覆盖型"。

4)"路径类型":指定外部参照的保存路径是绝对路径、相对路径,还是无路径。

5)"插入点""比例"和"旋转":用于设置引用外部参照的插入点、比例因子和旋转角度。

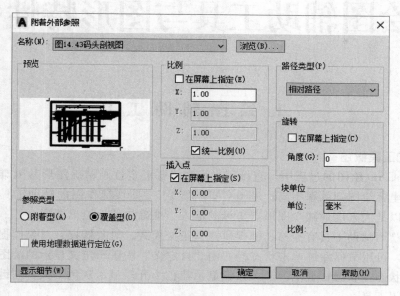

图 6.28 "附着外部参照"对话框

(3)附着外部参照的步骤。

1)拾取菜单:插入→DWG 参照。

2)在"选择参照文件"对话框中,选择要附着的文件,然后单击"打开"。

3)在"外部参照"对话框中的"参照类型"下,选择"附着型",以包含所有嵌套的外部参照。

4)指定插入点、缩放比例和旋转角度。选择"在屏幕上指定"以使用定点设备。

5)单击"确定"。

第7章
绘图辅助工具与图形特性管理

7.1 绘图辅助工具

7.1.1 辅助工具概述

用 AutoCAD 绘图的过程中，直接用光标在屏幕上定位画精确图形是困难的，而逐点输入图形点坐标绘图则效率不高。AutoCAD 提供了一些快捷作图的辅助工具，利用绘图辅助工具可以最大限度地减少图形点坐标的输入，准确快捷地绘出图形。

常用的绘图辅助工具有栅格、捕捉模式、正交模式、对象捕捉、对象捕捉追踪等，如图 7.1 所示，可用鼠标左键单击状态栏右侧"自定义"按钮 ≡ 定义显示的绘图辅助工具按钮，其开关状态在状态栏显示。开关按钮显示蓝色为开，显示灰色为关，左键单击按钮即可打开或关闭工具。

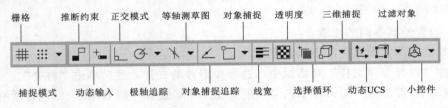

图 7.1　绘图辅助工具按钮

绘图辅助工具可以在命令执行前，也可以在命令执行中间任何时候打开或关闭；打开后通常仅约束光标定位，而不会影响键盘输入坐标；在没有响应任何命令的情况下，辅助工具打开或关闭不会引起屏幕显示的变化，也不会对光标起约束作用。

绘图辅助工具可以直接采用默认的设置进行绘图，也可根据绘图需要进行设置后再使用。设置方法是选择菜单栏→"工具（T）"→"绘图设置（F）"，打开"草图设置"对话框；也可以将光标移至状态栏，鼠标左键单击捕捉模式右侧的小三角，选择"捕捉设置"，同样能打开"草图设置"对话框，如图 7.2 所示。同样单击极轴追踪、对象捕捉、三维捕捉等右侧的小三角，选择相应的设置按钮，均可打开"草图设置"对话框。

7.1.2 捕捉（SNAP）

捕捉是用栅格点约束光标位置的绘图辅助工具，能够让光标始终落在栅格点上，栅格点的距离可以根据需要设置。

1. 捕捉模式的打开方式

（1）状态栏：鼠标左键单击状态栏按钮 ⠿，按钮变为蓝色。

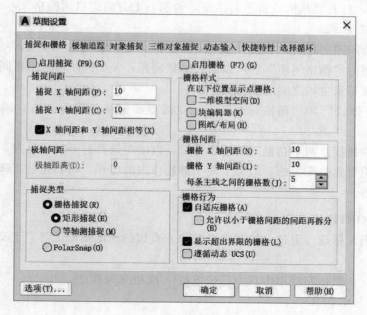

图 7.2 "草图设置"对话框

（2）菜单栏："工具（T）"→"绘图设置（F）"，打开"草图设置"对话框，选择"捕捉和栅格"，勾选"启用捕捉"。

（3）命令：SNAP。

（4）快捷键：Ctrl+B。

（5）其他：鼠标左键单击状态栏按钮 ⌗ 右边的小三角，如图 7.3 所示，勾选"栅格捕捉"。

2. 捕捉模式的设置方法

（1）捕捉栅格的间距调整：打开如图 7.2 所示的"草图设置"对话框的"捕捉和栅格"选项卡，在左侧的"捕捉间距"区可以修改捕捉间距；X、Y方向的捕捉间距可以设置不等距。

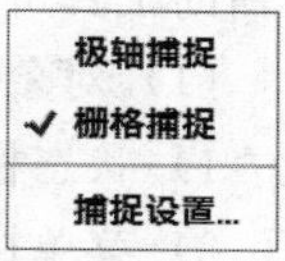

（2）捕捉类型选择：在"捕捉类型"区选择"Polarsnap"，则启用极轴捕捉，并可以设置极轴间距。

图 7.3 勾选"栅格捕捉"

7.1.3 栅格（GRID）

栅格是用于显示栅格点的辅助绘图工具，如同绘图方格纸一样。

1. 栅格的打开方式

（1）状态栏：鼠标左键单击状态栏按钮 ⌗，按钮变为蓝色。

（2）菜单栏："工具（T）"→"绘图设置（F）"，打开"草图设置"对话框后，选择"捕捉和栅格"，勾选"启用格栅"。

（3）命令：GRID。

（4）快捷键：Ctrl+G。

（5）其他：鼠标左键单击状态栏 ⌗ ⌗ ▾ 右边的小三角，如图 7.3 所示，鼠标左键单击"捕捉设置",打开"草图设置"对话框,勾选右上方的"启用栅格"。

2. 栅格的设置方法

(1) 栅格的间距的调整:打开如图 7.2 所示的"草图设置"对话框的"捕捉和栅格"选项卡,在右侧的"栅格间距"区可以修改栅格间距;X、Y 方向的栅格间距可以设置不等距,还可设置每条主线之间的栅格数。

(2) "栅格样式"和"栅格行为"可在"捕捉和栅格"选项卡的右侧选项栏中进行设置。

(3) 栅格和捕捉是两个功能不同的命令,可以随时选择打开其中一项,也可以同时打开。两者的间距设置是无关的,但为了便于捕捉作图时参照,可以把捕捉间距和栅格间距设置为相同数值。

7.1.4　正交 (ORTHO)

正交是利用光标进行定位,绘制水平线和垂直线的绘图辅助工具。正交的打开方式有以下几种:

(1) 状态栏:鼠标左键单击状态栏按钮　,按钮变为蓝色。

(2) 命令:ORTHO。

(3) 快捷键:Ctrl+L。

当正交模式打开后,橡皮筋线将约束为水平或垂直方向,约束和绘制线段的方向是前一点至当前光标点的 X 或 Y 值较大者。

7.1.5　对象捕捉 (OSNAP)

1. 对象捕捉模式

对象捕捉是用于自动捕捉已绘制对象上的特征点的绘图辅助工具。绘图的过程中,常常需要找出已绘制对象的端点、终点、交点、圆或圆弧的圆心等特征点,利用对象捕捉绘图辅助工具可以快速找出这些点。

(1) 对象捕捉的打开方式有以下几种:

1) 状态栏:鼠标左键单击状态栏按钮　,按钮变为蓝色。

2) 菜单栏:"工具 (T)"→"绘图设置 (F)",打开"草图设置"对话框后,选择"对象捕捉"选项卡,如图 7.4 所示,勾选"启用对象捕捉"。

3) 工具栏:对象捕捉工具栏 ⊢─┌╱╱┤╳╳─┤⊙◎⊕⟋⟋⟋◻┆ℕ╲ℕℋ。

4) 命令:OSNAP。

5) 快捷键:Ctrl+F。

6) 其他:鼠标左键单击状态栏按钮　右边的小三角,打开"对象捕捉设置"对话框 (图 7.5),鼠标左键单击"对象捕捉设置",打开"草图设置"对话框 (图 7.4),勾选"启用对象捕捉"。

(2) 对象捕捉的模式如下:

1) "端点" (ENDPOINT):捕捉对象的端点。

2) "中点" (MIDPOINT):捕捉对象的中点。

3) "圆心" (CENTER):捕捉圆或圆弧、椭圆或椭圆弧的中心。

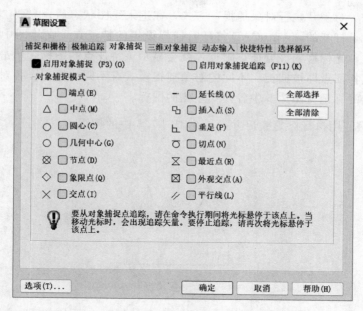

图 7.4 "草图设置"对话框中的"对象捕捉"选项卡

4）"节点"（NODE）：捕捉点对象。

5）"象限点"（QUADRANT）：捕捉圆或圆弧、椭圆或椭圆弧的四分点。

6）"交点"（INTERSECTION）：捕捉两对象的交点。

7）"延伸"（EXTENSION）：捕捉对象延伸线上的点。

8）"插入"（INSERT）：捕捉文字、图块等对象的插入点。

9）"垂足"（PERPENDICULAR）：捕捉垂足，使得垂足与上一点的连线垂直于垂足所在的对象。

10）"切点"（TANGENT）：捕捉圆或圆弧、椭圆或椭圆弧上的切点。

11）"最近点"（NEAREST）：捕捉对象上离光标最近的点。

12）"外观交点"（APPARENT INTERSECT）：捕捉在二维空间中不相交但在当前视图中看起来可能相交的两个对象的视觉交点。

13）"平行"（PARALLEL）：捕捉与已知线段平行的直线上的一点。

图 7.5 "对象捕捉设置"对话框

2. 对象捕捉的使用方法

对象捕捉是绘图过程中快速拾取已知对象特征点的重要辅助工具，可以先设置捕捉模式并打开"对象捕捉"按钮，再进入绘图，这种方式称为"执行对象捕捉"方式；也可以边绘图，边设置捕捉模式，这种方式称为"指定对象捕捉"方式。前者适用于常用的或需要多次使用的捕捉模式，后者适用于经常需要改变的或临时需要的捕捉模式。

资源 7.1
对象捕
捉应用

对于"执行对象捕捉"方式，在进入绘图状态后，只要"对象捕捉"按钮是打开的，AutoCAD 将随时捕捉设定的特征点。在绘图中要求指定一点时，光标移到该特征点附近，就会显示该特征点的图标。单击鼠标左键，则该特征点即被捕捉。不同的对象捕捉模式有不同的标记，各对象捕捉模式对应的标记见图 7.5 中各模式左侧的图标。

【例题 7.1】 用执行对象捕捉方式，绘制图 7.6 中的切线 P_1P_2。

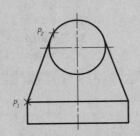

图 7.6 用"执行对象捕捉"方式绘图

解 假设该图的矩形和圆已完成，先在"对象捕捉"选项卡中勾选交点、切点两种对象捕捉模式，作直线 P_1P_2 的操作如下：

输入命令：LINE ↙

LINE 指定第一个点： （在 P_1 附近拾取一点）

LINE 指定下一个点或[放弃(U)]： （在 P_2 附近拾取一点）

LINE 指定下一个点或[闭合(C)放弃(U)]：↙ （按回车键结束命令）

对于"指定对象捕捉"方式，不需要打开"对象捕捉"开关就可以实现对象捕捉功能，这是一种实时设置对象捕捉模式的使用方式。当命令提示要求输入点时，直接输入一个或多个对象捕捉模式，就能实现特征点的捕捉。采用指定对象捕捉方式后，无论"对象捕捉"开关是否打开，"执行对象捕捉"方式无效。

【例题 7.2】 作出图 7.7 所示图形中的三角形 PO_1O_2。

解 如图 7.7 所示，P 为圆的象限点，O_1、O_2 为圆心，作图时分别设置不同特征点就可以了。操作如下：

输入命令：LINE ↙

LINE 指定第一个点： （单击对象捕捉工具栏的"象限点"按钮，设置捕捉象限点并在 P 附近拾取一点）

LINE 指定下一个点或[放弃(U)]： （单击对象捕捉工具栏的"圆心"按钮，设置捕捉圆心并在 O_1 附近拾取一点）

LINE 指定下一个点或[放弃(U)]： （单击对象捕捉工具栏的"圆心"按钮，设置捕捉圆心并在 O_2 附近拾取一点）

LINE 指定下一个点或[闭合(C)放弃(U)]：↙ （三角形闭合，按回车键结束命令）

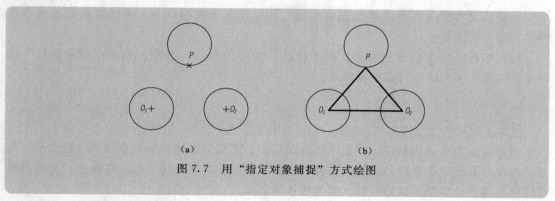

（a）　　　　　　　　　　　（b）

图 7.7　用"指定对象捕捉"方式绘图

3. 其他对象捕捉模式的应用

（1）"延伸"：作直线和圆弧延伸线的交点，如图 7.8（a）所示。先在"对象捕捉"选项卡中勾选"延长线"对象捕捉模式。

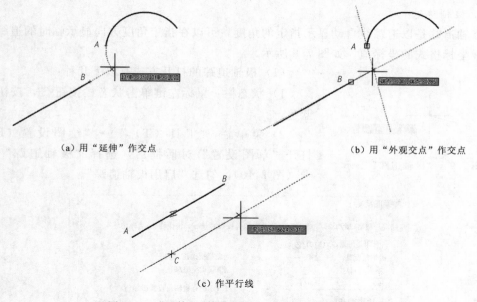

（a）用"延伸"作交点　　　　　　　（b）用"外观交点"作交点

（c）作平行线

图 7.8　"延伸""外观交点""平行"工具的操作

输入命令：LINE ↙

LINE 指定第一个点：

光标移至直线端点 B 悬停，点 B 处产生临时追踪点；光标移至圆弧端点 A 悬停，点 A 处产生临时追踪点；光标移至两追踪线交点，该交点即为所求交点。

（2）"外观交点"：作直线和圆弧延伸线的交点，如图 7.8（b）所示。先在"对象捕捉"选项卡中勾选"外观交点"对象捕捉模式。

输入命令：LINE ↙

LINE 指定第一个点：

光标移至直线端点 B 并单击鼠标左键；光标移至圆弧端点 A，两线交点处出现红色"×"，即为所求交点。

（3）平行：过点 C 作直线 AB 的平行线，如图 7.8（c）所示。先在"对象捕捉"选项卡中勾选"平行线"对象捕捉模式。

输入命令：LINE↙
LINE 指定第一个点：　　　　　　　　　　　　（拾取点 C）

光标移至直线 AB 悬停，产生平行追踪标记；光标向下移动至与直线 AB 近似平行位置，出现与直线 AB 平行的追踪线，同时在直线 AB 上再次出现平行追踪标记；光标沿追踪线移至适当位置单击鼠标左键，即为所作平行线。

7.1.6 自动追踪

自动追踪用虚线表示追踪线，分为极轴追踪和对象捕捉追踪两种方式，常与对象捕捉配合使用，通常情况下极轴追踪和对象捕捉追踪打开的同时也应打开对象捕捉工具。

1. 极轴追踪

极轴追踪是以追踪线自动显示指定的角度，可以在指定角度方向显示临时的追踪线和相对极坐标格式的坐标值，如图 7.9 所示。

图 7.9 "极轴追踪"显示

（1）极轴追踪的打开方式有以下几种：

1）状态栏：鼠标左键单击状态栏按钮 ⟳，按钮变为蓝色。

2）菜单栏："工具（T）"→"绘图设置（F）"，打开"草图设置"对话框后，选择"极轴追踪"选项卡（图 7.10），勾选"启用极轴追踪"。

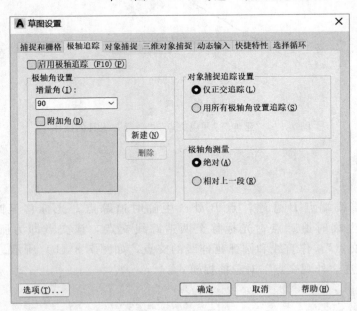

图 7.10 "极轴追踪"选项卡

3）快捷键：Ctrl＋U。

4）其他：鼠标左键单击状态栏按钮 ⟳ 右边的小三角，单击"正在追踪设置"，打开"草图设置"对话框，勾选"启用极轴追踪"。

（2）极轴追踪的设置方法如下：

1）极轴角设置。打开"草图设置"对话框的"极轴追踪"选项卡，在"极轴角设置"区可以修改增量角，如增量角设置为15°，则打开"极轴"按钮后，光标移动时沿0°、15°、30°、45°…方向显示追踪线；勾选"附加角"，光标移动时可显示附加角追踪线，但不显示附加角倍数的追踪线，可最多添加10个附加角。

2）极轴追踪和正交工具不可同时使用，极轴追踪打开时，正交绘图辅助工具将自动关闭。

2. 对象捕捉追踪

对象捕捉追踪是对象捕捉和极轴追踪模式的联合应用。打开对象捕捉追踪后，移动光标至捕捉点悬停会自动产生"＋"字，即为追踪点，再移动光标显示连接追踪点的虚线即为追踪线，如图7.11所示。

（1）对象捕捉追踪的打开方式有以下几种：

1）状态栏：鼠标左键单击状态栏按钮 ∠，按钮变为蓝色。

2）菜单栏："工具（T）"→"绘图设置（F）"，打开"草图设置"对话框后，选择"对象捕捉"选项卡，勾选"启用对象捕捉追踪"。

3）快捷键：Ctrl＋U。

4）其他：鼠标左键单击状态栏按钮 ∠ ▢ ▾ 右边的小三角，鼠标左键单击"对象捕捉设置"，打开"草图设置"对话框，勾选"启用对象捕捉追踪"。

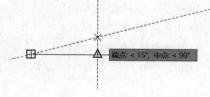

图7.11 对象捕捉追踪

（2）对象捕捉追踪的设置方法如下：

1）正交追踪设置。打开图7.10所示"极轴追踪"选项卡，勾选"仅正交追踪"。

资源7.2
对象追踪应用

2）用所有极轴角设置追踪。打开图7.10所示"极轴追踪"选项卡，勾选"用所有极轴角设置追踪"，可显示从获取的对象捕捉点起沿与已设置的增量角和附加角的追踪线。

【例题7.3】 已知形体的俯视图和左视图，补绘正视图，如图7.12所示。

解 先在"对象捕捉"选项卡中勾选"端点"和"交点"对象捕捉模式，打开对象捕捉和对象捕捉追踪，利用已知的 a、b、c、d、e、f 各点，使用对象追踪的追踪线，按照1—2—3—4—5—6—1的顺序绘制即可。绘图具体操作过程如下：

输入命令：LINE ↙

LINE 指定第一个点：　　　　　　　　　　（光标分别在 a、d 两点处悬停，再引两追踪线交于点1，并拾取该点为始点）

177

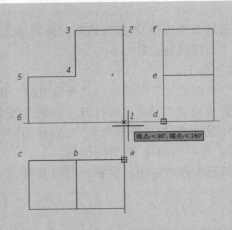

图 7.12　"对象捕捉追踪"的应用——补绘正视图

LINE 指定下一个点或[放弃(U)]：　　　　　　（光标在点 f 悬停，并引两追踪线交于点 2）

LINE 指定下一个点或[放弃(U)]：　　　　　　（光标在点 b 悬停，并引两追踪线交于点 3）

LINE 指定下一个点或[放弃(U)]：　　　　　　（光标在点 e 悬停，并引两追踪线交于点 4）

LINE 指定下一个点或[放弃(U)]：　　　　　　（光标在点 c 悬停，并引两追踪线交于点 5）

LINE 指定下一个点或[放弃(U)]：　　　　　　（光标在点 1 悬停，并引两追踪线交于点 6）

LINE 指定下一个点或[闭合(C)放弃(U)]：↙　　（使图形闭合，按回车键结束命令）

7.1.7　特性工具

1. 动态 UCS

用户坐标系（UCS）是可移动的，用 UCS 创建和编辑对象通常更便于三维实体的绘图，可以在创建对象时使用户坐标系的 XY 平面自动与实体模型上的平面临时对齐。

（1）动态 UCS 的打开方式为：鼠标左键单击状态栏按钮 ⊥，按钮变为蓝色。

（2）动态 UCS 的设置方法如下：

1）仅在三维实体的可见面上显示动态 UCS；用户坐标系可以重新定位、旋转和命名，以便于使用坐标输入、栅格显示、栅格捕捉、正交模式和其他图形工具。

2）打开动态 UCS 按钮，进入绘图状态，当光标移至三维实体模型的一个表面时，即选中该面，并显示 XY 坐标面与该表面平行的 UCS 坐标系，见图 7.13。

2. 动态输入

为了减少绘图时绘图区与命令行的频繁转换，在光标附近提供了"动态输入"界面。

（1）动态输入的打开方式有以下几种：

1）状态栏：鼠标左键单击状态栏按钮 +▪，按钮变为蓝色。

2）菜单栏："工具（T）"→"绘图设置（F）"，打开"草图设置"对话框后，选择"动态输入"选项卡，勾选相应的动态输入模式。

（2）动态输入的设置方法如下：

1）打开动态输入后，工具提示将在光标边上显示绘图信息，并随光标移动实时更新。

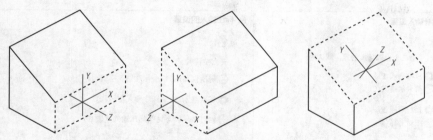

图 7.13 在三维实体模型中显示动态 UCS

当执行绘图操作时，工具提示将为用户提供绘图数据的字段输入，如图 7.14 所示。

2）通过 Tab 键，可以实现线段长度和当前倾角等动态输入的切换。

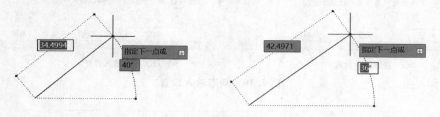

图 7.14 显示动态输入

（3）动态输入的组件。动态输入有三个组件：指针输入、标注输入和动态提示。打开"草图设置"对话框的"动态输入"选项卡，如图 7.15 所示，可以设置启用动态输入时每个部件所显示的内容，指针输入和标注输入设置如图 7.16 所示。

3．快捷特性

快捷特性绘图辅助工具通过选项板界面来显示对象的特性。

（1）快捷特性的打开方式有以下几种：

1）状态栏：鼠标左键单击状态栏按钮▣，按钮变为蓝色。

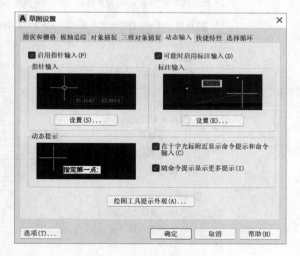

图 7.15 "动态输入"选项卡

2）菜单栏："工具（T）"→"绘图设置（F）"，打开"草图设置"对话框后，选择"快捷特性"选项卡，勾选"选择时显示快捷特性选项板"，如图 7.17 所示。

3）快捷键：Ctrl＋Shift＋P。

4）其他：鼠标右键单击状态栏按钮▣，单击"快捷特性"设置，勾选"选择时显示快捷特性选项板"。

（2）快捷特性的使用方法如下：

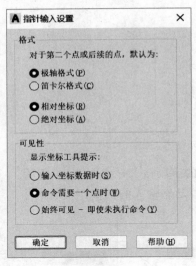
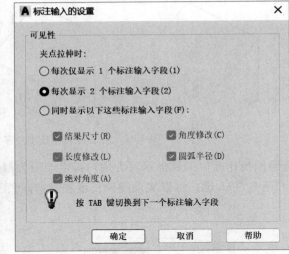

（a）指针输入设置　　　　　　（b）标注输入设置

图 7.16　动态输入设置

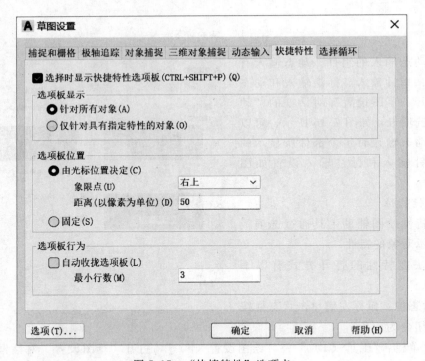

图 7.17　"快捷特性"选项卡

1）打开"快捷特性"按钮，选择对象后，在被选对象边弹出快捷特性选项板，显示选定对象的特性，如图 7.18 所示为选择一个五边形的快捷特性显示。选定多个对象后，显示的特性是各对象的通用特性。

2）各个对象特性都可以在快捷特性选项板直接修改并实时显示修改结果。

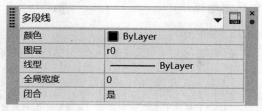

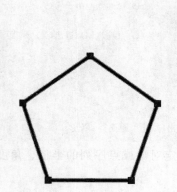

图 7.18　选择五边形后的快捷特性显示

资源 7.3
查询、特
性、特性
匹配

7.2　查询、特性与特性匹配

7.2.1　查询

使用查询命令，用户可以查询图形对象的信息、计算面积和测量距离等。查询命令子菜单如图 7.19 所示，查询工具栏如图 7.20 所示。

图 7.19　查询命令子菜单

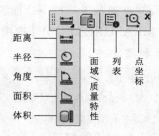

图 7.20　查询工具栏

7.2.1.1　测量距离（DIST）

用于计算并显示图中指定两点的距离及其平面角。

1. 命令输入

（1）功能区："默认"选项卡→"实用工具"面板→"测量"工具→"距离"按钮 。

（2）菜单："工具（T）"→"查询（Q）"→"距离（D）"。

（3）工具栏："查询"工具栏→"距离"按钮 。

（4）命令：MEASUREGEOM［选项：距离（D）］或 DIST（DI）。

2. 命令提示和操作

命令：MEASUREGEOM
输入一个选项 [距离(D)/半径(R)/角度(A)/面积(AR)/体积(V)/快速(Q)/模式(M)/退出(X)] <距离>：D
指定第一点：
指定第二个点或 [多个点(M)]：
距离 = 42.8345,XY 平面中的倾角 = 26, 与 XY 平面的夹角 = 0
X 增量 = 38.5181, Y 增量 = 18.7390, Z 增量 = 0.0000
输入选项 [距离(D)/半径(R)/角度(A)/面积(AR)/体积(V)/退出(X)] <距离>：X↙

此命令不仅用于测量两点的距离，还可以测量选定对象或点序列的半径、角度、面积和体积。

（1）"半径（R）"：测量指定圆弧或圆的半径和直径。

（2）"角度（A）"：测量指定圆弧、圆、直线或顶点的角度。

（3）"面积（AR）"：测量对象或定义区域的面积和周长。

（4）"体积（V）"：测量对象或定义区域的体积。可以选择三维实体或二维对象。如果选择二维对象，则必须指定该对象的高度。

7.2.1.2 计算面积（AREA）
用于计算并显示若干指定点所确定的区域或所选对象围成的区域的面积和周长。

1. 命令输入

（1）功能区："默认"选项卡→"实用工具"面板→"测量"工具→"面积"按钮。

（2）菜单："工具（T）"→"查询（Q）"→"面积（A）"。

（3）工具栏："查询"工具栏→"面积"按钮。

（4）命令：MEASUREGEOM [选项：面积（AR）] 或 AREA。

2. 命令提示和操作

命令：MEASUREGEOM
输入选项 [距离(D)/半径(R)/角度(A)/面积(AR)/体积(V)] <距离>：AR
指定第一个角点或 [对象(O)/增加面积(A)/减少面积(S)/退出(X)] <对象>：　　（指定角点）
　计算由指定点所定义的面积和周长，AutoCAD 提示：
指定下一个点或 [圆弧(A)/长度(L)/放弃(U)]：　　　　　　　　（选择第二个角点）
指定下一个点或 [圆弧(A)/长度(L)/放弃(U)]：　　　　　　　　（选择第三个角点）
指定下一个点或 [圆弧(A)/长度(L)/放弃(U)/总计(T)] <总计>：
　AutoCAD 重复此提示，直至按 Enter 键后显示该区域的面积和周长：
区域 = xxx.xxxx,周长 = xxxx.xxxx
指定第一个角点或 [对象(O)/增加面积(A)/减少面积(S)/退出(X)] <对象>：X↙

各选项说明如下：

（1）"对象（O）"：用选取对象的方式确定一区域，计算对象所围成区域的面积和周长。可以计算面积的对象有圆、椭圆、多段线、矩形、多边形、样条曲线、面域和三维实体。

（2）"增加面积（A）"：进入"加"模式，将计算各个定义区域和对象的面积、周长，以及所有定义区域和对象的总面积。

（3）"减少面积（S）"：进入"减"模式，从总面积中减去后续指定区域的面积。

（4）"退出（X）"：结束命令。

【例题 7.4】 求如图 7.21 所示图形中画填充图案区域的面积。该图形由一条多段线和两个圆构成。

图 7.21 计算面积

解 作图过程如下：

命令：MEASUREGEOM
输入选项 [距离（D）/半径（R）/角度（A）/面积（AR）/体积（V）] <距离>：AR ↙
指定第一个角点或 [对象（O）/增加面积（A）/减少面积（S）/退出（X）] <对象（O）>：A ↙
　　　　　　　　　　　　　　　　　　　　　　　　　　　　　（进入"加"模式）

指定第一个角点或 [对象（O）/减少面积（S）/退出（X）]：O ↙　　　（选择"对象"选项）

（"加"模式）选择对象：　　　　　　　　　　　　　　　　　　　（选择多段线）
　区域 = 2734.3528,周长 = 207.0061　　　　　　　　　　　　　（多段线的面积及周长）
　总面积 = 2734.3528

（"加"模式）选择对象：↙　　　　　　　　　　　　　　　　　　（按 Enter 键结束对象选择）
　区域 = 2734.3528,周长 = 207.0061　　　　　　　　　　　　　（当前最后一步计算结果）
　总面积 = 2734.3528

指定第一个角点或 [对象（O）/减少面积（S）/退出（X）]：S ↙　　　（进入"减"模式）

指定第一个角点或 [对象（O）/增加面积（A）/退出（X）]：O ↙　　　（选择"对象"选项）

（"减"模式）选择对象：　　　　　　　　　　　　　　　　　　　（选择右边小圆）
　区域 = 131.6404,圆周长 = 40.6724　　　　　　　　　　　　　（小圆的面积及周长）
　总面积 = 2602.7124

（"减"模式）选择对象：　　　　　　　　　　　　　　　　　　　（选择左边大圆）
　区域 = 347.0653,圆周长 = 67.8500　　　　　　　　　　　　　（大圆的面积及周长）
　总面积 = 2257.6471

（"减"模式）选择对象：↙　　　　　　　　　　　　　　　　　　（按 Enter 键结束对象选择）
　区域 = 347.0653,圆周长 = 67.8500　　　　　　　　　　　　　（当前最后一步计算结果）
　总面积 = 2257.6471

指定第一个角点或 [对象（O）/增加面积（A）/退出（X）]：X ↙　　　（结束"减"模式）
　总面积 = 2257.6471　　　　　　　　　　　　　　　　　　　　（最后计算结果）
输入选项 [距离（D）/半径（R）/角度（A）/面积（AR）/体积（V）/退出（X）] <面积>：X ↙

　　　　　　　　　　　　　　　　　　　　　　　　　　　　　（结束命令）

7.2.1.3 列表 (LIST)

用于显示选定对象的特性数据。

1. 命令输入

(1) 功能区:"默认"选项卡→"特性"面板→"列表"按钮 ⊟。

(2) 菜单:"工具 (T)"→"查询 (Q)"→"列表 (L)"。

(3) 工具栏:"查询"工具栏→"列表"按钮 ⊟。

(4) 命令:LIST (LI)。

2. 命令提示和操作

命令:LINE
指定第一点:10,20 ↙
指定下一点或 [放弃(U)]:300,400 ↙
指定下一点或 [放弃(U)]:↙

查看该直线的信息:

命令:LIST

选择对象: (点取该直线)

选择对象:↙   (结束选择,显示直线信息)

            直线   图层:粗实线
                        空间:模型空间
            句柄 =2c9b
            自 点,X = 10.0000   Y = 20.0000   Z=0.0000
            到 点,X=300.0000   Y=400.0000   Z=0.0000
         长度 =478.0167,在 XY 平面中的角度 =   53
            增量 X =290.0000,增量 Y =   380.0000,增量 Z =   0.0000

用户选择要显示的对象后,AutoCAD 打开文本窗口显示数据列表,如信息较多,将分页显示。

7.2.1.4 显示点的坐标 (ID)

用于显示图中指定点的坐标。

1. 命令输入

(1) 功能区:"默认"选项卡→"实用工具"面板→"点坐标"按钮 ⊡。

(2) 菜单:"工具 (T)"→"查询 (Q)"→"点坐标 (I)"。

(3) 工具栏:"查询"工具栏→"点坐标"按钮 ⊡。

(4) 命令:ID。

2. 命令提示和操作

命令:ID

指定点: (指定要显示坐标的点)

X=80.5922   Y=77.6810   Z=0.0000   (该点的坐标值)

ID 列出了指定点的 X、Y 和 Z 值，并将指定点的坐标存储为最后一点。可以通过在要求输入点的下一个提示中输入 "@" 来引用最后一点。

如果在三维空间中捕捉对象，则 Z 坐标值与此对象选定特征的值相同。

图 7.22　"特性"选项板

7.2.2　特性与特性匹配（MATCHPROP）

7.2.2.1　特性

每个图形对象都具有特性，如对象的图层、颜色、线型，以及线段的长度、角度等。"特性"选项板（图 7.22）可以列出选定对象的特性，便于用户简捷、快速地修改对象特性。

1. 命令输入

（1）功能区："视图"选项卡→"选项板"面板→"特性"按钮 。

（2）菜单："修改（M）"→"特性（P）"。

（3）工具栏："查询"工具栏→"特性"按钮 。

（4）命令：PROPERTIES。

（5）快捷方式：

1）选中要查看或修改特性的对象，并单击鼠标右键，选择"特性"选项。

2）在图形对象上双击鼠标左键。

2. 说明

（1）"特性"选项板打开后，用户仍可执行 AutoCAD 的命令，进行各项操作。

（2）该选项板有多个选项组，包括"常规""三维效果""打印样式""视图"等，可以通过滚动条选择，显示各个分类的特性。

（3）未选定任何对象时，该选项板显示当前图形窗口的特性及当前设置（图 7.22）；在图形区域选择某一个对象后，"特性"选项板显示该对象的特性。如果一次选择了多个对象，"特性"选项板仅显示被选对象的共有特性。

（4）使用"特性"选项板修改对象特性时，应先选择要修改的属性，然后使用下列任何一种方法：

1）输入一个新值。

2）从下拉列表中选择。

3）用对话框修改。

4）使用"拾取"按钮改变坐标值。

要使用双击操作打开"特性"选项板，必须将 DBLCLKEDIT 系统变量设置为"开"（默认设置）。但是双击块和属性、图案填充、渐变填充、文字、多线以及外部参照时，将显示特定于该对象的对话框而非"特性"选项板。

7.2.2.2　特性匹配

使用特性匹配，可以将一个对象的某些特性或所有特性复制到其他对象。

可以复制的特性类型包括图层、颜色、线型、线型比例、线宽、打印样式、视口特性替代和三维厚度等。默认情况下，所有可用特性均可自动从选定的第一个对象复制到其他对象。如果不希望复制特定特性，可以在执行命令过程中使用"设置"选项禁止复制该特性。

如果把上述特性全部复制给其他对象，称为全特性匹配；只对上述特性选择部分进行复制，称为选择性特性匹配。

1. 命令输入

（1）功能区："默认"选项卡→"特性"面板→"特性匹配"按钮。

（2）菜单："修改（M）"→"特性匹配（M）"。

（3）工具栏："标准"工具栏→"特性匹配"按钮。

（4）命令：MATCHPROP（MA）。

2. 命令提示和操作

（1）全特性匹配。

命令：MATCHPROP

选择源对象：　　　　　　　　　　　　　　　　（选择要复制其特性的对象）

当前活动设置：颜色 图层 线型 线型比例 线宽透明度 厚度 打印样式 标注 文字 填充图案 多段线 视口 表格 材质 多重引线 中心对象　　　　　　（当前选定的特性匹配设置）

选择目标对象或［设置(S)］：　　　　　　　　　（选择一个或多个被复制特性的对象）

……

（2）选择性特性匹配。

命令：MATCHPROP

选择源对象：　　　　　　　　　　　　　　　　（选择要复制其特性的对象）

当前活动设置：颜色 图层 线型 线型比例 线宽透明度 厚度 打印样式 标注 文字 填充图案 多段线 视口 表格 材质 多重引线 中心对象　　　　　　（当前选定的特性匹配设置）

选择目标对象或［设置(S)］：S↙　　　　　　　（选择设置选项）

AutoCAD 打开"特性设置"对话框，如图 7.23 所示。全特性匹配状态下所有选项开

图 7.23　"特性设置"对话框

关均打开。将不需要复制的特性开关关闭，这些特性将不被复制。关闭对话框后，Auto-CAD 显示新设置特性提示如下：

当前活动设置：	（显示新设置特性）
选择目标对象或［设置(S)］：	（选择一个或多个被复制特性的对象）

7.3 工具选项板

工具选项板提供了一种用来组织、共享和放置块、图案填充及其他工具的有效方法。工具选项板还可以包含由第三方开发人员提供的自定义工具。

使用工具选项板可在选项卡形式的窗口中整理块、图案填充和自定义工具。

1. 命令输入

（1）功能区："视图"选项卡→"选项板"面板→"工具选项板"按钮 ▦。

（2）菜单："工具（T）"→"选项板"→"工具选项板（T）"。

（3）工具栏："标准"工具栏→"工具选项板窗口"按钮 ▦。

（4）命令：TOOLPALETTES。

2．命令提示和操作

命令执行后，AutoCAD 打开工具选项板窗口，如图 7.24 所示。工具选项板具有多个选项卡，可根据需要选取。有些选项卡不在窗口面上，单击选项卡名称最下面的卡片重叠处，可打开工具选项板的菜单，拾取需要的选项卡即可放到窗口上。

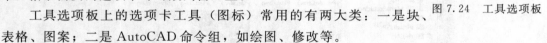

图 7.24 工具选项板

工具选项板上的选项卡工具（图标）常用的有两大类：一是块、表格、图案；二是 AutoCAD 命令组，如绘图、修改等。

工具选项板的使用方法有两种：

（1）将选项卡上的工具（图标）直接拖放到绘图区域即可。

（2）单击选项卡上的工具（图标），AutoCAD 显示相应的提示，按照提示进行操作即可。此方法与通过工具栏执行 AutoCAD 命令的方式相同。

7.4 设计中心（ADCENTER）

设计中心具有很强的图形数据管理功能。使用设计中心可以很方便地访问本计算机、局域网络和 Internet 上的图形文件，并可以将其中的对象直接拖放到当前图形中，使得图形资源得到更充分的利用和共享，大大提高图形管理和设计工作的效率。

使用设计中心，可以方便地做到以下几点：

（1）浏览本机、局域网络和 Internet 上的图形内容（例如图形库或符号库）。

（2）查看图形文件中命名对象（例如块、图层、文字样式）的定义，可以将其插入、附着、复制或粘贴到当前图形中。

（3）重新定义块。

（4）向当前图形中添加内容（例如外部参照、块和填充图案等）。

（5）在新窗口中打开图形文件。

（6）将图形、块和填充图案拖动到工具选项板上。

7.4.1 设计中心窗口

打开设计中心窗口，可以浏览、查找以及插入诸如块、外部参照和填充图案等内容。

1. 命令输入

（1）功能区："视图"选项卡→"选项板"面板→"设计中心"按钮 。

（2）菜单："工具（T）"→"选项板"→"设计中心（D）"。

（3）工具栏："标准"工具栏→"设计中心"按钮 。

（4）命令：ADCENTER（ADC）。

2. 命令提示和操作

命令执行后，AutoCAD 打开设计中心窗口，如图 7.25 所示。用鼠标可以直接拖动调整设计中心窗口的位置和大小。

图 7.25　设计中心窗口及"文件夹"选项卡

单击"文件夹"选项卡（图 7.25）或"打开的图形"（图 7.26）选项卡时，将显示左右两个窗格，从中可以查看和管理图形内容。

（1）树状图（左窗格）。显示用户计算机和网络驱动器上的文件和文件夹的层次结构、打开图形的列表、自定义内容以及上次访问过的位置的历史记录。选择树状图中的项目就可以在内容区域中显示其具体内容。

（2）内容区域（右窗格）。显示树状图中当前选定项目的具体内容，如块、图层、标注样式等。

在内容区域中通过拖动、双击或单击鼠标右键并选择"插入块""附着外部参照"或

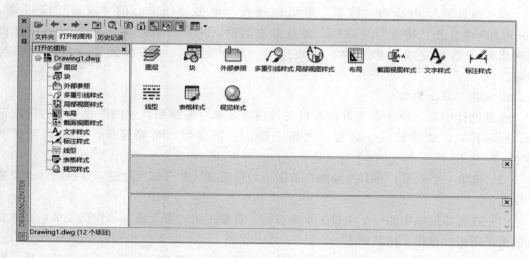

图 7.26　"打开的图形"选项卡

"复制"，可以在当前图形中插入块、填充图案或附着外部参照。可以通过拖动或单击鼠标右键向图形中添加其他内容（例如图层、标注样式和布局），也可以从设计中心将块和填充图案等拖动到工具选项板中。

7.4.2　设计中心的基本操作

1. 打开图形

在设计中心窗口中执行下列操作之一即可打开选定的图形文件：

（1）在设计中心内容区域中的图形图标上单击鼠标右键。选择快捷菜单中的"在应用程序窗口中打开"。

（2）按住 Ctrl 键，同时将图形图标从设计中心内容区域拖动到绘图区域。

（3）将图形图标从设计中心内容区域拖动到应用程序窗口绘图区域以外的任何位置（如果将图形图标拖动到绘图区域中，将在当前图形中创建块）。

2. 查找图形内容

通过设计中心窗口左侧的树状图和四个设计中心选项卡的树状图窗格（图 7.25），用户可以查找和浏览图形文件及其内容，并可以将内容加载到内容区域中。

（1）"文件夹"选项卡。单击树状图中的一个项目（文件夹、图形文件、图层等），在右侧的内容区域中显示其所包含的子项目信息。例如，单击树状图中一个图形文件的项目图层，在内容区域中显示该图形中全部的图层。双击内容区域上的子项目图标也可以显示其详细信息，如双击"块"图标将显示图形中具有的全部块。

（2）"打开的图形"和"历史记录"选项卡。选取"打开的图形"选项卡，左窗格中显示当前已打开图形的列表，其他与"文件夹"选项卡相同。

选取"历史记录"选项卡，显示设计中心中以前打开的文件列表。双击列表中的一个图形文件，左窗格中该图形文件，并将其内容加载到"内容区域"中，并返回到"文件夹"选项卡。

189

（3）通过设计中心的"搜索"对话框查找。单击设计中心的"搜索"按钮 ，AutoCAD 将打开"搜索"对话框。通过该对话框，用户可以很方便地在本地计算机和网络驱动器上完成图形文件、图块定义、图层定义、外部参照等内容的查找与浏览。

3. 向图形添加内容

通过设计中心，使用以下方法可以将其内容区域（右窗格）中的图块定义、图层定义、标注样式、文字样式、线型、光栅图像、外部参照、布局等等，添加到当前图形中：

（1）选取一个项目，将其拖动到当前图形的绘图区，放开鼠标左键，按照默认设置将其插入。

（2）在内容区域中的一个项目上单击右键，将显示包含若干选项的快捷菜单，点取相应的菜单项进行操作，将其插入。

（3）在内容区域中双击图块，显示"插入"对话框，在对话框中设置必要的选项，即可将其插入。

7.5 注释性及其应用

7.5.1 注释性概述

图样绘制中，有时需要用不同的比例打印同一张图纸，或者在同一张图纸中用不同的比例绘制图形。这种情况下，图中诸如文字、尺寸标注等注释对象的大小就很难控制，或者经常需要随绘图比例进行调整，因此，适应不同绘图比例的图样绘制变得比较复杂。注释性工具则为解决这类问题提供了方便的途径。

AutoCAD 把用于注释图形的这些对象赋予"注释性"的特性，打开这些对象的注释性特性，就可以自动完成缩放注释，从而使注释能够以合适的大小显示或打印，而不再需要人工逐个调整。例如，一张按 A2 幅面调整好的图纸，如不加修改打印 A3 幅面的话，文字、尺寸标注等注释内容都会偏小。但是只要开启这些注释对象的注释特性，就可以轻松做到 A3 幅面图纸上的注释对象大小与 A2 幅面的相同，绘图比例的改变只改变非注释性对象的大小。

具有注释性特性的对象有文字、标注、图案填充、公差、多重引线、块、属性等。如果这些对象的注释性特性处于开启状态，则称其为注释性对象。用户可以通过多种方式开启这些对象的注释性特性：

（1）使用添加注释的对话框上的复选框。在与文字、标注、图案填充、公差、多重引线、块、属性等注释对象有关的对话框中，勾选"注释性"复选框，则定义该对象为注释性对象，即该对象具有注释性特性。图 7.27 所示为勾选"图案填充"对话框中的"注释性"复选框。

（2）通过在"特性"选项板中更改注释性特性，可以将已有对象更改为注释性对象。如图 7.28 所示，选中对象，设置"特性"选项板的"注释性"值为"是"，则该对象更改为注释性对象。

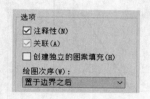

图 7.27 勾选"图案填充"对
话框中"注释性"复选框

图 7.28 在"特性"选项
板中更改注释性特性

（3）通过定义注释性样式，可以方便地定义注释性对象。对于文字、标注、多重引线对象，都可以用定义注释性样式来创建注释性对象，见图 7.29。

创建注释性对象后，当前注释比例即为该对象的注释比例。用户可以通过状态栏右侧的"当前视图的注释比例"按钮，改变当前注释比例，如图 7.30 所示。也可以通过"注释对象比例"对话框，修改或添加注释对象的注释比例。方法如下：

（1）单击下拉菜单"修改（M）"→"注释性对象比例（O）"→"添加/删除比例（S）..."。

（2）选择要修改注释比例的注释性对象。

（3）按回车键或鼠标右击，打开"注释对象比例"对话框。

（4）在"注释对象比例"对话框中删除或添加注释比例。

将光标悬停在仅有一个注释比例的注释性对象上时，光标右侧将显示标记，如图 7.28 所示。如果该对象添加了一个以上的注释比例，则将显示标记。

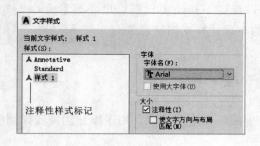

图 7.29 定义注释性文字样式

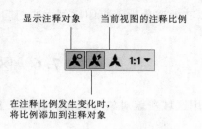

图 7.30 "注释性"工具栏

7.5.2 注释性应用

【例题 7.5】 为挡土墙断面图设置绘图比例分别为 1：50 和 1：100 的尺寸标注，如图 7.31 所示。

资源 7.4
注释性应用

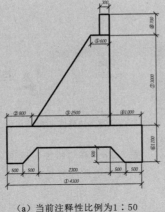

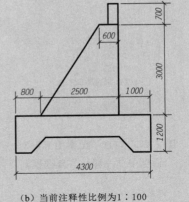

（a）当前注释性比例为 1∶50　　　　　　　　　（b）当前注释性比例为 1∶100

图 7.31　"注释性"对象应用

解　作图步骤如下：

（1）打开尺寸样式管理器，设置新尺寸标注样式并设置为注释性样式。

（2）打开状态栏右侧"注释比例"列表，设置当前注释性比例为 1∶50。

（3）标注挡土墙尺寸，如图 7.31（a）所示。

（4）单击菜单"修改（M）"→"注释性对象比例（O）"→"添加/删除比例（S）…"。

（5）选择尺寸①～⑧后，右击鼠标，打开"注释对象比例"对话框。

（6）单击对话框中"添加"按钮，在打开的"将比例添加到对象"对话框中选择 1∶100，单击"确定"按钮，返回上一对话框并单击"确定"，结束添加。

这样，挡土墙的尺寸标注即具有了适应 1∶50 和 1∶100 绘图比例变化的不同标注特性，当需要以 1∶50 比例显示或打印时，只要设置注释性比例为 1∶50，见图 7.31（a）；当需要以 1∶100 比例显示或打印时，只要设置注释性比例为 1∶100 即可，见图 7.31（b）。打印出来的图形不仅可以保证不同绘图比例，尺寸要素大小不变，而且可以有效避免由于打印比例太小引起的小尺寸排列拥挤现象。

7.6　区　域　覆　盖

使用区域覆盖对象可以在现有对象上生成一个空白区域，用于添加注释或详细的屏蔽信息等。

区域覆盖对象是一块多边形区域，它可以使用当前背景色屏蔽底层的对象。此区域以区域覆盖线框为边框，可以打开此区域进行编辑，也可以关闭此区域进行打印。

通过使用一系列点指定多边形的区域来创建区域覆盖对象，也可以将闭合多段线转换成区域覆盖对象。

1. 命令输入

（1）功能区："默认"选项卡→"绘图"面板→"区域覆盖"按钮 。

（2）菜单："绘图（D）"→"区域覆盖（W）"。

（3）命令：WIPEOUT。

2. 命令提示和操作

命令：WIPEOUT
指定第一点或［边框(F)/多段线(P)］＜多段线＞：

（1）指定第一点，根据一系列点确定区域覆盖对象的多边形边界。提示：

指定下一点：   （指定下一点或按 Enter 键退出）

（2）边框（F），确定是否显示所有区域覆盖对象的边。提示：

输入模式［开(ON)/关(OFF)/ 显示但不打印(D)］：

输入 ON 将显示所有区域覆盖边框；输入 OFF 将不显示所有区域覆盖边框；输入 D 将显示所有区域覆盖边框但是边框不会被打印出来。

（3）多段线（P），根据选定的多段线确定区域覆盖对象的多边形边界。提示：

选择闭合多段线：   （使用对象选择方法选择闭合的多段线）
是否要删除多段线？［是/否］＜否＞：

输入"是"将删除用于创建区域覆盖对象的多段线；输入"否"将保留多段线。

3. 举例

原有图形如图 7.32（a）所示，执行下面的操作后，结果如图 7.32（b）所示。

命令：WIPEOUT
指定第一点或［边框(F)/多段线(P)］＜多段线＞：   （拾取点 A）
指定下一点：   （拾取点 B）
指定下一点或［放弃(U)］：   （拾取点 C）
指定下一点或［闭合(C)/放弃(U)］：   （拾取点 D）
指定下一点或［闭合(C)/放弃(U)］：↙

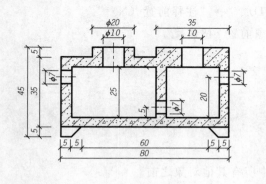
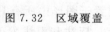
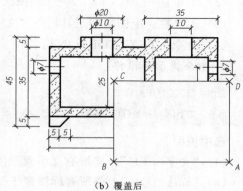

（a）原图   （b）覆盖后

图 7.32 区域覆盖

7.7 绘 图 次 序

重叠对象（例如文字、宽多段线和实体填充多边形）通常按其创建次序显示，即新创建的对象显示在已有对象前面。可以使用绘图次序命令改变所有对象的绘图次序（包括显示和打印次序）。使用 TEXTTOFRONT 可以更改图形中所有文字和标注的绘图次序。

7.7.1 命令与操作提示

用于更改图形和其他对象的绘图顺序。

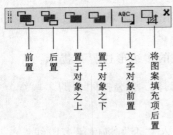

图 7.33 绘图次序工具栏

（前置　后置　置于对象之上　置于对象之下　文字对象前置　将图案填充项后置）

1. 命令输入

（1）功能区："默认"选项卡→"修改"面板→"前置"按钮 。

（2）菜单："工具（T）"→"绘图次序（D）"。

（3）工具栏：绘图次序工具栏（图 7.33）。

（4）命令：DRAWORDER（DR）。

2. 命令提示和操作

（1）拾取工具栏按钮，命令提示：

> 选择对象：　　　　（选择要更改绘图次序的对象，然后按 Enter 键）

（2）使用快捷菜单方式：选择对象，然后单击鼠标右键→单击"绘图次序"→单击菜单子项。

7.7.2 文字对象前置（TEXTTOFRONT）

用于将文字、标注或引线置于图形中的其他所有对象之前。

1. 命令输入

（1）功能区："默认"选项卡→"修改"面板→"前置"按钮 右侧箭头。

（2）菜单："工具（T）"→"绘图次序（D）"→"注释前置（N）"。

（3）工具栏：绘图次序工具栏→"文字对象前置"按钮 。

（4）命令：TEXTTOFRONT。

2. 命令提示和操作

> 命令：TEXTTOFRONT
> 前置［文字(T)/标注(D)/ 引线(L)/全部(A)］＜全部＞：　　　　（输入选项或按 Enter 键）

选项说明：

（1）"文字（T）"：将所有文字置于图形中所有其他对象之前。

（2）"标注（D）"：将所有标注置于图形中所有其他对象之前。

（3）"引线（L）"：将所有引线置于图形中所有其他对象之前。

（4）"全部（A）"：将所有文字、标注和引线置于图形中所有其他对象之前。

7.8 清　理 (PRUGE)

清理命令用于删除图形中未使用的命名项目，例如块定义、图层、文字样式等。清理的目的是使图形文件变小，节省存储空间。

1. 命令输入

（1）功能区："管理"选项卡→"清理"面板→"清理"按钮 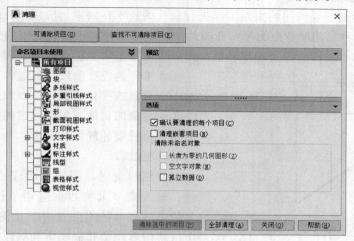。

（2）菜单："文件（F）"→"图形实用工具（U）"→"清理（P）"。

（3）命令：PURGE（PU）。

2. 命令提示和操作

执行命令后，AutoCAD 将打开"清理"对话框，如图 7.34 所示。

图 7.34 "清理"对话框

用户根据需要，选取要清理的项目，再单击"清除选中的项目"按钮即可完成选择性清理。若要清理全部未使用的项目，只需单击"全部清理"按钮。

第8章
平面图形参数化和快捷构形方法

8.1 参数化图形

8.1.1 参数化图形概述

参数化图形是一项使用约束对图形进行设计的技术，约束是应用于二维几何图形的关联和限制。有两种常用的约束类型：几何约束控制对象相对于彼此之间的关系；标注约束控制对象的距离、长度、角度和半径值。图 8.1 使用了可见的几何约束和标注约束。

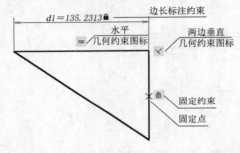

图 8.1 参数化图形的约束

在工程的设计阶段，通过约束关系，可以仅对一个对象或变量值进行修改而达到自动调整多个几何对象的目的。可以通过约束图形中的几何关系来保持设计规范和要求，并且可以快速地进行设计更改。

使用约束时，图形会处于以下三种状态之一：未约束（未将约束应用于任何几何图形）；欠约束（将某些约束应用于几何图形）；完全约束（将所有相关几何约束和标注约束应用于几何图形）。完全约束的一组对象还需要包括至少一个固定约束，以锁定几何图形的位置。

在使用顺序上，应首先在设计中应用几何约束以确定设计的形状，然后应用标注约束以确定对象的大小。

约束栏提供了有关如何约束对象的信息。约束栏显示一个或多个图标，这些图标表示已应用于对象的几何约束。将鼠标悬停在约束图标时，亮显与该几何约束关联的对象，见图 8.2；将鼠标悬停在已应用几何约束的对象上时，亮显与该对象关联的所有约束图标，见图 8.3。约束图标可以任意拖动，也可以控制约束栏图标显示或隐藏。

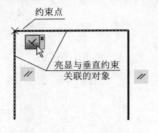

图 8.2 亮显约束关联对象

图 8.3 亮显对象关联约束栏

图8.4～图8.6分别为"参数化"选项卡、工具栏和菜单。

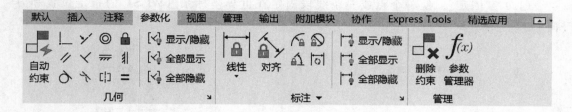

图8.4 "参数化"选项卡

图8.5 "参数化"工具栏

图8.6 "参数化"菜单

8.1.2 几何约束

8.1.2.1 几何约束种类

几何约束用于指定二维对象或对象上的点之间的约束关联。如指定某条直线始终与另一条垂直、某个圆弧始终与某个圆保持同心等。可以指定的几何约束类型见图8.4所示的"几何"面板、图8.7所示的"几何约束"工具栏和图8.8所示的"几何约束"子菜单，其功能如下：

（1）"重合"：强制两个点或一个点和一条直线重合。

（2）"垂直"：强制使两条直线或多条线段的夹角保持90°。

（3）"平行"：强制使两条直线保持相互平行。

（4）"相切"：强制使两条曲线或曲线和直线保持相切或与其延长线保持相切。

（5）"水平"：强制使一条直线或一对点与当前UCS的X轴保持平行。

（6）"竖直"：强制使一条直线或一对点与当前UCS的Y轴保持平行。

（7）"共线"：强制使两条直线位于同一条无限长的直线上。

（8）"同心"：强制使选定的圆、圆弧或椭圆保持同一中心点。

（9）"平滑"：强制使一条样条曲线与其他样条曲线、直线、圆弧或多段线保持几何连续性。

（10）"对称"：强制使两线段或两点与选定对称线对称。

（11）"相等"：强制使两直线段具有相同长度或圆弧段具有相同半径值。

（12）"固定"：使一个点或一条线段固定在世界坐标系（WCS）的指定位置和方向上。

| 重合(C) |
| 垂直(P) |
| 平行(A) |
| 相切(T) |
| 水平(H) |
| 竖直(V) |
| 共线(L) |
| 同心(N) |
| 平滑(M) |
| 对称(S) |
| 相等(E) |
| 固定(F) |

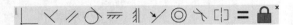

图 8.7　"几何约束"工具栏　　　　图 8.8　"几何约束"子菜单

8.1.2.2　几何约束操作

1. 命令输入

（1）功能区："参数化"选项卡→"几何"面板。

（2）菜单："参数（P）"→"几何约束（G）"。

（3）命令：GEOMCONSTRAINT。

2. 命令提示和操作

> 命令：GEOMCONSTRAINT
> 输入约束类型［水平(H)/竖直(V)/垂直(P)/平行(PA)/相切(T)/平滑(SM)/重合(C)/同心(CON)/共线(COL)/对称(S)/相等(E)/固定(F)］<对称>：

响应一个约束类型后，光标变成矩形拾取框，并在右上角显示一蓝色的约束类型图标，例如重合约束图标为 ，这时就可以拾取约束对象操作。各约束类型的命令提示和操作说明见表 8.1。

表 8.1　　　　　　　　　　　几何约束及其操作方法

图标	约束类型	命 令 提 示	操作说明
	重合	选择第一个点或［对象（O）/自动约束（A）］<对象>： 选择第二个点或［对象（O）］<对象>：	分别拾取两对象上要重合的点或一对象和另一对象上的一点
	垂直	选择第一个对象： 选择第二个对象：	拾取两对象

图标	约束类型	命 令 提 示	操作说明
	平行	选择第一个对象： 选择第二个对象：	拾取两对象
	相切	选择第一个对象： 选择第二个对象：	拾取两对象
	水平	选择对象或［两点（2P）］＜两点＞：	拾取一对象或两个点
	竖直	选择对象或［两点（2P）］＜两点＞：	拾取一对象或两个点
	共线	选择第一个对象或［多个（M）］： 选择第二个对象：	拾取两个或多个对象
	同心	选择第一个对象： 选择第二个对象：	拾取两对象
	平滑	选择第一条样条曲线： 选择第二条曲线：	拾取两样条线或一样条线和一圆弧
	对称	选择第一个对象或［两点（2P）］＜两点＞： 选择第二个对象： 选择对称直线：	拾取两对象或两点以及对称线
	相等	选择第一个对象或［多个（M）］： 选择第二个对象：	拾取两个或多个对象
	固定	选择点或［对象（O）］＜对象＞：	拾取一点或一对象。 固定约束的点或对象不再可移动，直线段只能改变长度不能改变方向，圆弧不能改变直径

在许多情况下，应用约束时选择两个对象的顺序不同，结果也不同。通常，所选的第二个对象会根据第一个对象进行调整。例如，应用对称约束时，用户选择的第二个对象将调整为对称于第一个对象，以对象三为对称轴，见图 8.9。对于某些约束，可以在对象上指定约束点，而非指定对象本身。对象上的约束点与对象捕捉类似，但是位置限制为端点、中点、中心点以及插入点。例如，重合约束可以将一条直线的端点位置限制为另一条直线的端点。

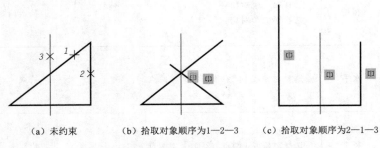

（a）未约束　　　　（b）拾取对象顺序为1—2—3　　（c）拾取对象顺序为2—1—3

图 8.9　拾取对象顺序对约束结果的影响

8.1.2.3　自动约束

根据对象的自然关联，自动将约束应用于满足几何约束条件的对象选择集内。

1. 命令输入

（1）功能区："参数化"选项卡→"几何"面板→"自动约束"按钮。

（2）菜单："参数（P）"→"自动约束（C）"。

（3）命令：AUTOCONGSTRAIN。

2. 命令提示和操作

命令：AUTOCONGSTRAIN

选择对象或 [设置(S)]：　　　　　　　　　　　　　　　　（选择对象）

……

选择对象或 [设置(S)]：↙

选择需要加入约束的对象选择集后，AutoCAD 自动施加符合条件的约束。如图 8.10 所示，选择集内的四个对象自动设置了三个交点的重合约束、两平行线约束、两互相垂直线约束以及水平线约束。通过施加这些约束，实现对象关联，几何形状就不可变。

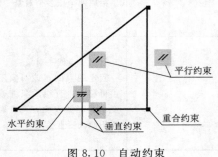

图 8.10　自动约束

可用于自动约束的约束类型，根据需要可以预先设置。通过菜单"参数"→"约束设置"，可以打开"约束设置"对话框的"自动约束"选项卡，如图 8.11 所示，并可以有选择地设置用于自动约束的类型、约束的优先级（施加约束的先后顺序）以及施加约束的允许距离和角度误差。平滑、对称、相等和固定约束不能用于自动约束，只可单独设置。

8.1.2.4 约束图标显示控制

约束图标是对象被约束的标记，可以全部显示或部分显示，也可以全部隐藏。

1. 命令输入

（1）功能区："参数化"选项卡→"几何"面板。

（2）菜单："参数（P）"→"约束栏（B）"。

2. 命令提示和操作

（1）显示/隐藏约束：仅显示/隐藏选择的已约束对象的约束图标。

（2）全部显示：显示全部约束图标。

（3）全部隐藏：隐藏全部约束图标。

通过"几何"面板下拉箭头或者菜单"参数"→"约束设置"，可以打开"约束设置"对话框的"几何"选项卡，如图 8.12 所示，勾选其中的选项同样可以设置约束图标的可见性。

图 8.11 "自动约束"选项卡

图 8.12 "几何"选项卡

8.1.2.5 几何约束修改

几何约束是不可修改的，但可以删除后再重新应用其他约束。

1. 命令输入

（1）功能区："参数化"选项卡→"管理"面板→"删除约束"按钮。

（2）菜单："参数（P）"→"删除约束（L）"。

（3）命令：DELCONSTRAIN。

2. 命令提示和操作

命令：DELCONSTRAIN

将删除选定对象的所有约束...

选择对象：

......

选择对象：↙

已删除 n 个约束　　　　　　　　　　　　　　　　　　　（n 为所选的对象约束数）

选择对象后，将删去被选对象上的所有约束。

如果删除是针对个别约束，也可以用直接删除的方法：光标在约束图标上悬停，按 Delete 键或单击鼠标右键在快捷菜单中选择"删除"选项。

用夹点编辑方式编辑被约束对象时，可以临时释放约束，方法是：光标选中编辑对象的夹点，按一下 Ctrl 键，约束临时释放，再按一下，恢复约束。

8.1.2.6 几何约束应用

【例题 8.1】 为图 8.13（a）所示图形应用几何约束，以便确定其形状。

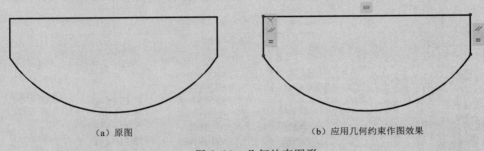

（a）原图　　　　　　　　　　　　　　　　（b）应用几何约束作图效果

图 8.13　几何约束图形

解 应用几何约束作图效果见图 8.13（b），过程如下：

（1）应用重合约束使图形每个端点都与相邻对象端点保持重合，这些约束显示为蓝色小方块。

资源 8.1
几何约束应用 1

（2）应用水平约束使水平线水平。

（3）应用垂直约束使水平线和竖直线垂直。

（4）应用平行约束使两竖直线平行。

（5）应用相等约束使两竖直线保持长度相等。

应用几何约束后，图形的形状不可修改，仅可改变图形对象的大小。要确定图形对象大小需要应用标注约束。直接应用自动约束可以一次完成约束操作。

【例题 8.2】 如图 8.14（a）所示，把任意两条直线 AB、CD 用几何约束的方法编辑为十字相交。

资源 8.2
几何约束应用 2

解 用几何约束编辑作图过程见图 8.14（b）～（e）：

（1）应用相等约束使直线 AB、CD 等长。

（2）应用重合约束使直线 AB、CD 中点重合。

（3）应用水平约束使直线 CD 水平。

（4）应用垂直约束使直线 AB 垂直于 CD，即为所求结果。

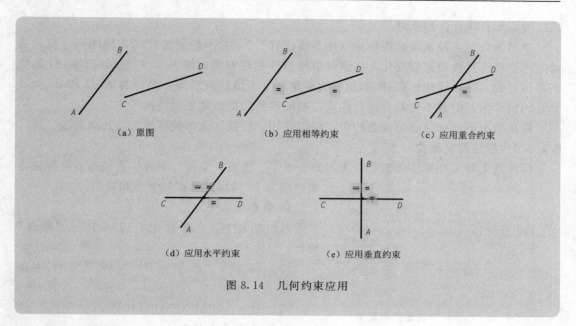

(a) 原图　　　　　　　　(b) 应用相等约束　　　　　　　(c) 应用重合约束

(d) 应用水平约束　　　　　　　(e) 应用垂直约束

图 8.14　几何约束应用

8.1.3　标注约束

8.1.3.1　标注约束概念

标注约束可以确定对象、对象上的点之间的距离或角度，也可以确定对象的大小。如果改变标注约束的值，会计算对象上的所有约束，并自动更新受影响的对象。

标注约束包括名称、表达式和值，见图 8.15。将标注约束应用于对象时，会自动创建一个约束变量（名称），用以保存约束值（名称＝值）。默认名称用 d1、d2、直径 1、角度 1 等，用户可以重新命名名称，修改值或用表达式替代值。被约束对象的大小或间距，随值的变更而缩放。

标注约束可以创建为动态约束或注释性约束，两者特性和用途各不相同。此外，可以将所有动态约束或注释性约束转换为参照参数。

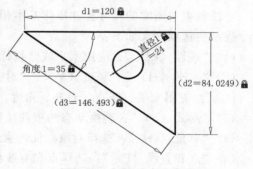

动态约束的特点是：缩小或放大时保持大小相同；使用固定的预定义标注样式显示，与任何图层无关；自动放置文字信息，提供三角形夹点，可以使用这些夹点更改标注约束的值；打印图形时不显示。图 8.15 中由变量 d1 和角度 1 表示的约束均为动态约束。不需要

图 8.15　标注约束的类型

打印标注时，动态约束用于常规的参数化图形和设计。

注释性约束的特点是：缩小或放大时大小发生变化；使用当前尺寸标注样式显示；随图层单独显示；提供与尺寸标注上的夹点具有类似功能的夹点功能；打印图形时显示。图 8.15 中由直径 1 表示的约束为注释性约束。注释性约束用于需要控制动态约束的标注样

式或者需要打印标注约束时。

　　参照参数是一种从动标注约束（动态或注释性）。它不控制关联的几何图形，仅跟随动态约束或注释性约束的变化，将测量值报告给标注对象。图 8.15 中变量 d2 和 d3 的值不是独立的，是由线性约束 d1 和角度约束角度 1 的值计算所得，参照参数 d2 和 d3 会显示总的尺寸值，但是不会对齐进行约束，参照参数的值始终显示在括号中。

　　默认情况下，标注总是动态约束，可以使用"特性"选项板转换标注约束类型。

8.1.3.2　标注约束操作

　　标注约束与尺寸标注类似，分为对齐、水平、竖直、角度、半径、直径等五种标注方

（a）面板　　　　（b）菜单

图 8.16　标注约束的面板和菜单

式，图 8.16 为标注约束的面板和菜单。

　　1. 命令输入

　　（1）功能区："参数化"选项卡→"标注"面板。

　　（2）菜单："参数（P）"→"标注约束（D）"。

　　（3）命令：DIMCONGSTRAINT。

　　2. 命令提示和操作

```
命令：DIMCONGSTRAINT
当前设置：约束形式 = 动态
选择要转换的关联标注或 [线性(LI)/水平(H)/竖直(V)/对齐(A)/角度(AN)/半径(R)/直径(D)/形式(F)]
<对齐>：
    指定第一个约束点或 [对象(O)/点和直线(P)/两条直线(2L)] <对象>：
    指定第二个约束点：
    指定尺寸线位置：
    标注文字 =
```

　　标注约束与通常的尺寸标注操作基本相同，但是标注约束自动进入约束点捕捉方式。命令提示各选项含义如下：

　　（1）"线性（LI）"：应用水平或竖直标注约束。

　　（2）"水平（H）""竖直（V）""对齐（A）""角度（AN）""半径（R）""直径（D）"：应用水平、竖直、对齐、角度、半径、直径标注约束。

　　（3）"形式（F）"：转换动态约束和注释性约束。

　　（4）"对象（O）"：选择对象标注约束。

　　（5）"点和直线（P）"：选择点和直线标注约束。

　　（6）"两条直线（2L）"：选择两直线标注约束。

8.1.3.3　标注约束显示控制

　　1. 命令输入

　　（1）功能区："参数化"选项卡→"标注"面板→"显示/隐藏"按钮 、"全部显示"按钮 、"全部隐藏"按钮 。

　　（2）菜单："参数（P）"→"动态标注（Y）"。

（3）命令：DYNCONSTRAINTDISPLAY。

2. 命令提示和操作

命令：DYNCONSTRAINTDISPLAY

输入 DYNCONSTRAINTDISPLAY 的新值 ＜1＞：

系统变量"DYNCONSTRAINTDISPLAY"值为 1，显示所有动态约束；值为 0，隐藏所有动态约束。注释性约束的隐藏与否由图层特性而定。由"约束设置"对话框的"标注"选项卡，可以设置标注约束显示的一些需要，见图 8.17。

8.1.3.4　标注约束修改

（1）使用"参数管理器"修改标注约束。通过"参数管理器"，用户可以创建、编辑、重命名、删除和过滤图形中的所有标注约束和用户变量。命令输入方式如下：

1）功能区："参数化"选项卡→"管理"面板→"参数管理器"按钮 $f_{(x)}$。

2）菜单："参数（P）"→"参数管理器（M）"。

3）命令：PARAMETERS。

命令输入后即打开"参数管理器"，见图 8.18。在"参数管理器"中可修改标注约束的名称、表达式和值。单击列表中的约束，可以选择图形中的关联标注约束，并亮显这些约束，更改列表中的表达式可以使受约束的几何图形同步更改。

标注约束中显示的小数位数由 LUPREC 和 AUPREC 系统变量控制。

图 8.17　"标注"选项卡

（2）使用夹点修改标注约束。选中标注约束，自动生成三角形夹点，拖动三角形夹点改变标注约束，拖动方形夹点改变标注位置，见图 8.19。

（3）双击要修改的标注约束，即可直接修改名称、值、表达式。

（4）打开"特性"选项板并选择标注约束，就可在选项板中修改标注约束的名称、表达式以及约束形式（即动态约束和注释性约束的转换）。

（5）单击"删除"按钮 ，可删除选择的标注约束。

8.1.3.5　标注约束应用

应用标注约束可以对图形对象设计的长度、角度进行约束，使图形对象关联约束的设计在要求的范围内。不仅如此，可以在标注约束内或通过定义用户变量，将公式和方程式表示为表达式，应用用户变量和函数的数学表达式控制几何图形。例如图 8.20 表示将圆心约束到矩形中心，并使圆直径小于矩形边长的设计。当矩形边长变更时，圆心和直径随之变更，并始终保持设定的关联。

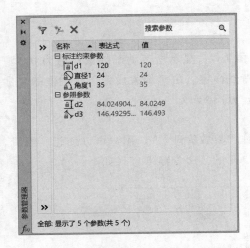

图 8.18　"参数管理器"

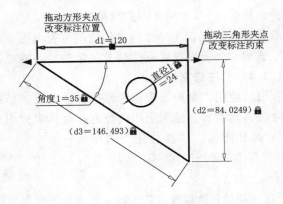

图 8.19　夹点操作标注约束

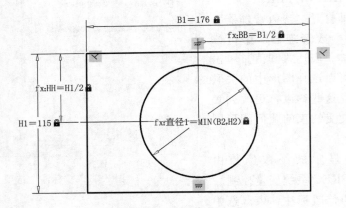

图 8.20　用标注约束设计图形

表达式中可以使用的运算符见表 8.2，可以使用的函数见表 8.3。表达式中还可以使用常量 pi（代表 π 值）和 e（代表自然对数的底 2.71828）。

表 8.2　标注约束表达式运算符

运算符	说　明	运算符	说　明
＋	加	^	幂
－	减	％	浮点模数
＊	乘	（）	括号
／	除	.	小数点

表 8.3　　　　　　　　　　　　　　　标注约束表达式函数

函　数	语　法	函　数	语　法
余弦	cos（表达式）	下舍入	floor（表达式）
正弦	sin（表达式）	上舍入	ceil（表达式）
正切	tan（表达式）	绝对值	abs（表达式）
反余弦	acos（表达式）	阵列中的最大元素	max（表达式1，表达式2）
反正弦	asin（表达式）	阵列中的最小元素	min（表达式1，表达式2）
反正切	atan（表达式）	将度转换为弧度	d2r（表达式）
双曲余弦	cosh（表达式）	将弧度转换为度	r2d（表达式）
双曲正切	tanh（表达式）	对数，基数为e	ln（表达式）
反双曲正弦	asinh（表达式）	对数，基数为10	log（表达式）
反双曲正切	atanh（表达式）	指数函数，底数为a	exp（表达式）
平方根	sqrt（表达式）	指数函数，底数为10	exp10（表达式）
符号函数（-1，0，1）	sign（表达式）	幂函数	pow（表达式1，表达式2）
舍入到最接近的整数	round（表达式）	随机小数，0-1	随机
截取小数	trunc（表达式）		

【例题 8.3】 已知矩形边长初值为 176mm×115mm，作如图 8.20 所示图形。要求：圆心位于矩形中点，圆直径取短边的 0.8 倍长度。

资源 8.3
标注约束应用

解 作图步骤如下：

（1）作边长为 176mm×115mm 的矩形，并在矩形中间作一圆。

（2）设置几何约束：水平边水平约束和垂直边与水平边垂直约束，以保证矩形不变形。

（3）设置矩形边长、圆直径以及圆心的标注约束（过矩形两边中点作辅助线，交点就是圆心位置，由 BB、HH 所约束），约束的名称、值可以取默认。

（4）打开"参数管理器"，修改各约束名称和矩形边长表达式，名称易记就可。

（5）单击按钮 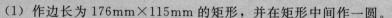，添加用户变量 B2、H2，用以存放拟取的圆直径，并分别设置表达式为 0.8×B1、0.8×H1。

（6）修改圆心位置约束表达式为 B1/2、H1/2，圆直径约束表达式为 MIN（B2，H2），即为所求。

图 8.21 所示为设置完成后的"参数管理器"。

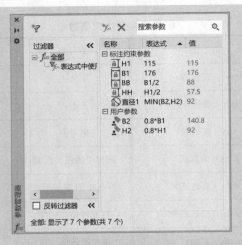

图 8.21　标注约束设计图形的参数设置

【例题 8.4】　作涵洞入口的面墙外形图，见图 8.22。已知洞口圆弧半径为面墙顶宽的 1/3，洞口面积取面墙上部梯形面积的 1/3，要求设计该图形的各约束。

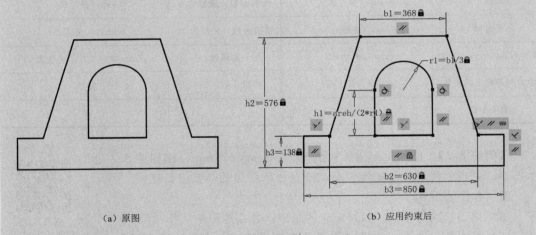

（a）原图　　　　　　　　　　　　（b）应用约束后

图 8.22　涵洞面墙图约束设计

分析　该图形比较规则，几何约束由自动约束即可确定图形的形状。标注约束主要是洞口圆弧半径和圆心高度（即下部矩形洞口的高度）的确定。根据题意可知：圆弧半径取顶宽 1/3，可直接求得，而圆心高度要由面积关系推算。设梯形上下底宽为 b1、b2，高度为 h，则梯形面积为 $h \times (b1+b2)/2$；设圆弧半径为 r1，圆心高为 h1，则洞口的面积为 $h1 \times 2 \times r1 + (\pi \times r1^2)/2$。因此有 $h1 = [(h \times (b1+b2)/2)/3 - (\pi \times r1^2)/2]/(2 \times r1)$。

解　约束设计过程如下：

（1）用自动约束为图形应用几何约束，再在底边中点应用一固定约束以确定图形位置，约束结果见图 8.22（b）中各约束图标。

（2）为图形中的各对象应用标注约束，初始时采用默认名称和默认值。

（3）打开"参数管理器"，修改约束名称和表达式中的已知值。

（4）单击按钮 添加用户变量 are1、are2、areh，同时对应的表达式分别设置为梯形面积［（h2－h3）＊（b2＋b1）/2］、洞口半圆面积（pi＊r1^2/2）和洞口下部矩形面积（are1/3－are2）。

（5）设置圆弧半径 r1 的表达式为 b1/3，矩形高 h1 的表达式为 areh/（2＊r1），即完成约束设置。

图 8.23 为该图形标注约束设置的"参数管理器"内容。

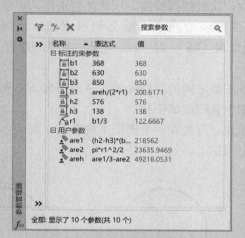

资源 8.4
约束设计应用

图 8.23　涵洞面墙标注约束参数设置

8.2　快捷构形方法

　　平面构形包括两方面技术：即图形管理和图形生成。有效的图形管理技术对图形的快捷生成是非常重要的，如 AutoCAD 的块、外部引用、图层、设计中心等都可以用于高效管理图形，相关内容详见 6.1 节、6.5 节、2.3 节和 7.4 节叙述。本节所叙述的快捷图形生成方法主要是绘图命令、绘图工具、编辑命令等基础操作的综合运用方法。

　　生成一个平面图形，需要灵活运用多种命令操作，就同一图形而言，生成的方法和过程不会是唯一的，以下有关快捷构图的论述，应该看成是提供一种思路，或者是一种较好的构建目标图形的方案，而非唯一的方法和路径。实际绘图时采用何种构形方案，取决于用户对各种命令的熟悉程度和驾驭能力。

8.2.1　快捷准确构图的提示

1. 由草图到正图

用 AutoCAD 绘图的优势主要体现在强大的绘图工具和编辑功能上，而不是绘图命令，丰富的绘图工具和图形编辑命令给用户构图提供了极大的想象和发挥的空间。要充分利用这个特点，因此用 AutoCAD 绘图不应按部就班、逐线绘制图形，而应学会用绘图和编辑命令构造草图，用绘图工具定位以及用编辑命令修改图形，如复制、偏移等编辑操作都是有效提高作图效率的方法。其构图思路与手工绘图有许多不同，反映在作图方法上有以下三点需要注意：

（1）画图时不必拘泥于线的长度和图形的大小是否准确，而主要注重线的方向以及与相邻线之间的关系，一条线画长了可以剪切，画短了可以延伸。一个图形画大或画小了可以通过缩放和拉伸解决，位置不准可以通过各种绘图工具对准。开始构图时，应放开思路，多注重整体和形状的正确性。从粗糙到精细，从草图到正图，逐步形成。例如要绘制如图 8.24（a）所示图形，如果逐线绘制，构形会相当困难，而先画草图［图 8.24（b）］，再用修剪的方法把多余线段［图 8.24（c）中标"×"的线段］修剪掉，构图就变得非常简单。

（2）除非绘图中需要借助各图形之间的对齐关系，一般情况下应先绘图再布局，图面布置放在最后处理，以避免构图中各图线的干扰。

（3）为了减少图层的切换操作，可先在一个图层上构草图，画完一部分后，再用"特性编辑"等工具将图线移至预定图层上。

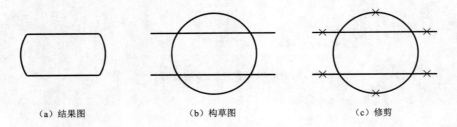

（a）结果图　　　　　　　（b）构草图　　　　　　　（c）修剪

图 8.24　从草图到正图

2. 减少坐标输入

尽管输入图形点的坐标构图是最直接的绘图方法，但是大量的坐标输入使得计算工作量加大，构图烦琐，绘图效率极低。应尽可能地减少点的坐标计算，少数点的坐标输入也应以相对坐标输入。应尽可能多地利用绘图工具定位和由草图到正图的绘图思路，多利用"对象捕捉"和"对象追踪"工具捕捉图形中的特征点和控制点。多利用"极轴"工具确定图形中图线的绘制方向。

3. 多使用缩放功能

屏幕显示范围很有限，为了既能够全面了解构图全貌，又方便图形对象的局部定位和构形，应充分地使用缩放（ZOOM）和平移（PAN）命令的透明功能或直接用鼠标滚轮，边绘图边调整屏幕显示区域，以达到方便定位，又能明确图线方向的目的。

4. 多使用工具按钮开关

尽管绘图工具提供了定点、定方向的便利方法，但是当图线比较密集时，工具按钮常开，可能使得对象捕捉的特征点不明确、极轴方向、追踪线太多而引起定点困难，影响作图效率，所以工具按钮应该是需要的时候打开，不需要的时候关闭，以避免出现预料之外的结果。

5. 多使用批操作

多使用批操作，减少操作命令的变换，是可以有效提高绘图速度的。批操作可以是集中相同的作业连续重复完成，也可以是利用 AutoCAD 的批操作功能，如复制（COPY）命令、文本修改（DDEDIT）命令、偏移（OFFSET）命令等。

图 8.25 图示了用批操作写文字的一个例子：先在矩形四个角点处用复制命令生成文字 o，再用文字修改命令把四个角点处 o 分别改写为 a、b、c、d。这个例子对构图方法有两点启示：

（1）写文字的操作不局限于写文字命令，文字编辑命令同样可以写文字，当然还有其他的方式写文字，有时候这种方法比文字命令更方便。同样的原理，图形对象生成不是只能用绘图命令，许多编辑命令都可以用于画线，如复制、偏移、阵列、缩放、旋转等命令都有生成图形对象的功能。

（2）批操作不仅仅可以是同一命令的简单重复，也可以对构图操作的步骤进行提炼和归纳，借助命令本身的批操作功能实现。

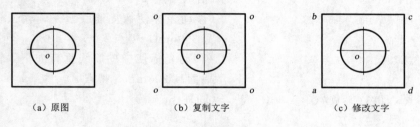

(a) 原图　　　　　　　　(b) 复制文字　　　　　　　　(c) 修改文字

图 8.25　用批操作写文字

6. 多使用快捷菜单和快捷键

AutoCAD 的快捷菜单内容相当丰富，针对不同的工作状态，有不同的快捷菜单。绘图过程中，使用快捷菜单重复上次命令、响应命令提示、设置对象捕捉、查找前面输入点坐标等操作非常方便、快捷。

快捷键是命令输入最简捷的一种方法，应熟记常用的快捷键，培养左手键盘输入快捷键命令，右手操控鼠标定位、画线等操作的习惯，有利于提高构图效率。

8.2.2　图形坐标绘图的灵活应用

输入坐标绘图，是最直接、最简单、也是最基本的绘图方法。AutoCAD 提供了多种坐标输入方式，要快速绘图，需要根据输入点的已知条件，灵活应用坐标输入形式，并且熟悉鼠标操作和绘图工具的协同使用方法。

1. 输入线段长度绘图

AutoCAD 支持使用光标（橡皮筋线）指示画线方向，键盘输入线段长度的操作。鼠标和键盘配合输入坐标，使得定点更容易操作。

【例题 8.5】　绘制图 8.26 所示的台阶图。

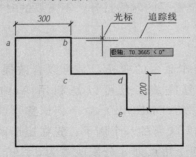

图 8.26　输入线段长度绘图

分析　如图 8.26 所示，台阶由水平线、垂直线构成，当极轴（或正交）工具打开后，光标可约束于水平和垂直方向，即为画台阶的画线方向，台阶的大小（线段长度）用键盘输入。这种输入线段长度绘图的方法可以替代相对直角坐标的输入。

解　绘图过程如下：

命令：＜极轴 开＞　　　　　　　　　　　　（打开极轴工具）

命令：LINE

指定第一点：　　　　　　　　　　　　　　（拾取始点 *a*）

指定下一点或［放弃(U)］：300✓　　　　　（移动光标使橡皮筋线水平，输入台阶踏面宽 300mm，得点 *b*）

指定下一点或［闭合(C)/放弃(U)］：200✓　（移动光标使橡皮筋线垂直向下，输入台阶踢面高 200mm，得点 *c*）

指定下一点或［闭合(C)/放弃(U)］：300✓　（同理作点 *d*）

……

推广之，利用极轴追踪的对齐路径，可以绘制已知角度和长度的斜线，用以替代相对极坐标的输入。

2. 锁定线段角度

极轴追踪可以给出指定角度的追踪线，但是需要预先设置，而且对于偶尔使用的非特殊角度，使用时不太方便。AutoCAD 提供了指定角度替代的功能，可用于锁定光标（橡皮筋线）在任意角度，以便于确定不常用角度的斜线长度。

【例题 8.6】　绘制一条长度为 100mm，倾角为 35°的斜线。

解　绘图具体步骤如下：

命令：LINE

指定第一点：　　　　　　　　　　　　　　（拾取始点）

指定下一点或［放弃(U)］：＜35✓　　　　　（输入角度替代，"＜"为角度替代符号）

角度替代：35

指定下一点或［放弃(U)］：100✓　　　　　（输入线段长度）

指定下一点或［放弃(U)］：✓

当输入角度替代"<35"后，光标锁定在35°斜线上，这时就可以绘制任意长度的35°斜线了。从上面操作过程可以看出，角度替代实际上是把相对极轴坐标输入分成了两次输入，先输入角度，再输入长度。用这种输入方法绘制长度不确定的任意角度斜线还是有方便之处的，不需要设置极轴角就可以确定图线方向。

进入指定角度替代状态后，栅格捕捉、正交模式和极轴追踪功能自动撤销，但是不影响坐标输入、对象捕捉、对象追踪的操作，这些操作优先于角度替代。

3. 用对象追踪点定位

对象追踪工具提供了通过对象特征点的极轴追踪线，利用该追踪线，可以很方便地确定与特征点的距离，以此来确定图形的位置。

【例题 8.7】 如图 8.27（a）所示，在矩形中画一圆，圆心距矩形左侧边中点 25mm。

解 圆心可以用追踪点和距离直接定位，见图 8.27（b），方法如下：

（1）设置对象捕捉为中点捕捉，并打开对象捕捉和对象追踪开关。

（2）执行绘圆命令。

（3）光标移至矩形左侧边中点悬停，并沿水平追踪线右移。

（4）输入间距 25 并回车，即可确定圆心。

（5）输入半径，绘圆。

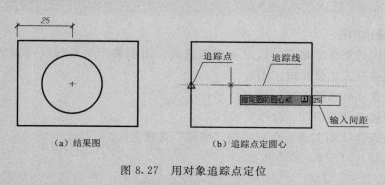

（a）结果图   （b）追踪点定圆心

图 8.27 用对象追踪点定位

4. 用临时追踪点定位

对象追踪需要通过对象的特征点，如果没有特征点可用，AutoCAD 提供了称为临时追踪点的工具，用于引出对象追踪线。

【例题 8.8】 如图 8.28（a）所示，在矩形中画一圆，圆心距矩形左上角 25mm×25mm。

分析 圆心的定位没有直接可用的特征点，这时可以借用矩形的左上角点，作一临时追踪点，通过临时追踪点再作追踪线确定距离，见图 8.28（b）。

解 作图步骤如下：

（1）设置对象捕捉为端点捕捉，并打开对象捕捉和对象追踪开关。

（2）执行绘圆命令。

（3）单击临时基点工具按钮。

（4）光标移至矩形左上角悬停，并沿水平追踪线右移（也可以沿垂直追踪线下移）。

（5）输入间距 25 并回车，即可在矩形上边确定一临时追踪点。

（6）光标沿过临时追踪点的垂直追踪线下移。

（7）输入间距 25 并回车，即可确定圆心。

（8）输入半径，绘圆。

这个作图过程可以看成是把矩形左上角定为临时基点，输入相对直角坐标的分步操作。

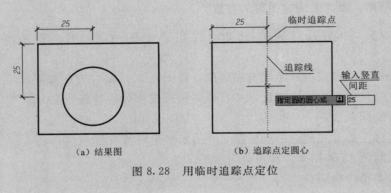

(a) 结果图   (b) 追踪点定圆心

图 8.28　用临时追踪点定位

8.2.3　用偏移线构形

偏移线构图的基本思路是，以已知线为基础，用偏移产生平行线构出图形的初步形状，再用其他编辑方法修改成正图。

偏移线的生成有多种方式，如下：

（1）用偏移（OFFSET）命令生成。

（2）用构造线（XLINE）命令中的"偏移"选项生成。

（3）用复制（COPY）命令生成。

【例题 8.9】　绘制图 8.29（a）所示的轴断面图。

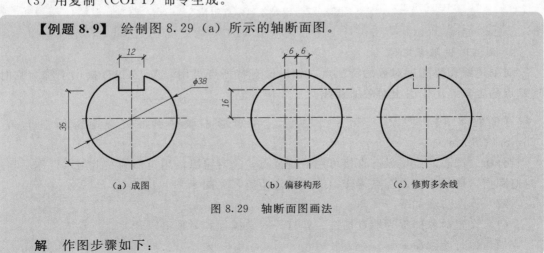

(a) 成图   (b) 偏移构形   (c) 修剪多余线

图 8.29　轴断面图画法

解　作图步骤如下：

(1) 绘制圆和中心线。

(2) 用偏移（OFFSET）命令构造键槽草图，见图 8.29（b）。

(3) 用裁剪（TRIM）命令修剪多余线段。

(4) 把键槽图线移至相应图层。

用偏移命令给图形定位也是非常方便的。例如，图 8.28 所示圆心位置的确定，用偏移命令把矩形的上边和左侧边分别向内侧偏移 25mm，就可以很快确定圆心位置。

8.2.4 用辅助线构形

辅助线是指为了图形绘制方便或定位需要绘制的线。辅助线可以用任何画线命令或编辑命令生成，定位完成后再删去，有些辅助线也可以作为图形线保留。构造线、射线绘制方便，常用作辅助线。

用辅助线帮助构图是提高作图效率非常有效的方法，应用适当，可以达到事半功倍的效果。

【例题 8.10】 用辅助线为图 8.30（d）所示的一组轴线的编号定位。

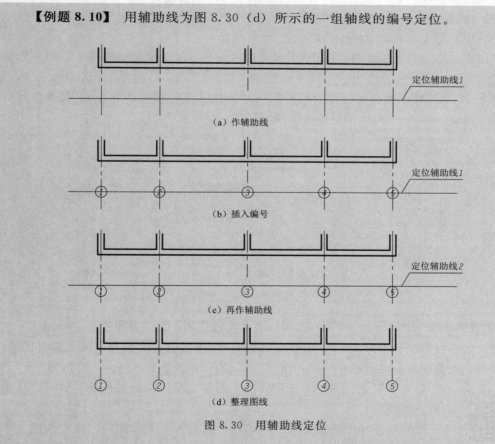

图 8.30 用辅助线定位

分析 如图 8.30（a）所示，已绘制的轴线长短不一，轴线编号要求水平方向平齐，可作辅助线对齐。

　　解　作图步骤如下：

　　（1）用构造线（XLINE）作定位辅助线 1，轴线与定位辅助线 1 的交点（或外观交点）为轴线编号的中点位置。

　　（2）结合圆的圆心和线段交点（或外观交点）捕捉模式绘制各编号。

　　（3）删去定位辅助线 1，绘制定位辅助线 2（也可以直接把定位辅助线 1 移至定位辅助线 2 位置）。轴线与定位辅助线 2 的交点（或外观交点）为轴线与圆的交点。

　　（4）以定位辅助线 2 为剪切（TRIM）边和延伸（EXTEND）边界整理轴线，使轴线端点平齐。删去定位辅助线 2，成图。

　　【例题 8.11】　绘制图 8.31（a）所示两平行线的中线。

　　分析　绘制两平行线的中线一般需要知道两平行线的间距，在不知道间距时借助于辅助线很容易绘出。

　　解　作图步骤如下：

　　（1）如图 8.31（b）所示，任作一辅助线 ab 与两平行线相交。

　　（2）捕捉直线 ab 的中点为中线第一点。

　　（3）用平行工具，确定中线的第二点。

　　此例第二步中若采用复制（COPY）命令将一条边线复制到辅助线中点，操作会更简便些。

　　图 8.31（c）所示为两平行线中线的另一种画法：任作辅助线 ab、bc 与两平行线相交，再捕捉 ab、bc 中点，即可画出中线。

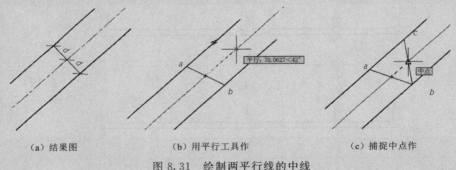

（a）结果图　　　　　　　　（b）用平行工具作　　　　　　　（c）捕捉中点作

图 8.31　绘制两平行线的中线

　　【例题 8.12】　绘制图 8.32（a）所示法兰盘的左视图，法兰盘厚度为 20mm。

　　解　法兰盘的左视图由水平线和垂直线组成，作图前设置交点和象限点捕捉模式，打开极轴、对象捕捉、对象追踪开关，作图步骤见图 8.32（a）～（c），具体如下：

资源 8.6
辅助线绘图

　　（1）捕捉正视图中的各轮廓点，画各水平线，再根据法兰盘厚度构出左视图的草图。

　　（2）以左视图两垂直线为剪切边，修剪水平外伸线段。以左视图上下边为剪切边，修剪垂直外伸线段。

　　（3）把各线段移入相应图层。

　　（4）用夹点编辑方式把三条中心线两端拉伸至垂直轮廓线外侧，成图。

　　此例中若把捕捉模式设置为象限点、交点，同时打开极轴、对象捕捉、对象追踪开关，利用对象追踪的追踪线对齐以及复制命令，可以直接绘出各水平线段，省去水平线的修剪操作。

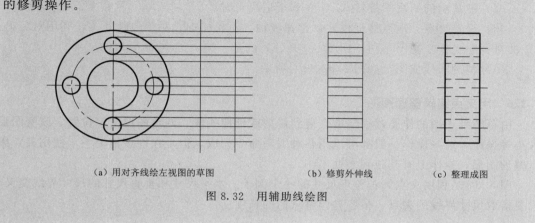

（a）用对齐线绘左视图的草图　　　　　（b）修剪外伸线　　　　　（c）整理成图

图 8.32　用辅助线绘图

8.2.5　用辅助图形构形

　　用辅助图形构形是指借助已有的图形构造新图的方法。可以对已有图形进行缩放、拉伸、局部修改等操作，使其变为新图，也可以利用已有图形为新图定位，目的在于减少绘图时的重复操作和便于新图的构形。辅助图形通常可以由复制（COPY）等方法得到。

　　【例题 8.13】　绘制图 8.33（a）所示物体的左视图。

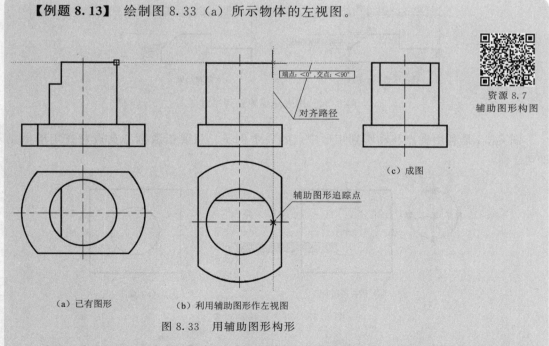

资源 8.7
辅助图形构图

端点：<0°，交点：<90°

对齐路径

辅助图形追踪点

（c）成图

（a）已有图形　　　　　（b）利用辅助图形作左视图

图 8.33　用辅助图形构形

　　分析　如图 8.33 所示，作左视图时要求与正视图同高、与俯视图同宽，为了作左视图时便于度量宽度，可以复制一俯视图作为左视图宽度的参照。

　解　作图步骤如下：

（1）复制一俯视图放在原俯视图右侧。

（2）把复制的俯视图旋转 90°，并移至适当位置。

（3）设置交点、端点捕捉模式，打开极轴、对象捕捉、对象追踪开关，利用对象追踪的对齐路径作左视图草图，如图 8.33（b）所示。

（4）整理图线成图，如图 8.33（c）所示。

8.2.6　用夹点编辑整理图形

　　由草图到正图的作图过程经常会遇到修剪或延伸线段、调整图形文字位置、改变图形大小等操作，这些操作一般都可以用各种编辑命令完成。但是在许多情况下，使用夹点编辑整理图形，操作上有其独到之处。

　　图 8.34 是利用夹点编辑整理尺寸的一个例子。水平尺寸和垂直尺寸的尺寸界线交叉，只要拾取尺寸界线的夹点，很容易调整它们的长度。

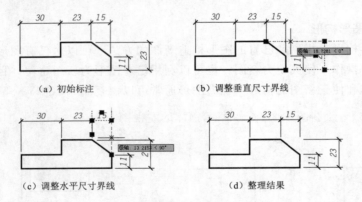

图 8.34　用夹点编辑整理尺寸

　　图 8.35 是利用夹点移动圆到矩形中点的一个例子。只要拾取圆心夹点对齐矩形中点即可。

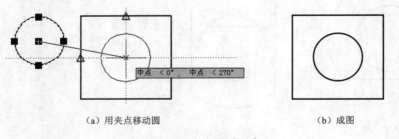

图 8.35　用夹点移动对象

　　图 8.36 是利用夹点把方形编辑成梯形的一个例子。梯形上底边长为 30mm，只要拾取矩形右上角的夹点并左移光标，输入斜边宽尺寸 20mm 即可。

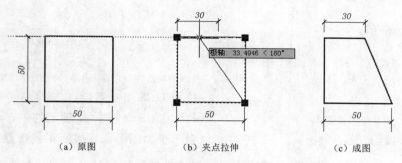

（a）原图　　　　　　　　（b）夹点拉伸　　　　　　　（c）成图

图 8.36　用夹点编辑图形

8.2.7　倾斜位置图形的构形方法

有些图形的全部或局部图线与坐标系倾斜，直接绘制时图线的定位比较麻烦，例如图 8.37（a）所示的弯管 B。这样的图形一般可以采用两种处理方法：一是取水平位置绘制，再用旋转或对齐操作至目标位置；二是改变坐标系使图线处于便于定位位置，直接绘制。

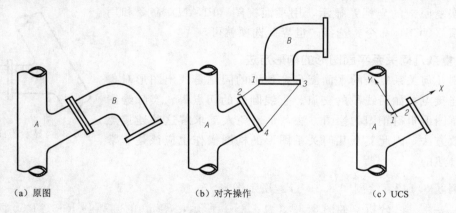

（a）原图　　　　　　　　（b）对齐操作　　　　　　　（c）UCS

图 8.37　倾斜位置图形的构形方法

（1）用对齐操作对齐倾斜图形，见图 8.37（b）。操作过程如下：

命令：ALIGN

选择对象：　　　　　　　　　　　　　　　（选择要对齐的图形）

选择对象：↙

指定第一个源点：　　　　　　　　　　　　（拾取要对齐图形上的点 1）

指定第一个目标点：　　　　　　　　　　　（拾取目标点 2）

指定第二个源点：　　　　　　　　　　　　（拾取要对齐图形上的点 3）

指定第二个目标点：　　　　　　　　　　　（拾取目标点 4）

指定第三个源点或 ＜继续＞：↙　　　　　　（对于平面图形不要第三点）

是否基于对齐点缩放对象？［是(Y)/否(N)］＜否＞：↙

（2）建立用户坐标系，直接绘制倾斜图形，见图 8.37（c）。UCS 的定义过程如下：

命令：UCS
当前 UCS 名称：＊世界＊
指定 UCS 的原点或 [面(F)/命名(NA)/对象(OB)/上一个(P)/视图(V)/世界(W)/X/Y/Z/Z 轴(ZA)]＜世界＞：
　　　　　　　　　　　　　　　　　　　（拾取 UCS 坐标系原点 1）
指定 X 轴上的点或 ＜接受＞：　　　　　（拾取 UCS 坐标系 X 轴上的一点 2）
指定 XY 平面上的点或 ＜接受＞：✓　　（对于平面图形，直接回车或任意拾取一点）

建立 UCS 后，用户可以很方便地绘制与新的坐标轴平行的线段（极轴开关要打开），绘制斜线与绘制水平线、垂直线一样方便。用户也可以用平面视图（PLAN）命令，显示当前 UCS，使新坐标系水平和垂直显示，见图 8.38。操作如下：

命令：PLAN
输入选项 [当前 UCS(C)/UCS(U)/世界(W)]＜当前 UCS＞：✓
正在重生成模型。

要恢复原来的坐标系显示，用平面视图（PLAN）命令和用户坐标系（UCS）命令，选择"世界"选项就可。

8.2.8　复杂几何关系平面图形的构形方法

绘制几何关系复杂的平面图形，棘手的问题是找出图形对象之间的连接点，如两线段的交点、直线圆弧的切点等。实际绘图时，对草图编辑得正图的绘图方法，是避免人工求解这些连接点的最有效方法，因此复杂几何关系图形的构图操作也应该是非常轻松和自然的。

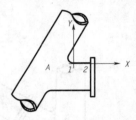

图 8.38　显示当前 UCS

【例题 8.14】　绘制图 8.39（a）所示图形。

资源 8.8
复杂几何
关系构形 1

　　分析　如图 8.39（a）、（b）所示，$R150$ 的圆弧与 $R63$、$R50$ 两圆弧相切，$R19$ 的圆弧与 $R63$、$R50$ 两圆弧相切，它们有四个切点 P_1、P_2、P_3、P_4。比较简单的方法是：分别作 $R150$ 的圆和 $R19$ 的圆与 $R63$、$R50$ 圆相内切和外切。然后剪去多余的弧段。

　　解　作图步骤如下：

（1）任作水平线和垂直线，交点为圆心 O_1。

（2）用偏移（或复制）这两直线的方法确定圆心 O_2。

（3）作 $R63$、$R50$ 两圆。

（4）作 $R150$ 圆 [图 8.39（b）]，过程如下：

命令：CIRCLE
指定圆的圆心或 [三点(3P)/两点(2P)/相切、相切、半径(T)]：T✓
　　　　　　　　　　　　　　　　　　　（选择相切、相切、半径画圆）

指定对象与圆的第一个切点：　　　　　　　　　　　　　（拾取点 P_1 附近点）

指定对象与圆的第二个切点：　　　　　　　　　　　　　（拾取点 P_2 附近点）

指定圆的半径 $<150.0000>$：150↙　　　　　　　（输入圆半径 150）

（5）作 $R19$ 圆［见图 8.39（b），作图过程同步骤（4）］。

（6）以 $R63$、$R50$ 两圆为剪切边，修剪 $R150$、$R19$ 两圆的多余弧段［见图 8.39（c）］。

（7）以 $R150$、$R19$ 两圆弧为剪切边，修剪 $R63$、$R50$ 两圆的多余弧段［见图 8.39（d）］。

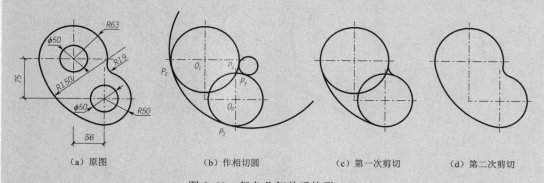

（a）原图　　　（b）作相切圆　　　（c）第一次剪切　　　（d）第二次剪切

图 8.39　复杂几何关系构形（1）

【例题 8.15】　绘制图 8.40（a）所示图形。

资源 8.9
复杂几何
关系构形 2

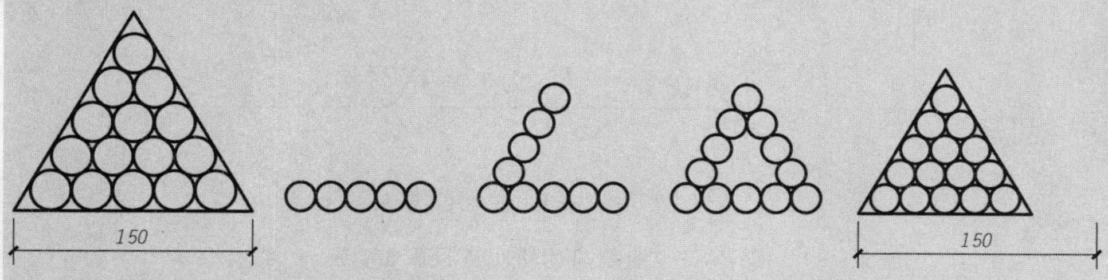

（a）原图　　（b）作相切圆　　（c）旋转复制　　（d）镜像　　（e）作切线并缩放

图 8.40　复杂几何关系构形（2）

分析　如图 8.40（a）所示，取任一半径绘出内圆，再作外切三角形，缩放整个图形，用参照方式使三角形边长为 150mm。

解　作图步骤如下：

（1）取任意半径作水平放置并相切的 5 个圆（可以先画一个半径为整数的圆，然后阵列），见图 8.40（b）。

（2）取第一个圆的圆心为旋转中心，旋转复制 4 个圆，旋转角为 60°，见图 8.40（c）。

（3）取过第三个圆的圆心、竖直的线为镜像线，镜像上面三个圆，见图 8.40（d）。

（4）过最外侧三个圆圆心作三角形（最好用 PLINE 命令），向外偏移，距离为半径，绘出外切三角形，见图 8.40（e）。

（5）缩放图形，用参照选项，使三角形底边长度为 150mm，用复制命令，复制圆，捕捉点选圆的象限点，完成图形，如图 8.40（a）所示。

【**例题 8.16**】 绘制图 8.41（a）所示高速路匝道平面布置图。

资源 8.10
复杂几何
关系构形 3

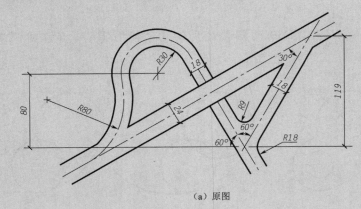

（a）原图

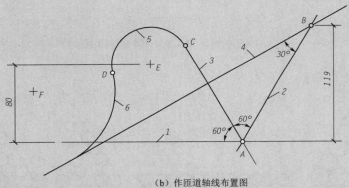

（b）作匝道轴线布置图

图 8.41 绘制高速路匝道平面布置图

分析 如图 8.41（b）所示，先作高速路匝道的轴线，再用偏移操作作出路边线，整理图线后即可完成该图。

解 作图步骤如下：

（1）设置极轴追踪角 30°，并打开极轴和对象捕捉开关。

（2）用构造线作轴线 1、2、3，交于点 A。

（3）用间距 119mm 偏移线 1 得交点 B，并作出轴线 4。

（4）用间距 80mm 偏移线 1，用间距 39mm 偏移轴线 3，两线交点 E 为圆弧 5 的圆心，并作圆 5。

（5）用间距 80mm 分别偏移轴线 4 和圆 5，两线交点 F 为圆弧 6 的圆心，并作圆 6。

（6）整理图线得匝道轴线布置图，见图 8.41（b）。

（7）用间距 9mm 分别偏移轴线 2、3、5、6，用间距 12mm 偏移轴线 4，得平面图草图。

（8）整理图线，并用 $R9$、$R18$ 分别对匝道分叉处倒圆角，即完成平面图绘制。

第9章
工程图样的绘制与输出

9.1 创 建 样 板 图

样板图是将设置的绘图环境以模板形式保存的图形文件。在绘制新图时选择从样板图开始，可以省去设置绘图环境的重复工作，提高绘图工作效率，使图样标准化、规范化。用户可以针对所绘图样的需要，创建各种用途的样板图，通过"创建新图形"对话框调用。样板图文件的后缀为".dwt"。

9.1.1 样板图的内容和设置方法

样板图的基本内容和设置方法如下：

（1）用"单位"（Units）命令确定绘图单位。

（2）用"图层特性管理器"创建图层，设置图层线型、颜色、线宽等。

（3）用"文字样式"对话框设置所需的文字样式。

（4）用"标注样式管理器"设置所需的尺寸样式。

（5）画图框、标题栏。

不同专业可根据需要增加设置，如绘制建筑工程图，还可设置多线样式等。也可以将一些常用的图块放在样板图中。

9.1.2 创建样板图举例

【例题 9.1】 创建"土木工程"样板图。

解 操作步骤如下：

（1）执行"新建"命令，打开"选择样板"对话框，选择"acadiso.dwt"样板图，开始一张新图。

（2）用下拉菜单"格式"→"单位"，打开"图形单位"对话框。将长度类型设为"小数"，精度设为"0"，单位为毫米；角度类型设为"十进制度数"，精度为"0"。

（3）打开"图层特性管理器"，创建新图层。在工程图中，层名可以按图线在图中的作用命名，如墙体层、门窗层、尺寸层、轴线层、注释层等。也可以按照线型设置图层，如粗实线、中实线、细实线、虚线、点划线、尺寸、注释等，本书采用此方式。为了便于管理，每一种图线设一个图层，并赋予不同的颜色、线型、线宽，如图 9.1 所示（有关图层的设置详见 2.3 节）。

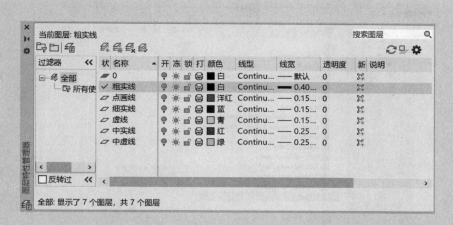

图 9.1 创建图层，设置线型、线宽、颜色

（4）设置必要的文字样式，至少应设置用于注写数字和汉字的两种样式（详见5.1节）。

（5）设置尺寸样式（详见5.2节）。

（6）绘制图框及标题栏。常用图框：A0（841mm×1189mm）、A1（594mm×841mm）、A2（420mm×594mm）、A3（297mm×420mm）、A4（210mm×297mm），纸边线为细实线，图框线为粗实线（详见17.2节）。标题栏的格式在不同行业和设计单位有所不同，如图9.2（a）所示为××设计院的标题栏格式，图9.2（b）为简化的标题栏格式，本书采用简化格式。将图框与标题栏一起定义为图块A0、A1、A2、A3、A4。

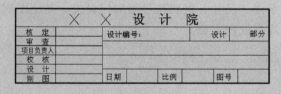
（a）××设计院标题栏

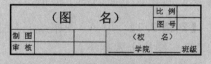
（b）简化标题栏

图 9.2 标题栏格式

（7）删除屏幕上的所有图形。选择菜单"文件"→"图形另存为"，打开"图形另存为"对话框，如图9.3所示。在"文件类型"下拉列表中选择"AutoCAD 图形样板（＊.dwt）"选项，将样板图保存为"土木工程.dwt"文件。单击"保存"按钮，在"样板说明"对话框中可输入说明文字，单击"确定"，即完成样板图的创建。默认情况下 AutoCAD 将样板文件保存在"/Template"（样板）文件夹，为避免系统重装时样板图丢失，建议用户将样板图保存在自己的文件夹中。

用户可以根据需要，仿照本例创建"水利工程""机械工程"等样板图。

图 9.3　保存样板图对话框

9.2　绘制工程图样实例

9.2.1　工程图样中的绘图比例问题

　　绘制工程图样，需要用到绘图比例。在 AutoCAD 环境下构图，可以实现以 1∶1 的比例（即实际尺寸）绘图，图形输出时再设置所需的绘图缩放比例，可得到需要的图样幅面。按实际尺寸绘图时，图样中的线型、字体、尺寸、材料符号等如何设置，是绘图时需要考虑的问题。下面的例子提供了一些常规的处理方法。

　　【例题 9.2】　用 A1 图幅绘制一张工程图，绘图比例为 1∶50。
　　解　操作步骤如下：
　　（1）用"土木工程"样板图创建一张新图。
　　（2）用"插入块"命令将图块"A1"（见［例题 9.1］）插入到图中，比例因子为 50。
　　（3）用"范围缩放"命令将图形全屏显示。
　　（4）按图形实际尺寸绘图。
　　（5）打开"标注样式"对话框，单击"修改"按钮，选择"调整"选项卡，将"使用全局比例"文字编辑框中的数字改为 50，单击"确定"按钮关闭对话框，即可标注符合 1∶50 绘图比例的尺寸。
　　（6）注写文字时，将字高乘以 50 注写。例如需要在图中注写字高 5mm 的汉字，则应输入字高为 250mm 的汉字。若插入 1∶1 绘制的图块，插入比例因子应设置为 50。

（7）线型比例及材料符号比例通常需根据经验设定。可将图中某个局部缩放到出图后的大小来观察线型比例及材料符号比例是否合适。也可用"距离"命令测出虚线、点划线的线段长度或材料符号的间距和大小，比较其与绘图比例是否协调。

9.2.2 绘制房屋图

【例题9.3】 绘制图9.4所示的房屋首层平面图，图幅为A3，绘图比例为1∶100。

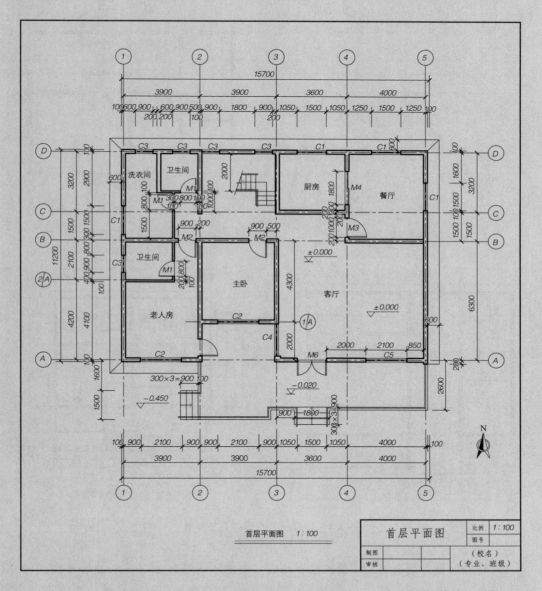

图 9.4 首层平面图

解　绘图步骤如下：

（1）用"新建"命令选择"土木工程"样板图新建一张图。

（2）用"插入块"命令将图块"A3"（见［例题 9.1］）插入到图中，比例因子为 100，并全屏显示。

（3）按实际尺寸绘制图形。

1）将轴线层设为当前层，布置墙、柱的轴线，见图 9.5（a）。

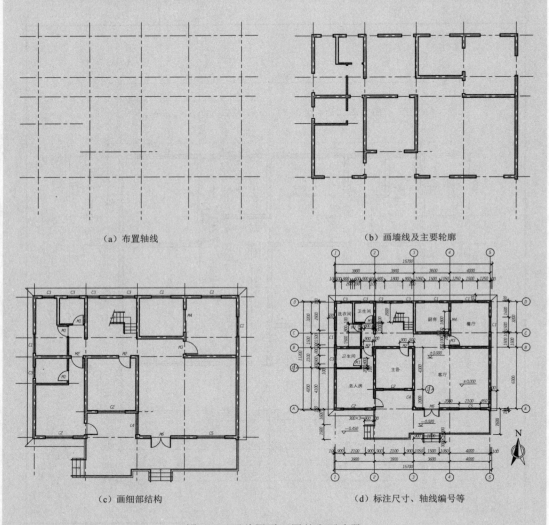

（a）布置轴线

（b）画墙线及主要轮廓

（c）画细部结构

（d）标注尺寸、轴线编号等

图 9.5　画首层平面图的主要步骤

2）将墙层设为当前层，用偏移命令画墙。本图中墙厚为 200mm，将轴线向两侧偏移 100mm，选中偏移后的线，把图层从轴线层变为墙线层。配合复制、修剪等命令，画出主要轮廓，见图 9.5（b）。

3）分别将门窗、楼梯等图层设为当前层，画散水、台阶、楼梯等，见图9.5（c）。

4）将门、窗等图块插入图中，见图9.5（d）。

（4）标注尺寸。尺寸样式中的全局比例设置为100。轴线编号、标高符号等均可创建为含属性的图块，存放在图形库中，需要使用时插入。本例放大100倍插入，见图9.5（d）。

（5）以放大100倍比例注写图中文字、图名、剖切位置、标题栏等，按准确指向插入指北针图块，见图9.4。

（6）检查，修改，调整位置。

（7）用"清理"工具清除当前图形未使用的对象，以减小图形文件。存盘，完成绘图。

9.2.3 绘制水利工程图

【例题 9.4】 绘制图 9.6 所示的水闸结构图。图幅为 A3，比例为 1：150。

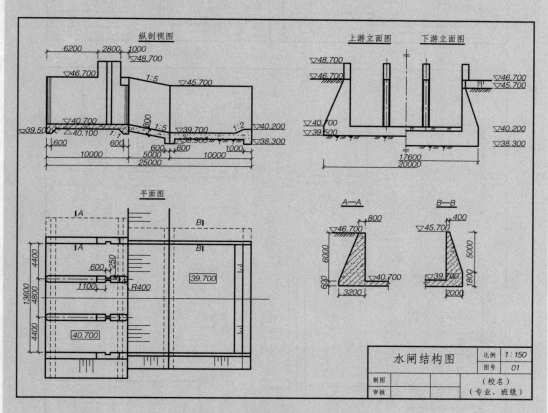

图 9.6 水闸结构图

解 绘图步骤如下：

（1）用"新建"命令选择"水利工程"样板图开始一张新图（样板图自行设置）。

（2）用"插入块"命令将图块"A3"（见［例题9.1］）插入到图中，比例因子为150。

（3）用"范围缩放"将图形全屏显示。

（4）按实际尺寸绘制图形，各对象应绘制在相应图层上。一般应先绘制图形的对称线、定位轴线，再绘制图形的主要轮廓线，最后绘制细部结构线。尺寸、字符可在图形绘制完成后一起标注。绘图的主要步骤见图9.7（a）～（c）。绘图时需注意以下几点：

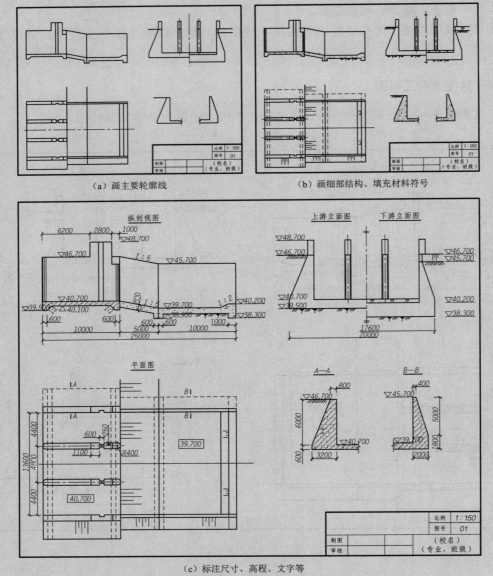

图 9.7　画水闸结构图的主要步骤

1）可见轮廓线绘制在粗线层上；中心线、对称线绘制在点划线层上；不可见轮廓线绘制在虚线层上；材料符号、示坡线、高程符号、尺寸、文字绘制在细线层上。

2）高程的标注用图块和属性处理比较方便，如果图块按图纸上大小绘制，插入比例因子应为150。

3）尺寸标注样式中全局比例应设置为150。

4）图名等文字、符号按输出大小放大150倍的尺寸书写或绘制。

（5）检查，修改，调整位置。

（6）用"清理"工具清除所有未被使用的图层、线型、文字样式、尺寸样式、图块等，以减小图形文件。

（7）存盘，完成绘图。

9.2.4 绘制机械零件图

【例题9.5】 绘制图9.8所示的拨叉，图幅为A3，比例为1：1。

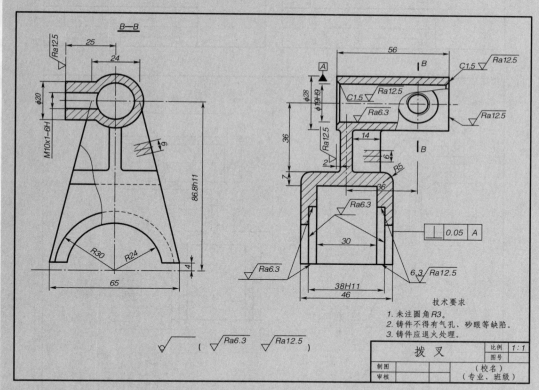

图9.8 拨叉

解 绘图步骤如下：

（1）用"新建"命令选择"机械工程"样板图新建一张图。

（2）用"插入块"命令将图块"A3"插入到图中，比例因子为1，并全屏显示。

（3）按实际尺寸绘制图形。

1）在点划线层上绘中心线、轴线、对称线，见图 9.9（a）。

2）将粗线层设为当前层，画可见轮廓线，见图 9.9（b）。机械图中的铸造圆角、过渡圆角用"圆角"命令编辑完成。

3）将细线层设为当前层，绘波浪线、螺纹、材料符号等。在尺寸层上标注尺寸，见图 9.9（c），尺寸样式的全局比例为 1。对于表面结构符号，可创建带有属性的图块，存放在图形库中，插入图中。

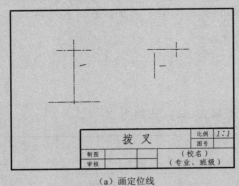

（a）画定位线

（b）画主要轮廓线

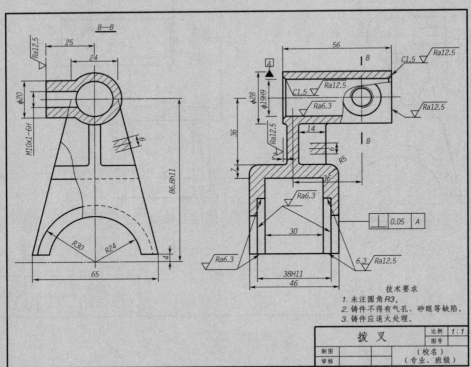

（c）画材料符号、标注尺寸

图 9.9　画拨叉的主要步骤

（4）注写图中文字、图名、剖切位置等。

（5）检查，修正，调整位置。

（6）清理，存盘，完成绘图。

9.3 模型空间、图纸空间和布局

9.3.1 模型空间、图纸空间和布局的概念

AutoCAD 有两个作图空间，即模型空间和图纸空间。从工作环境的优越性来理解这两个空间，模型空间是绘制模型视图的工作环境，用于绘制、编辑实物模型的二维、三维图形；图纸空间是图纸布局的工作环境，用于指定图纸大小、添加标题栏、显示模型的多个视图以及创建图形标注和注释。实际上，在模型空间也可以布置图纸布局，在图纸空间也可以绘制二维视图，只是不能体现各自环境中图形处理的长处。

两个空间有三种状态，即模型空间（平铺）、模型空间（浮动）和图纸空间。如果把模型空间和图纸空间看成是两张绘图纸，而图纸空间的绘图纸上开了若干个窗口（称为视口，可理解为放大镜），视口上覆盖了透明纸，那么这三种工作状态反映的这两张图纸的关系如下：

（1）模型空间（平铺）状态时，模型空间在上，图纸空间在下，只能看到模型空间的图形，也只能在模型空间绘图，看不到任何图纸空间内容，与图纸空间内容无任何关系。

（2）图纸空间状态时，图纸空间在上，模型空间在下，可以透过图纸空间视口的透明纸看到模型空间的图形，但是只能在图纸空间上绘图，所绘图形只能在图纸空间看到。

（3）模型空间（浮动）状态时，图纸空间在上，模型空间在下，同时把图纸空间视口上的透明纸撕去，不仅可以透过图纸空间视口看到模型空间的图形，并且还可以通过视口在模型空间上绘图、修改模型空间图形。相当于人站墙外，手伸进打开的窗子在内墙上绘图。此时工作状态还是在图纸空间。

打开 AutoCAD 的默认工作状态一般为模型空间，见图 9.10（a）。图纸空间是以布局方式呈现的。单击屏幕左下侧的"布局 1""布局 2"就打开一个布局并自动进入图纸空间。在图纸空间可以根据需要设置若干视口，在视口内双击鼠标可激活该视口进入模型空间（浮动）工作状态。可以把"布局"选项卡理解为页面，在模型空间绘制的图形，可以通过多个页面以图纸空间的形式呈现，以表达形体的不同视图和打印要求，见图 9.10（b）。

利用图纸空间可以很好地解决图纸的打印比例设置问题。在模型空间绘图时，图形一般按实际尺寸（1∶1 的比例）绘制，但是图框、标题栏和注释性文字等却不能按 1∶1 的比例绘制，需要根据绘图比例缩放绘制，例如字高为 3mm 的文字，在 1∶10 的图中应写 30mm，在 1∶100 的图中应写 300mm，这样绘制图形和书写注释在方法上是不统一的。有了图纸空间，可以在模型空间以 1∶1 的比例绘制图形，再转入图纸空间，只需要把视口的比例设置成需要的绘图比例，而各种注释性内容用 1∶1 的比例在图纸空间绘制，达到了绘制图形和注释内容方法的统一。甚至当绘图比例需要改变时，只要改变视口中的图

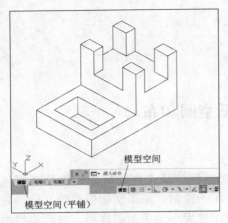

（a）模型空间

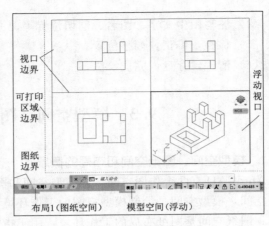

（b）图纸空间

图 9.10　模型空间和图纸空间

形比例，不必改动注释内容的大小。

9.3.2　两个空间三种状态的切换

要在两个空间和三种工作状态之间切换，可以通过设置系统变量值、输入命令或鼠标直接操作等方法，详见表 9.1 和图 9.11。

表 9.1　　　　　　　　　　两个空间三种状态的切换方法

切换方法	模型空间（平铺）→图纸空间	图纸空间→模型空间（平铺）	图纸空间→模型空间（浮动）	模型空间（浮动）→图纸空间	备　注
系统变量值	0	1			
单击选项卡	"布局 1""布局 2"	"模型"			见图 9.11
输入命令			MSPACE	PSPACE	只有在布局环境下才可用，见图 9.11（b）
单击状态栏按钮			"图纸"按钮	"模型"按钮	
鼠标双击位置			视口边框内	视口边框外	

9.3.3　创建布局

初始绘图环境中，布局 1 和布局 2 是系统自动给出的，用户可根据需要创建多个布局，并在一个布局中设置多个视口。图 9.11 是布局菜单和工具栏。

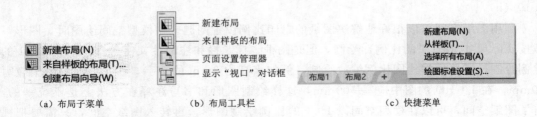

（a）布局子菜单　　　　　（b）布局工具栏　　　　　　（c）快捷菜单

图 9.11　布局菜单和工具栏

1. 命令输入

（1）菜单："插入（I）"→"布局（L）"。

（2）快捷菜单：光标移至布局选项卡，直接单击加号或者右击鼠标，见图 9.11（c）。

（3）命令：LAYOUT。

2. 命令提示和操作

命令:LAYOUT
输入布局选项［复制(C)/删除(D)/新建(N)/样板(T)/重命名(R)/另存为(SA)/设置(S)/?］<设置>：

各选项含义如下：

（1）"复制（C）""删除（D）""新建（N）""重命名（R）"：复制、删除、新建、重命名布局。

（2）"样板（T）"：用样板图创建布局。

（3）"另存为（SA）"：把布局保存为样板图。

（4）"设置（S）"：设置所选布局为当前。

（5）"?"：列出所有活动布局。

创建布局有三种方式：新建、用样板图和用布局向导。

用布局向导创建布局的方法如下：

选择菜单"插入"→"布局"→"创建布局向导"，即打开"创建布局-开始"对话框，见图 9.12。按照对话框内容进行设置，并单击"下一步"按钮，逐个设置打印机→图纸尺寸和方向→标题栏格式，确定布局视口数量和位置，即可完成创建布局。

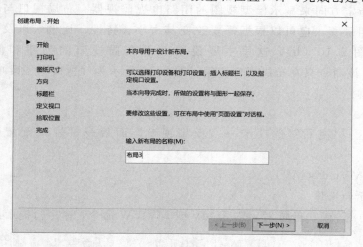

图 9.12　"创建布局-开始"向导对话框

9.3.4　创建布局视口

视口是显示用户模型空间的不同视图的窗口，可以控制图形显示的范围和比例，从而帮助完成排版打印的工作。

使用"模型"选项卡，可以将绘图区域拆分成一个或多个相邻的矩形窗口，称为模型空间视口。模型空间的视口充满整个绘图区域并且相互之间不重叠，在一个视口中所作的任何修改，其他视口也会立即更新，见图 9.13。用 VPORTS 命令创建，该命令也可以用于布局视口。

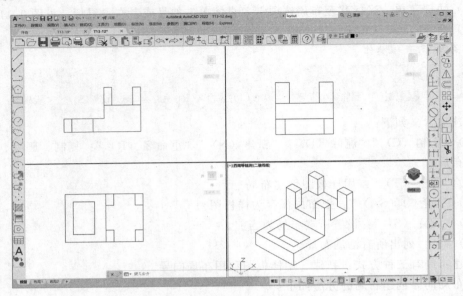

图 9.13　模型空间视口

使用"布局"选项卡，可以创建一个或多个布局视口，每个布局视口类似于一个按某一比例和所指定方向来显示模型视图的闭路电视监视器。布局视口与布局中的对象一样，可以互相重叠，也可以根据需要改变其大小、特性、比例，以及进行移动、删除等操作，见图 9.10（b）。这里主要说明一下布局视口的创建和使用方法，用 MVIEW 命令，该命令只在布局视口使用。图 9.14 所示为"视口"子菜单（在"视图"菜单下）和工具栏。

1. 命令输入

（1）功能区："视图"选项卡→"模型视口"面板→"视口配置"工具，见图 9.14（c）。

（2）命令：MView（MV）。

2. 命令提示和操作

单击"布局 1"或"布局 2"，输入 MV 或 MVIEW 命令，命令行提示：

> 指定视口的角点或［开(ON)/关(OFF)/布满(F)/着色打印(S)/锁定(L)/新建(NE)/命名(NA)/对象(O)/多边形(P)/恢复(R)/图层(LA)/2/3/4]＜布满＞：

各选项含义如下：

（1）"指定视口的角点"：指定矩形布局视口的第一个角点。

（2）"开"：使选定布局视口处于活动状态。活动布局视口会在模型空间中显示对象。

（3）"关"：使选定布局视口处于非活动状态。模型空间中的对象不会在非活动布局视口中显示。

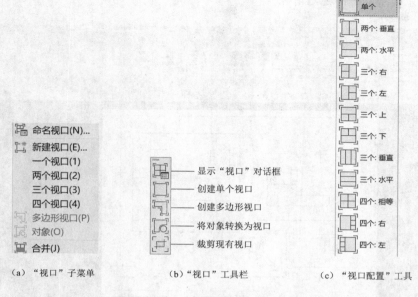

(a) "视口"子菜单 (b) "视口"工具栏 (c) "视口配置"工具

图 9.14 "视口"子菜单和工具栏

（4）"布满"：创建单一布局视口以占据布局的可打印区域边缘。如果关闭图纸背景和可打印区域，布局视口将填充显示区域。

（5）"着色打印"：指定在打印选定布局视口时要使用的视觉样式。"按显示"选项指定使用与所显示相同的视觉样式打印布局视口。

（6）"锁定"：在模型空间中工作时，禁止更改当前布局视口中的缩放比例因子。

（7）"新建"：在布局上创建和放置新的视图和布局视口。

（8）"命名"：将以前保存在模型空间中的命名视图与新布局视口一起插入当前布局中。可以将布局视口设置为合适的默认比例，或者将其设置为当前注释性比例并处于锁定状态。在以后可通过解锁布局视口并使用三角形比例夹点来更改比例。

（9）"对象"：指定封闭的多段线、椭圆、样条曲线、面域或圆以转换到布局视口中。如果选择了多段线，则它必须是闭合的并且包含至少三个顶点。它可以包含圆弧段和直线段。

（10）"多边形"：使用指定的点创建具有不规则外形的布局视口。可用选项类似于 PLINE 命令中的选项。

（11）"恢复"：恢复使用 VPORTS 命令保存的视口配置。

（12）"图层"：将所选布局视口的图层特性替代重置为全局图层特性。

（13）"2/3/4"：将指定的区域水平或垂直划分为两/三/四个布局视口。

可以在布局创建单个或多个视口。这些视口可以像布局中的对象一样移动位置、调整大小，甚至重叠放置。通过视口可以看到在模型空间绘制的图形，当激活一个视口（如鼠标双击该视口内）时，可以在该视口内对模型空间的图形进行各种修改操作、调整观察方

237

向、调整显示效果等，以达到需要打印页面的效果。图 9.15 所示是四个随意放置的布局视口，显示了模型的不同视图情况。

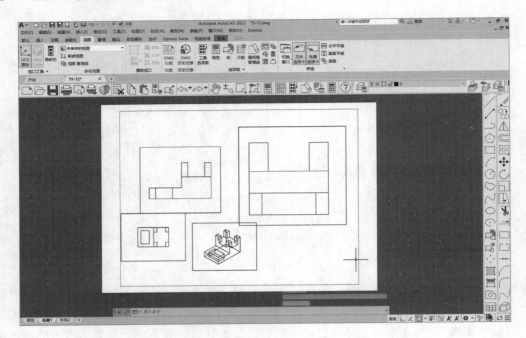

图 9.15　图纸空间视口

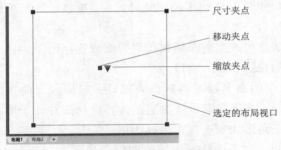

图 9.16　视口的夹点编辑

3．修改布局视口

创建布局视口后，可以更改其大小和特性，还可按需对其进行缩放和移动。要控制布局视口的所有特性，可使用"特性"选项板；要进行最常见的更改，可以单击一个布局视口并使用其夹点，移动视口的位置，修改缩放比例以及视口的大小，如图 9.16 所示。

9.3.5　布局的应用

利用布局可以比较容易地解决以下几个方面的问题：

（1）使得图形绘制和注释性内容可以采用统一的绘图比例，即实现真正的 1∶1 绘图。

（2）使得一张图纸上可以容纳不同绘图比例的图形。

（3）一个模型视图可以根据需要组合布置多张不同内容的图纸。

（4）三维模型和二维视图以及注释内容可以糅合在一张图纸中。

尽管这些问题在模型空间采取一些方法也可以做到，但是利用布局处理要方便许多。

【**例题 9.6**】　如图 9.17（a）所示，分别用 1：50 和 1：20 的绘图比例绘制闸墩大样图和门槽局部放大图。

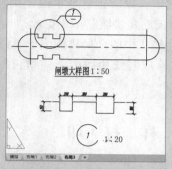
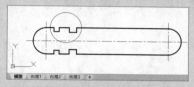

（a）布局中布置页面结果　　　　　　　　　（b）模型空间绘图

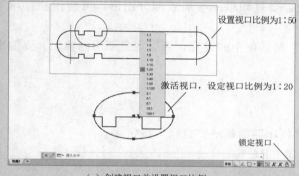
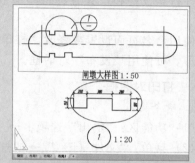

（c）创建视口并设置视口比例　　　　　　　　（d）在图纸空间 1：1 标注注释

图 9.17　用布局布置页面

解　作图步骤如下：

（1）在模型空间用 1：1 的绘图比例绘制闸墩大样图，见图 9.17（b）。

（2）单击"布局 3"选项卡，删除默认视口，用 MV 创建一个水平布置的视口，设置视口比例为 1：50 并锁定，移动视口到合适位置。在视口框外画一个椭圆。再次输入"MV"→"O"，选择椭圆为对象，创建新的视口，用缩放和平移方式把门槽局部图显示在视口内合适位置，设置视口比例为 1：20，并锁定，见图 9.17（c）。调整视口内图形位置时，也可以配合调整视口位置和大小。方法是双击视口框外，回到图纸空间工作状态，用移动命令移动视口，用夹点编辑改变视口大小。

资源 9.1
布局应用

（3）在图纸空间用 1：1 的绘图比例标注尺寸和图名等注释，见图 9.17（d）。

（4）关闭视口框所在的图层，结果见图 9.17（a）。

布局应用中几点需要注意的问题：

（1）图纸空间的视口框是图纸空间的对象，一般应单独设置图层，以便页面布置完成后关闭，否则打印时按普通图线打印。

（2）视口比例设置完成后应立即锁定，否则视口一旦激活，一不小心比例就会改变。

2018 版以后布局视口的显示会自动锁定，以防止意外更改比例。要解锁布局视口，在图纸空间中选择它，然后在"特性"面板或其快捷菜单中更改"显示锁定"设置。

（3）在布局中绘图比例为 1∶1，尺寸样式中的全局比例因子要设置为 1；线型管理器中线型全局比例要设置为 1，并勾选"缩放时使用图纸空间单位"项；图名、图框、标题栏都可以按 1∶1 的比例绘制。

9.4　图　样　打　印

用 AutoCAD 绘制完成的工程图样可以用绘图机或打印机打印输出，打印时，应正确地选择打印设备和设置各种打印参数。要打印单一布局或部分图形，可使用"打印"对话框。

使用命名页面设置或修改"打印"对话框中的设置，可以定义图形的输出。要输出多个图形，可使用"发布"对话框。

9.4.1　打印对话框

1. 命令输入

（1）功能区："输出"选项卡→"打印"面板→"打印"按钮🖶。

（2）菜单："文件（F）"→"打印（P）"。

（3）命令：PLOT。

2. 命令提示和操作

命令执行后，AutoCAD 打开"打印"对话框，如图 9.18 所示。

（1）"页面设置"：列出图形中已命名或已保存的页面设置。可以将图形中保存的命名页面设置作为当前页面设置，也可以在"打印"对话框中单击"添加"，基于当前设置创建一个新的命名页面设置。

（2）"打印机/绘图仪"：指定打印时使用已配置的打印设备。如果选定绘图仪不支持选定的图纸尺寸，将显示警告，用户可以选择绘图仪的默认图纸尺寸或自定义图纸尺寸。单击"特性"按钮显示绘图仪配置编辑器（PC3 编辑器），从中可以查看或修改当前绘图仪的配置、端口、设备和介质设置。

（3）"图纸尺寸"：显示所选打印设备可用的标准图纸尺寸。如果未选择绘图仪，将显示全部标准图纸尺寸的列表以供选择。如果所选绘图仪不支持布局中选定的图纸尺寸，将显示警告，用户可以选择绘图仪的默认图纸尺寸或自定义图纸尺寸。

（4）"打印份数"：指定要打印的份数。

（5）"打印区域"：指定要打印的图形区域，在局部预览区中可看到。单击"打印范围"下拉列表，有下列几种选择图形区域的选择方式：

1）"图形界限"：用来打印由"图形界限"命令设置的绘图界限内的全部图形。

2）"范围"：打印整个图形上所有的对象。

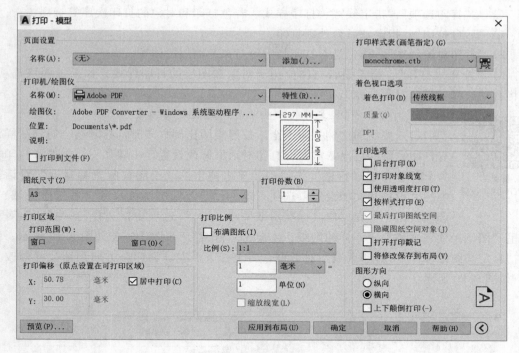

图 9.18 "打印"对话框

3)"显示":打印当前显示窗口的图形对象。

4)"视图":打印命名保存的视图。

5)"窗口":打印用户指定窗口中的图形。选择此项，用户可以通过"窗口"按钮，在屏幕上点取窗口的对角点，设置一打印区域。

设置了图纸尺寸和打印区域后，在局部预览区域中精确显示相对于图纸尺寸和可打印区域的有效打印区域。

（6）"打印偏移"：用来指定打印区域相对于图纸左下角的偏移量。指定居中打印，图形将位于图纸中间。

（7）"打印比例"：用来控制图形单位与打印单位之间的相对尺寸。默认设置为"布满图纸"，通常将其取消，采用确定绘图比例方式打印，在下拉列表中选择打印比例或者自己设定。

（8）"图形方向"：指定打印图形在图纸上的输出方向。"纵向""横向""上下颠倒打印"可以更改图形方向以获得 0°、90°、180°或 270°旋转的打印图形。

（9）"预览"：用于预览将要输出的整个图形，可以观看到图形打印后的效果。

（10）"打印样式表（画笔指定）"：设置、编辑打印样式表，或者创建新的打印样式表。单击下拉列表可选择打印样式。单击"编辑"按钮 ，打开"打印样式表编辑器"，可以查看或修改当前指定的打印样式表中的打印样式。

（11）"着色视口选项"：指定着色和渲染视口的打印方式，并确定它们的分辨率大小和每英寸点数（DPI）。

（12）"打印选项"：指定线宽、打印样式、着色打印和对象的打印次序等选项。

1）"后台打印"：指定在后台处理打印。

2）"打印对象线宽"：指定是否打印指定给对象和图层的线宽。

3）"按样式打印"：指定是否打印应用于对象和图层的打印样式。如果选择该选项，也将自动选择"打印对象线宽"。

资源 9.2
PDF 打印设置

3. 打印成 PDF 文件的一些常见问题及解决方法

（1）按绘图比例打印不全。按照绘图比例打印时，有时候会遇到图样没有打印完整的情况，需要在打印对话框修改设置，步骤如下：①选择打印机为 PDF，单击"特性"按钮；②单击弹出的"绘图仪配置编辑器"对话框中的"设备和文档设置"选项；单击"修改标准图纸尺寸（可打印区域）"选项按钮；③在"修改标准图纸尺寸（Z）"选项中，选择与"打印"对话框里"图纸尺寸"名称完全一样的图纸；④单击"修改"。步骤①~④如图 9.19 所示。弹出"自定义图纸尺寸-可打印区域"对话框，将上、下、左、右四个方向预留尺寸修改为 0，如图 9.20 所示。

图 9.19　修改图纸可打印区域

（2）未打印成黑色线条文件。画图过程中，为了辨识方便，常将不同图层设置成不同颜色，如直接打印成 PDF 文件，彩色部分颜色会比黑色浅，效果不佳。一般应打印成线条颜色为黑色的 PDF 文件。具体方法为：在"打印"对话框的"打印样式表（画笔指定）"选项栏选择"monochrome.ctb"（或"monochrome.stb"）样式（图 9.18），将所有颜色打印为黑色。用 AutoCAD 2022 版打印成图线为黑色的 PDF 文件时，需要把图纸纸张颜色设置为黑白色。步骤为：①选择打印机为 PDF 类型，单击"特性"按钮；②单击弹出的"自定义特性"按钮；③选择纸张颜色为"黑白"色，如图 9.21 所示。

242

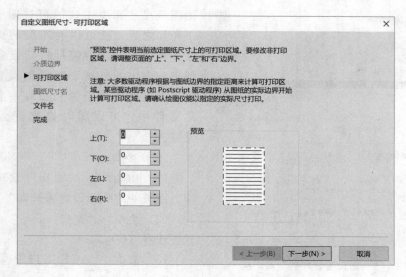

图 9.20　图纸可打印区域设置

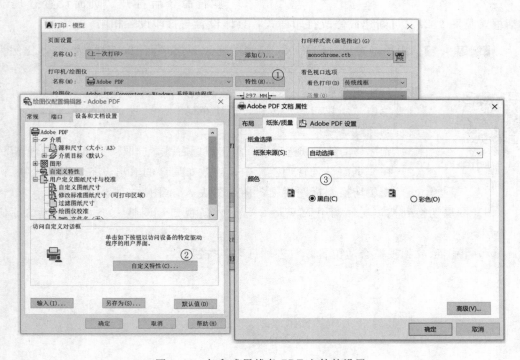

图 9.21　打印成黑线条 PDF 文件的设置

9.4.2　页面设置

页面设置与布局相关联并存储在图形文件中。页面设置中指定的设置决定了最终输出的格式和外观。在"模型"选项卡中完成图形之后，可以通过单击布局选项卡开始创建要打印的布局。首次单击布局选项卡时，页面上将显示单一视口。虚线表示图纸中当前配置

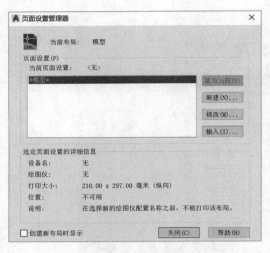

图 9.22 "页面设置管理器"对话框

的图纸尺寸和绘图仪的可打印区域。设置了布局之后，就可以为布局的页面设置指定各种设置，其中包括打印设备设置和其他影响输出的外观和格式的设置。页面设置中指定的各种设置和布局一起存储在图形文件中。可以随时修改页面设置中的设置。

1. 命令输入

（1）功能区："输出"选项卡→"打印"面板→"页面设置管理器"按钮。

（2）菜单："文件（F）"→"页面设置管理器（G）"。

（3）命令：PAGESETUP。

2. 命令提示和操作

执行命令后打开"页面设置管理器"对话框，见图 9.22。可新建或修改打印样式，具体设置与打印设置相同。

【例题 9.7】 用图纸布局打印图 9.4 所示的房屋一层平面图，图幅为 A3，比例为 1∶100。

资源 9.3
使用布局打印

解 打印步骤如下：

（1）单击"新建布局"按钮，创建布局 3。

（2）删除默认视口。

（3）光标移动到布局选项卡，单击鼠标右键，选取"页面设置管理器"。

（4）在"页面设置管理器"中，修改布局 3 的输出设备、图纸尺寸。

（5）图层切换到标题栏层，插入图块 A3（图框、标题栏）。

（6）图层切换到视口层，调用 MV 命令，插入新视口，调整大小，选择视口比例为 1∶100。

（7）将图形放到视口合适位置，单击"打印"按钮。

第 10 章

三维建模

AutoCAD 的三维模型有实体模型、曲面模型、网格模型和线框模型。

实体模型是具有质量、体积、重心和惯性矩等特性的三维表示。可以对它进行挖孔、开槽、倒角以及布尔运算等。本章主要介绍实体模型的绘制及相关命令。

曲面模型表示与三维对象的形状相对应的无限薄（无厚度）壳体，具有面的信息，但不含体的信息。可以使用某些用于实体模型的相同工具来创建曲面模型。例如，可以使用扫掠、放样和旋转来创建曲面模型。区别在于曲面模型是开放模型，实体模型是闭合模型。

网格模型由使用多边形（包括三角形和四边形）来表示的三维形状的顶点、边和面组成。与实体模型不同，网格没有质量特性。可以对网格模型进行锐化、拆分以及增加平滑度等，可以拖动网格子对象（面、边和顶点）使对象变形。可以在修改网格之前优化特定区域的网格，以获得更细致的效果。

线框模型仅由描述对象的直线、曲线组成。可以指定线框视觉样式，以帮助查看三维对象（例如实体、曲面和网格）的整体结构。

在高版本的 AutoCAD 中，曲面模型和网格模型也可以转换为实体模型。

10.1   三维建模空间与观察

观察三维模型，需要选择合适的视点位置和观察方向，AutoCAD 提供了专门的"三维建模"工作空间和多种显示三维模型的方法。在模型空间中，可以设置任意视点从任意方向来观察三维模型。

10.1.1   "三维建模"工作空间

在创建三维模型时，用户可以使用"三维建模"工作空间，该空间主要显示与三维相关的工具栏、菜单和选项板等界面。三维建模不需要的界面项会被隐藏，使得用户可以专注于三维环境中。

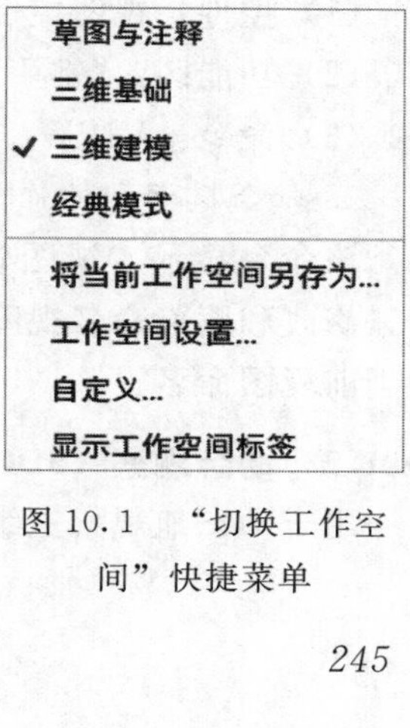

进入"三维建模"工作空间的方法：

（1）在状态栏右侧 ⚙ ▾ 单击"切换工作空间"，AutoCAD 打开"切换工作空间"的快捷菜单，如图 10.1 所示。选取要切换的工作空间"三维建模"即可。

（2）在"AutoCAD 经典"工作空间，选择菜单"工具"→

> 草图与注释
> 三维基础
> ✓ 三维建模
> 经典模式
>
> 将当前工作空间另存为...
> 工作空间设置...
> 自定义...
> 显示工作空间标签

图 10.1 "切换工作空间"快捷菜单

"工作空间"→"三维建模"。

当然，在"AutoCAD 经典"工作空间同样可以创建三维模型，可以根据个人的使用习惯选择。本章操作使用环境为"三维建模"工作空间。

10.1.2 预设三维视图

快速设置视图的方法是选择预定义的三维视图。可以根据观察的需要，选择预定义的多面正投影视图，如前视（正视）、俯视、左视等；或者选择正等轴测图，如西南等轴测（视点在物体的左方、前方、上方）、东南等轴测（视点在物体的右方、前方、上方）等。

预设三维视图可以通过绘图窗口左上角的视图控件快速选择，如图 10.2（a）所示；也可以从"视图"选项卡或者"常用"选项卡的"视图"面板进入，如图 10.2（b）所示。

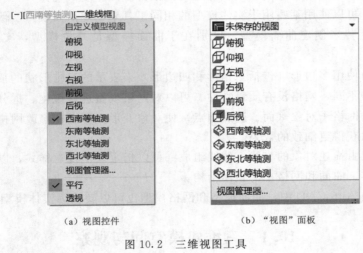

(a) 视图控件　　　　　　　　(b)"视图"面板

图 10.2　三维视图工具

对已设置的视图，可以创建命名视图，以便按名称保存该视图，并在布局、打印或需要时随时打开该视图。

1. 命令输入

（1）控件：视图控件→拾取视图名称。

（2）功能区："常用"选项卡→"视图"面板→"恢复视图"工具→拾取视图名称。

（3）命令：VIEW。

2. 命令提示和操作

该命令显示"视图管理器"对话框（图 10.3）。通过对话框可以创建、设置、重命名、修改和删除命名视图、相机视图、布局视图和预设视图。单击"新建"按钮，就可以为当前视图命名。

10.1.3 动态观察（3DORBIT）

用于动态地观察三维图形。

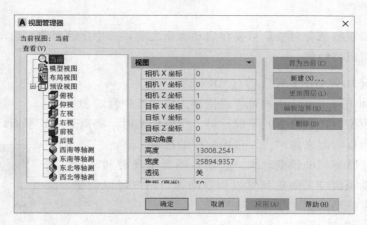

图 10.3　"视图管理器"对话框

1. 命令输入

（1）功能区："视图"选项卡→"导航"面板→"动态观察"下拉菜单→"动态观察"/"自由动态观察"/"连续动态观察"，如图 10.4 所示。

注：如果界面上没有"导航"面板，可在"视图"选项卡上单击鼠标右键，从"面板"里调出。

（2）命令：3DORBIT/3DFORBIT/3DCORBIT。

2. 命令提示和操作

（1）动态观察（3DORBIT）：沿 XY 平面或 Z 轴约束三维动态观察。

图 10.4　"动态观察"下拉菜单

启动命令后，显示三维动态观察光标图标。如果水平拖动光标，相机将平行于世界坐标系（WCS）的 XY 平面移动。如果垂直拖动光标，相机将沿 Z 轴移动。

动态观察时，视图的目标将保持静止，而相机的位置（或视点）将围绕目标移动。但是，看起来好像三维模型正在随着鼠标光标的拖动而旋转。

可以用按住 Shift 键＋鼠标滚轮的快捷方式进入。

（2）自由动态观察（3DFORBIT）：在任意方向上进行动态观察。

启动命令后，三维自由动态观察视图显示一个导航球，并由 4 个小圆分成四个区域。拖动光标，相机位置或视点将绕目标移动。目标点是导航球的中心，而不是正在查看的对象的中心。

（3）连续动态观察（3DCORBIT）：自动连续地进行动态观察。

启动命令后，在绘图区域中按下鼠标左键并沿任意方向拖动鼠标，对象沿拖动的方向开始旋转。释放鼠标按钮，对象在指定的方向上继续进行它们的轨迹运动。光标拖动的速度决定了对象的旋转速度。可通过再次按下鼠标左键并拖动鼠标来改变连续动态观察的方向。在绘图区域中单击鼠标右键并从快捷菜单中选择选项，也可以修改连续动态观察的显示。单击绘图区，则停止旋转。

3. 说明

如果只需要观察部分对象，只要在启动命令之前，选中这些对象，启动动态观察命令后，未选择的对象将隐藏。

10.1.4　漫游（3DWALK）和飞行（3DFLY）

利用漫游和飞行工具，用户可以模拟在三维图形中漫游和飞行。

穿越漫游模型时，将沿 XY 平面行进。飞越模型时，将离开 XY 平面，在模型中飞越或环绕飞行，所以看起来像 "飞" 过模型中的区域。

可以创建任意导航的预览动画，包括在图形中漫游和飞行。在创建运动路径动画前应先创建预览以调整动画。用户可以创建、录制、回放和保存该动画。

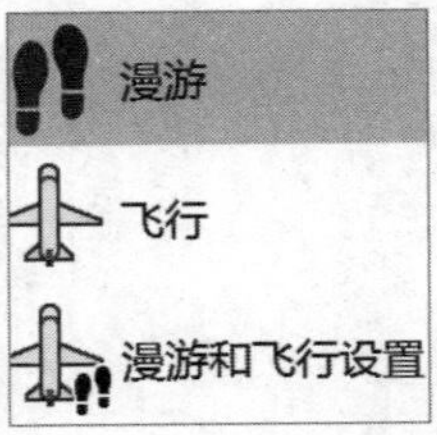

"漫游和飞行" 工具栏如图 10.5 所示。

1. 命令输入

（1）功能区："可视化" 选项卡→ "动画" 面板→ "漫游和飞行" 工具→ "漫游" / "飞行" / "漫游和飞行设置"。

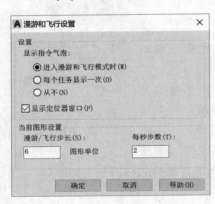

图 10.5　 "漫游和飞行" 工具栏

注：如果界面上没有 "动画" 面板，可在 "可视化" 选项卡上单击鼠标右键，从 "面板" 里调出。

（2）命令：3DWALK/3DFLY/WALKFLYSETTINGS。

图 10.6　 "漫游和飞行设置" 对话框

2. 命令提示和操作

（1）启动 3DWALK/3DFLY 命令后，AutoCAD 将进入漫游和飞行状态，用户可以使用一套标准的键和鼠标交互在图形中漫游和飞行。使用四个箭头键或 W 键、A 键、S 键和 D 键来向上、向下、向左或向右移动。要在漫游模式和飞行模式之间切换，可用 F 键。要指定查看方向，可沿要查看的方向拖动鼠标。

（2）执行 WALKFLYSETTINGS 命令，打开 "漫游和飞行设置" 对话框（图 10.6），进行控制漫游和飞行导航的设置。

1） "设置"：指定与漫游和飞行导航映射气泡和定位器窗口相关的设置。

2） "当前图形设置"：指定与当前图形有关的漫游和飞行模式设置。

10.2　基本三维实体模型

实体模型可以完整准确地表达模型的几何特征，包含的信息也更多。并且可以进行多种方式的编辑及布尔运算，从而可以构成复杂的三维形体。AutoCAD 提供的基本的三维实体有长方体、圆锥体、圆柱体、球体、楔体、棱锥体和圆环体等。

三维实体模型可以通过 "实体" 选项卡（图 10.7）进入 "图元" 及 "实体" 面板创

建；也可以通过"常用"选项卡（图 10.8）进入"建模"面板创建。

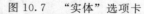

图 10.7　"实体"选项卡

图 10.8　"常用"选项卡

10.2.1　长方体（BOX）

用于创建长方体（图 10.9）。

长方体的底面绘制在平行于当前 UCS 的 XY 面（工作平面）的平面上。在 Z 轴方向上指定长方体的高度。

1. 命令输入

（1）功能区："常用"选项卡→"建模"面板→"长方体"按钮 ▢。

（2）命令：BOX。

2. 命令提示和操作

命令：BOX

指定第一个角点或 [中心(C)]：　　　　　　　　　（指定长方体底面一角点）

指定其他角点或 [立方体(C)/长度(L)]：　　　　　（指定长方体底面另一对角点）

指定高度或 [两点(2P)]：　　　　　　　　　　　（输入长方体高度值）

3. 说明

（1）在二维环境中绘制的三维模型，所能看到的仍为二维图形，如 XY 平面视图即俯视图。要得到三维效果，需要改变观察方向，如采用预设三维视图（参见 10.1.2 节），图 10.9 采用了西南等轴测视图。

（2）通常所显示的三维模型不区分线段的可见性，要去除不可见的线，可采用消隐命令（详见 10.5.1 节）。

10.2.2　楔体（WEDGE）

用于创建楔体（三角块），如图 10.10 所示。

图 10.9　长方体

图 10.10　楔体

楔体的底面绘制在与当前 UCS 的 XY 面平行的平面，斜面正对第一个角点，楔体的高度与 Z 轴平行。

1. 命令输入

（1）功能区："常用"选项卡→"建模"面板→"楔体"按钮。

（2）命令：WEDGE。

2. 命令提示和操作

命令：WEDGE
指定第一个角点或［中心(C)］：
指定其他角点或［立方体(C)/长度(L)］：
指定高度或［两点(2P)］＜默认值＞：

10.2.3　圆柱体（CYLINDER）

用于创建圆柱体或椭圆柱体，如图 10.11 所示。

1. 命令输入

（1）功能区："常用"选项卡→"建模"面板→"圆柱体"按钮。

（2）命令：CYLINDER。

2. 命令提示和操作

命令：CYLINDER
定底面的中心点或［三点(3P)/两点(2P)/切点、切点、半径(T)/椭圆(E)］：
指定底面半径或［直径(D)］＜默认值＞：
指定高度或［两点(2P)/轴端点(A)］＜默认值＞：

图 10.11 是采用了西南等轴测的观察方向和消隐的结果。

10.2.4　圆锥体（CONE）

用于创建圆锥体或椭圆锥体，如图 10.12 所示。

图 10.11　圆柱体　　　　　　图 10.12　圆锥体

1. 命令输入

（1）功能区："常用"选项卡→"建模"面板→"圆锥体"按钮。

（2）命令：CONE。

2. 命令提示和操作

命令: CONE
指定底面的中心点或 [三点(3P)/两点(2P)/切点、切点、半径(T)/椭圆(E)]:
指定底面半径或 [直径(D)]:
指定高度或 [两点(2P)/轴端点(A)/顶面半径(T)]:

10.2.5 球体 (SPHERE)

用于创建球体, 如图 10.13 所示。

1. 命令输入

(1) 功能区: "常用"选项卡→"建模"面板→"球体"按钮 ◯。
(2) 命令: SPHERE。

2. 命令提示和操作

命令: SPHERE
指定中心点或 [三点(3P)/两点(2P)/切点、切点、半径(T)]:
指定半径或 [直径(D)] <默认值>:

10.2.6 圆环体 (TORUS)

用于创建圆环体, 如图 10.14 所示。

图 10.13　球体　　　　　　图 10.14　圆环体

1. 命令输入

(1) 功能区: "常用"选项卡→"建模"面板→"圆环体"按钮 ◎。
(2) 命令: TORUS。

2. 命令提示和操作

命令: TORUS
指定中心点或 [三点(3P)/两点(2P)/切点、切点、半径(T)]:
指定半径或 [直径(D)] <默认值>:
指定圆管半径或 [两点(2P)/直径(D)]:

10.2.7 棱锥体 (PYRAMID)

用于创建棱锥体, 棱锥体的棱数可以是 3~32, 如图 10.15 所示。

1. 命令输入

(1) 功能区: "常用"选项卡→"建模"面板→"棱锥体"按钮 ◭。

（2）命令：PYRAMID。

2.命令提示和操作

> 命令：PYRAMID
> 4 个侧面　外切　　　　　　　　　　　　　　　　　（当前设置）
> 指定底面的中心点或［边(E)/侧面(S)］：S ↙
> 输入侧面数 ＜4＞：6 ↙　　　　　　　　　　　　　（创建六棱锥体）
> 指定底面的中心点或［边(E)/侧面(S)］：
> 指定底面半径或［内接(I)］：
> 指定高度或［两点(2P)/轴端点(A)/顶面半径(T)］：

10.2.8　多段体（POLYSOLID）

用于创建类似于三维墙体的多段体，如图 10.16 所示。

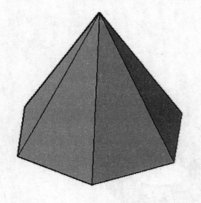

图 10.15　棱锥体

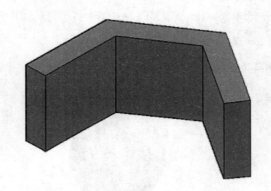

图 10.16　多段体

1.命令输入

（1）功能区："常用"选项卡→"建模"面板→"多段体"按钮 🔲。

（2）命令：POLYSOLID。

2.命令提示和操作

> 命令：POLYSOLID
> 高度 = 18.0000，宽度 = 5.0000，对正 = 居中　　　（当前设置）
> 指定起点或［对象(O)/高度(H)/宽度(W)/对正(J)］＜对象＞：
> 　　　　　　　　　　　　　　　　　　　　　　　　（指定实体轮廓的起点）
> 指定下一个点或［圆弧(A)/放弃(U)］：　　　　　（指定第二点）
> 指定下一个点或［圆弧(A)/放弃(U)］：　　　　　（指定第三点）
> 指定下一个点或［圆弧(A)/闭合(C)/放弃(U)］：　（指定第四点）
> 指定下一个点或［圆弧(A)/闭合(C)/放弃(U)］：↙

10.3 基于二维对象的三维实体模型

AutoCAD 除了提供三维基本实体模型外，还能将二维对象经过拉伸、旋转、放样、扫掠等方法，生成三维实体。可以通过"实体"选项卡进入"图元"和"实体"面板创建，如图 10.7 所示；也可以通过"常用"选项卡进入"建模"面板创建，如图 10.8 所示。

10.3.1 拉伸 (EXTRUDE)

用于将二维对象拉伸到三维空间来创建实体和曲面。

可以将闭合对象（例如圆）转换为三维实体，也可以将开放对象（例如直线）转换为三维曲面。

如果拉伸具有一定宽度的多段线，则将忽略宽度并从多段线路径的中心拉伸多段线。如果拉伸具有一定厚度的对象，则将忽略厚度。

1. 命令输入

（1）功能区："常用"选项卡→"建模"面板→"拉伸"工具 。

（2）命令：EXTRUDE。

2. 命令提示和操作

将圆［图 10.17（a）］拉伸成高 15mm、倾斜角为 20°的圆锥台；将封闭的多段线［图 10.17（b）］拉伸成高 16mm 的柱体。

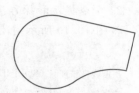

(a) 圆   (b) 封闭的多段线

图 10.17 圆和封闭的多段线

操作如下：

> 命令：EXTRUDE
> 当前线框密度： ISOLINES=4,闭合轮廓创建模式 = 实体
> 选择要拉伸的对象： （选取圆拉伸圆锥台）
> 选择要拉伸的对象：↙
> 指定拉伸的高度或［方向(D)/路径(P)/倾斜角(T)］：t↙ （选择选项"倾斜角"）
> 指定拉伸的倾斜角度 <20>:20↙ （倾斜角度为 20°）
> 指定拉伸的高度或［方向(D)/路径(P)/倾斜角(T)］：15↙ （高度为 15mm 的圆锥台拉伸完成）

拉伸的圆锥台如图 10.18（a）所示。

> 命令：EXTRUDE
> 当前线框密度： ISOLINES=4,闭合轮廓创建模式 = 实体
> 选择要拉伸的对象： （选取多段线拉伸柱体）
> 选择要拉伸的对象：↙
> 指定拉伸的高度或［方向(D)/路径(P)/倾斜角(T)］：16↙ （高度为 16mm 的柱体拉伸完成）

拉伸的柱体如图 10.18（b）所示。

可以拉伸的对象有直线、圆（弧）、椭圆（弧）、二维多段线、二维样条曲线、面域、网格面等。

10.3.2　旋转（REVOLVE）

用于将二维对象绕轴旋转创建三维对象。

可以绕轴旋转开放对象或闭合对象，如果旋转闭合对象，则生成实体或者曲面，由"模式"选项控制；如果旋转开放对象，则生成曲面。一次可以旋转多个对象。被旋转对象可定义为新实体或曲面的轮廓。

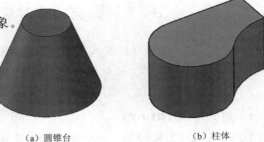

（a）圆锥台　　　　（b）柱体

图 10.18　拉伸成的三维实体

1. 命令输入

（1）功能区："常用"选项卡→"建模"面板→"旋转"工具 。

（2）命令：REVOLVE。

2. 命令提示和操作

将图 10.19 所示封闭多段线旋转成三维实体。

```
命令：REVOLVE
当前线框密度： ISOLINES=4,闭合轮廓创建模式 = 曲面
选择要旋转的对象或［模式(MO)］：_MO          （改变创建模式）
闭合轮廓创建模式［实体(SO)/曲面(SU)］<实体>：↙   （选择默认值创建实体）
选择要旋转的对象或［模式(MO)］：           （选择要旋转的对象，拾取点 A）
选择要旋转的对象或［模式(MO)］：↙
指定轴起点或根据以下选项之一定义轴［对象(O)/X/Y/Z］<对象>：
                                        （拾取轴端点 B）
指定轴端点：                            （拾取轴端点 C）
指定旋转角度或［起点角度(ST)/反转(R)/表达式(EX)］<360>：↙
                                        （输入旋转角度）
```

完成旋转，如图 10.20 所示。

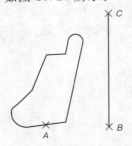

图 10.19　封闭多段线和直线

图 10.20　旋转后的三维实体

旋转命令各选项说明如下：

（1）"对象（O）"：选择现有的直线或多段线中的单条线段定义旋转轴。

（2）"X/Y/Z"：使用当前 UCS 的 X/Y/Z 轴正向作为旋转轴的正方向。

可以旋转的对象有直线、圆（弧）、椭圆（弧）、二维多段线、二维样条曲线、面域、二维实体等。

10.3.3 放样（LOFT）

放样是对两个或多个横截面轮廓光滑平顺地创建三维实体或曲面的一种方法。

横截面轮廓定义了结果实体或曲面对象的形状，因此至少指定两个横截面轮廓。

横截面轮廓可以为开放轮廓（例如圆弧），也可以为闭合轮廓（例如圆）。LOFT 命令可在两横截面之间内插，实现光滑过渡。如果对一组闭合的横截面曲线进行放样，则生成实体对象。如果对一组开放的横截面曲线进行放样，则生成曲面对象。所有的横截面必须全部开放或全部闭合，不能使用既包含开放曲线又包含闭合曲线的选择集。

1. 命令输入

（1）功能区："常用"选项卡→"建模"面板→"放样"工具 。

（2）命令：LOFT。

2. 命令提示和操作

创建如图 10.21（b）所示的方圆渐变段实体。先画出方圆渐变段的两个端面——矩形和圆，矩形画在 $Z=0$ 的平面上，圆画在 $Z=18$mm 的平面上，如图 10.21（a）所示。放样操作如下：

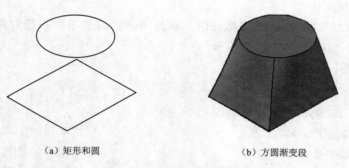

（a）矩形和圆　　　　　　　　（b）方圆渐变段

图 10.21　放样创建方圆渐变段

命令：LOFT
当前线框密度： ISOLINES=4,闭合轮廓创建模式 = 实体
按放样次序选择横截面或 ［点(PO)/合并多条边(J)/模式(MO)］:指定对角点:找到 1 个
　　　　　　　　　　　　　　　　　　　　　　　　（拾取矩形）
按放样次序选择横截面或 ［点(PO)/合并多条边(J)/模式(MO)］:找到 1 个,总计 2 个
　　　　　　　　　　　　　　　　　　　　　　　　（拾取圆）
按放样次序选择横截面或 ［点(PO)/合并多条边(J)/模式(MO)］:↙
输入选项 ［导向(G)/路径(P)/仅横截面(C)/设置(S)］<仅横截面>:↙　（选择"仅横截面"选项）

完成放样，经过改变观察方向和消隐后，结果如图 10.21（b）所示。

各选项说明如下：

（1）"导向（G）"：指定控制放样实体或曲面形状的导向线。导向线是直线或曲线。

（2）"路径（P）"：指定放样实体或曲面的单一路径。路径曲线必须与横截面的所有平面相交。

（3）"仅横截面（C）"：仅指定放样实体或曲面的横截面。

（4）"设置（S）"：显示"放样设置"对话框。

创建放样实体或曲面时，可以使用直线、圆（弧）、椭圆（弧）、二维多段线、二维样条曲线、二维实体、面域、实体的平面、平曲面、螺线、点（仅第一个和最后一个横截面）、三维平面、宽线等对象。

10.3.4　扫掠（SWEEP）

通过沿路径扫掠二维对象来创建三维实体或曲面。沿路径扫掠轮廓时，轮廓将被移动并与路径法向（垂直）对齐。

如果沿一条路径扫掠闭合的曲线，则生成实体。如果沿一条路径扫掠开放的曲线，则将生成曲面。

可以扫掠多个轮廓对象，但是所有对象必须位于同一平面上。

1. 命令输入

（1）功能区："常用"选项卡→"建模"面板→"扫掠"工具 。

（2）命令：SWEEP。

2. 命令提示和操作

创建如图 10.22（b）所示的实体台阶。画封闭的多段线用作扫掠对象，画一条多段线用作扫掠路径，如图 10.22（a）所示。

扫掠操作如下：

命令：SWEEP
当前线框密度：　ISOLINES＝4,闭合轮廓创建模式＝实体
选择要扫掠的对象或［模式（MO）］：找到 1 个　　　　　　　（拾取封闭的多段线）
选择要扫掠的对象或［模式（MO）］：↙　　　　　　　　　　（结束对象选择）
选择扫掠路径或［对齐（A）/基点（B）/比例（S）/扭曲（T）］：　（拾取多段线路径）

完成扫掠，经过改变观察方向和消隐后，结果如图 10.22（b）所示。

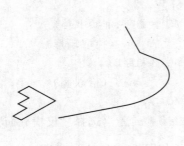

（a）扫掠对象与路径　　　　　　　　　　　　　　（b）台阶

图 10.22　扫掠创建实体

各选项说明如下：

（1）"对齐（A）"：指定是否对齐轮廓以使其作为扫掠路径切向的法向。默认情况下，轮廓是对齐的。

（2）"基点（B）"：指定要扫掠对象的基点。如果指定的点不在选定对象所在的平面上，则该点将被投影到该平面上。

（3）"比例（S）"：指定比例因子以进行扫掠操作。从扫掠路径的开始到结束，比例因子将统一应用到扫掠的对象。

（4）"扭曲（T）"：设置正被扫掠的对象的扭曲角度。扭曲角度指定沿扫掠路径全部长度的旋转量。

在扫掠操作中，可以扫掠的对象有直线、圆（弧）、椭圆（弧）、二维多段线、二维样条曲线、二维实体、面域、实体的平面、平曲面、三维平面、宽线等。

可以用作扫掠路径的对象有直线、圆（弧）、椭圆（弧）、二维多段线、二维样条曲线、三维多段线、螺线、实体或曲面的边等。

10.4　三　维　编　辑

三维编辑是用简单实体构造复杂实体的工具。部分二维编辑命令可以用于三维实体模型，如删除、移动、复制、缩放等。此外，AutoCAD还提供了若干三维编辑命令，用于对二维和三维实体进行三维编辑。

10.4.1　3D 阵列（3DARRAY）

3D 阵列与 2D 阵列命令相似，可以对选定的对象进行多重拷贝，也有矩形阵列、环形阵列和路径阵列。在矩形阵列中，3D 阵列要指定行数（Y 方向）、列数（X 方向）和层数（Z 方向）等。

1. 命令输入

（1）功能区："常用"选项卡→"修改"面板→"阵列"工具。

（2）命令：3DARRAY。

2. 命令提示和操作

（1）"矩形阵列"按钮 品。

命令：3DARRAY

选择对象：　　　　　　　　　　　　　　　（选择要阵列的实体）

……

选择对象：✓

输入阵列类型［矩形(R)/环形(P)］＜矩形＞：✓　　（选择矩形阵列）

输入行数（——）＜1＞：　　　　　　　　　（指定行数——Y 方向）

输入列数（|||）＜1＞：　　　　　　　　　（指定列数——X 方向）

输入层数（…）＜1＞：　　　　　　　　　（指定层数——Z 方向）

指定行间距（——）：

指定列间距(|||):
指定层间距(...):

（2）"环形阵列"按钮 ⊹⊹。

命令:3DARRAY

选择对象:　　　　　　　　　　　　　　　　　　　（选择要阵列的实体）

……

选择对象:↙

输入阵列类型［矩形(R)/环形(P)］＜矩形＞:P↙　　（选择环形阵列）

输入阵列中的项目数目:

指定要填充的角度(＋＝逆时针，－＝顺时针)＜360＞:

旋转阵列对象?［是(Y)/否(N)］＜是＞:

指定阵列的中心点:　　　　　　　　　　　　　　　（指定旋转轴的一个端点）

指定旋转轴上的第二点:　　　　　　　　　　　　　（指定旋转轴的另一个端点）

10.4.2　3D 镜像（3DMIRROR）

用于对选定的实体进行相对于一个三维平面的镜像（对称）复制。

1. 命令输入

（1）功能区:"常用"选项卡→"修改"面板→"三维镜像"按钮 ◫。

（2）命令:3DMIRROR/MIRROR3D。

2. 命令提示和操作

命令:3DMIRROR

选择对象:　　　　　　　　　　　　　　　　　　　（选择要镜像的实体）

……

选择对象:↙

指定镜像平面(三点)的第一个点或［对象(O)/最近的(L)/Z 轴(Z)/视图(V)/XY 平面(XY)/YZ 平面(YZ)/ZX

平面(ZX)/三点(3)］＜三点＞:　　　　　　　　　（指定镜像平面的第一个点，或
　　　　　　　　　　　　　　　　　　　　　　　　选项）

……　　　　　　　　　　　　　　　　　　　　　　（其他提示，见下面选项说明）

是否删除源对象?［是(Y)/否(N)］＜否＞:　　　　　（选择镜像后是否删除源对象）

在指定镜像平面的一个点，或选择其他选项后，AutoCAD 会给出相应的后续提示，按照不同的提示，输入相应的参数值即可。各选项说明如下:

（1）"对象（O）":使用选定对象的平面作为镜像平面。

（2）"最近的（L）":使用最后定义的镜像平面对选定的对象进行镜像复制。

（3）"Z 轴（Z）":根据平面上的一个点和平面法线（Z 轴）上的一个点定义镜像平面。AutoCAD 继续提示:

在镜像平面上指定点:

在镜像平面的 Z 轴(法向)上指定点:

（4）"视图（V）"：将镜像平面与当前视口中通过指定点的视图平面对齐。Auto-CAD 继续提示：

在视图平面上指定点 <0,0,0>: 　　　　　　（指定点或按 Enter 键）

（5）"XY 平面（XY）" / "YZ 平面（YZ）" / "ZX 平面（ZX）"：将镜像平面与一个通过指定点的标准平面（XY、YZ 或 ZX）对齐。

AutoCAD 继续提示：
指定 XY(或 YZ、ZX)平面上的点 <0,0,0>: 　　　　　（指定点或按 Enter 键）

（6）"三点（3）"：通过三个点定义镜像平面。

10.4.3　3D 旋转（3DROTATE）

用于将选定的实体做相对于一个三维轴线的旋转。

在三维视图中，显示三维旋转小控件以协助绕基点旋转三维对象。使用三维旋转小控件，用户可以自由旋转选定的对象和子对象，或将旋转约束到轴。

1. 命令输入

（1）功能区："常用"选项卡→"修改"面板→"三维旋转"按钮⊕。

（2）命令：3DROTATE。

2. 命令提示和操作

命令：3DROTATE
UCS 当前的正角方向：　ANGDIR＝逆时针　ANGBASE＝0

选择对象： 　　　　　　　　　（选择要旋转的实体）
……
选择对象：↙ 　　　　　　　　（结束选择，并显示三维旋转小控件，见图 10.23）

指定基点： 　　　　　　　　　（设置旋转的中心点）
拾取旋转轴： 　　　　　　　　（在三维旋转小控件上指定旋转轴。移动鼠标直至要选择的轴轨迹变为黄色，然后单击以选择此轨迹）

指定角的起点或键入角度： 　　（设置旋转的相对起点或角度值）
指定角的端点： 　　　　　　　（绕指定轴旋转对象，结束旋转）

3. 说明

旋转角按右手法则：右手大拇指指向轴的正向，四指指向即为旋转角正向。

10.4.4　3D 对齐（3DALIGN）

在二维和三维空间，通过移动、旋转或倾斜对象使该对象与另一个对象对齐。

在三维空间中，3DALIGN 命令可以选定一

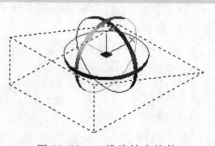

图 10.23　三维旋转小控件

个、两个或三个源点，然后指定相应的第一个、第二个或第三个目标点。选定的对象将从源点移动到目标点，如果指定了第二点和第三点，则这两点将旋转并倾斜选定的对象。

1. 命令输入

(1) 功能区："常用"选项卡→"修改"面板→"三维对齐"按钮 。

(2) 命令：3DALIGN。

2. 命令提示和操作

```
命令：3DALIGN
选择对象：                              （选择要对齐的实体）
……
选择对象：↙                            （结束选择）
指定源平面和方向 …
指定基点或 [复制(C)]：                  （指定要对齐对象上的第一个点）
指定第二个点或 [继续(C)] <C>：          （指定要对齐对象上的第二个点，也可按
                                        回车键结束点的选择）

指定第三个点或 [继续(C)] <C>：          （指定要对齐对象上的第三个点，也可按
                                        回车键结束点的选择）

指定目标平面和方向 …
指定第一个目标点：                      （指定目标对象上的第一个点）
指定第二个目标点或 [退出(X)] <X>：      （指定目标对象上的第二个点）
指定第三个目标点或 [退出(X)] <X>：      （指定要目标对象上的第三个点，也可按
                                        回车键结束点的选择）
```

说明：选项"复制（C）"将创建并对齐源对象的副本，而不是移动它。

10.4.5　并集（UNION）运算

AutoCAD 提供并集（UNION）、差集（SUBTRACT）、交集（INTERSECT）三种布尔运算。通过布尔运算可以将多个三维基本体或简单体构成复杂的组合三维实体。并集、差集、交集运算也适用于面域。

并集运算用于将多个三维实体合并成一个组合实体。图 10.24（a）是一个圆柱体和一个长方体，使用并集运算之后合并成一个实体，如图 10.24（b）所示。

1. 命令输入

(1) 功能区："实体"选项卡→"布尔值"面板→"并集"按钮 。

(2) 命令：UNION。

2. 命令提示和操作

```
命令：UNION
选择对象：                              （拾取圆柱）
选择对象：                              （拾取长方体）
选择对象：↙
```

10.4.6 差集（SUBTRACT）运算

用于从一个或多个三维实体中减去另外一个或多个实体而生成新实体。图 10.24（c）是图 10.24（a）中的长方体与圆柱体的差集运算结果。

1. 命令输入

（1）功能区："实体"选项卡→"布尔值"面板→"差集"按钮 ⬚。

（2）命令：SUBTRACT。

2. 命令提示和操作

命令：SUBTRACT
选择要从中减去的实体、曲面和面域 ...
选择对象：　　　　　　　　　　　　　　　　　　（拾取长方体）
选择对象：↙
选择对象：
选择要减去的实体、曲面和面域 ...
选择对象：　　　　　　　　　　　　　　　　　　（拾取圆柱）
选择对象：↙

10.4.7 交集（INTERSECT）运算

用于将多个三维实体相交部分生成新实体。图 10.24（d）是图 10.24（a）中的长方体与圆柱体的交集运算结果。

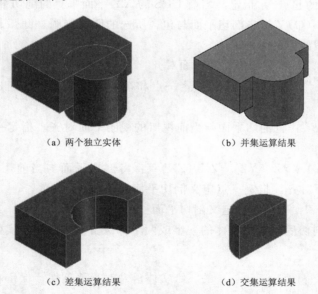

　　（a）两个独立实体　　　　　　　（b）并集运算结果

　　（c）差集运算结果　　　　　　　（d）交集运算结果

图 10.24　布尔运算

1. 命令输入

（1）功能区："实体"选项卡→"布尔值"面板→　"交集"按钮 ⬚。

（2）命令：INTERSECT。

2. 命令提示和操作

命令：INTERSECT
选择对象：　　　　　　　　　　　　　　　　　　　　　（拾取圆柱）
选择对象：　　　　　　　　　　　　　　　　　　　　　（拾取长方体）
选择对象：✓

10.4.8　剖切（SLICE）

通过剖切或分割现有对象，创建新的三维实体和曲面。

1. 命令输入

（1）功能区："实体"选项卡→"实体编辑"面板→"剖切"按钮 。

（2）命令：SLICE。

2. 命令提示和操作

命令：SLICE
选择要剖切的对象：
指定切面的起点或 [平面对象(O)/曲面(S)/Z 轴(Z)/视图(V)/XY(XY)/YZ(YZ)/ZX(ZX)/三点(3)]
<三点>：
在所需的侧面上指定点或 [保留两个侧面(B)]<保留两个侧面>：

指定切面的各选项说明如下：

（1）"指定切面的起点"：指定与当前 UCS 的 XY 平面垂直的剖切平面的第一点。

（2）"平面对象（O）"：将剖切平面与包含所选的圆、椭圆、圆弧、椭圆弧、二维样条曲线或二维多段线线段的平面对齐。

（3）"曲面（S）"：将剖切平面与曲面对齐。

（4）"Z 轴（Z）"：通过在平面上指定一点和在平面的 Z 轴（法向）上指定另一点来定义剖切平面。

（5）"视图（V）"：将剖切平面与当前视口的视图平面对齐。指定一点定义剖切平面的位置。

（6）"XY（XY）/YZ（YZ）/ZX（ZX）"：将剖切平面与当前用户坐标系（UCS）的 $XY/YZ/ZX$ 平面对齐。指定一点定义剖切平面的位置。

（7）"三点（3）"：使用三点定义剖切平面。

可以选择保留剖切后的三维实体的一半或两半都保留。被剖切的实体保留原来的图层和颜色特性。

【例题 10.1】　将图 10.25（a）的三维实体沿着对称面剖切，保留右半部分。
　解　操作过程如下：

命令：slice
选择要剖切的对象：找到 1 个　　　　　　　　　　　　　　　（拾取实体）
选择要剖切的对象：✓

指定切面的起点或［平面对象(O)/曲面(S)/Z 轴(Z)/视图(V)/XY(XY)/YZ(YZ)/ZX(ZX)/三点(3)］＜三点＞：

（拾取点 *A*）

指定平面上的第二个点：　　　　　　　　　　　　　　（拾取点 *B*）

在所需的侧面上指定点或［保留两个侧面(B)］＜保留两个侧面＞：　　（拾取点 *C*）

　结果如图 10.25（b）所示。

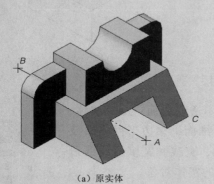 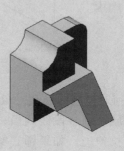

（a）原实体　　　　　　　　　　　（b）剖切后

图 10.25　实体剖切

10.4.9　加厚（THICKEN）

用于按指定的厚度将曲面转换为三维实体。

1. 命令输入

（1）功能区："实体"选项卡→"实体编辑"面板→"加厚"按钮📦。

（2）命令：THICKEN。

2. 命令提示和操作

命令：THICKEN

选择要加厚的曲面：　　　　　　　（指定要加厚成为实体的一个或多个曲面）

指定厚度＜默认值＞：　　　　　　（输入厚度值）

初始默认厚度为 0。

加厚操作是创建复杂三维曲线实体的实用途径，首先创建一个曲面，然后将它转换为一定厚度的三维曲面实体。

10.5　三维视觉效果

10.5.1　消隐（HIDE）

用于隐藏三维对象中不可见的图线，重生成不显示隐藏线的三维线框模型。

1. 命令输入

命令：HIDE。

2. 命令提示和操作

执行 HIDE 命令后，AutoCAD 先进行消隐计算，之后重新生成图形。消隐的效果如图 10.26 所示。

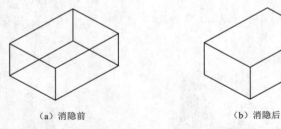

　　　　(a) 消隐前　　　　　　　　　　　　　(b) 消隐后

图 10.26　消隐

HIDE 将下列对象视为隐藏对象的不透明曲面：圆、实体、宽线、文字、面域、宽多段线线段、三维面、多边形网格以及厚度非零的对象拉伸边。如果圆、实体、宽线和宽多段线线段被拉伸，它们将被视为具有顶面和底面的实体对象。

不能对被冻结的图层上的对象使用 HIDE，但是，可以对被关闭的图层上的对象使用 HIDE。

图 10.27　"视觉样式"下拉菜单

10.5.2　视觉样式（VSCURRENT）

用于设置当前视口的视觉样式。可通过绘图区左上角的"视觉样式"控件进入"视觉样式"下拉子菜单，如图 10.27 所示。

1. 命令输入

（1）视觉样式控件。

（2）功能区"常用"选项卡→"视图"面板→"视觉样式"工具。

（3）命令：VSCURRENT。

2. 命令提示和操作

> 命令：VSCURRENT
> 输入选项［二维线框(2)/线框(W)/隐藏(H)/真实(R)/概念(C)/着色(S)/带边缘着色(E)/灰度(G)/勾画(SK)/X 射线(X)/其他(O)］<隐藏>：

选项说明如下：

（1）"二维线框（2）"：显示用直线和曲线表示边界的对象。光栅和 OLE 对象、线型和线宽都是可见的。

（2）"线框（W）"：显示用直线和曲线表示边界的对象。可将 COMPASS 系统变量设置为 1 来查看坐标球，见图 10.28（a）。

（3）"隐藏（H）"：显示用三维线框表示的对象并隐藏不可见的线，见图 10.28（b）。

（4）"真实（R）"：着色对象，并使对象的边平滑化。显示已附着到对象的材质，见图 10.28（c）。

（5）"概念（C）"：着色对象，并使对象的边平滑化。着色使用冷色和暖色之间的过渡色。效果缺乏真实感，但是可以更方便地查看模型的细节，见图 10.28（d）。

（6）"着色（S）"：着色多边形平面间的对象，并使对象的边平滑化。显示已附着到对象的材质。

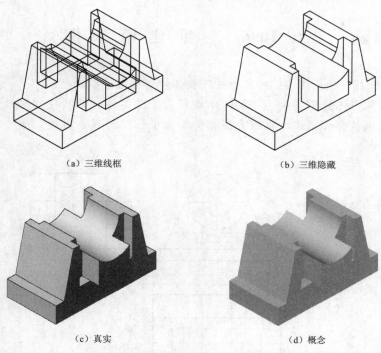

（a）三维线框　　　　　　　　　　　　　　　　　（b）三维隐藏

（c）真实　　　　　　　　　　　　　　　　　（d）概念

图 10.28　不同视觉样式的效果

（7）"带边缘着色（E）"：产生平滑、带有可见边的着色模型。

（8）"灰度（G）"：使用单色面颜色模式可以产生灰色效果。

（9）"勾画（SK）"：使用外伸和抖动产生手绘效果。

（10）"X 射线（X）"：更改面的不透明度使整个场景变成部分透明。

（11）"其他（O）"：显示以下提示。

输入视觉样式名称［?］：　　（输入当前图形中的视觉样式名称或输入？以显示名称列表）

输入选项后，即可看到所选的视觉样式（图 10.28）。

10.5.3　渲染（RENDER）

用于创建三维实体或曲面模型的真实照片级图像或真实着色图像。

1. 命令输入

（1）功能区："可视化"选项卡→"渲染"面板→"渲染"按钮 🖌️📷。

（2）命令：RENDER。

2. 命令提示和操作

命令：RENDER

执行渲染命令后，开始渲染过程并在视口中显示渲染图像。图 10.29 为模型的渲染效果图。

默认情况下渲染当前视图中的所有对象。如果未指定命名视图或相机视图，则渲染当前视图。

图 10.29　渲染效果图

10.6　三维建模举例

【例题 10.2】 根据图 10.30 所给的三视图建立三维模型。

分析　按照形体分析方法，该形体由底板、上部主体、半圆柱形槽及长方体等组成。因此，先画各分部形体，再组合成整体。为了作图与观察方便，应经常调整观察方向。

资源 10.1
三维建模 1

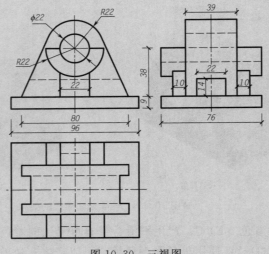

图 10.30　三视图

解　建模步骤如下：

（1）画长方形底板（图 10.31）。

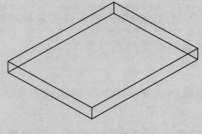

图 10.31　底板

命令：BOX

指定第一个角点或 [中心(C)]：　　　　　　　　（拾取一点作为一角点）

指定其他角点或［立方体(C)/长度(L)］:@96,76　　　　　　　（输入长度和宽度）

指定高度或［两点(2P)］:9　　　　　　　　　　　　　　　　（输入高度）

（2）画上部带圆柱面的主体。

1）先画其正视图，如图 10.32（a）所示，然后定义面域。

命令:REGION

选择对象:找到 2 个　　　　　　　　　　　　　　　　　　（拾取边线和内圆）

选择对象:↙

已提取 2 个环。

已创建 2 个面域。

2）将大面域减去小面域（差集运算）。

命令:SUBTRACT

选择要从中减去的实体、曲面和面域…

选择对象:找到 1 个　　　　　　　　　　　　　　　　　　（拾取大面域）

选择对象:↙

选择要减去的实体、曲面和面域…

选择对象:找到 1 个　　　　　　　　　　　　　　　　　　（拾取小面域——内圆）

选择对象:↙

3）拉伸成实体，见图 10.32（b）。

命令:EXTRUDE

当前线框密度:　ISOLINES＝4,闭合轮廓创建模式 ＝ 实体

选择要拉伸的对象:找到 1 个　　　　　　　　　　　　　　（拾取面域）

选择要拉伸的对象:↙

指定拉伸的高度或［方向(D)/路径(P)/倾斜角(T)］<9.0000>:39

4）用 3D 旋转，使其绕 X 轴旋转 90°，把形体立起来，如图 10.32（c）所示。

（a）建立面域　　　　　　　　　　（b）拉伸成实体　　　　　　　　　　（c）绕 X 轴旋转90°

图 10.32　主体块

命令:3DROTATE

UCS 当前的正角方向:　ANGDIR＝逆时针　ANGBASE＝0

选择对象:找到 1 个　　　　　　　　　　　　　　　　　　（拾取实体）

选择对象:↙

指定基点：　　　　　　　　　　　　　　　　　　　（指定实体的某一角点）

拾取旋转轴：　　　　　　　　　　　　　　　　　　（指定 *X* 轴）

指定角的起点或键入角度：90

正在重生成模型。

（3）画上部的半圆柱形槽。

1）先画其正视图形状，如图 10.33（a）所示，再建立面域。

命令：REGION

选择对象：找到 4 个　　　　　　　　　　　　　　（拾取两个圆弧和两段直线）

选择对象：↙

已提取 1 个环。

已创建 1 个面域。

2）拉伸成半圆柱形槽，见图 10.33（b）。

命令：EXTRUDE

当前线框密度：　ISOLINES＝4，闭合轮廓创建模式 ＝ 实体

选择要拉伸的对象：找到 1 个　　　　　　　　　　（拾取面域）

选择要拉伸的对象：↙

指定拉伸的高度或［方向(D)/路径(P)/倾斜角(T)］：76　　　（输入槽的总长）

3）将半圆柱形槽绕 *X* 轴旋转90°，如图 10.33（c）所示。

命令：3 DROTATE

UCS 当前的正角方向：　ANGDIR＝逆时针　ANGBASE＝0

选择对象：找到 1 个　　　　　　　　　　　　　　（拾取半圆柱形槽）

选择对象：↙

指定基点：　　　　　　　　　　　　　　　　　　　（指定实体的某一角点）

拾取旋转轴：　　　　　　　　　　　　　　　　　　（指定 *X* 轴）

指定角的起点或键入角度：90

正在重生成模型。

（a）建立面域　　　　　　　（b）拉伸成实体　　　　　　（c）绕*X*轴旋转90°

图 10.33　半圆柱形槽

（4）画半圆柱形槽下面的长方体（两个），如图 10.34 所示。

命令：BOX

指定第一个角点或［中心(C)］： （拾取一点作为一角点）

指定其他角点或［立方体(C)/长度(L)］：@22,10 （输入长度和宽度）

指定高度或［两点(2P)］＜76.0000＞：25 （输入高度）

复制另一个，Y 方向间距为 39mm：

命令：COPY

选择对象： （拾取长方体）

选择对象：↙

指定基点或位移，或者［重复(M)］： （指定一点为基点）

指定位移的第二点或＜用第一点作位移＞：@0,49 （沿 Y 轴位移 39mm＋10mm）

（5）为主体下部的矩形开孔，画一长方体（长 96mm，宽 22mm，高 14mm），如图 10.35 所示。

命令：BOX

指定第一个角点或［中心(C)］： （拾取一点作为一角点）

指定其他角点或［立方体(C)/长度(L)］：@96,22 （输入长度和宽度）

指定高度或［两点(2P)］＜25.0000＞：14 （输入高度）

（6）拼装"零部件"。为了准确定位组合，先在底板顶面，按照其上面各个零部件的位置画一些辅助线（图 10.36），然后将各个零部件移动到它的确切位置，如图 10.37 所示。

图 10.34　两个小长方体（间距 39mm）　　图 10.35　96mm×22mm×14mm 的长方体

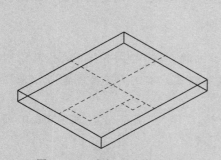
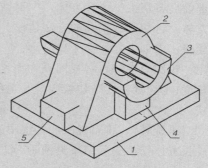

图 10.36　底板上面作辅助线　　　图 10.37　拼装

269

　　(7) 对零部件 1、2、3、4（两个）进行并集运算，之后将其结果与零部件 5 进行差集运算，再删去辅助线。选择合适的观察方向，并采用"真实"视觉样式处理，完成建模，结果如图 10.38 所示。

图 10.38　完成的模型

　　【例题 10.3】　已有图 10.39 所给的形体视图，据此建立三维模型。

资源 10.2
三维建模 2

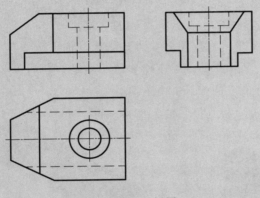

图 10.39　三视图

　　分析　按照形体分析方法，该形体是一个长方体，其左端的前、后、上切去三个角，其下部前后各切去一个长方体，中部钻有上、下直径不同的圆柱孔。因此，可以采用先画长方体，再切割、挖孔的方法建模。

　　解　建模步骤如下：

　　(1) 用"视图"控件，将视图调为西南等轴测，或者用 Shift＋鼠标滚轮切换为合适的观察角度；"视觉样式"切换为"X 射线"样式。本例为了截图清晰，采用"二维线框"样式。

　　利用"三维旋转"，将正视图和左视图旋转，并"三维对齐"，如图 10.40 所示。

　　(2) 画长方体，消隐后结果见图 10.41。

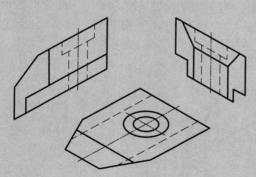

图 10.40 旋转对齐后的视图

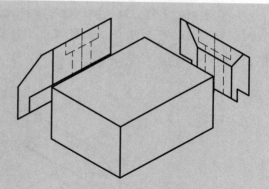

图 10.41 画长方体

命令：BOX

指定第一个角点或［中心（C）］：　　　　　　（捕捉俯视图右上角）

指定其他角点或［立方体（C）/长度（L）］：　　（捕捉俯视图左下角）

指定高度或［两点（2P）］＜76.0000＞：　　　（捕捉正视图或者左视图最上面线上任意一点）

　　说明：如果没有准确捕捉到点，可以单击建好的长方体，拖动夹点，把每个面拖到正确的位置上，见图 10.41。

　　（3）切割左侧前后角，见图 10.42（a）。

命令：SLICE

选择要剖切的对象：找到 1 个　　　　　　　　（拾取长方体）

选择要剖切的对象：✓

指定切面的起点或［平面对象（O）/曲面（S）/Z 轴（Z）/视图（V）/XY（XY）/YZ（YZ）/ZX（ZX）/三点（3）］＜三点＞：✓　　　　　　　　　　　　　（指定俯视图左下角斜线的一端点）

指定平面上的第二个点：　　　　　　　　　　（指定俯视图左下角斜线的另一端点）

在所需的侧面上指定点或［保留两个侧面（B）］＜保留两个侧面＞：

　　　　　　　　　　　　　　　　　　　　　　（拾取模型右端一点）

　　用同样的方式把后面的三角块切掉。结果见图 10.42（b）。

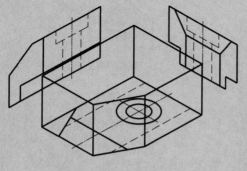

（a）切去左前角

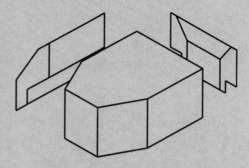

（b）切去左后角辅助线

图 10.42 长方体切去左侧前后角

（4）切割左上角。调用剖切命令进行切割，剖切面用三点方式确定。三点分别为正视图斜角线上的两个端点，及过两点中任意一点沿 y 轴方向上任取的一点，结果见图 10.43。

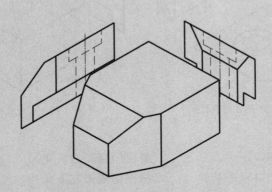

图 10.43　切割左上角

（5）切割底部的两个长方形角。从左视图右下角拉一个长方体。如图 10.44（a）所示，长方体的起点选择 A 点，向左向下拉出一个超出已建实体的长方体。将长方体复制到后面，然后把主体与两个长方体做差集运算。删除前后底角多余线条，结果如图 10.44（b）所示。

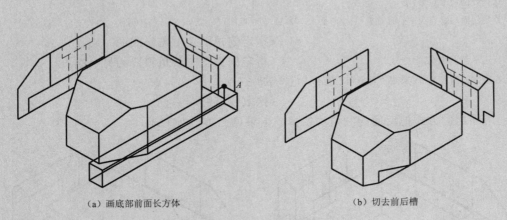

（a）画底部前面长方体　　　　　　　　　　（b）切去前后槽

图 10.44　底部开长方体槽

（6）挖圆柱孔。隐藏平面体，俯视图上的两个圆向上移动到两个圆柱结合面的高度，大圆往上拉伸到与顶面平齐，小圆往下拉伸到与底面平齐，然后用并集运算合并。把主体与圆柱体做差集运算，如图 10.45 所示。删除作图线并消隐，结果如图 10.46 所示。

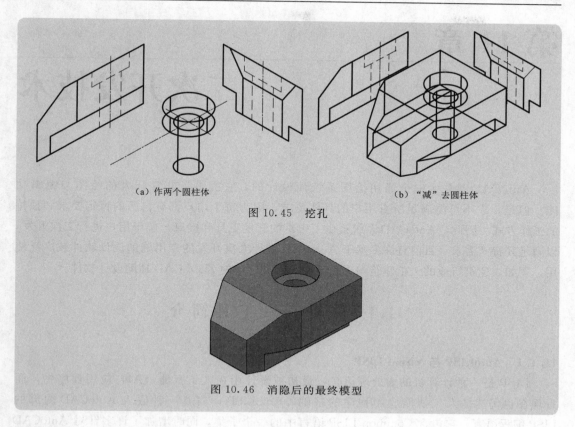

（a）作两个圆柱体　　　　　　　　　　　（b）"减"去圆柱体

图 10.45　挖孔

图 10.46　消隐后的最终模型

第 11 章

二次开发技术

AutoCAD 是作为一个通用绘图系统而设计的，它提供了非常强大的绘图与编辑功能。但是，它不可能满足所有用户的具体要求，因为每个用户都有自己的特定要求和独特的工作方式。因此，AutoCAD 系统提供了丰富的开发工具和接口，便于用户进行二次开发，以满足其特殊需求。目前有许多基于 AutoCAD 进行二次开发的专用辅助设计软件被广泛使用，例如，建筑行业的天正建筑与天正结构、水利行业的 ZDM CAD 辅助设计软件。

11.1 常用开发工具简介

11.1.1 AutoLISP 与 Visual LISP

LISP 是一种计算机的表处理语言，最初被设计用在人工智能（AI）应用程序中，而且现在也仍然是人工智能应用程序的基础。AutoLISP 语言是一种嵌入 AutoCAD 内部的 LISP 编程语言。它包含 Common LISP 语言中的一个子集，同时增加了许多针对 AutoCAD 的专用函数，因此是专门为 AutoCAD 所使用的程序语言。

AutoLISP 语言简洁、表达能力强、函数种类多、程序控制结构灵活；它像 Basic 那样易学易用，如 C 语言一般功能超群。AutoLISP 程序既可完成常用的科学计算和数据分析，又能直接调用几乎全部的 AutoCAD 命令。这两者的有机结合，使得 AutoLISP 语言成为 AutoCAD 二次开发的强有力的工具。

使用 AutoLISP 可以创建全新的 AutoCAD 命令，实现和用户的个性化接口。当结合 AutoCAD 的诸如系统变量、用户菜单和对话框等进行整体开发时，AutoLISP 就使得 AutoCAD 更加个性化，从而大大提高绘制和编辑复杂的专业图的效率，让用户专注于更具有创造性的工作。可以说，AutoLISP 是建立真正属于用户的 AutoCAD 软件应用程序的快速的、最佳的工具。

然而，AutoLISP 程序是文本文件，存在保密性差、运行速度慢，而且调试不便等缺点。为了克服 AutoLISP 所存在的缺点，Autodesk 公司在 AutoCAD 2000 以后版本中嵌入了 Visual LISP。

Visual LISP 是一个用来帮助使用 AutoLISP 语言的集成开发工具。它提供了 AutoLISP 的所有功能，并与原有的 AutoLISP 兼容，其面向对象的可视化集成开发环境（IDE）使编译、调试 LISP 程序更加方便，功能更强。此外，Visual LISP 还在 AutoLISP 的基础上增加了一些新的功能。

11.1.2 DCL 语言

在 AutoCAD 系统中有许多功能很强、使用很方便的对话框。对 AutoCAD 进行二次开发，也可以设计出用户自己的对话框。AutoCAD 从 R12.0 版本开始，提供了对话框控制语言（dialogue control language，DCL），以便用户自行设计对话框。

对话框是用 DCL 编写的 ASCII 文件定义。对话框中的 DCL 描述，定义了对话框以什么方式出现以及它包含的内容，例如按钮、文本、列表、幻灯片等。对话框文件以".dcl"为扩展名，可以用文本编辑器或者 Visual LISP 编辑器编辑。

对话框的设计是有限制的，它的大小及各部分的布局（layout）是根据一个最小的位置数据来自动完成的，用户不必精确指定每个部分的大小和位置。所以，如同使用字处理软件一样，该自动布局可帮助用户处理设计上不协调之处。

在某些范围内，对话框的一部分可定义它的行为。例如，可以定义能"按下"的按钮以完成某一任务，或者显示出一个编辑框以便用户输入数据等。一个对话框的使用方式及其行为，完全由它所属的应用程序控制。Visual LISP 提供了处理对话框的功能，包括显示对话框，响应用户的选择等。

11.1.3 ObjectARX

ObjectARX 是针对 AutoCAD（R13 或以上版本）的二次开发而推出的一个软件包，它是专门为 C++语言提供的开发接口，支持面向对象编程（OOP）。

ObjectARX 程序在许多方面与 Visual LISP 程序不同，其中最主要的是：ARX 程序本质是 Windows 的一个动态链接库（DLL），而 AutoCAD 本身则是一个典型的 Windows 程序。ARX 程序与 AutoCAD 共享地址空间，并且与 Windows 之间均采用 Windows 的消息转递机制直接通信。因此，ARX 程序比 Visual LISP 程序运行速度更快、更稳定。

通过 ObjectARX 的开发，用户可以创建或派生新的类（class），这些类和程序源代码可以与其他程序共享，充分利用面向对象编程的优点。此外，ARX 程序创建的对象和 AutoCAD 的内部对象几乎是等同的，通过 ARX 程序可以直接访问和操作 AutoCAD 内部的图形数据库。

ObjectARX 开发工具包是不随 AutoCAD 一起发行的，如果用户需要，可以从 Autodesk 公司的网站免费下载。

11.1.4 ActiveX 与 VBA

ActiveX 是微软制定的一种实现程序间通信、调用的软件复用规范，它提供了一种操作控制 AutoCAD 的机制。这种操作既可以是在 AutoCAD 内部的，也可以是来自 AutoCAD 外部的，因此，当提及 AutoCAD ActiveX 的时候，不是一种特定的语言，而是一种操作方法。这意味着通过 Active 技术可以使用许多主流的开发语言对 AutoCAD 进行二次开发，AutoCAD 集成的 VBA 语言只是其中一种选择。

VBA（Visual Basic for Applications）是一种完全面向对象的编程语言，它是 Visual Basic 的子集，由于它的易用性和强大的功能，许多应用程序均嵌入该语言作为开发工具。AutoCAD 从 R14 版本开始集成 VBA，通过 VBA 可以快速地开发出界面更加丰富、功能更加强大的应用程序，受到越来越多开发人员的欢迎。使用集成的 VBA 与使用其他语言（例如 Visual Basic 6）的主要区别在于：VBA 与 AutoCAD 在同一进程空间运行，通过 ActiveX Automation 接口对 AutoCAD 进行控制，调试运行更加方便。

Excel 也提供了 ActiveX 开发接口，这为 AutoCAD 与 Excel 交换数据提供便利。用户既可以在 AutoCAD VBA 里面创建应用程序，自动提取图形信息，然后将结果直接插入到 Excel 软件里面，也可以读取 Excel 里面的数据，在 AutoCAD 里面进行绘图。另外，Excel 也集成了 VBA 开发语言，这种数据交换过程也可以在 Excel VBA 里面开发程序实现。

从 AutoCAD 2010 版本开始，AutoCAD 应用程序安装时不再自动安装 VBA 集成式开发环境，需要用户到 Autodesk 公司的官网下载后单独安装。

11.1.5　.NET API

.Net 是一种用于构建多种应用的免费开源开发平台，可以使用 C♯、F♯ 或 Visual Basic 编写 .Net 应用。从 AutoCAD 2006 开始，Autodesk 为其二次开发接口增加了 .NET API。.NET API 提供了一系列托管的外包类（managed wrapper class），使开发人员可在 Microsoft .NET Framework 下，使用任何支持 .NET 的语言，如 VB.NET、C♯ 和 Managed C++等对 AutoCAD 进行二次开发。其优点是完全面向对象，在拥有 ObjectARX 强大功能的同时，解决了令 C++程序员头痛的内存泄漏等问题，具有方便易用的特点，是较为理想的 AutoCAD 二次开发工具。

11.2　二次开发应用举例

在 AutoCAD 众多二次接口当中，ObjectARX 与 .Net API 方法学习门槛较高，多用于商业开发；Visual LISP 语言虽然比较简单易学，但是与一般的通用编程语言的语法结构差别较大，即使已经掌握其他语言，要熟悉其表式语法结构也需要花费不少时间，并且它使用 DCL 开发交互界面，不如其他方法简捷方便；相比之下，使用集成化的 VBA 或者学习者已经掌握的其他语言，借助 ActiveX Automation 接口进行二次开发简单易学，对于 AutoCAD 二次开发的初学者而言，这种开发方式更为友好。因此，本节的开发应用采用 ActiveX 自动化的开发方式。考虑到 Python 语言已经成为许多大学工科专业的必修课程，开发工具除了使用 AutoCAD 已经集成的 VBA 之外，11.2.2 节还选择使用 Python 语言进行开发。

11.2.1　参数化绘图

资源 11.1 利用 VBA 绘制 T 梁断面图

【例题 11.1】 根据 T 梁的断面参数绘制断面图并标注断面尺寸，各参数如图 11.1（a）所示，绘制完成后的断面如图 11.1（b）所示。

分析　在 AutoCAD 里面输入命令 VBAIDE 会打开 VBA 的开发环境界面（需提前安装 VBA 软件），如图 11.2 所示，界面与 Visual Basic 6.0 基本上是一样的，在左边工程列表中插入模块，在模块中输入案例中的代码。要运行代码有两种方式：一是在 VBA 开发环境下，将光标焦点放在子程序 DrawTSection 里面，按下 F5 键运行代码；二是在 AutoCAD 主菜单选择工具/宏/宏菜单项（或者通过快捷键 Alt＋F8），打开宏运行窗口，在宏列表中选择 DrawTSection，单击"运行"按钮运行代码。

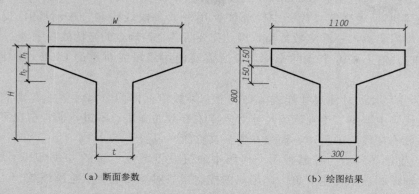

(a) 断面参数　　　　　　　　(b) 绘图结果

图 11.1　T 梁断面参数与程序执行结果示意图

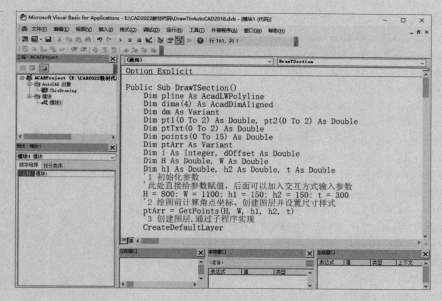

图 11.2　AutoCAD 内置的 VBA 集成式开发环境

解　(1) 代码的运行过程如下：

1) 初始化绘图参数。在此案例代码中对绘图所用参数直接进行了赋值，实际使用时读者可采用窗体或者命令行方式采集所用参数。后面的绘图需要断面图控制点的坐标，因此，先要根据绘图参数计算断面图 8 个控制点的坐标，代码中采用函数 Get-Points 实现。断面是左右对称结构，只需要计算出左边 4 个点的坐标，然后利用对称性得到右边 4 个点的坐标。

2) 创建图层。创建了"断面轮廓线"与"尺寸标注"两个图层，分别应用于轮廓线与尺寸，并将断面轮廓线图层的线宽设置为 0.4mm。图层不能重复创建，否则会出错，需要在创建图层之前检查是否存在该图层，代码中采用子程序 CreateDefaultLayer 实现创建图层，通过函数 HasLayer 判断是否存在某个图层。

3）绘制断面轮廓线。代码中轮廓线使用平面多段线绘制，AutoCAD 提供的多段线创建接口需要输入一维实数数组，因此先要将各个控制点的坐标放在一个一维数组中。因为绘图时只输入了 8 个点的坐标，最后需要使用多段线对象的 Closed 属性将多段线闭合。

4）标注尺寸。标注尺寸样式需要 3 个一维数组存储两个尺寸界线起点和文字的位置坐标，代码中演示了单独修改尺寸对象样式参数的方法，不过，通常情况下绘图时尺寸样式一般不在代码中创建，而是在样板文件统一设置。

5）设置绘图环境与控制视图。代码中通过设置系统变量的方式打开了线宽显示，并将坐标轴图标显示在左下角。调用视图控制接口对视图进行了范围缩放。

（2）利用 VBA 绘制 T 梁断面图的完整代码如下：

```
Public Sub DrawTSection()
    Dim pline As AcadLWPolyline
    Dim dima(4) As AcadDimAligned
    Dim dm As Variant
    Dim pt1(0 To 2) As Double, pt2(0 To 2) As Double
    Dim ptTxt(0 To 2) As Double
    Dim points(0 To 15) As Double
    Dim ptArr As Variant
    Dim i As Integer, dOffset As Double
    Dim H As Double, W As Double
    Dim h1 As Double, h2 As Double, t As Double
    '初始化参数
    H = 800：W = 1100；h1 = 150；h2 = 150；t = 300
    '绘图前计算角点坐标、创建图层并设置尺寸样式
    ptArr = GetPoints(H, W, h1, h2, t)
    '创建图层,通过子程序实现
    CreateDefaultLayer
    '使用多段线创建断面轮廓线
    For i = 0 To 7
    points(2 * i) = ptArr(i + 1, 0)
    points(2 * i + 1) = ptArr(i + 1, 1)
    Next i
    Set pline = ThisDrawing. ModelSpace. AddLightWeightPolyline(points)
    pline. Closed = True '多断线闭合
    pline. layer = "断面轮廓线"

    '创建尺寸标注
    ' pt1,pt2 存放两条尺寸界线的定位点
    ' ptTxt 用于存放尺寸数字的位置坐标
```

```
dOffset = 120 '尺寸线偏移轮廓线的距离

'W 尺寸标注 (1 8 点)
For i = 0 To 2
    pt1(i) = ptArr(1, i)
    pt2(i) = ptArr(8, i)
    ptTxt(i) = (pt1(i) + pt2(i)) / 2
Next
ptTxt(1) = ptTxt(1) + dOffset
Set dima(0) = ThisDrawing. ModelSpace. AddDimAligned(pt1, pt2, ptTxt)

'h1 尺寸标注 (1 2 点)
For i = 0 To 2
    pt1(i) = ptArr(1, i)
    pt2(i) = ptArr(2, i)
    ptTxt(i) = (pt1(i) + pt2(i)) / 2
Next
ptTxt(0) = ptTxt(0) - dOffset
Set dima(1) = ThisDrawing. ModelSpace. AddDimAligned(pt1, pt2, ptTxt)

'h2 尺寸标注 (2 3 点)
For i = 0 To 2
    pt1(i) = ptArr(2, i)
    pt2(i) = ptArr(3, i)
    ptTxt(i) = (pt1(i) + pt2(i)) / 2
Next
pt2(0) = pt1(0) '标注点与起点对齐
ptTxt(0) = pt1(0) - dOffset
Set dima(2) = ThisDrawing. ModelSpace. AddDimAligned(pt1, pt2, ptTxt)

'H 尺寸标注 (1 4 点)
For i = 0 To 2
    pt1(i) = ptArr(1, i)
    pt2(i) = ptArr(4, i)
    ptTxt(i) = (pt1(i) + pt2(i)) / 2
Next
pt2(0) = pt1(0) '标注点与起点对齐
ptTxt(0) = pt1(0) - 2 * dOffset
Set dima(3) = ThisDrawing. ModelSpace. AddDimAligned(pt1, pt2, ptTxt)

't 尺寸标注 (4 5 点)
For i = 0 To 2
    pt1(i) = ptArr(4, i)
```

```
            pt2(i)= ptArr(5, i)
            ptTxt(i)=(pt1(i)+ pt2(i))/ 2
    Next
    ptTxt(1)= ptTxt(1)- dOffset
    Set dima(4)= ThisDrawing. ModelSpace. AddDimAligned(pt1, pt2, ptTxt)

    '设置尺寸标注的样式参数
    '通常采用尺寸样式设置,不独立设置
    For Each dm In dima
        dm. layer = "尺寸标注"
        dm. ExtensionLineExtend = 2
        dm. ExtensionLineOffset = 2
        dm. Arrowhead1Type = acArrowArchTick
        dm. Arrowhead2Type = acArrowArchTick
        dm. ScaleFactor = 10
    Next

    '打开线宽显示
    ThisDrawing. SetVariable "LWDISPLAY", 1
    '设置坐标系图标显示在左下角而不是坐标原点
    ThisDrawing. SetVariable "UCSICON", 1
    '范围缩放视图
    ThisDrawing. Application. ZoomExtents
End Sub

Function GetPoints(H As Double, W As Double, h1 As Double, h2 As Double, t As Double)
    Dim pts(1 To 8, 0 To 2)As Double
    Dim i As Integer
    '以顶面为起点
    pts(1, 0)= - W / 2: pts(1, 1)= 0
    pts(2, 0)= pts(1, 0): pts(2, 1)= - h1
    pts(3, 0)= - t / 2: pts(3, 1)= -(h1 + h2)
    pts(4, 0)= pts(3, 0): pts(4, 1)= - H

    '利用对称性得到另外 4 个角点的坐标
    For i = 1 To 4
        pts(8 - i + 1, 0)= - pts(i, 0)
        pts(8 - i + 1, 1)= pts(i, 1)
    Next i
    'z 坐标均为 0
    For i = 1 To 8
        pts(i, 2)= 0
    Next i
```

```
        GetPoints = pts
    End Function


    '创建图层
    Private Sub CreateDefaultLayer()
        Dim sLa(0 To 1) As String
        Dim la As AcadLayer
        Dim i As Integer
        sLa(0) = "断面轮廓线"
        sLa(1) = "尺寸标注"
        '创建图层
        For i = 0 To 1
            If Not HasLayer(sLa(i)) Then
                Set la = ThisDrawing. Layers. Add(sLa(i))
            End If
        Next i
        ThisDrawing. Layers(sLa(0)). Lineweight = acLnWt040
    End Sub


    '判断当前图形文档是否包含某个图层
    Public Function HasLayer(ByVal name As String) As Boolean
        Dim layer As AcadLayer
        For Each layer In ThisDrawing. Layers
            If StrComp(layer. name, name, vbTextCompare) = 0 Then
                HasLayer = True
                Exit Function
            End If
        Next layer
        HasLayer = False
    End Function
```

11.2.2　提取图形特征数据

工程上经常会遇到从散点地形图（或水深图）中读取散点位置与标高的需求，散点地形图的高程点绘制并没有统一的标准，常见的有以下几种绘图方法：

资源 11.2
利用 Python
导出散点高
程点坐标

（1）使用文字绘制，文字本身是高程点的标高，插入点就是高程点的平面坐标，如图 11.3（a）所示。

（2）使用包含圆点图形与 height 属性的块绘制，属性 height 的文字为标高的值，块的插入点坐标中的 x、y 值为高程点平面坐标，z 值为 0 或者是等于高程点的标高，如图 11.3（b）所示。

（3）使用自定义的带 2 个属性的块绘制，第 1 个属性为标高的小数点前面数字，第 2 个属性为标高小数点后面的数字，块的插入点为高程点的平面坐标，如图 11.3（c）

所示。

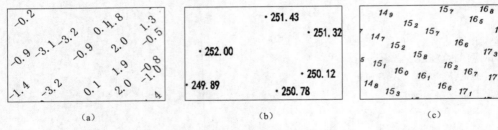

图 11.3　不同绘图方法绘制的高程点

　　这三种高程点的绘图方法中，第 2 种与第 3 种绘图方法类似，因此，下面只给出导出前两种高程点坐标数据的代码。使用 Python 来操作 AutoCAD 需要借助 pywin32 库，该库提供了从 Python 脚本中访问许多 Windows API 的功能，这个库直接使用 Python 的包管理工具 pip 安装。利用 pywin32 库连接到 AutoCAD 应用程序之后，其开发方法与 VBA 类似，可以直接参照 VBA 各类文档资源。除 pywin32 库之外，pyautocad 库也是方便使用 ActiveX 自动化操作 AutoCAD 的库，不过该库近几年没有更新，还存在一些问题一直未能解决。

　　要从图形中提取数据，需要遍历图形模型空间，找到符合条件的对象，然后通过对象的属性获得要提取的数据，这种遍历查询图形对象的方法可以扩展到任意的图形对象。完整的代码如下：

```
import win32com. client
#连接到 AutoCAD 应用程序
acad = win32com. client. Dispatch("AutoCAD. Application")
#导出文字插入点坐标 x,y 与文字字符
for entity in acad. ActiveDocument. ModelSpace:
    if entity. EntityName == 'AcDbText' and entity. Layer=="0":
        print(entity. insertionPoint[0], entity. insertionPoint[1], entity. TextString)
#导出块参照的插入点 x、y 值与块参照中属性的值
for entity in acad. ActiveDocument. ModelSpace:
    if entity. EntityName == 'AcDbBlockReference'and entity. Layer=="GCD":
        if not entity. HasAttributes:
            continue
        for attr in entity. GetAttributes():
            if attr. TagString== 'height':
                print(entity. insertionPoint[0], entity. insertionPoint[1], attr. TextString)
```

第二部分　BIM 技术及其应用

第 12 章

BIM 技术概述

12.1 BIM 是什么

12.1.1 BIM 的由来

1. CAD 技术及其局限性

始于 20 世纪 80 年代的 CAD 技术的普及和推广,使工程设计师们实现了甩掉图板的愿望,开创了工程设计方式的历史性转变。通过 CAD 技术,手工绘制的图纸变成了计算机生成的图样,人工计算的计算书变成了计算机自动计算的成果,纸质的图样和计算书变成了电子存储的数据,不仅提高了设计效率和设计质量,减轻了设计工作的劳动强度,而且便于修改、交流和查阅。历经 40 多年的发展,CAD 设计从最初的二维图样生成到现在的三维构形和三维效果图生成;从使用单一的设计计算小程序到使用综合设计分析计算平台,在软件技术和使用水平上已经非常成熟。

从 CAD 设计流程来看,遵循了手工设计的思维方式,即构想项目建设目标,用计算机画出建筑物图样,施工建设完成项目工程。在这个流程中,设计使用的工具变了,而设计方法、过程和数据流的延续方式没有根本改变。最简单的问题是,表达建筑物的各个二维图样之间没有关联性,图样和后续的结构设计没有关联性,当需要修改建筑物的某个尺寸时,需要逐个修改二维视图中与此相关的每个尺寸,并逐个修改结构设计中与此有关的每个数据。其局限性在于:一个建设项目,在设计、施工、管理和运营流程中的信息是分离的,各个阶段使用的信息是孤立的,缺乏共享机制和平台,项目各参与方之间信息交流困难,设计的质量、效率的提高非常有限,各阶段成果的可利用率低下。BIM 概念就是为解决这些项目参与方之间的信息交流和互通的壁垒所提出的,BIM 技术为 CAD 技术的开拓性发展提供了崭新的前景,为工程项目建设面向全生命周期提出了解决方案。

2. BIM 的概念

BIM(building information modeling)是一种工程项目建设的过程,称为建筑信息模型,源于 1975 年美国佐治亚技术学院查克·伊斯曼博士提出的"建筑描述系统"(building description system)的论述。美国第一版国家 BIM 标准论述为:BIM 是一个设施(建设项目)物理和功能特性的数学描述,是一个共享的知识资源,是一个分享有关这个设施的信息、为该设施从概念产生到最终拆除的全生命周期中的所有决策提供可靠依据的过程。在项目不同阶段,不同利益相关方通过在 BIM 中插入、提取、更新和修改信息,以支持和反映其各自职责的协同作业。

简单地说,BIM 是一种针对工程项目建设过程的信息管理技术、方法及机制。在内涵层面：以有形的三维建筑实体模型为基础，构建以计算机三维数字技术为基础的结构框架，用数字化形式完整表达建设项目的实体和功能，通过集成项目信息的收集、管理、交换、更新、存储过程，系统准确地集成工程项目各流程的所有信息和数据。在应用层面：为建设项目生命周期中的不同阶段、不同参与方提供及时、准确、丰富的信息，支持不同建设阶段之间、不同项目参与方（图 12.1）之间和不同软件之间的信息交流与共享，以提高项目设计、施工、运营、维护过程中的效率和质量，从而促使工程建设行业整体生产力水平提升。

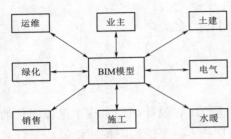

图 12.1　BIM 模型与建设项目参与方

从图 12.1 可以看出，理想的 BIM 模型，既不是一个单纯的形体模型，也不是某种先进的技术，它表述的是建设项目的一种理想化过程，即项目信息在不同参与方之间的传承、集成和应用。业主提出项目建设要求，设计（土建、电气、水暖等）、施工、销售、管理（绿化、运维等）根据项目要求收集、管理、更新信息，各相关方共享一个信息库，管理、关注相关信息，使得项目的信息得到共享，各参与方共同维护并从该信息模型中取得所需的信息，分工协作，协同工作。从不同的参与方和项目的阶段考虑，BIM 可以理解为项目信息在建设周期中的传递、集成和运用：从项目规划开始，不断将设计、施工、运营等阶段信息加载到项目的三维模型（包括有形的建筑物和无形的数据信息）载体上，贯穿概念设计、结构设计、施工设计，直至完工后的销售、运营、维护的全生命周期中。因此，BIM 模型是一切 BIM 应用实施的前提和基础，也是承载一切项目信息的载体，即 BIM 过程的载体。

12.1.2　BIM 的发展和现状

BIM 概念于 20 世纪 70 年代提出，由于技术水平的限制，直到 21 世纪初在众多软件开发商的介入下才得以重视。众多 BIM 平台和软件的研发成果和相关标准的制定，使得 BIM 在建筑行业得到迅速推广和应用，并逐步取得各行业建设项目的认同，标志着 BIM 作为一种全新的工程实施方法的基础，开始进入工程建设项目的正式流程。

美国是较早开始应用 BIM 的国家，2003 年美国总务管理局（GSA）启动了 BIM 项目，2007 年陆续发布了系列 BIM 指南，随后美国建筑科学研究院（NIBS）发布了国家 BIM 标准（NBIMS）。2014 年美国建筑业相关项目中 74% 以上都应用了 BIM 技术。2015 年第三版美国国家建筑信息模型标准发布。

在其他发达国家和地区，BIM 也得到了广泛的重视和应用，政府层面的推进指导政策和行业协会的应用标准制定工作受到重视。英国 2011 年 5 月提出了《政府建设战略》，强制要求使用 BIM，于 2016 年前全国公共工程全面采用 BIM 技术；日本的国土交通省在 2010 年开始推行 BIM 技术，并制定了 BIM 实施路线图，2016 年 BIM 技术普及到全部公共设施项目，日本建筑学会业已发布了 BIM 指南；中国香港房屋署于 2009 年颁布了政府版 BIM 应用标准，同时宣布在 2014—2015 年 BIM 技术覆盖香港政府投资的所有工程项目。

与此同时，BIM 技术的标准化工作也逐步得到重视，国际标准化组织（ISO）在 2018—2020 年发布了《建筑和土木工程信息的组织和数字化，包括建筑信息模型（BIM）——使用建筑信息建模的信息管理　第一部分：概念和原则》（ISO 19650—1：2018）等 5 个 BIM 技术国际标准。该系列标准，提供了一个包括信息交流、信息记载、信息模板和活动人员的组织规划管理框架；定义了信息管理的提出、管理流程的方式、运用建筑信息模型中信息交流的内容；提出了项目建设方对建设项目运营阶段的信息需求和指导创建满足商业化需求的协同环境，使得项目参与各方能够高效地进行信息生产；规定了对于安全防范的信息管理原则和要求，以及敏感信息的安全防范管理，包括建筑信息模型作为其他提案、项目、资产、产品或服务的一部分或相关时的获取、创建、处理和存储。

中国内地的 BIM 技术起步较晚，2003 年建设部发布了《全国建筑业信息化发展规划纲要》，对平台和系统建设提出了重视工程设计协同系统、综合项目管理系统、先进水平应用工具软件、智能化施工的要求。2007 年，中国建筑标准设计研究院发布了《建筑对象数字化定义》（JG/T 198—2007），其非等效采用了国际上的 IFC 标准《工业基础类 IFC 平台规范》。2011 年，住房城乡建设部发布《2011—2015 年建筑业信息化发展纲要》，要求在"十二五"期间，基本实现建筑企业信息系统的普及应用，加快建筑信息模型（BIM）、基于网络的协同工作等新技术在工程中的应用，标志着 BIM 技术真正成为我国建筑信息化主线，因此，2011 年也是政府层面的"BIM 元年"。2015 年住房城乡建设部发布的《关于推进建筑信息模型应用的指导意见》中，明确要求到 2020 年末，实现 BIM 技术、企业管理系统和其他信息技术的一体化集成应用，BIM 的项目率要达到 90%，并在后来的《2016—2020 年建筑业信息化发展纲要》中，要求建筑行业积极探索"互联网＋"，深入研究 BIM、物联网等技术的创新应用，创新商业模式，提出了大数据、云计算、物联网、3D 打印和智能化五项专项信息技术应用点，就 BIM 的应用着重于行业管理创新、业态转型升级。

在 BIM 技术标准制定方面，住房城乡建设部在 2016—2018 年先后发布了《建筑信息模型应用统一标准》（GB/T 51212—2016）、《建筑信息模型施工应用标准》（GB/T 51235—2017）、《建筑信息模型分类和编码标准》（GB/T 51269—2017）、《建筑信息模型设计交付标准》（GB/T 51301—2018）等 BIM 技术系列国家标准。地方、行业和团体的各类 BIM 技术标准也应运而生，至此各类机构发布的 BIM 相关标准有 100 余项。

在水利水电工程建设项目方面，BIM 技术的应用相对滞后，其 BIM 应用工作目前整体上还处于起步阶段。从 2005 年三维设计开始在大型勘测设计单位得到重视后，以三维设计为基础的 BIM 技术获得广泛的认同，并逐步推广了 BIM 三维协同设计的应用。2017 年，中国水利水电勘测设计协会发布了《水利水电 BIM 标准体系》，并在 2019 年和 2020 年发布了《水利水电工程信息模型设计应用标准》（T/CWHIDA 005—2019）等 4 个 BIM 标准。

水利水电 BIM 设计联盟（简称联盟）于 2016 年正式组建，并设置有战略组、标准组、技术组和需求组等 4 个工作组分别开展工作，着力打造水利水电 BIM "生态圈"。联盟在 2019 年启动和编制了《水利水电 BIM 联盟发展规划（2021—2025 年）》，近期目标是到 2025 年，制定和完善水利水电工程 BIM 技术标准，支持 BIM 技术应用相关政策，创建一批 BIM 技术应用示范项目并取得明显成效，普及 BIM 基础性应用技术；远期目标是"BIM＋"技术融合研发取得重要成果和广泛推广，全面普及 BIM 技术在各类型的水利水电工程全生命周期中的应用。

12.1.3　BIM 的特点与应用前景

1. 特点

BIM 绝不是一项全新的、颠覆性的、与既有技术完全割裂的新技术，不是凭空出世的设计技术的革命性变革，它是建立在 CAD 技术上的一种项目建设概念和过程，只是在现有三维建模、三维仿真等技术基础上的集成、延伸和再发展。BIM 理念更突出强调模型的信息关联性和以 BIM 模型为载体实现信息数据在项目建设不同阶段的传递性，BIM 和 CAD 的区别见表 12.1。

表 12.1　　　　　　　　　　　　　　BIM 和 CAD 的区别

类　别	BIM	CAD
使用的工具	软件	软件
软件数	多个或一组	一个
参与人	团队协作	个体
项目数据组织	集合模型	分离
参与方数据传递	全方位传递	基本没有
图样生成	自动生成	用点、线绘制
设计成果	动态、多维信息模型	静态二维图样、设计书
项目修改	仅需修改模型中的某些信息	修改涉及各个图样和参数

采用 BIM 软件工具构建的模型，既不是点、线等几何对象所组成的平面图形，也不是面域构成的三维立体模型，而是由梁、柱等包含丰富参数和信息的构件所搭建的三维信息模型。这个模型包含了丰富的设计信息，不仅有描述形状的参数，也有包含构件的材料、性能、特征等的庞大的数据库。而基于 BIM 技术的整个设计过程就是不断完善和修改各种建筑信息和构件的参数，真正地实现参数化设计方式。

BIM 模型采用关联性的信息来描述建筑单元，设计者修改某个构件的相关属性，建筑模型会自动更新数据信息，而且这种更新是相互关联的，它会自动将修改信息加载到所有的平面图、立面图、剖面图、详图、明细表、立体渲染、工程量估计、预算、维护计划等。这样的协同设计提高了设计效率，解决了各图样之间信息的差错、缺漏等问题。

BIM 的核心价值主要体现在参数化、可视化、可模拟性、可出图性等几个方面。

（1）参数化是 BIM 模型最重要的特征。一个建设项目有大量的数据，这些数据通常以离散方式存在，把数据以特定的方式组织到一起，即按特定要求结构化、可视化并建立关联性，就可以得到项目参与各方的有用信息。BIM 技术把这样的参数直接整合到项目建筑物或构件属性里，BIM 模型中这些经过结构化、可视化和关联性加工的参数建立了各种约束关系，这种约束关系体现了项目建设的设计要求，可以为建设的参与方提供使用和修改的便利。

（2）可视化是 BIM 技术的重点研究方向。BIM 可以通过三维模型和二维视图的自由转换，从三维空间全方位地观察建筑结构物，应用 BIM 的三维可视化辅助图纸会审，及时解决二维图样发现不了的问题，通过对工程项目全过程的多维度形象展示，使得设计、施工、运维等工作各参与方可以更有效地开展沟通、讨论、决策等工作。

（3）可模拟性以建筑物建设的整个过程为目标。BIM 模型是建筑物的几何模型和信息库的集合体，因此，利用这三维立体模型和强大的信息数据库，可以进行各种虚拟现实的模拟测试。工程施工前，可以对需要考察的建筑细节进行测试，如模拟日照、模拟地基沉降、模拟节能、模拟热量传导等；利用编制出的施工组织设计，模拟施工过程，以便选择合适的施工方案；利用算量系统，模拟造价控制因素，实现项目的成本控制；在后期运营阶段，模拟消防安全疏散、地震逃生方案和路径。

（4）可出图性是 BIM 技术的基本属性。BIM 模型除了能够进行建筑物平面图、立面图、剖面图及详图的基本输出外，还可以给出管路、构件、结构预留孔的碰撞或容错报告以及装配式构件的加工指导报告等，在三维空间全方位展示、协调、优化结构，输出最优图样。

2. 应用

BIM 模型是几何形态和设计、施工、管理等信息集成的多维模型，是可以参与工程建设全生命周期的信息库。BIM 作为载体，将项目在全生命期内的工程信息、管理信息和资源信息集成在统一模型中，将建筑实体与虚拟建筑形成虚实映射的信息库，打通了设计、施工、运维阶段分离的现状，真正实现从设计到施工再到运维的全流程数据共享。因此，BIM 可以被应用在项目建设的各个阶段参与方的各项工作，如可视化设计、协同设计、性能分析、工程量统计、碰撞检查、管线综合、施工进度模拟、施工场地规划、运营管理等。

（1）可行性研究阶段。BIM 可为业主提供概要模型对建设项目方案进行分析、模拟，以帮助确定项目建设方案在满足类型、质量、功能等要求的前提下是否具有技术与经济可行性，从而为整个项目的建设降低成本并缩短工期。

（2）设计阶段。在保证概念设计阶段决策正确性的基础上，可精准地建立三维模型，并同步开展多个专业的协同设计，提高设计效率与质量；利用 BIM 模型可灵活应对设计变更，提高设计图纸的可施工性，为精确化预算提供便利；利用与 BIM 模型具有互用性的能耗分析软件就可以为设计注入低能耗与可持续发展的理念。

（3）施工阶段。开展包含时间序列在内的四维施工模拟，以空间三维模式展示施工现场与整个施工过程，及时发现潜在问题并优化施工方案；同时，设计方案中生成的细节化构件模型，可用来指导预制生产与装配施工，使精益化施工成为可能，大幅削减不必要的库存管理工作、减少工期的等待时间。

（4）运营维护阶段。BIM 可以有效避免信息凌乱分离、设备维护缺乏计划性、资产运营缺少合理工具支撑等情况，解决传统运营过程中数据之间的"信息孤岛"问题，整合设计阶段和施工阶段的关联基础数据，形成完整的信息数据库，实现运维信息的管理、修改、查询和调用。同时结合可视化技术，使得项目运维更具操作性和可控性。

3. 发展前景和"BIM＋"

"BIM＋"的应用是随着"互联网＋"的概念发展的，"互联网＋"的概念使得 BIM 技术有了用武之地。使 BIM 模型的强大信息库发挥最大效用，是 BIM 发展的突破口。"BIM＋"是 BIM 技术得以全面推广的必由之路，也是 BIM 模型再上一个台阶，发挥最大效益不可或缺的技术路线，标志了 BIM 技术由概念走向应用、由局部应用走向全面应用的开端。"BIM＋"即将 BIM 模型与其他先进技术集成或与应用系统集成，如 BIM＋项目管理、BIM＋云计算、BIM＋物联网等，以期发挥 BIM 和互联网更大的综合效用和价值。

（1）BIM 与项目管理（PM）的集成应用，可以为项目管理提供可视化管理手段，可直观反映出项目建设的施工过程和形象进度，帮助项目管理人员合理制订施工计划、优化使用施工资源，也为项目管理提供更有效的分析手段和提供数据支持。如，利用 BIM 综合模型可方便快捷地为成本测算、材料管理以及审核分包工程量等业务提供数据，在大幅提升工作效率的同时，也可有效提高决策水平。

（2）BIM 与云计算的集成应用，可以利用云计算的优势将 BIM 应用转化为 BIM 云服务。基于互联网云计算的强大数据存储及运算能力，将 BIM 模型及其相关业务数据同步到云端，并将 BIM 应用中计算量大且复杂的工作转移到云端，达到大幅提升计算效率、方便用户随时随地访问并与协作者共享的目标。云计算使得 BIM 技术走出办公室，用户在施工现场可通过移动设备随时连接云服务，及时获取所需的 BIM 数据和服务等。

（3）BIM 与物联网集成的应用，是项目全过程信息的集成与融合。BIM 技术发挥上层信息集成、交互、展示和管理的作用，而物联网技术则承担底层信息感知、采集、传递、监控的功能，二者集成应用可以实现项目全过程信息流，实现虚拟信息化管理与实际工程建设现场之间信息有机融合，展现项目建设虚拟现实场景，对多种模拟测试和建设现场指导有着重要的实用价值。

（4）BIM 与 3D 扫描技术的集成，是将 BIM 模型与所对应的 3D 扫描模型进行对比、转化和协调，达到辅助工程质量检查、快速建模的目的。在修缮改造工程、施工质量检测、辅助实际工程量统计、钢结构预拼装等方面体现出较大的实用性。

（5）BIM 与 3D 打印的集成应用，可以是基于 BIM 设计、施工方案的实物模型 3D 打印，也可以是整体建筑或复杂构件的 3D 打印。在设计、施工阶段，利用 3D 打印技术对 BIM 模型进行微缩打印，供方案展示、审查和模拟分析；在施工阶段，采用 3D 打印将 BIM 模型打印出整体建筑，或打印复杂构件替代传统施工工艺来建造建筑，可有效降低人力成本，作业过程基本不产生扬尘和建筑垃圾，是一种绿色环保的工艺，在节能降耗和环境保护方面较传统工艺有非常明显的优势。尤其在个性化、小数量的工程项目上，3D 打印的优势非常明显。

（6）BIM 与虚拟现实技术（VR、AR、MR）的集成应用，可提高模拟的真实性和交互性，使人产生身临其境之感。可以构建虚拟场景、模拟施工进度、模拟复杂局部施工方案、模拟施工成本以及交互式场景漫游。应用 BIM 信息库进行多维模型信息联合模拟，可以实时、任意视角查看各种信息与模型的关系，指导设计、施工，辅助监理、监测人员开展相关工作，使得 BIM 模型更好地服务于建筑工程项目全生命周期中，有效支持项目成本管控及提升工程质量，快速预见和纠正不合理和错误之处。

（7）BIM 与三维地理信息系统（GIS）的集成应用，是微观（BIM 模型）和宏观（3DGIS）融合、建筑内与建筑外一体化的信息系统。BIM 应用的优势是单个建筑物或小区域范围，GIS 应用的优势是宏观尺度，微观领域的 BIM 信息和宏观领域的 GIS 信息融合为一体化的信息自动监测和管理平台，可以使 BIM 和 GIS 发挥各自优势，便于建设和管理者实时、全面、直观地掌握项目宏观和微观信息及动态，提高大规模区域性工程的自动监测及管理能力。可以在道路、铁路、隧道、水电、港口等工程建设领域，以及城市规划、城市交通分析、城市微环境分析、市政管网管理、住宅小区规划、数字防灾、现有建筑改造等诸多领域得到应用。

12.1.4 应用壁垒

BIM 技术的发展目标是集成产品开发（IPD）模式，即在项目开始动工前，业主召集设计方、施工方、材料供应商、监理方等各方面一起做出一个 BIM 模型，这个模型就是竣工模型，所见即所得，然后各方就按照这个模型开展各自的工作。在这种模式下，施工过程中设计者不需要修改图纸、供应商不必要变更材料方案。这种模式的项目建设前期投入大，但是基本不会浪费人力、资金、材料、时间，结果是节约工期和成本。面对 BIM 的愿景，存在着诸多的技术瓶颈，而且许多瓶颈在短时间内难以突破。

（1）软件支撑条件不成熟。对于建筑工程、水电与电气工程、道路工程、铁路工程等，涉及少则十几个专业，多则二三十个专业的集成体，而目前的 BIM 解决方案所能提供的只是几个或十几个专业的软件，距离实际需求还有很大的差距，很多专业领域还只能是简单、重复性的"翻模"与"动画"层次，到集成化的平台还有很长路要走。

（2）现有的 BIM 解决方案中，Revit、Civil 3D 等模型，尚不能完整地进行工程设计中各类结构分析、安全性和稳定性验算，不能完成一项工程中所需要的、各专业的设计任务，不能输出符合各行业要求的、各专业的设计图纸，在项目建设进行中的人工干预、人工衔接、人为调整的传统做法，会在相当长的时期内延续。

（3）集成平台需要统一的语言，就是标准。就国际标准而言，已经有了三维建筑产品数据标准（IFC）、数据字典标准（IFD）和过程定义标准（IDM），但是许多商品软件并不支持 IFC，更不要说非商品软件的执行标准情况。而且商品软件的非标准化，促使大量的非商品软件或插件的滋生，其数量可能远超商品软件。IFC、IFD 和 IDM 标准还只是一个基本支撑标准，落实到某个行业上，标准需要更具体、更详细、更繁杂。

（4）传统设计的惯性和 BIM 技术的价值冲突不可忽视。人们对二维设计的理论和教学已习以为常，BIM 的投入效益，尤其是初始启动效益需要时间来证明。BIM 改变了工作流程、改变了思维方法，从二维思维转为三维思维，需要从陌生到熟悉、从生疏到熟练地渐变，并且需要时间的沉淀和可见效益的验证。

（5）BIM 人才不足是显而易见的。技术的发展最核心的永远都是人的专业知识和管理水平的提升，BIM 开发、应用需要复合型人才。就目前 BIM 应用最热门的设计这一环节而言，从"CAD"发展为"BIM"的全专业协同设计，人力资源匮乏、思维理念跟不上是普遍现象，那么其他环节的状况也是可想而知的。

BIM 的愿景值得期望，但是无论是站在行业高度还是项目参与者层面来看，积极地探索应用领域，及时跟进相关技术发展，尤其是谨慎地选择平台、应用软件和二次应用开发非常重要，需要坚持的理念、坚定的投入和一定的成长时间。

12.2　BIM 应用和案例

12.2.1　应用现状

从 2013 年开始，BIM 在中国进入了一个快速发展期，尤其是在 2017—2021 年，其应用的覆盖面和纵深度逐年提升。在价值驱动下，通过 BIM 的应用，越来越多业务问题得以有效解决，在 BIM 与其他技术融合应用所带来的变革中，行业对 BIM 的定位有了新的认知，BIM 成为数字化转型的核心技术之一，应用普及度上升，企业 BIM 应用态度趋于理性。

中国建筑业协会和广联达科技股份有限公司编制的《中国建筑业 BIM 应用分析报告（2021）》统计数据表明，在建筑业中，应用 BIM 技术 5 年以上的企业达 47.85%，2020 年此数据为 28.07%；未使用或不清楚 BIM 技术的企业占 8% 左右，如图 12.2 所示。在应用 BIM 技术的企业中，有 14.56% 的企业全部项目应用 BIM 技术；有 25.36% 的企业在项目上应用 BIM 技术的比例低于 25%，如图 12.3 所示。在应用层面上，基础设施建设和工业建筑中应用 BIM 的企业占比都有大幅升高，分别占比 56.22% 和 43.2%，而在 2020 年，这两组数据分别为 34.24% 和 27.75%。

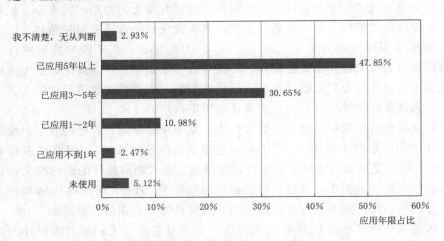

图 12.2　截至 2021 年企业 BIM 应用年限占比

对于企业开展过的 BIM 应用，各类 BIM 应用分布比较均衡，其中超过 7 成的企业开展以下 BIM 应用：基于 BIM 的碰撞检查（84.57%）、基于 BIM 的机电深化设计（73.19%）、基于 BIM 的图纸会审及交底（72.32%）和基于 BIM 的专项施工方案模拟（70.49%）。此外，占比超过 50% 的应用项还有基于 BIM 的投标方案模拟（62.78%）、基于 BIM 的质量管理（57.67%）、基于 BIM 的进度控制（57.57%）、基于 BIM 的工程量计算（55.83%）、基于 BIM 的安全管理（54.87%），如图 12.4 所示。

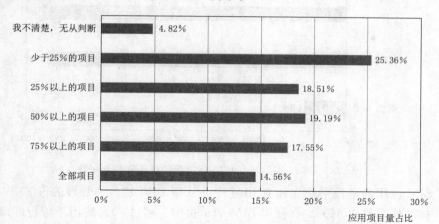

图 12.3　截至 2021 年企业 BIM 应用项目量占比

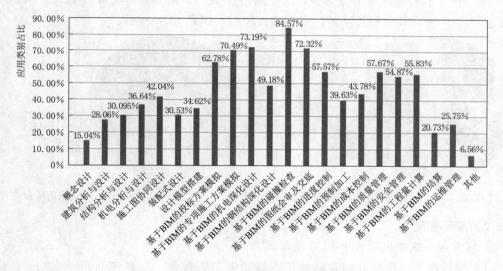

图 12.4　截至 2021 年企业 BIM 应用类别占比

就中国内地而言，北京、上海走在 BIM 技术应用的前列。据《2022 上海市 BIM 发展报告》统计数据，2021 年度，在新增报建的 2363 个项目中，设计阶段应用 BIM 技术的项目数达 956 个，而规模以上满足 BIM 技术应用条件的项目中，BIM 应用项目占比达 97%；设计、施工、运营阶段均应用 BIM 技术的项目有 133 个，如图 12.5 所示。应用的行业包括了房屋建筑、市政基础设施、水务工程、交通运输工程等。基本实现了规模以上满足 BIM 应用条件的建设项目"全部应用 BIM 技术"的目标。

水利勘察设计行业 BIM 应用发展的现状，从浙江华东工程数字技术有限公司 2020 年开展的水利工程 BIM 应用调研数据中可见一斑，调研抽样 30 家水利项目设计单位，样本覆盖国内 50% 以上的省级水利设计院和部分地市级水利设计院。其中经常使用 BIM 软件的单位占 59%，需要时才使用的占 33%，偶尔使用的占 8%，如图 12.6 所示。

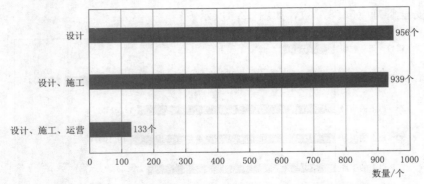

图 12.5　2021 年上海市 BIM 应用项目在各阶段分布数

开展 BIM 应用的单位中建立独立 BIM 中心从事 BIM 建模和管理的占 83％，建立企业级 BIM 标准体系的占 67％。在使用 BIM 的单位中，超过 70％的用于可行性研究阶段、初步设计阶段和施工图设计阶段，16％的用于施工阶段，仅有 7％的单位用于运维阶段，如图 12.7 所示。在使用的专业方面，水工结构占 12％，勘测和测绘各占 11％，水机（工艺管道）占 10％，其他专业众多，占比都比较小，如图 12.8 所示。

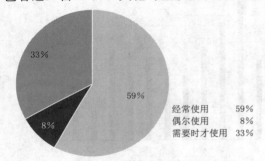

经常使用　59％
偶尔使用　8％
需要时才使用　33％

图 12.6　2020 年水利行业 BIM 应用占比

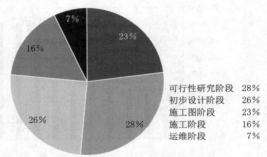

可行性研究阶段　28％
初步设计阶段　26％
施工图阶段　23％
施工阶段　16％
运维阶段　7％

图 12.7　2020 年水利行业 BIM 应用阶段占比

12.2.2　应用案例

1. 珠海歌剧院建设项目中 BIM 技术的应用

（1）项目概况。珠海歌剧院地处广东省珠海市野狸岛，总建筑面积 59000m²，包括 1550 座的歌剧院、550 座的多功能剧院，以及室外剧场预留和旅游、餐饮、服务设施等，其定位是珠海城市原创性、地域性和艺术性的标志性建筑，如图 12.9 所示。

珠海歌剧院的主体建筑集中在海岛建筑环路的内侧，形似从海中升起的美丽鱼鳍烘托着纯净的双贝造型，建筑钢结构顶高为 90m，水平长约 130m，宽约 60m，造型纯净而自然，走在楼梯上的观众既可以通过玻璃和细目金属穿孔板欣赏室外的阳光、大海、景观绿化屋面，又可以透过室内的细目金属穿孔百叶，欣赏观众厅球体及贝壳的优美造型。在满足工程进度要求的同时，应对舞台机械、剧院声学、整体照明、建筑屋面及幕墙系统等复杂专项设计团队进行频繁而密切的配合与协调，是对工作平台的一大考验。

（2）BIM 在建筑造型和钢结构设计中的应用。在贝壳区的空间，涵括了观众厅和主舞台、后舞台和通向歌剧院上部楼层的交通系统。在设计过程中，将钢架模型导入到 BIM 软件与建筑、混凝土结构、设备、电气模型进行合模，形成由贝壳的空腹桁架和屋顶面的平面桁架组成的巨型框架结构体系。基于合理的成型原理，采用参数化脚本程序完成控制曲面到杆件布置，调整曲面上的控制点生成连续的曲线和光滑曲面，为结构计算生成规律的计算模型，建立符合各设计阶段要求的数字化模型，如图 12.10 所示，最终生成可用来进行钢结构计算的双曲面构件。

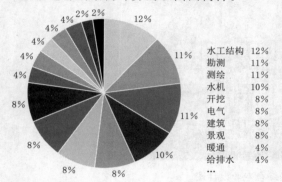

水工结构	12%
勘测	11%
测绘	11%
水机	10%
开挖	8%
电气	8%
建筑	8%
景观	8%
暖通	4%
给排水	4%
…	

图 12.8   2020 年水利行业 BIM 应用专业占比

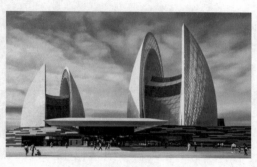

图 12.9   珠海歌剧院主体建筑

（3）BIM 在剧场设计中的应用。在剧场的设计过程中，运用 BIM 软件帮助实现参数化的座位排布及视线分析。通用人体模型模拟视线，BIM 软件可以自动生成各个角度的、高达 1550 座的模拟视线分析，通过视线分析模拟，真实了解剧场内每个座位的视线效果，并生成视线分析表格，再做出合理调整。

对于观众厅来说，吊顶板声学设计非常重要，针对剧场内表皮模型的复杂性，借助 BIM 模型和声学软件，可以在很短的时间里建立完整的声学模型。在整个观众席区域，所有网格点的计算结果显示了声学参数随空间位置的变化，用彩色图来显示这些计算值可

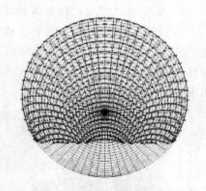

图 12.10   主体建筑数字化模型

以清楚地表示声学参数在座位区域的分布，模拟并纠正模型的缺陷。

在 BIM 技术的统一设计平台帮助下，各阶段都可以与舞台、音响、灯光专项设计团队紧密地同步并共享设计成果，可以对舞台设计中的面光、耳光、追光的角度和投射面进行即时的模拟，不断修改剧场内部结构的造型，以便更好地满足观演的需求。剧场综合专业设计图如图 12.11 所示。

（4）BIM 在结构设计中的应用。针对珠海的环境、气候特征，如台风、海边潮湿空气可造成腐蚀和污染，基于 BIM 技术提供的精确模型，辅助设计师优化造型，使其更适应当地环境。

在管线综合方面，把 BIM 模型导入碰撞检测软件，生成碰撞报告，能够在复杂的结构模型中轻松发现设计中不合理的部分，调整构件和管线，为整个工程争取更多的协调时间，并且在早期控制成本、解决问题。

在钢结构施工图绘制的最后阶段出现的焊接和倒角问题修改很频繁，采用 BIM 模型优化后的自适应节点，节点的几何数据由网格计算得出，解决 3 段截面空间旋转后无法相

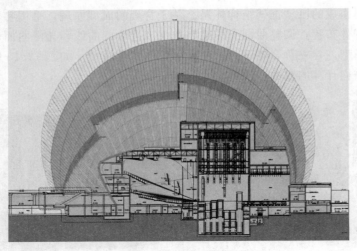

图 12.11　剧场综合专业设计图

接的问题，由三段接口的位置程序生成节点。

2. 辽宁营口万达广场项目施工全过程中 BIM 技术的应用

（1）项目概况。项目位于营口鲅鱼圈，占地面积 5.33 万 m^2，建筑面积 9.7 万 m^2，地下一层，地上 3 层（局部 5 层），建筑高度 26.7m，是集购物、餐饮、娱乐为一体的综合性商业项目，如图 12.12 所示。项目施工中，将 BIM 技术与施工全过程结合，其流程如图 12.13 所示。

图 12.12　营口鲅鱼圈万达广场

（2）施工总平面布置 BIM 应用。项目工程施工场地狭小，借助 BIM 进行场地布置规划，并建立标准临建设施族库，三维虚拟漫游，论证方案可行性，最终确定最佳平面布置方案，BIM 应用流程如图 12.14 所示。

（3）进度计划管控 BIM 应用。进度计划管控包括图纸会审、信息化检查、样板引入、施工工艺交底、三维激光扫描，如图 12.15 所示。

1）图纸会审：查找错、漏、碰、缺等设计上的缺陷，确认设计成果，降低拆改返工发生。

2）信息化检查：利用移动终端模型与现场实际对比，校核工程实际施工质量。

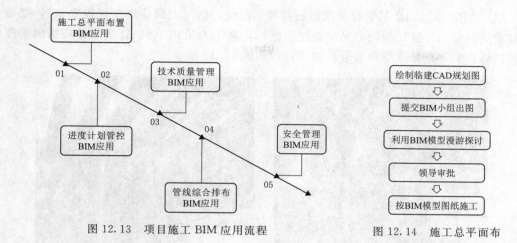

图 12.13 项目施工 BIM 应用流程

图 12.14 施工总平面布置 BIM 应用流程

3）样板引入：采用虚拟样板代替实体样板的做法，取代现场样板制作，节省成本，指导现场施工，满足绿色施工要求。

4）施工工艺交底：将模板施工工艺以三维模型方式加以展示，开展交底工作。

5）三维激光扫描：对关键部位施工质量用三维激光扫描技术进行扫描检测，通过点云获取和全站仪联测构建点云模型，把点云模型与 BIM 模型配准，进行对比分析，给出工程施工质量控制数据。

（4）管线综合排布 BIM 应用。管线综合排布在 BIM 模型的环境中进行，流程如图 12.16 所示。BIM 模型和现场实施效果如图 12.17 所示。通过 BIM 软件进行管线排布、给出碰撞检测报告并加以调整、管线净高分析和调整、墙体预留孔洞，最后输出施工图。

图 12.15 进度计划管控 BIM 应用

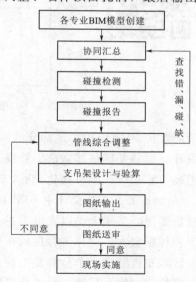

图 12.16 管线综合排布 BIM 应用流程

（5）APP 移动端质量管控标准做法指导。结合万达《大商业质量管控要点》，把每个管控要点的信息生成二维码，粘贴于施工区域，施工人员用手机 APP 即可扫描浏览质量管控具体内容，指导现场质量管控的实施，如图 12.18 所示。

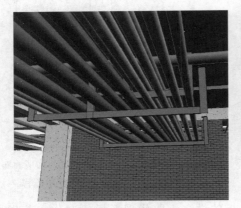

（a）BIM模型设计　　　　　　　　　　　　　　　（b）现场实体

图 12.17　管线综合排布 BIM 模型和现场实施效果

风管安装管控要点

序号	名称	质量控制点	工程图片
1	风管连接	薄钢板法兰形式风管连接，弹性捕条，弹簧夹或紧固螺栓的间隔不应大于150mm，且分布均匀，无松动现象。	
2	风管安装	风管水平度为3‰，垂直度应为2‰，总体偏差均不大于20mm。风管吊架间距不得大于3m。	

图 12.18　二维码指导现场质量管控

（6）消防泵房 BIM 应用。这部分的 BIM 应用包括管线综合深化设计、管线基础的定位和排砖设计、设备基础细部做法、管线支吊架设计与安装、墙体预留孔图设计、工厂预制与现场组装、移动端三维可视化交底、现场实施、设备运营维护与管理等流程。

3. 某水电站施工总布置设计中 BIM 的应用

（1）项目概况。某水电站以发电为主，兼有防洪、灌溉、供水、水土保持和旅游等综合效益，工程规模宏大，主体工程区内布置大量的工程生产区、生活区以及加工厂等辅助企业，施工区域布置有数十个分类复杂的大型施工场地，施工交通系统纵横交错，主体建筑物中挡水建筑物、地下厂房、导流建筑物等均包含大量的体型庞大且结构复杂的建筑设施，设计流程与专业协调非常复杂。

（2）BIM 技术路线。水电站工程设计涉及多个专业，包括地质、水工、施工、建筑、机电等，施工总布置以 Autodesk 为 BIM 技术平台，采用适合不同专业建模的软件分别建模，并导入 Autodesk 模型观测与碰撞检查工具检测，通过 Autodesk 基础设施建筑模型师（AIM）整合进入总布置可视化和信息化平台，快速实现工程项目从整体到细部的可视化和信息化，实现模型文件设计信息的自动连接与更新，开展 BIM 协同设计。BIM 技术路线如图 12.19 所示。

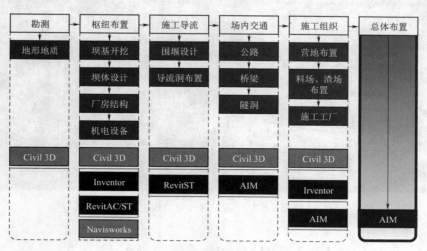

图 12.19　BIM 技术路线图

（3）枢纽布置建模。基础开挖处理结合三角网数字地面模型，在坝基开挖中建立开挖设计曲面，可帮助生成准确的施工图和工程量；土建结构专业进行大坝及厂房三维体型建模［图 12.20（a）、(b)］，实现坝体参数化设计，协同施工组织实现总体方案布置；机电及金属结构专业在土建 BIM 模型的基础上，完成各自专业的设计［图 12.20（c）］，在三维施工总布置中细化设计方案。

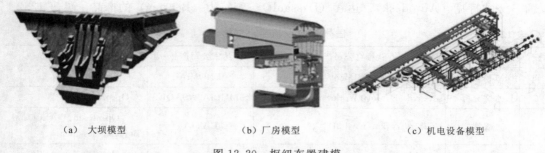

（a）大坝模型　　　　　　（b）厂房模型　　　　　　（c）机电设备模型

图 12.20　枢纽布置建模

（4）施工导流。导流建筑物如围堰、导流隧洞及闸阀设施等及其相关布置由导截流专业按照规定进行三维建模设计，由 BIM 模型帮助建立准确的导流设计方案，实现数据关联与信息管理。

（5）生产、生活区布置。对于场内交通、料场、施工工厂、营地布置等，在 BIM 软件强大的地形处理能力以及道路、边坡等设计功能的支撑下，快速动态地生成道路和场地挖填曲面，构建场地和营地建筑模型（图 12.21），导入 AIM 进行三维信息化和可视化建模，快速实现施工生产区、生活区等的布置，有效实现信息传递和直观表达。

图 12.21　施工营地布置模型

12.3　BIM 平台与软件

12.3.1　BIM 平台

BIM 不是一个软件，也不是一类软件，为了充分发挥 BIM 在工程中的价值，需要用到的软件数量会随着 BIM 应用范围的增加而涉及几十个乃至上百个。这些软件涉及的专业众多，成果形式各异，集成这些成果，并可视化地展示、查询、修改、使用这些成果，需要有一个 BIM 模型集成"平台"。国内应用比较多的主流 BIM 平台主要是三大软件开发商——欧特克（Autodesk）、达索（Dassault）、奔特力（Bentley）的产品，见表 12.2。

表 12.2　　　　　　　　　　国外 BIM 主流平台与软件

序号	功　能	欧特克公司产品	达索公司产品	奔特力公司产品
1	BIM 模塑维护	Navisworks、BIM360	ENOVIA	
2	水文分析	Civil 3D、InfraWorks	SIMULIA/ABAQUS	OpenRoad
3	规划	InfraWorks、Civil 3D	CATIA	OpenRoad、AECOsim Building Designer
4	方案论证	InfraWorks、Civil 3D	CATIA	OpenRoad、AECOsim Building Designer
5	可视化设计	InfraWorks、Civil 3D、Revit、Inventor、Formlt、Advance Steel、Recap	CATIA	AECOsim Building Designer、ProStructure、OpenRoad、OpenPlant、Substation、BRCM、ContextCapture

续表

序号	功 能	欧特克公司产品	达索公司产品	奔特力公司产品
6	参数化协同设计	InfraWorks、Revit、Civil 3D、Inventor、Advance Steel	ENOVIA	ProjectWise
7	功能性分析	Robot Structural Analysis Professional、Structural、Bridge Deign、Insight、Vehicle Tracking、Navisworks	SIMULIA/ABAQUS	AECOsim Building Designer
8	工程量统计	InfraWorks、Revit、Civil 3D、Inventor、Navisworks	CATIA	AECOsim building Designer、ProStructure、OpenRoad、OpenPlant、Substation、BRCM
9	专业协同	Vault、BIM360、Navisworks	ENOVIA	ProjectWise
10	施工进度模拟	Navisworks、3ds Max	DELMIA	Navigator
11	施工组织模拟	Navisworks、3ds Max	DELMIA	Navigator
12	数字化施工	Navisworks、Fabrication、BIM360	DELMIA	Constructsim
13	物料跟踪	Navisworks、BIM360	ENOVIA/APRISO	AssetWise
14	竣工模型交付	Navisworks、BIM360	ENOVIA	I-model
15	资产管理	BIM360、OPs、Forge	ENOVIA/APRISO	AssetWise
16	运行方式分析	Navisworks	DELMIA/SIMULIA/ABAQUS	Navigator
17	灾害预警应急模拟	Narisworks	DELMIA/SIMULIA/ABAQUS	AssetWise

注 1. 本表来源于《水利水电行业 BIM 发展报告 (2017—2018 年度)》。

2. 近年来平台开发商对软件产品做了一些更新和本土化开发，如奔特力公司的 AECOsim Building Designer 已被 Open Buildings Designer 所替代、CATIA 推出了 CATIA 土木工程等。

3. 得到行业认可的本土化的 BIM 平台也有不少，如万达数字化管理、斯维尔 BIM 三维图形平台（优易 BIM）等，但提供的专业软件产品还很少，行业局限性大。

　　Autodesk 平台的系列软件基于建筑信息模型的概念，致力于实现全方位"建筑工程全生命周期管理"，并得益于 Autodesk CAD 软件在过去 30 余年中已被工程技术人员广泛认可的现状，继承了 CAD 操作习惯，更易于被工程人员接受，在市场开拓方面具有天然的优势。

　　Dassault 公司的 CATIA 是全球最高端的机械设计制造软件，在航空航天、汽车、船舶等领域具有接近垄断的市场地位，应用到工程建筑行业时，无论是对复杂形体还是超大规模建筑，其建模能力、表现能力和信息管理能力都比传统的建筑类软件有明显优势。达索公司为建筑行业提供了全流程 BIM 解决方案，从设计（CATIA）、仿真（SIMULIA）、制造（DELMIA）到管理协作（ENOVIA）涵盖建筑行业所涉及的项目全生命周期，可满足用户在各个阶段对 BIM 数据的处理需求。

　　Bentley 基于 Microstation 的一体设计平台和 ProjectWise 协同工作环境以及全生命周

期的建模标准和工作模式，已经拥有 300 余款 BIM 相关专业软件。Bentley 产品在工厂设计（石油、化工、电力、医药等）和基础设施（道路、桥梁、市政、水利等）领域有其自身的优势。

各平台输出的数据和模型自成体系，格式互不兼容，相互之间无法直接读取，对用户而言，选用某个 BIM 软件，就选用了这个 BIM 平台。

12.3.2　核心软件

BIM 技术的流程是由一系列软件支撑的。在 BIM 集成平台下，从项目动议开始，直至运维的所有进程均需相应的软件支撑，一个项目需要多少个 BIM 软件，取决于完成该项目的复杂程度和涉及专业的多少，常规意义上的 BIM 软件系列的构成如图 12.22 所示。

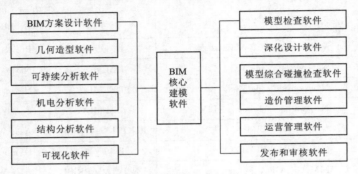

图 12.22　BIM 软件系列

由图 12.22 可以看出，无论何种 BIM 平台，建模软件是 BIM 的核心软件，其他软件如 BIM 方案设计软件、几何造型软件等，都是核心建模前的准备软件，并且通过这些软件将模型信息传递给核心建模软件；各类结构分析软件、可视化软件、模型综合碰撞检查软件则是对 BIM 核心建模软件所建模型的应用，它们的实施依赖于 BIM 模型的信息输出。BIM 核心建模软件是 BIM 的基础，也是从事 BIM 技术首先要熟悉的软件。

三大 BIM 平台提供的面向土木工程专业的核心建模软件有欧特克的 Civil 3D、Revit 等，达索的 CATIA 土木工程，奔特力的 Open Buildings Designer，这些建模软件都各有特色。

Civil 3D 是适用于基础设施的勘测测绘、土方工程、道路交通、水利水电、地下管网规划等一体化的参数化三维设计软件，基于 AutoCAD 平台，不仅可以自动快速创建工程模型，还可以定制出图样式，生成各种平面图、断面图和统计表。

Revit 是专为建筑行业开发的模型和信息管理软件，在 Revit 项目中，所有的图纸（二维视图和三维视图）以及明细表都是同一个基本建筑模型数据库的信息表现形式，并可以在模型中记录材料的数量、施工阶段、造价等工程信息。作为设计工具，Revit 是强大的、直观的，易于上手，拥有一个精心设计的用户界面，同时还拥有一个广阔的对象库。其缺点在于复杂曲面的设计有所局限，当文件过大时系统速度会减慢。

CATIA 提供了建模、模拟和可视化项目的完整解决方案。CATIA 土木工程在此基础上推出了适用于地形模型精确建模的 CATIA 建模器和专用于网格建模的 Polyhedral 建模器、自定义放坡轮廓、道路曲面与路基设计，并加强了钢筋建模功能等面向土木工程的模块。与其他主流软件有较大区别的是，构形方式从绘制平面草图开始，再由草图生成实体，这种严格的绘图流程使得建模操作相对复杂，需要输入更多的参数信息，但是正是变量驱动及后参数化能力，使得实现建模参数化更为简便。

Open Buildings Designer 是一款多专业、应用非常广泛的土建设计软件，它涵盖了建筑设计、结构设计、暖通设计、管道设计及电气设计，具有很好的应用样条曲面和实体建模的能力，对复杂曲面模型具有较强处理能力，可用于建筑、工厂、能源、市政等多领域的模型创建、图纸输出、材料统计及后续的数字化应用。

此外，其他一些建模软件也常被用于 BIM 模型的构建，举例如下。

Robert 公司开发的专业 3D 造型软件犀牛（Rhino），可以广泛地应用于三维动画制作、工业制造、科学研究以及机械设计等领域。它能轻易整合 3ds Max 与 Softimage 的模型功能部分，对幕墙设计和要求精细、复杂的 3D NURBS 模型非常有效和方便，能输出 obj、DXF、IGES、STL、3dm 等不同格式，并适用于几乎所有 3D 软件。

图软公司开发的 3D 建模软件 ArchiCAD，是基于 OPEN BIM 的理念，推行开放的设计协同道路，完善各学科协同工作流，实现设计协同并完成建造的一种独特方法。参与项目的所有成员无论使用什么软件，都可以参与到 BIM 流程中，可以自动生成报表，通过网络共享信息。相关的 BIM 系列软件包括 ArchiCAD、BIMx、BIMcloud、Artlantis Studio、EcoDesigner、MEP 等。

Tekla 公司出品的 Tekla Structures 钢结构详图设计软件，其功能包括 3D 实体结构模型与结构分析完全整合、3D 钢结构细部设计、3D 钢筋混凝土设计。通过共享的 3D 界面，配置了包括每个细部设计专业所用的模块，用户可以创建钢结构和混凝土结构的三维模型，具有强大的钢结构设计、施工以及在制造阶段输出所需数据的能力，是国内钢结构应用最为广泛的 BIM 软件。

芬兰 Progman 公司开发的 MagiCAD（已被广联达收购）建筑设备专业设计软件，是整个北欧建筑设备（包括暖通空调、给排水、消防和电气专业）设计领域内主导和领先的三维设计软件，占有绝对的市场优势。经过不懈的努力，85％的北欧知名建筑设计企业已成为其忠实客户，并且该款三维设计软件正在越来越多地成为波罗的海国家以及俄罗斯技术咨询公司的首选。

12.3.3 其他软件

要实现 BIM 流程，需要一系列的软件帮助项目人员完成各种任务，所涉及的领域和内容非常广泛，表 12.2 中列出了三大 BIM 平台提供的项目各阶段软件产品。除此之外，项目各阶段软件产品中，其他开发商和国内的一些本土软件也得到广泛使用，尤其是一些结构分析和造价、施工管理软件，有其历史的发展和传承基础以及本土化的适应性，市场占有率更广。

1. 结构分析软件

结构分析软件采用 BIM 核心建模软件的信息进行结构分析，分析结果用于结构的调整，并可反馈到 BIM 核心模型中，更新 BIM 模型。常用的 BIM 结构分析软件有国内自主版权的 PKPM、盈建科（YJK）和国外的 ETABS、STAAD、Robot 等。

PKPM 在国内建筑设计行业占有绝对优势，掌握起来比较简单，已成为国内建筑工程应用最为普遍的系统。可以直接从 DWG 文件中提取建筑模型,进行方案、扩初和施工图等不同设计阶段设计,避免二次建模的工作;自动导算荷载,具有较强的荷载统计和传导计算功能,自动完成结构的荷载传导和外加荷载计算,方便地建立起整栋建筑的数据;在 BIM 模型导入 PKPM 时,可以选择各种导入条件,可选择几何模型,同时提供不同荷载工况导入设置;设计过程中随时检验是否符合规范的标准。

盈建科软件(YJK)是基于 BIM 技术的建筑结构设计软件,多模块集成,突出三维特点的模型与荷载输入方式;完全开放接口数据,可以打通 BIM 信息链的关键结构设计环节,具有全新的基于 BIM 技术的三维图形基础以及全新的通用有限元计算核心;结构设计提供合理的计算方案,注重设计细节,提供多种计算方案供设计人员调整比较,从而优化设计;绿色建筑结构优化设计解决方案包括基础、地下室、梁、柱、剪力墙、楼板、混凝土和钢筋工程量的即时统计等;可自动识别 Revit 结构模型,开放的接口数据可提供商品化产品,达到“一模多算,发挥各自优势,互相比对”的目的,既注重提高模型转换的快速性和准确性,又能保持原始 BIM 模型的完整性,提高设计效率。

2. 预算造价软件

预算造价软件利用 BIM 模型提供的信息进行工程量统计和造价分析。根据工程施工计划,动态提供造价管理的数据,以进度控制为主线,进行建筑材料、人工、工期等成本核算。预算造价的本土化是项目建设的基础,因此,鲜有国外软件的市场,国内的算量软件非常多,常用的有广联达、鲁班、斯维尔、鸿业算量等。

广联达是最为熟悉的一款工程算量软件,包含了设计、算量、计价等多种算量模块,功能齐全使用广泛。可以集成土建、机电、钢构、幕墙等多专业信息模型,无缝对接 Autodesk Revit、Tekla 等主流建模软件;支持精确供料,完成施工模拟,进度对比查看等,还可以通过手机端对装配式预制构件进行跟踪,实时了解当前预制构件的工程阶段等;基于算量模型规则的模型检查和模型完善(如钢筋模型)为后续的钢筋翻样、施工指导及施工过程管理提供准确的模型基础。

鲁班安装算量软件是国内整体实力相对专业的工程类软件,其从事安装算量软件的开发设计较早,客户人群也相对较大。鲁班安装算量软件在 CAD 上进行开发设计,结合了我国工程造价现有的模式以及未来发展特点,能够准确地计算出工程量,并能够输出各种形式的工程量计算结果,绘制的三维钢筋模型直观、准确、高效。作为图形算量模式的代表,汇聚了比较全面的图形算量功能,识别能力相对专业。

斯维尔三维算量是一款运行于 Revit 平台上,完美兼容 Revit 平台的 BIM 算量软件,直接利用 Revit 的 BIM 设计模型,完成工程量计算分析,快速输出计算结果,可供计价软件直接使用,能同时输出清单、定额、实物量。作为图形算量软件,斯维尔在 CAD 平台上开发,2012 版具有手工算量功能,以弥补图形及三维建模算量方式在安装算量烦杂细致工作方面的不足。

3. 管理控制软件

BIM 技术对施工管理信息的作用体现在其理论的内涵中,对模型进行施工模拟、方案优化、进度控制、场地布局规划等工序从而精确施工、提升效益,为绿色设计和环保施工提供强大的数据支持,减少返工,降低损耗,节约工程造价。建设项目管理 BIM 软件有上百种之多，常用的有 Navisworks、广联达 BIM5D、iTwo 等。

Navisworks 是 AutoDesk 的建筑工程管理软件，它提供了用于分析、仿真和项目信息交流的先进工具，可以将 Revit 等软件创建的模型和数据进行整合，并对其中不同专业模型进行碰撞检测，关联相关的时间和成本数据进行施工进度和施工步骤模拟。该软件功能和操作很简单，能将不同格式的模型文件集成在一起并进行漫游、碰撞检查，施工模拟。项目管理者可以轻松地在模型中漫游，测试和检查构件的碰撞和障碍，把施工过程做成动画供观察，实时、可视化了解施工的进度和状况。

广联达 BIM5D 可集成土建、机电、钢筋、场布等全专业模型，可接口 Revit、Tekla、广联达算量及国际标准 IFC 等主流模型文件，以集成模型为载体，关联施工过程中的进度、合同、成本、质量、安全、图纸、物料等信息，为项目提供数据支撑，实现有效决策和精细管理，从而达到减少施工变更、缩短工期、控制成本、提升质量的目的；依托广联达强大的工程算量核心技术，提供精确的工程数据，协助工程人员进行进度、成本管控，质量安全、三维技术交底、施工模拟等工程管理控制。

iTwo 是德国 RIBITWO 公司基于 BIM 模型的全流程管理软件，集成了算量、进度管理、造价管理等模块；具备与多种 BIM 软件的接口，能够将各 BIM 模型转换为统一格式带入建筑全生命周期，通过不同功能模块为各部门提供业务支持；通过整合包括建筑、结构、机电等专业的 BIM 模型，将建筑物按照其专业、功能进行构件分解，并进行跨专业的综合项目碰撞检测；进行模型可视化、基于模型的算量计价和协同合作。项目管理者能够清晰看见每个构件的数量或成本，生成工程量清单以及比较不同的建造方案。

4. 运维软件

运维软件利用 BIM 模型展现项目各设施之间的空间关系，建筑物内设备的尺寸、型号、口径等具体物理信息，通过整体了解项目布置和建筑特点，规划空间布置、装修安排、设施维护、工程隐蔽、应急、节能减排等管理工作，并合理、有效地开展建筑设施日常营运、维护和保养。BIM 运维管理以 BIM 模型为核心，以互联网为载体，集可视化、模型化、智能化维护等功能为一体的综合运维系统。目前，成熟的商品化运维软件系统数量并不多，常用的有 ArchiBUS、蓝色星球资产与设施运维管理系统等。

ArchiBUS 是目前最具有市场影响力的营运管理系统之一；可以通过端口与 BIM 模型相连接，获取数据信息并加以整合、分析、管理，形成有效的不动产、设施、运维、技术管理等的可视化信息，提供项目全生命周期的管理长期性策略，提高设施设备维护效率，降低维护成本；是一套用于企业各项不动产与设施管理信息沟通的图形化整合的工具，各类资产如土地、建筑物、楼层、房间、机电设备、家具、装潢、保全监视设备、IT 设备、电信网络设备等均可以纳入管理项目。

蓝色星球资产与设施运维管理系统（BE BIM - AFMP v2.0）是国内自主开发的一个运行管理系统。它以 3DGIS＋BIM 为核心技术和价值，实现资产与设施（备）的运行管理；继承设计建造阶段的 BIM 模型，创建运维全要素建模，以模型为信息载体，关联资产、设施、设备、资料等信息，实现资产与设施管理的信息化、可视化、精细化、一体化；围绕运维阶段的需要，采用物联网、异构系统集成、移动互联、二维码等应用技术，使系统实现真正意义的基于 BIM 的资产与设施运维管理。

5．发布审核软件

发布审核软件把 BIM 成果发布成静态的、轻型的、包含大部分智能信息的、可多人浏览和标注审核意见但是不能编辑修改的格式（如 DWF、PDF 等格式），供项目其他参与方进行审核或使用。常用 BIM 成果发布审核软件包括 Autodesk Design Review、Adobe PDF 和 Adobe 3D PDF。此外，一些可视化软件，如 Lumion、3ds Max 等也可以提供项目的渲染图、动画、视频供项目各阶段成果展示和浏览。

Autodesk Design Review 以全数字化方式测量、标记和注释二维、三维设计，而无须使用原始设计创建软件，可以帮助项目各参与方在室内或施工现场轻松、安全地对设计信息进行浏览、打印、测量和注释。利用集成的解决方案可查看、审阅、标记、测量和追踪地图与场地设计的变更，帮助非 BIM 用户更轻松地访问设计和高效地信息沟通。

Lumion 是一款虚拟现实软件，具有强大和出色的高精度图像展示与快速高效的工作流程，作为可视化工具被各个行业广泛应用。软件具有简易快捷的室内照明、夜间场景和动画工具，可以设置日照方向、风向风力、地理位置等视觉影响因素，可以把夜景转换为月伴星空景象，使得视频、图像和实时演示看起来更逼真；支持 Autodesk DWG 和 DXF 文件格式和 Revit 专门插件，提供了高质量 3D 动画字符，所见即所得的表现模式、丰富的素材、便捷的操作方式以及极快的运算模式，为项目表达提供了极强的表现力和视觉冲击力。

12.3.4　典型 BIM 软件简介

为了便于读者对后续章节内容的学习，本节对后续章节的建模核心软件 Autodesk Revit、分析模拟软件 Navisworks、虚拟现实软件 Lumion、广联达工程算量软件作简要介绍，以期读者对其有一个初步了解。这些软件是初入 BIM 的基础，具有广大的用户群，学习使用非常方便。

1．建模核心软件 Autodesk Revit

Revit 是 Autodesk 公司主要的建筑业 BIM 解决方案软件，是我国建筑业 BIM 体系中使用最广泛的软件之一。它包括建筑设计（Revit Architecture），结构工程（Revit Structure）和暖通、电气及给排水工程（Revit MEP）三个模块，是专门用于构建三维建筑信息模型的软件，也是目前为止能够快捷应用 BIM 的最方便的软件，其教学信息丰富，学习所需时间较短，易于初学者上手。

建筑设计模块有助于分析初期设计概念，并加入系统自身逻辑管理方式进行设计，可以提供更高质量设计成果、更加优化的项目过程。通过 Revit 所属工具，可以捕捉、分析概念，并进一步将设计概念落实，使得设计方案深入到各个阶段。结构工程模块可以更加确切、合理地设计与规划建筑结构，建筑信息建模直接对接建筑项目模型，实时更新项目最新进度，在三维环境中模拟和检测项目可行性。由于结构设计及设计成果的独特性与严谨性，成果图有大量标识（标注、线脚、符号、数字、文字）及大量的构造详图。在 BIM 平台的 Revit 软件将三维模型与二维图纸统一到建筑模型之中，从模型中生成二维工程图纸时需要检查与补充二维信息以免出现疏漏。在暖通、电气及给排水工程模块，从建筑设计阶段就紧密联系操作工具，可以掌控复杂多层面的建筑机电系统。Revit 软件所属的建筑信息建模技术框架平台，有助于设计者从设计概念时期的机电初步预估、项目方案深化时期的机电设施排布到项目施工时期的检测得出高效的建筑方案。

Revit 的第三方插件相当多，利用这些插件可以完美地在 Revit 软件中进行模型的创建以及整合，形成一个规模非常大的平台，除了常见的翻模类软件（翻模大师、橄榄山、ISBIM、Revit Bus、品茗智能建筑、天正等）以外，还有不少的族类、算量类、功能类等软件。正是这些第三方插件和接口软件，推动了 Revit 的普及和推广，推动了 BIM 项目的本土化进程，推动了 BIM 技术的落地，大大提高了工作效率，实现了 BIM 模型的快速构建，提高了项目参与各方的价值和效益。

在 BIM 建模中，翻模的说法是相对于正向设计提出的，如图 12.23 所示。BIM 正向设计的初衷是从方案设计阶段就采用三维建模，BIM 信息不断传递，下游单位将模型作为生产和施工的依据一直延续到交付阶段。设计阶段应用 BIM 技术的核心价值在于正向设计，所以建筑行业彻底的"BIM 化"有明显的优势。利用 BIM 多软件协同的特点，一个模型可以在不同软件间进行日照、能耗、疏散、消防、结构计算等多方面的分析。不同的设计人员可以在一个模型上进行实时协作，模型不仅可以表达图形，还能传递属性，图纸不过是模型的一种导出格式。问题在于许多软件不具有某些专业正向设计的功能，比如 Revit 软件，并不适合道路工程项目的 BIM 设计，但是因为某些原因，道路工程项目需要将 Revit 作为 BIM 工具，只能先画出道路工程设计图纸，再根据图纸用 Revit 建模，这个过程就是翻模。翻模操作只是专业建模软件缺乏的无奈之举，就目前来说，也是非建筑类行业快速普及、推广 BIM 技术的有效途径。翻模是 BIM 实施过程中很重要的一个环节，基于某款 BIM 软件搭建一个可供设计、施工、运营使用的模型，用于指导项目管理、控制项目施工过程，实现实时成本控制。翻模不仅仅是把二维图样转换成模型，而是以 BIM 模型为基础解决二维图纸中的"错、漏、碰、缺"问题，复核图样的设计错误和不足，提高图样的准确率。

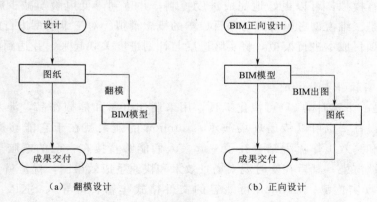

图 12.23 翻模设计和正向设计

2. 分析模拟软件 Navisworks

Navisworks 称为 5D 分析和模拟的功能分析软件，它包括全面审阅解决方案模块（Navisworks Manager），分析、仿真和项目信息工具模块（Navisworks Simulate）和面向 NWD 和 DWFTM 文件格式浏览模块（Navisworks Freedom）。该软件支持市场上主流

CAD 制图软件所有的数据格式，拥有可升级的、灵活的和可设计编程的用户界面；支持辅助性建模、三维模型的实时漫游、碰撞校验、模型渲染、4D 模拟、模型发布等功能；具有完备的四维仿真、动画和照片级效果图，能够展示设计并仿真施工流程，从而提高工程项目细节的可预测性，提高项目团队之间的协作效率。

利用 Navisworks 把项目设计图和建筑各专业成果集成至同一个同步的建筑信息模型中，以整体化视角看待项目。以其在针对建筑检测、分析方向上的高效运作，为 Revit 优化从项目立项、方案组织、项目施工、预先模拟、周边场地安排及设施检测等每一个环节提供助力，帮助团队在施工或改造开始前协调规程、解决冲突并规划项目。可以实现实时的可视化，支持用户检查时间与空间是否协调，改进场地与工作流程规划，在规划阶段消除工作流程中的问题。通过对三维项目模型中潜在冲突进行有效的辨别、检查与报告，Navisworks 能够帮助设计及施工专家在施工前预测和规避一些潜在的问题，并支持漫游、探索复杂的三维模型以及其中包含的所有项目信息。该软件可以将多种格式的三维数据合并为一个完整、真实的建筑信息模型，以便查看与分析所有数据信息；支持快速从现有三维模型中读取或向其中输入材质、材料与灯光数据。完备的四维仿真及逼真的对象动画能够展示模拟设计意图，表现设计理念，加深对设计方案的理解。Simulate 能够精确地重现设计概念，制订精确的四维施工进度表，可视化呈现超前的施工计划。在实际动工前，可以在真实环境中体验所设计的设施，更加全面地评估和验证所用材质和纹理是否符合设计概念。

Navisworks 的四维/五维施工模拟是其重要的特色。通过冲突检测检查设施在建造时期可能发生的冲突问题，如管线及结构冲突等。系统会将检测后的结果列成一张表，使用者可通过点选列表了解哪一部分组件发生冲突，并且会以可视化的方式呈现冲突，有冲突会于接口中将组件以红色标记。设计团队沟通后以合适的方式修改，也可将此冲突状态改变为允许状态。四维模拟是三维模型考虑时间的概念模拟，通过对三维模型进行施工仿真并按时间轴进行模拟，可以更好地完成进度控制，并达到降低风险与减少施工浪费的目的；五维模拟是三维模型考虑时间与项目成本的概念模拟。对三维模型进行施工仿真并且加上时间轴和项目成本进行模拟，将实际进度与计划进度关联起来，并达到减少额外开支的目的。

3. 虚拟现实软件 Lumion

Lumion 是一个实时的 3D 可视化工具，用来制作电影和静帧作品，涉及的领域包括建筑、规划和设计，也可以传递现场演示。Lumion 的强大就在于它能够提供优秀的图像，并将快速和高效工作流程结合在了一起。人们能够直接在自己的电脑上创建虚拟现实，简单快速地渲染，其旨在实时观察场景效果和快速生成效果图，优势就是速度快，水景逼真，树木真实饱满。Lumion 可兼容的文件格式丰富，可导入 SKP、DAE、FBX、MAX、3DS、OBJ、DXF，导出 TGA、DDS、PSD、JPG、BMP、HDR 和 PNG 图像，可支持 Autodesk DWG 和 SketchUp 文件格式，提供 Autodesk Revit COLLADA 专门插件，从其他的 3D 软件包导入 3D 内容。Lumion 还包含了全新算图方法，模拟真实世界的相机光学，光晕特效模拟真实镜头的拍摄效果，亮度较高的（如雪地、雾）和更轻的材质将自动取得最理想的曝光。该渲染引擎的另一特色是改进了色调映射和屏幕空间环境光遮蔽。全新的夜间可视化渲染系统，可以把天空转换成壮观的星空景象。提供简易快捷的室内照明、夜间场景和动画路径曲线的支持。

Lumion 本身包含了一个庞大而丰富的模型库，模型库对象可以自然地引入场景，包括人、建筑、植物、树木、室内及室外用品、车、船、火车和其他对象。植物组件库延伸出多种类的鲜花与地上植物物种，新的树种群和人种，以迎合不同地域和文化，可以快速建立林地或森林景观；最新的特效可以添加落叶效果到场景中，连同新的植被色彩控制的特效，可以用参数调整所有的植物和树木的颜色，一点改变就让景观转变为秋天的色调。

可以选择景观的区域在地球上的位置以及时间，最新的 Sun Study 功能会把太阳放到正确的位置，由天空照下真实阳光、光线和阴影，让场景拥有正确的光线设置和方向；新的算法以模型为基础，精准的描述阳光照射到水面后的反射，让你得到一个真实美丽的海景。

如果要在影片的特定位置增加文本信息，建立批注和文字重叠，只需要轻松地点击选取。软件还具有 3D 文字功能，可以调整 3D 文字的淡入淡出效果来飞越场景，可以非常快速地增加炫丽的 3D 文字对象到影片当中。

4. 广联达工程算量软件

广联达是国内最知名的造价软件服务商之一。广联达工程算量软件可以集成土建、机电、钢构、幕墙等多专业信息模型，无缝对接 Autodesk Revit、Tekla 等主流建模软件；可以将收入的清单合价拆分为劳务分包费用、材料采购合同金额、机械租赁合同金额等支出费用，合理控制成本；也可以快速按照施工部位和施工时间及进度计划等条件提取物资量，完成劳动力计划、物资投入计划的编制；支持按区域的过程成本核算，进行三算对比；支持在计划时间自动计算当期完成的实体费用，也支持在模型上快速设置当前完成区域后，系统自动计算当期完成的实体费用。广联达 BIM5D 通过模型浏览器的查询，在经济指标上对项目成本的分析更加宏观，还对 GFC/E5D/IFC 数据提供了开放接口。因此，广联达 BIM 技术在成本管理和算量的功能上是国内其他软件不可比的。广联达工程算量软件包括钢筋算量软件 GGJ2013、土建算量软件 GCL2013、云计价平台 GCCP6.0 等模块。

广联达 BIM 钢筋算量软件 GGJ2013 用于统计钢筋量造价时非常便捷，在梁、板、柱中的钢筋汇总计算后，可以清晰地查看钢筋的三维布局，模型非常的形象直观，而且能够准确地展现钢筋的分部位置；还支持广联达结构施工图软件 GICD 做好平法配筋后的模型导入，可以省去重复建模和配筋的过程。

广联达 BIM 土建算量软件 GCL2013 支持导入主流 BIM 软件模型和国际通用数据标准 IFC，对 IFC 格式文件可以一键读取。而对于 IFC 针对性不强的格式文件，广联达公司研发了 GFC 的接口软件，可以实现将在 Revit 中所绘制的三维模型一键导入广联达 BIM 土建算量软件中，可以很好地使 Revit 与 GCL 两个软件的格式交换。并且广联达 BIM 钢筋算量软件和土建算量软件能够实现互相导入。

广联达云计价平台 GCCP6.0 是目前应用比较广泛的计价软件，其主要功能是，提供概预算编制及结算阶段的数据编制、审核、积累、分析和挖掘再利用等。平台基于大数据、云计算等信息技术，实现计价全业务一体化，全流程覆盖，从而使造价工作更高效、更智能。

此外，广联达 GTJ2018 模块把钢筋算量和土建算量合二为一，安装算量 GQI2021、市政算量 GMA2018、钢结构算量 GJG2018 等模块也是很常用的。

12.4　BIM 应用的技术路线

12.4.1　实施 BIM 技术的方法

BIM 技术应用贯穿在项目建设过程中有两条主线：一是技术线，提升设计技术、建造施工技术、检测技术、运维技术的应用价值，诸如性能分析、方案审核、碰撞检测、虚拟体验、技术交底、管线综合、施工方案模拟、3D 扫描比对、空间管理、可视化运维等等；二是管理线，如合同管理、协同管理、设计管理、算量管理、进度管理、成本管理、质量管理、安全管理等。围绕这两条线的工作内容相当多，所用的软件也极其广泛，因此，一切可用于工程需要的软件都可以算为 BIM 技术，除了通常意义的 BIM 平台 Autodesk、CATIA、Bentley 或其他平台提供的软件外，还可以包括常用的三维建模软件 3ds Max、SketchUp、PKPM、二维绘图软件 AutoCAD，甚至 Excel 等办公类软件都可以运用在 BIM 技术中。BIM 平台不是 BIM 技术的唯一，而多元化平台可各取所长地提供项目全生命周期的整体信息数字化。

设计方会更多地选择在多元应用场景下实现不同需求的软件，如 Revit 用于建筑建模，Rhino SketchUp 用于方案、外立面或幕墙，Bentley 系列用于道路和轨交设计，PKPM、盈建科用于结构计算。施工方更多选择可以完善初始模型并对施工 BIM 应用提供针对性功能的软件，如造价软件用广联达、斯维尔、晨曦，深化设计计算模板脚手架用品茗和广联达。在造价算量、施工管理等领域，国产软件展现出强大的生命力。Revit 软件的一枝独秀，一方面反映了 Autodesk 平台的传统优势，另一方面也反映了借助第三方产品，实现不同用户的需求而形成强大生态圈的技术路线。

据《中国建筑业 BIM 应用分析报告（2021）》统计，在软件应用方面，BIM 建模工具类软件中，Autodesk Revit、Civil 3D、InfraWorks 等国际主流 BIM 软件应用占比仍是主流（87.08%），国产的广联达/广联达鸿业科技系列软件应用占比 52.84%；品茗系列软件应用占比 32.79%，如图 12.24 所示。而一些国产 BIM 品牌产品或插件也受到了市场认可，它们在 BIM 技术应用中的作用也是不容忽视的，如图 12.25 所示。

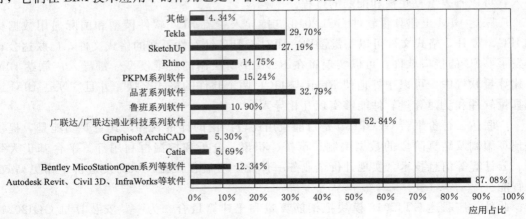

图 12.24　常用建模类软件使用情况

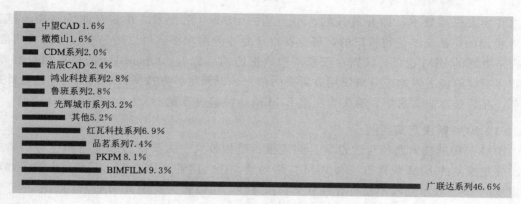

图 12.25 国产软件和插件的使用情况

水利水电行业工程建设项目种类繁多，建筑物的构造形状各异，项目周边的环境、地形复杂，开展 BIM 设计的基础条件差，行业主导型的产品不多，因此翻模设计的比重大。以 Autodesk、CATIA、Bentley 为平台的 BIM 常见解决方案见表 12.3。

表 12.3　　　　　　　　　　水利水电行业采用商品软件的 BIM 解决方案

专业	欧特克公司产品	达索公司产品	奔特力公司产品
测绘	Civil 3D	CATIA 地形	ContextCapture、OpenRoad
地质（勘测）	Civil 3D	CATIA/GEOVIA 地质	gINT
水工	Civil 3D、Revit、Inventor	CATIA 土木工程	AECOsim Building Designer、ProStructure
施工	InfraWorks、Revit、Civil 3D	DELMIA 施工仿真	AECOsim Building Designer、ProStructure
机电	Inventor、AutoCAD Mechanical、AutoCAD Electrical	CATIA 通用建筑设计、CATIA 机电管路设计、CATIA（或 SolidWorks）金属结构方案和施工图设计	AECOsim Building Designer、ProStructure、OpenPlant、Substation、BRCM
总装	Navisworks、InfraWorks	CATIA/DELMIA	Navigator
造价	Navisworks、生态圈产品（isBIM 算量软件、清华斯维尔软件等）	CATIA/DELMIA	

注　1. 本表来源于《水利水电行业 BIM 发展报告（2017—2018 年度）》。
　　2. 近年来平台开发商对软件产品做了一些更新和本土化开发，如奔特力公司的 AECOsim Building Designer 已被 Open Buildings Designer 所替代。
　　3. 得到行业认可度的本土化的 BIM 解决方案也有不少，尤其是施工管理、成本核算等专业更具有竞争力，软件的开发应用异军突起。

在《建筑信息模型应用统一标准》（GB/T 51212—2016）中有一段关于 OpenBIM 的描述，即目前国内在 BIM 实施路径的方式上，用一款软件、一个模型来实现全生命周期管理是不可能的，可以把整个 BIM 拆分成多个子模型、多种专业软件，通过软件之间的数据交换来提高效率，即开放式的、小户型的 BIM 应用技术。在多专业协作中，整装 BIM 模型的广而全是值得推广的，但是在特殊专业的需求下，可以做一些自定义的功能，也许是更好的 BIM 选择，区别在于模型和数据的捆绑程度。OpenBIM 的信息相对游离，需要在不同阶段去附加或分离使用方需要的信息，以满足各方数据共享的需要。边设计边思考，在特殊专业需求中，不失为实施 BIM 的一种解决方案。

12.4.2　BIM 解决方案实例

BIM 应用的技术路径与建设项目的规模、费用投入、人员配置和业主角色等因素有关。眼花缭乱的 BIM 软件市场和 BIM 应用场景，让入门者无从选择。下面列出的一些项目建设的 BIM 技术路线不具有普遍意义和指导性，可以作为实现 BIM 过程的参考。

（1）北京城市某办公区项目的 BIM 技术路线见表 12.4。

表 12.4　　　　　　　　　　**北京城市某办公区项目的 BIM 技术路线**

平台和软件名称	功能和用途	备　注
Autodesk Revit	模型绘制、出图	主要软件
Tekla	模型绘制、出图	主要软件
Autodesk Navisworks	进度及施工方案模拟	主要软件
广联达 BIM 5D	进度、质量、安全、成本管控	主要软件
广联达 GCL	工程算量	主要软件
广联达 GGJ	钢筋算量	主要软件
广联达 GBQ	工程计价	主要软件
Magicad	综合支吊架设计	主要软件
3ds Max	施工过程模拟	主要软件
Lumion	动画制作	辅助软件
Fuzor	动画浏览	辅助软件

（2）福清某创业服务中心项目的 BIM 技术路线见表 12.5。

表 12.5　　　　　　　　**福清某创业服务中心项目的 BIM 技术路线**

平台和软件名称	功能和用途
Revit	建模核心软件
品茗 HiBIM	在可视化条件下对各个楼层、各个机房等部位的机电管线进行碰撞检查，从而优化排布，避免机电管线与结构建筑之间的冲突，达到零碰撞的目标
Lumion、3ds Max、Fuzor	通过三维可视化视频、二维码技术等进行交底，确保工程高质量施工
品茗脚手架软件	对高支模区域进行快速布架、出图，辅助方案的编制，让技术交底更加有针对性，让施工人员清晰理解施工节点的做法，如钢筋复杂节点、脚手架、屋面防水、管线综合、墙支模搭设等的施工工艺
品茗策划软件	建立施工场地布置三维模型，并添加临边防护措施，对多工种作业、材料堆场、功能区、机械施工进行多方案调整优化，减少二次搬运，提供可视化支持，并做 4D 施工模拟分析，指导现场施工应用

续表

平台和软件名称	功能和用途
品茗 BIM5D	对项目各阶段、各专业进行数据化、精细化管理,对项目主体,机电安装、钢管、扣件、模板、塔吊机械等临建设施量进行精确统计,有序安排现场领料、报量、机械租赁等
品茗 CCBIM 协同平台	施工方对施工现场重点、难点拍照并上传,管理方可以实时了解项目动态,通过项目数据分析,发现工程薄弱环节并加强监管,寻找新工艺、工法实施推广应用;管理人员通过手持移动端,对施工现场存在安全和质量问题的部位拍照并上传,将安全和质量问题及时推送给施工方,施工方落实整改,并将整改后的照片上传云平台

（3）陕西某研究院整体迁建项目的 BIM 技术路线见表 12.6。

表 12.6 陕西某研究院整体迁建项目的 BIM 技术路线

序号	平台和软件名称	功能和用途
1	Revit	建筑、结构、参数化三维建筑设备专业三维设计
2	ANSYS Flomt	液体模拟
3	Navisworks	三维设计数据集成、软硬空间碰撞检测项目施工进度模拟展示
4	Lumion、Fuzor VDC	场景布置,图片渲染漫游,增加模型的可视效果
5	3ds Max、AE	三维效果图及动画专业设计应用软件,模拟施工工艺及方案
6	MIDAS、ANSYS	结构受力计算、验算分析
7	广联达 BIM5D	质量与安全协同、进度成本管理信息平台
8	Autodesk Inventor	机械建模

（4）云南黄登水电站项目的 BIM 技术路线见表 12.7。

表 12.7 云南黄登水电站项目的 BIM 技术路线

专业	平台和软件名称	功能和用途
平台	Autodesk	集成、整合管理平台
水工建筑设计	Revit Architecture	大坝及厂房三维建模,实现坝体参数化设计、电站厂房设计
水工结构设计	Revit Structure	结构分析
机电设计	Revit MEP	机电、金属结构设计
金属结构设计	Inventor	施工场地模拟、工厂建模、参数化造型复杂施工机械设备
施工管理	Navisworks Manage	观测与碰撞检查
施工管理设计	Infrastructure Modeler	施工总布置可视化和信息化整合平台
施工管理	AutoCAD Civil 3D+GIS	坝基开挖中建立开挖设计曲面,料场、营地布置

第 13 章

Revit 建模基础
及土建工程中的三维构形

13.1 初 识 Revit

13.1.1 Revit 简介

Revit 是专为建筑行业开发的模型和信息管理平台，它支持建筑项目所需的模型、设计、图纸和明细表并可以在模型中记录材料的数量、施工阶段、造价等工程信息，是我国建筑业 BIM 体系中使用最广泛的软件之一。在 Revit 项目中，所有的图纸、二维视图和三维视图以及明细表都是同一个基本建筑模型数据库的信息表现形式。

资源 13.1
Revit 概述

"参数化"是 Revit 的基本特性，是指 Revit 中各模型图元之间的相对关系，例如，相对距离、共线等几何特征等。具体到建模过程中，用于表达和定义构件间这些几何关系的数字或特性均被称为"参数"，Revit 通过构件中预设的或自定义的各种参数实现对模型的记录、变更和修改，从而实现模型间的自动协调和变更管理。例如，当窗底部边缘距离指定标高位置为 900 时，修改标高位置时，Revit 会自动修改窗的位置，以确保变更后窗底部边缘距离指定标高位置仍为 900。构件间的参数化关系可以在创建模型时由 Revit 自动创建，也可以根据需要由用户手动创建。参数化功能为 Revit 提供了基本的协调能力和生产率优势。无论何时在项目中的任何位置进行任何修改，Revit 都能在整个项目内协调该修改，从而确保几何模型和工程数据的一致性。

13.1.2 Revit 基本术语

要掌握 Revit 的相关操作，必须先理解软件中的几个重要概念和专用术语。由于 Revit 是针对工程建设行业推出的 BIM 工具，因此其大多数术语均来自工程项目，例如结构墙、门、窗、楼板、楼梯等。但软件中有一些专用术语，包括项目、项目样板、对象类别、族、族类型、族实例等。必须理解这些术语的概念与含义，才能灵活创建模型和文档。

1. 项目

Revit 的项目通常由墙、柱、板、窗等一系列基本对象"堆积"而成，这些基本的零件称为图元。简单而言，可将 Revit 中的项目理解为 Revit 的默认存档格式文件，该文件中包含了工程中所有的模型信息和其他工程信息，如材质、造价、数量等，还可以包括设计中生成的各种图纸和视图。

2. 项目样板

项目样板是 Revit 工作的基础。在项目样板中预设了新建项目中的所有默认设置，包括长度单位、轴网标高样式、墙体类型等。项目样板仅为项目提供默认预设工作环境，在项目创建过程中，Revit 允许用户在项目中自定义和修改这些默认设置。其在 Revit 中的作用与样板文件在 AutoCAD 中的作用是相同的。

3. 对象类别

Revit 中的轴网、墙、尺寸标注、文字注释等对象，均以对象类别的方式进行自动归类和管理。Revit 通过对象类别进行细分管理。例如，模型图元类别包括墙、楼梯、楼板等；注释类别包括门窗标记、尺寸标注、轴网、文字等。在创建各类对象时，Revit 会自动根据对象所使用的族将该图元自动归类到正确的对象类别当中。例如，放置门时，Revit 会自动将该图元归类于"门"，而不必像 AutoCAD 那样预先指定图层。

需要注意的是，在 Revit 的各类别对象中，还包含子类别定义，例如楼梯类别中，还可以包含踢面线、轮等子类别。Revit 通过控制对象中各子类别的可见性、线型、线宽等设置，控制三维模型对象在视图中的显示，以满足出图的要求。

4. 族

族是 Revit 项目的基础。Revit 的任何单一图元都由某一个特定族产生，例如，一扇门、一面墙、一个尺寸标注、一个图框。由一个族产生的各图元均具有相似的属性或参数。例如，对于一个平开门族，由该族产生的图元都可以具有高度、宽度等参数，但具体每个门的高度、宽度的值可以不同，这由该族的类型或实例参数定义决定。

在 Revit 中，族可分为三种，即可载入族、系统族及内建族。其中，可载入族是指单独保存为独立族文件，且可以随时载入到项目中的族。Revit 提供了族样板文件，允许用户自定义任意形式的族。系统族仅能利用系统提供的默认参数进行定义，不能作为单个族文件载入或创建。系统族中定义的族类型可以使用"项目传递"功能在不同的项目之间进行传递。内建族则是由用户在项目中直接创建的族，仅能在本项目中使用，不能保存为单独的族文件，也不能通过"项目传递"功能将其传递给其他项目。

5. 族类型和族实例

除内建族外，每一个族包含一个或多个不同的类型，用于定义不同的对象特性，例如，对于墙来说，可以通过创建不同的族类型，定义不同的墙厚和墙构造。每个放置在项目中的实际墙图元称为该类型的一个实例。Revit 通过类型属性参数和实例属性参数控制图元的类型或实例参数特征。

同一类型的所有实例均具备相同的类型属性参数设置，而同一类型的不同实例可以具备完全不同的实例参数设置。例如，对于同一类型的不同墙实例，它们均具备相同的墙厚度和墙构造定义，但可以具备不同的高度、底部标高等信息。修改类型属性的值会影响该族类型的所有实例，而修改实例属性时，仅影响所有被选择的实例。要修改某个实例具有不同的类型定义，必须为族创建新的族类型，例如，要将其中一个厚度 240mm 的墙图元修改为 300mm 厚的墙，必须为墙创建新的类型，以便于在类型属性中定义墙的厚度。

图 13.1 中列举了 Revit 中对象类别、族、族类型和族实例之间的相互关系。

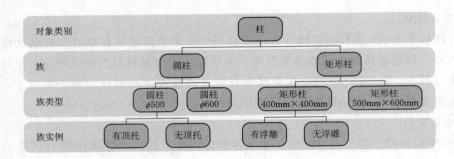

图 13.1　族关系图

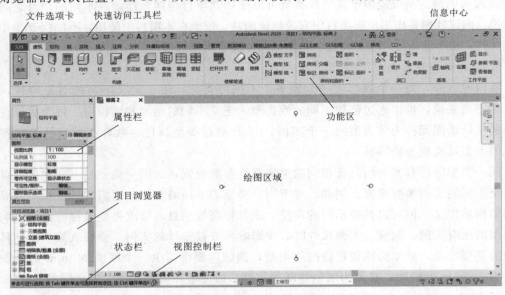

图 13.2　各类术语对象间的关系图

6. 各术语间的关系

在 Revit 中，各类术语对象间的关系如图 13.2 所示。

可以这样来理解 Revit 的项目：Revit 的项目由无数个不同的族实例（图元）相互堆砌而成，而 Revit 通过族和族类别来管理这些族实例，用于控制和区分不同的族实例。在项目中，Revit 通过对象类别来管理这些族。因此，当某一类别在项目中设置为不可见时，隶属于该类别的所有图元均不可见。

13.2　Revit 基本操作

Revit 可通过双击快捷方式启动主程序，用户可以根据自己的需要修改界面布局。例如，可以将功能区设置为 4 种显示设置之一。还可以同时显示若干个项目视图，或修改项目浏览器的默认位置，图 13.3 所示为项目编辑模式下 Revit 的界面形式。

图 13.3　Revit 工作界面

13.2.1 "文件"选项卡

在 Revit 工作界面中，单击左上角"文件"选项卡，即可打开文件相关操作列表，如图 13.4 所示。其中，"文件"选项卡列表中包括"新建""打开""保存""打印""退出 Revit"等功能。可以通过单击各列表项右侧的箭头查看其展开选择项，并通过单击所需要的展开选择项执行相应操作。

单击"文件"选项卡列表右下角 选项 按钮，打开"选项"对话框，可以对"用户界面"等内容进行编辑。如图 13.5 所示，在"用户界面"选项中，用户可根据自己的工作需要自定义出现在功能区域的选项卡命令，并自定义快捷键。

13.2.2 功能区

功能区提供了在创建项目或族时所需要的全部工具。在创建项目文件时，功能区显示如图 13.6 所示。功能区主要由选项卡、工具面板和工具组成。

图 13.4 "文件"选项卡列表

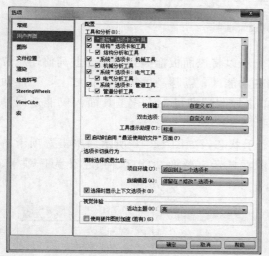

（a）"用户界面"选项

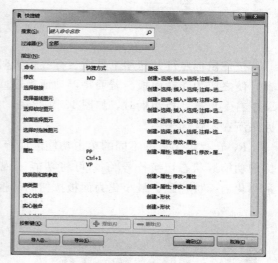

（b）"快捷键"对话框

图 13.5 用户界面及快捷键自定义

图 13.6 功能区

317

图 13.7　附加工具菜单

单击工具可以执行相应的命令，进入绘制或编辑状态。通常会按选项卡、工具面板和工具的顺序描述操作中该工具所在的位置，例如，要执行"门"工具，将描述为"建筑"→"构建"→"门"。

如果同一个工具图标中存在其他工具或命令，则会在工具图标下方显示下拉箭头，单击该箭头，可以显示附加的相关工具。与之类似，如果在工具面板中存在未显示的工具，会在面板名称位置显示下拉箭头。图 13.7 所示为"墙"工具中包含的附加工具。

Revit 根据各工具的性质和用途将其分别组织在不同的面板中。如果存在与面板中工具相关的设置选项，则会在面板名称栏中显示斜向箭头设置按钮，如图 13.8 所示，单击该箭头，可以打开对应的设置对话框，对工具进行详细的通用设定。

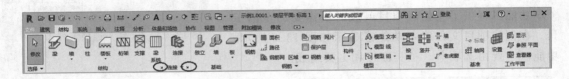

图 13.8　工具设置选项

按住鼠标左键并拖动工具面板标签位置时，可以将该面板拖拽到功能区上其他任意位置，使之成为浮动面板。若要将浮动面板返回到功能区，需移动鼠标至面板之上，当浮动面板右上角显示控制柄时，如图 13.9 所示，单击控制柄即可。注意工具面板仅能返回其原来所在的选项卡中。

Revit 提供了 3 种不同的单击功能区面板显示状态，如图 13.10 所示。单击选项卡右侧的功能区状态切换符号，可将功能区视图在显示完整的功能区、最小化为选项卡、最小化为面板标题、最小化为面板按钮间切换。

图 13.9　面板返回到功能区按钮

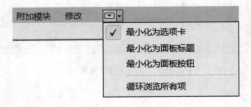

图 13.10　功能区状态切换

13.2.3　快速访问工具栏

除可以在功能区域内单击工具或命令外，Revit 还提供了快速访问工具栏，用于执行最常使用的命令。默认情况下快速访问工具栏通常位于 Revit 工作界面的左上方，包含表13.1 所列常用项目。

表 13.1 快速访问工具栏常用项目

快速访问工具栏常用项目	说 明
📂 （打开）	打开项目、族、注释、建筑构件或 IFC 文件
💾 （保存）	用于保存当前的项目、族、注释或样板文件
↩ ▾ （撤销）	用于在默认情况下取消上次的操作。显示在任务执行期间执行的所有操作的列表
↪ ▾ （恢复）	恢复上次取消的操作。另外还可显示在执行任务期间所执行的所有已恢复操作的列表
▭ ▾ （切换窗口）	单击下拉箭头，然后单击要显示切换的视图
⌂ ▾ （三维视图）	打开或创建视图，包括默认三维视图、相机视图和漫游视图
⬡ ▾ （同步并修改设置）	用于将本地文件与中心服务器上的文件进行同步
▼ （定义快速访问工具栏）	用于自定义快速访问工具栏上显示的项目。要启用或禁用项目，请在"自定义快速访问工具栏"下拉列表上该工具的旁边单击

可以根据需要自定义快速访问工具栏中的工具内容，并重新排列顺序。例如，希望在快速访问工具栏中创建墙工具，如图 13.11 所示，右键单击功能区"墙"工具，在弹出的快捷菜单中选择"添加到快速访问工具栏"即可将墙及其附加工具同时添加至快速访问工具栏中。使用类似的方式，在快速访问工具栏中右键单击任意工具，选择"从快速访问工具栏中删除"，可以将工具从快速访问工具栏中移除。

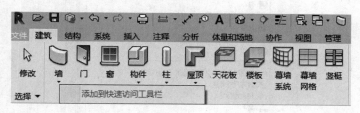

图 13.11 添加到快速访问工具栏

单击快速访问工具栏最右侧箭头，打开"自定义快速访问工具栏"列表，单击"在功能区下方显示"选择项，如图 13.12 所示，快速访问工具栏可自定义显示在功能区下方。

此外，单击快速访问工具栏最右侧箭头，打开"自定义快速访问工具栏"列表，在列表中选择"自定义快速访问工具栏"选项，将弹出如图 13.13 所示的"自定义快速访问工具栏"对话框。使用该对话框，可以重新排列快速访问工具栏中的工具显示顺序，并可根据需要添加分隔线。勾选该对话框中的"在功能区下方显示快速访问工具栏"选项也可以修改快速访问工具栏的位置。

13.2.4 项目浏览器

项目浏览器用于组织和管理当前项目中包含的所有信息，包括项目中所有视图、明细表、图纸、族、组、链接的 Revit 模型等项目资源。Revit 按逻辑层次关系组织这些项目资源，方便用户管理。展开和折叠各分支时，将显示下一层集的内容。图 13.14 所示为项

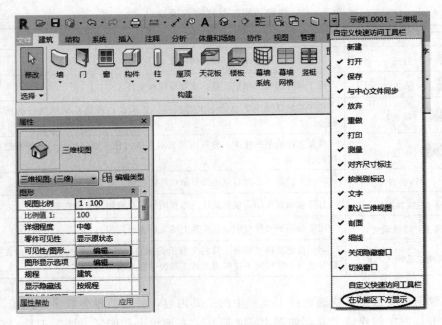

图 13.12　自定义快速访问工具栏位置

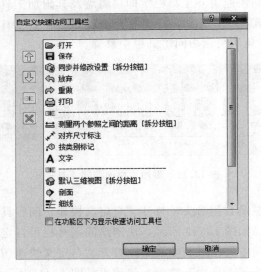

图 13.13　"自定义快速访问工具栏"对话框

目浏览器中包含的项目内容。项目浏览器中,项目类别前显示"田"表示该类别中还包括其他子类别项目。在进行项目设计时,最常用的操作就是利用项目浏览器在各视图中进行切换。

　　在 Revit 2020 中,可以在项目浏览器对话框任意栏目名称上单击鼠标右键,在弹出的右键菜单中选择"搜索"选项,打开"在项目浏览器中搜索"对话框,如图 13.15 所示。可以使用该对话框在项目浏览器中对视图、族及族类型名称进行查找定位。

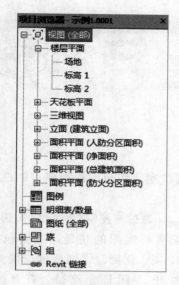

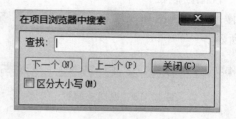

图 13.14　项目浏览器　　　　　图 13.15　"在项目浏览器中搜索"对话框

13.2.5　"属性"面板

"属性"面板可以查看和修改用来定义 Revit 中图元属性的参数。"属性"面板各部分的功能如图 13.16 所示。

在选中任意图元的情况下，单击功能区中的 ▨ 按钮，或在绘图区域中单击鼠标右键，在弹出的快捷菜单中选择"属性"选项可将"属性"面板打开。根据需要该面板可以被固定到 Revit 窗口的任一侧，也可将其拖拽到绘图区域的任意位置成为浮动面板。

当选择图元对象时，属性面板将显示当前所选择对象的实例属性。如果未选择任何图元，则面板上将显示活动视图的属性。

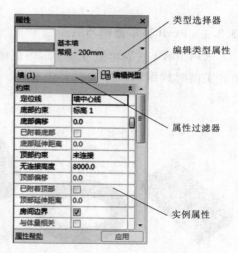

图 13.16　"属性"面板

13.2.6　绘图区域

Revit 窗口中的绘图区域显示当前项目的楼层平面视图以及图纸和明细表视图。当切换至新视图时，在绘图区域创建新的视图窗口，且保留所有已打开的其他视图。

默认情况下，绘图区域的背景颜色为白色。单击"文件"选项卡右下角 选项 按钮，打开"选项"对话框，在"图形"选项中可以设置绘图区域背景为任意颜色。对于所有已打开视图的排列方式，可使用"视图"→"窗口"→"平铺"或"层叠"工具，设置为平铺、层叠等，如图 13.17 所示。

图 13.17 视图排列方式

13.2.7 视图控制栏

在楼层平面视图和三维视图中，绘图区各视图窗口底部均会出现视图控制栏，如图 13.18 所示。

图 13.18 视图控制栏

通过该控制栏，可以快速访问影响当前视图的功能，主要包括下列 12 项：比例、详细程度、视觉样式、打开/关闭日光路径、打开/关闭阴影、裁剪视图、显示/隐藏裁剪区域、临时隔离/隐藏、显示隐藏的图元、临时视图属性、分析模型的可见性、约束的可见性。

13.3 Revit 三维构形及应用

13.3.1 Revit 基本建模方法

采用 Revit 族编辑器可基于二维截面轮廓进行扫掠以创建基本几何实体图形，本节将结合实例对族编辑器中的拉伸、旋转、放样、融合、放样融合等操作（图 13.19）进行介绍。

(a) 拉伸   (b) 旋转   (c) 放样   (d) 融合   (e) 放样融合

图 13.19 三维构形方法

1. 拉伸

拉伸是将工作平面上绘制的二维截面沿其法向扩展而创建三维形体的方式。

下面以长方体的构形为例，说明拉伸命令的具体操作过程。

（1）在开始界面中单击"族"→"新建"或单击选项卡"文件"→"新建"→"族"，打开"新族-选择样板文件"对话框，选择"公制常规模型.rft"为样板族，如图 13.20 所示。单击"打开"按键进入族编辑器，该族样板中默认提供两个正交参照平面，如图 13.21 所示。

图 13.20　"新族-选择样板文件"对话框

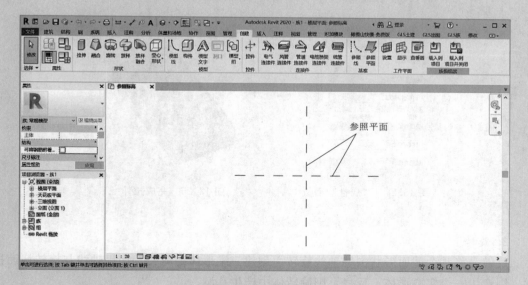

图 13.21　族编辑器

（2）单击"创建"选项卡"形状"面板中的"拉伸"按键，打开"修改｜创建拉伸"选项卡，如图 13.22 所示。

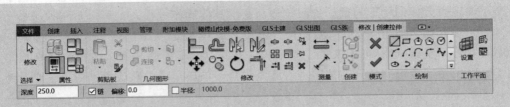

图 13.22　"修改 | 创建拉伸"选项卡

（3）单击"绘制"面板中的"绘制矩形框"按键 ⬜，绘制矩形框并将边界与参照平面"锁死"，如图 13.23 所示。图中矩形框的尺寸可通过单击尺寸数字编辑，此处定义矩形尺寸为 1000×500，单位默认为 mm，下同。

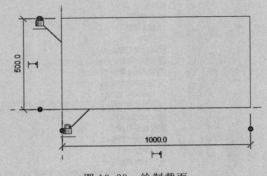

图 13.23　绘制截面

（4）在"属性"面板中输入拉伸终点为 200，如图 13.24 所示，或在选项栏中输入深度为 200，单击"模式"面板中的"确定"按键 ✔，完成拉伸模型的创建，如图 13.25 所示，拖动模型上的控制点调整图形的大小。

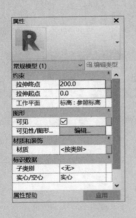

图 13.24　"属性"面板

图 13.25　完成拉伸

2. 旋 转

旋转是将某个截面形状围绕轴线旋转而创建三维形体的方式。如果轴线与旋转截面接触，则产生一个实心形体；反之，则旋转体中产生孔洞。

以圆环的构形为例，旋转命令的具体操作过程如下：

（1）同拉伸操作，进入族编辑器。

（2）单击"创建"选项卡"形状"面板中的"旋转"按键，打开"修改｜创建旋转"选项卡，如图 13.26 所示。

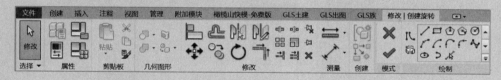

图 13.26 "修改｜创建旋转"选项卡

（3）单击"修改｜创建旋转"选项卡"绘制"面板中的"画圆"按键，绘制圆形旋转截面，半径取 200。单击"绘制"面板中的"轴线"按键，绘制竖直轴线，轴线到参照平面的距离设置为 1000，如图 13.27 所示。

（4）系统默认起始角度为 0°，结束角度为 360°，可在"属性"面板中更改起始与结束角度。单击"模式"面板中的"确定"按键，完成旋转模型的创建，如图 13.28 所示。

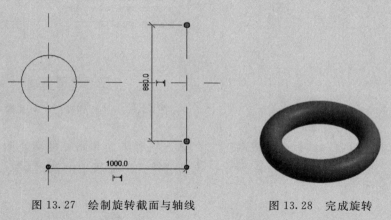

图 13.27 绘制旋转截面与轴线 　　　　图 13.28 完成旋转

3. 放样

放样是将二维截面沿某个路径移动而形成三维实体的过程。此处的路径通常以直线、曲线或它们的组合形式表达，可以是单一的开放或闭合路径。二维截面可以是单个或不相交的多个闭合环形。

以圆形断面管道的构形为例，放样命令的具体操作过程如下：

（1）同拉伸操作，进入族编辑器。

（2）单击"创建"选项卡"形状"面板中的"放样"按键，打开"修改｜放样"选项卡，如图 13.29 所示。

（3）单击"放样"面板中的"绘制路径"按键，通过"绘制"面板中的按键绘制如图 13.30 所示的放样路径，并单击"模式"面板中的按键完成路径绘制。如果选择现有的路径，则单击"拾取路径"按键，拾取现有绘制线作为路径。

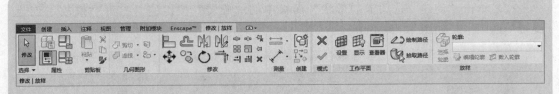

图 13.29　"修改│放样"选项卡

（4）单击"放样"面板中的"编辑轮廓"按键 ，打开如图 13.31 所示的"转到视图"对话框，选择"立面：前"视图，单击"打开视图"按键，将视图切换至前立面图，绘制二维轮廓。

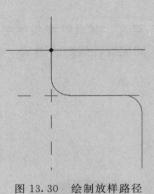

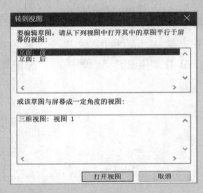

图 13.30　绘制放样路径　　　　　图 13.31　"转到视图"对话框

（5）单击"绘制"面板中的按键 ，在靠近轮廓平面和路径的交点附近绘制半径为 100 的圆，空间效果如图 13.32 所示。单击"模式"面板中的按键 ，完成放样模型的创建，如图 13.33 所示。

图 13.32　放样二维轮廓与路径空间效果　　　　图 13.33　完成放样

4. 融合

融合是以两个二维轮廓或边界为基础，沿其垂直方向扩展形成三维形体的方式。

以矩形和圆形边界为例，融合命令的具体操作过程如下：

（1）同拉伸操作，进入族编辑器。

（2）单击"创建"选项卡"形状"面板中的"融合"按键 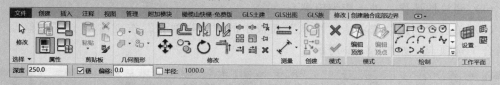，打开"修改|创建融合底部边界"选项卡，如图 13.34 所示。

图 13.34 "修改|创建融合底部边界"选项卡

（3）单击"绘制"面板中的按键 □，绘制边长为 1000 的正方形，如图 13.35 所示。

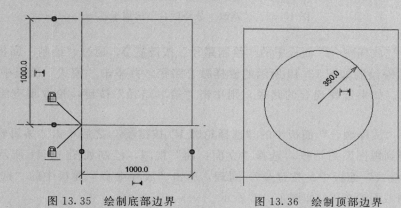

图 13.35 绘制底部边界

图 13.36 绘制顶部边界

（4）单击"模式"面板中的"编辑顶部"按键 ，之后单击"绘制"面板中的按键 ，绘制半径为 350 的圆，如图 13.36 所示。

（5）在"属性"面板的"第二端点"中输入"600.0"，如图 13.37 所示，或在选项栏中输入深度为 600。单击"模式"面板中的按键 ✔，完成融合模型的创建，如图 13.38 所示。

图 13.37 "属性"面板

图 13.38 完成融合

5. 放样融合

放样融合是以两个二维轮廓或边界为基础，沿指定路径对其进行放样形成三维形体的过程。具体操作过程如下：

（1）同拉伸操作，进入族编辑器。

（2）单击"创建"选项卡"形状"面板中的"放样融合"按键，打开"修改｜放样融合"选项卡，如图 13.39 所示。

图 13.39　"修改｜放样融合"选项卡

（3）单击"放样融合"面板中的"绘制路径"按键，通过"绘制"面板中的"样条曲线"按键绘制如图 13.40 所示的放样融合路径，并单击"模式"面板中的按键完成路径绘制。如果选择现有的路径，则单击"拾取路径"按键，拾取现有绘制线作为路径。

（4）单击"放样融合"面板中的"选择轮廓 1"按键，之后单击"编辑轮廓"按键，打开"转到视图"对话框，选择"立面：前"视图，绘制如图 13.41 所示的截面轮廓 1。单击"模式"面板中的按键；同理，单击"放样融合"面板中的"选择轮廓 2"按键，绘制截面轮廓 2，如图 13.42 所示。

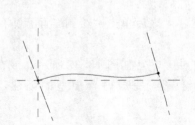

图 13.40　绘制放样融合路径

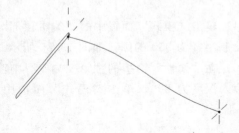

图 13.41　绘制截面轮廓 1

（5）单击"模式"面板中的按键，完成放样融合模型的创建，如图 13.43 所示。

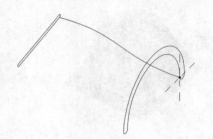

图 13.42　绘制截面轮廓 2

图 13.43　完成放样融合

13.3.2 Revit 三维构形实例

【例题 13.1】 图 13.44 所示为 Revit 基本建模方法的一个应用实例，以水利工程中的两孔水闸为例，简要介绍 Revit 在水工结构物建模中的方法和步骤。

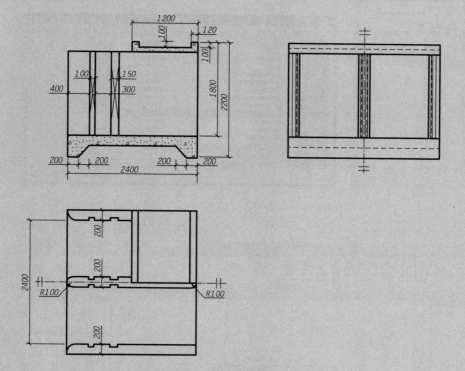

资源 13.2
Revit 实例

图 13.44 两孔水闸结构布置

解 作图过程如下：

1. 水闸结构分析

本节所示水闸结构自下而上可分解为齿墙、底板、边墩、中墩及公路桥等附属设施。由于这些结构大部分未包含在 Revit 软件自带的族库里，因此，水闸的三维主体构形首先从自定义族开始。

2. 自定义族

（1）底板。构形首先从结构形式最简单的底板开始。打开 Revit，单击"文件"→"新建"→"族"，在弹出的"新族"对话框里，选择"公制常规模型"，如图 13.45所示。

在功能区通过选择"创建"→"基准"→"参照平面"的方式来定义底板的长度和宽度。以长度为例，在基准面两侧分别给出底板长度相关的参照平面。并通过选择"修改 | 放置尺寸位置"→"测量"→"对齐"来定义长度方向尺寸。同时，为了保证基准面是底板对称面，对基准面与两侧参照平面也作了标注，如图 13.46所示。

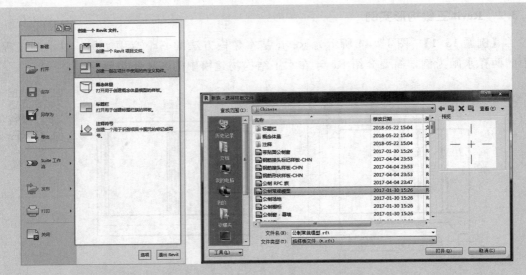

图 13.45　底板族文件的新建

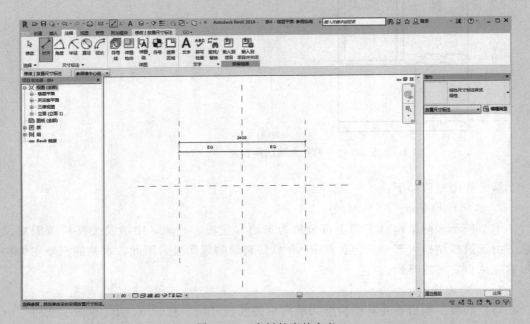

图 13.46　底板长度的定义

接下来在选中长度尺寸标注的情况下，选择"修改 | 尺寸标注"→"标签尺寸标注"→"创建参数"来对底板长度参数进行定义，如图 13.47、图 13.48 所示。

宽度方向进行同样的操作即可创建底板宽度参数。之后，单击"创建"→"拉伸"→"矩形"，进行拉伸操作。矩形区域框选完毕后，单击功能区的按键✔以确定并结束操作，如图 13.49 所示。

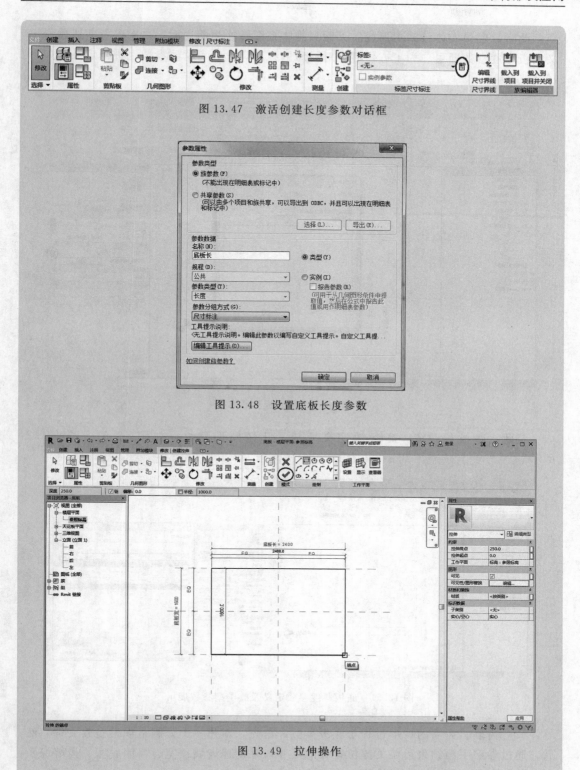

图 13.47　激活创建长度参数对话框

图 13.48　设置底板长度参数

图 13.49　拉伸操作

此时，底板实体已基本形成。下面只需将视图转换为前立面，再次参考前述操作定义底板厚度参数即可。为了方便后期对材质的控制，此处对材质参数也进行定义，如图 13.50 所示。

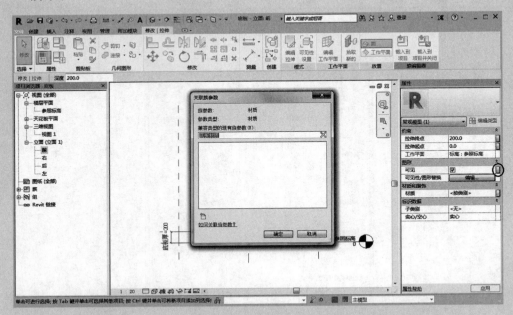

图 13.50　设置底板材质参数

至此，底板长、宽、高参数定义完成，几何模型建立，如图 13.51、图 13.52 所示。

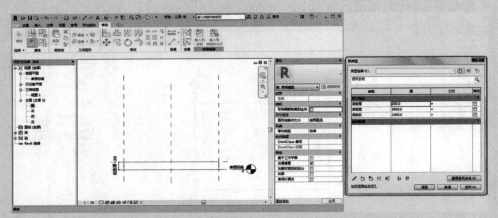

图 13.51　底板厚度参数定义及族类型参数展示

（2）齿墙。齿墙的构形过程与底板类似，首先，新建一个公制常规模型族文件。然后，通过参照平面约束齿墙关键位置处的尺寸，并创建齿墙顶宽、齿墙底宽、齿墙深及齿墙长等参数。同时，在属性里创建齿墙材质参数。

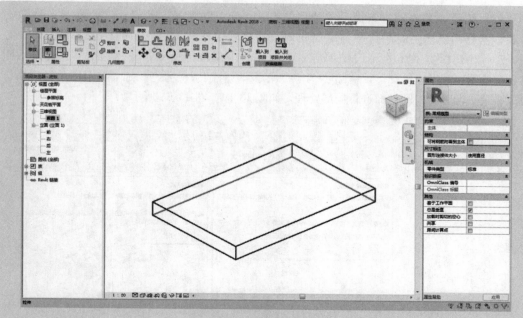

图 13.52 底板几何模型展示

齿墙最终的参数化几何模型如图 13.53 所示。

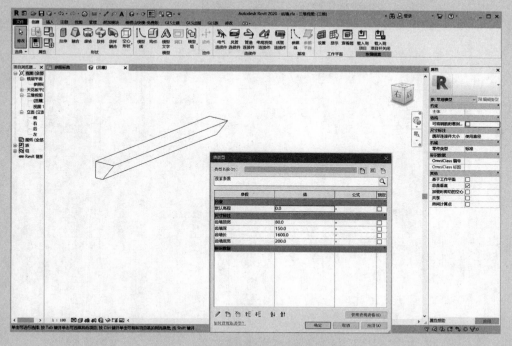

图 13.53 齿墙参数化几何模型展示

（3）边墩。首先通过参照平面约束的方式，定义边墩长、边墩厚、边墩高、边墩端头长、检修闸门槽中心距边墩前端面距离、检修闸门槽宽、检修闸门槽深、闸门槽中心距、工作闸门槽宽及工作闸门槽深等参数。之后采用拉伸命令，建立边墩整体轮廓。同时，在绘图区域以"绘图"→"圆心-端点弧"及"修改"→"修剪/延伸单个图元"的操作对边墩端头四分之一圆柱面进行局部处理，如图 13.54、图 13.55 所示。

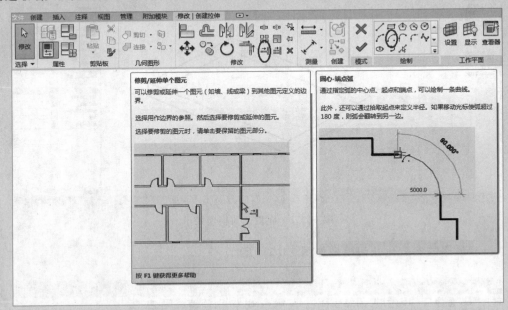

图 13.54　圆弧及修剪命令展示

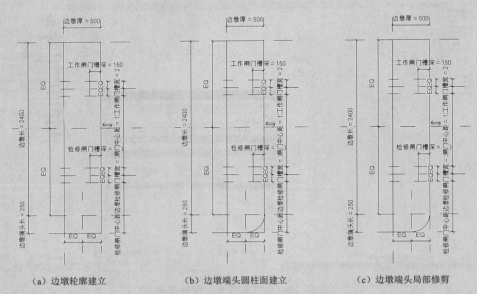

（a）边墩轮廓建立　　　　（b）边墩端头圆柱面建立　　　　（c）边墩端头局部修剪

图 13.55　边墩轮廓建立及端头圆柱面局部处理过程

为了放置边墩时便于调整门槽的朝向，在这里通过"创建"→"控件"→"双向水平"的操作，进行翻转快捷设置，如图 13.56 所示。

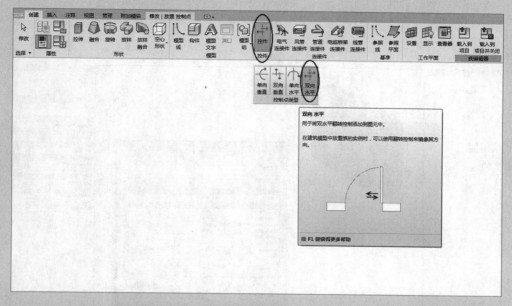

图 13.56　边墩"控件"设置

最终建立的边墩参数化几何模型如图 13.57 所示。

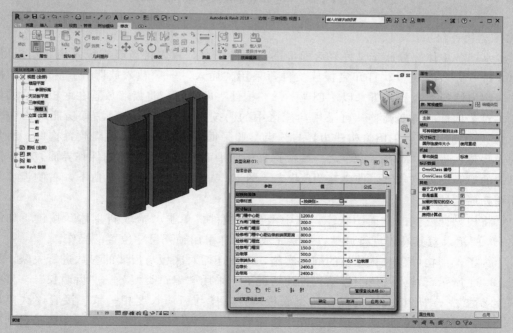

图 13.57　边墩参数化几何模型展示

　　(4) 中墩。参照边墩的建模步骤，建立的中墩参数化几何模型如图 13.58 所示。

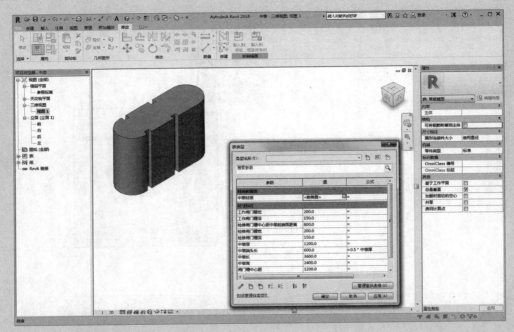

图 13.58　中墩参数化几何模型展示

3. 构件组装

　　水闸各主体部分族定义好之后即可进行构件组合，首先将齿墙族载入到底板族里，建立带有齿墙的底板。打开底板族文件，采用"插入"→"载入族"→"齿墙"的操作，将齿墙族载入。接下来以"创建"→"构件"的操作，将齿墙放置在底板合适的位置。对于构件的角度调整，可采用功能区中的 按钮。这里需特别注意功能区当中的"对齐"按键 ，它采用将构建边界与约束参照平面锁死的方式，精确放置构件。通常的做法是在进入"对齐"命令后，逐次选择参照平面和与之对应的构件临界面，并单击出现的对齐约束符号 ，使之变为 状态。图 13.59 所示为平面图视角下，右侧齿墙尺寸锁死后的情况。

　　将模型调整到前立面图状态，选中两齿墙构件，单击"拾取新主体"按键，如图 13.60 所示，对其高程进行调整，调整完成后同样采用锁死尺寸位置的操作。

　　为了保证构件参数化建模的顺利实施，下面还需对底板与齿墙的参数进行关联。如图 13.61 所示，首先在选中齿墙构件的情况下，采用"编辑类型"→"齿墙长"→"关联族参数"→"底板宽"的操作使得底板构件宽度与齿墙长度相一致。接着逐次单击"关联族参数按钮"，以新建参数的方式将齿墙顶宽、齿墙底宽、齿墙深等参数关联到底板族对应参数上。

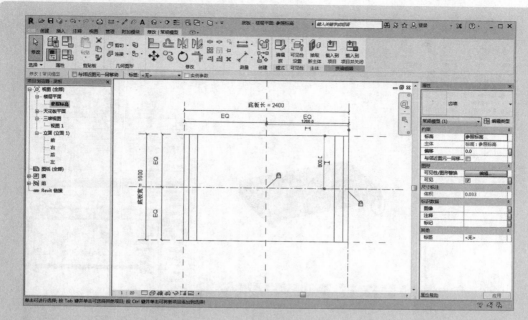

图 13.59　右侧齿墙尺寸定位

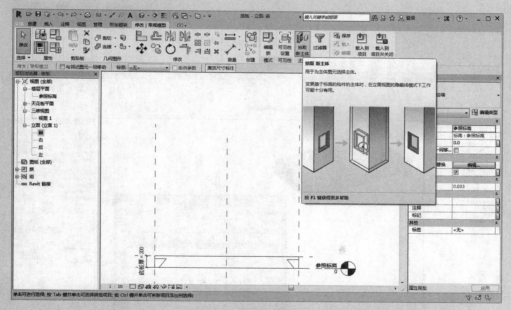

图 13.60　齿墙标高调整

最终建立的带有齿墙的底板模型如图 13.62 所示。

采用同样的方式将边墩、中墩等结构族插入到文件中，通过基面定位及参数关联建立的水闸主体结构及属性参数表如图 13.63 所示。对于水闸附属结构设施，亦可按照上述建模思路进行建模，最终的两孔水闸模型如图 13.64 所示。

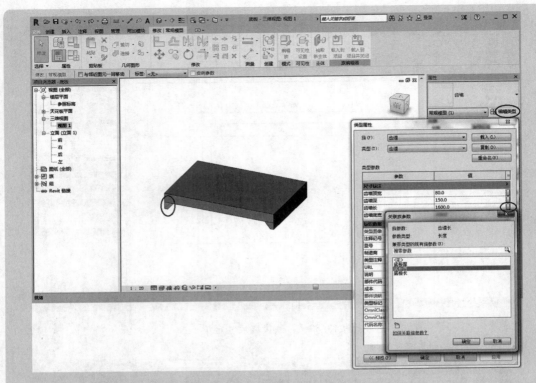

图 13.61　底板与齿墙的参数关联

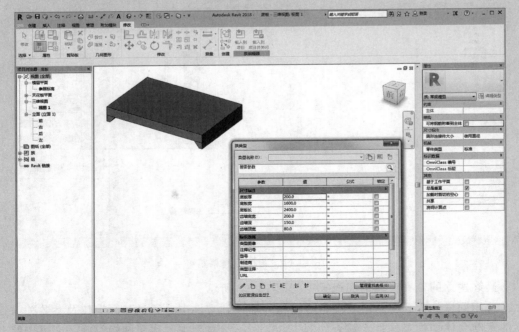

图 13.62　带有齿墙的底板参数化几何模型

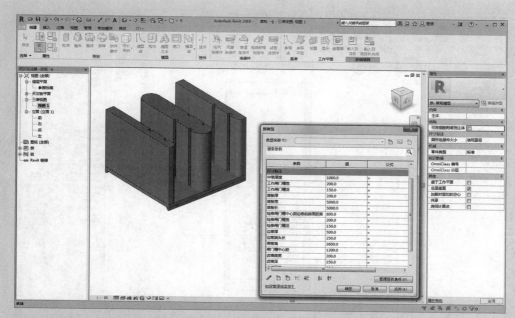

图 13.63　水闸主体结构参数化几何模型

4. 模型优化

为了最大程度地发挥参数化建模的优势，下面通过对模型的进一步改进，来实现任意多孔水闸的快速生成，以体现标准化建模的特点。

从本质上而言，多孔水闸生成的核心问题是水闸中墩的阵列表达。为了达到该目的，首先需要添加孔间距、孔数及中墩阵列数量共三个参数。具体操作上，孔间距的设置依然采用参照平面约束的方式即可，重点是如何表达中墩阵列，这里需要用到阵列操作。如图 13.65 所示，在选中中墩的情况下单击功能区中的"阵列"按键品，以中墩对称面为基准

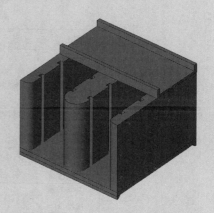

图 13.64　两孔水闸模型

向上拖拽。同时，项目数预先设为 2。设置完成后，点选项目数标距，将参数"中墩数量"添加进族类型参数列表中。

需要注意的是，"中墩数量"的参数分组方式为其他，参数类型为整数，如图 13.66 所示。对"孔数"需要进行与"中墩数量"相同的设置，且他们的关系为"中墩数量＝孔数－1"。

除此之外，还需将已有参数"底板宽度"的表达形式修改为"底板宽度＝孔间距×孔数"，以保证参数良好的关联性。采用标准化建模所生成的三孔水闸主体如图 13.67 所示。

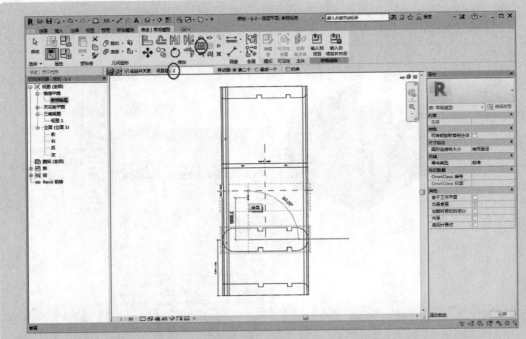

图 13.65　阵列操作示意

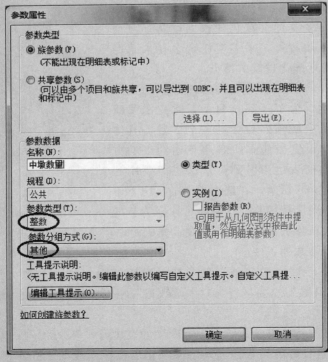

图 13.66　阵列操作参数

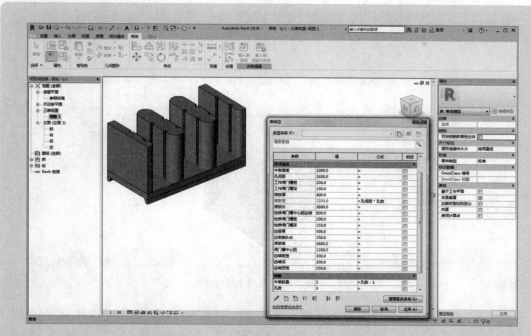

图 13.67 多孔水闸主体结构参数化几何模型

5. 明细表创建

明细表是将项目中的图元属性以表格的形式统计以展现出来。通常，明细表可分为"明细表/数量""图形柱明细表""材质提取""图纸列表""注释块""视图列表"等不同种类。本节以"材质提取"为例，简要说明明细表的创建方法。

（1）在开始界面中单击"模型"→"新建"或单击选项卡"文件"→"新建"→"项目"，打开"新建项目"对话框，选择"构造样板"为样板文件，单击"确定"按键，如图 13.68 所示。

（2）单击"插入"选项卡"从库中插入"面板中的"载入族"按键 ，打开"载入族"对话框，将组装好的两孔水闸族文件载入。选择"结构"选项卡"模型"面板中的"放置构件"按键 ，将两孔水闸放置在默认的"楼层平面：标高 1"中。

图 13.68 新建项目

（3）单击"视图"选项卡"创建"面板中的"明细表"按键下拉箭头，在其展开选项中单击"材质提取"，如图 13.69所示。

（4）在弹出的"新建材质提取"对话框中选择需要创建明细表的类别，此处选择"常规模型"并确定，如图 13.70 所示。

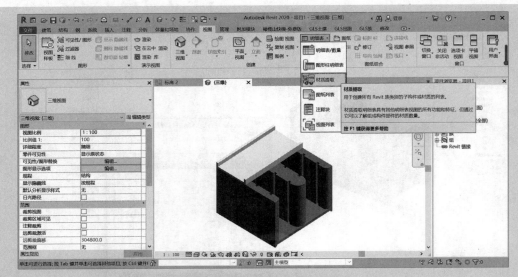

图 13.69　图元材质列表创建

（5）在"材质提取属性"对话框中选择所需的明细表字段，此例中分别选择"族""材料（名称）""材料（容重）""材料（体积）""材料（面积）"等字段，如图 13.71 所示。

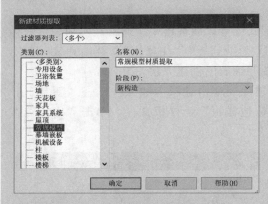

图 13.70　"新建材质提取"对话框

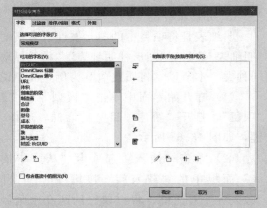

图 13.71　"材质提取属性"对话框

（6）操作完毕后单击"确定"，即可完成明细表创建。此时，新创建的明细表也将自动添加至项目浏览器明细表节点下，如图 13.72 所示。

6. 图纸输出

可出图性是 Revit 的重要功能，下面以上述两孔水闸的纵剖视图为例，简要介绍 Revit 出图的主要流程。

（1）按照明细表创建部分所述，将两孔水闸族导入项目文件中。然后，单击"视图"选项卡"创建"面板中的"剖面"按键，打开"修改｜剖面"选项卡和选项栏，如图 13.73 所示。在视图中绘制剖面线，并将其调整至结构的前后对称面上，如图

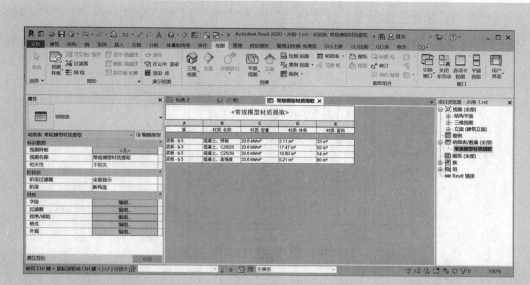

图 13.72 材质列表创建完成效果

13.74 所示。剖面会以默认的"剖面1"视图自动放置在项目浏览器的"剖面"节点下。

图 13.73 "修改 | 剖面"选项卡和选项栏

（2）单击项目浏览器"剖面"节点下的"剖面1"，显示出所设置的剖面视图。选择"视图"选项卡中的"可见性/图形"按键，打开"剖面：剖面1的可见性/图形替换"对话框。在"注释类别"选项卡中取消"标高"复选框的勾选。同时，在"属性"选项板中取消"裁剪区域可见"复选框的勾选，隐藏视图中的裁剪区域。

（3）打开"类型属性"对话框，将底板、齿墙、中墩、边墩、公路桥的材质均设置为混凝土，并对局部图线进行调整，结果如图 13.75 所示。

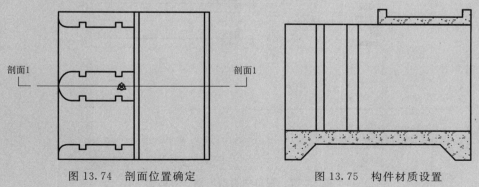

图 13.74 剖面位置确定   图 13.75 构件材质设置

（4）单击"注释"选项卡"尺寸标注"面板中的"对齐"按键 ✐ 与"线性"按键 ⊢，标注尺寸，如图 13.76 所示。

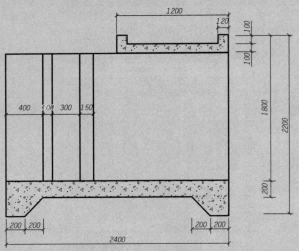

图 13.76 尺寸标注

（5）单击"视图"选项卡"图纸组合面板"中"图纸"按键 📋，打开"新建图纸"对话框。在列表中选择已经设置好的"A3 图纸"，新建图纸。

（6）单击"视图"选项卡"图纸组合面板"中"视图"按键 🖳，打开"视图"对话框。在列表中选择"剖面 1"视图，并单击"在图纸中添加视图"按键，将视图添加到图纸中。

（7）选取图形中的视图标题，在"属性"选项板单击"编辑类型"按键，在"类型属性"对话框中，将"显示标题"复选框设置为"否"，如图 13.77 所示。

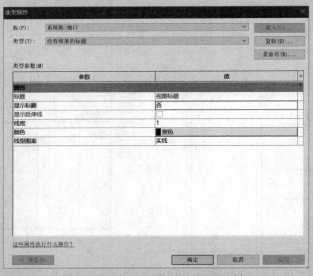

图 13.77 视口"类型属性"对话框

（8）对图纸细部信息进行补充、整理，最终的两孔水闸纵剖图如图 13.78 所示。

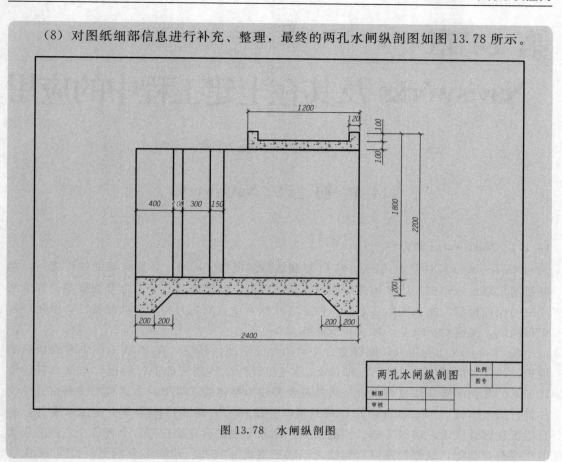

图 13.78 水闸纵剖图

第14章
Navisworks 及其在土建工程中的应用

14.1 初 识 Navisworks

14.1.1 Navisworks 简介

　　Navisworks 软件是由 Autodesk 针对建筑信息模型（BIM）开发的辅助软件之一，能够帮助工程设计和施工团队加强对项目成果的控制，使所有项目相关方都能够整合和审阅详细的设计模型，能在实际建造前以数字方式探索项目的主要物理和功能特性，缩短项目交付周期，提高经济效益，减少环境影响。

　　Navisworks 功能强大，能够整合、审阅和分享项目模型，在 BIM 工作中有着极高的地位。该软件能够将 AutoCAD 和 Revit 等建模设计软件创建的设计数据，与来自其他设计工具的几何图形和信息相结合，将其整合并作为整体的三维项目。通过对多种格式的文件进行实时审阅，Navisworks 可以帮助所有建筑相关方将项目作为一个整体来看待，并且能优化设计决策、建筑实施、性能预测、设施管理和运营维护等各个环节。它拥有强大的错误查找功能，能够快速审阅和检查不同三维设计软件创建的集合模型，如图 14.1 所示，并且可以对所有发现的错误和冲突进行实时记录，检查空间以及时间是否协调，能够在规划设计阶段，解决施工过程中可能存在的问题，并且可以将激光扫描的模型信息与设计模型相比较。

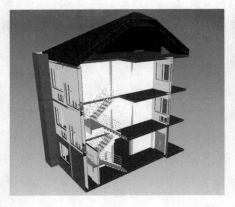

图 14.1　实现施工项目的可视化及快速审阅

Navisworks 共包含 3 款产品，分别是 Navisworks Manage、Navisworks Simulate 和 Navisworks Freedom。Navisworks Manage 软件用于分析、仿真和项目信息交流的全面审阅解决方案；Navisworks Simulate 软件提供了用于分析、仿真和项目信息交流的先进工具；Navisworks Freedom 软件是一款面向 NWD 和三维 DWF™ 文件的免费浏览器，可快速查看 Navisworks Manage、Navisworks Simulate 所生成的文件。上述三款产品可实现的功能见表 14.1，可见 Navisworks Manage 的功能强大，应用广泛。本书将重点介绍其应用，若无特别说明，本书将 Navisworks Manage 简称为 Navisworks。

表 14.1   Navisworks 软件 3 款产品的功能

产　品	Navisworks Manage	Navisworks Simulate	Navisworks Freedom
项目浏览及漫游	★	★	★
项目校核	★	★	
仿真与分析	★	★	
协调和碰撞检测	★		

注　"★"表明该产品可实现此功能。

Navisworks 支持众多主流三维设计软件的原生格式，其中包括应用较广泛的 AutoCAD 和 Revit，其所生成的模型项目文件可在 Navisworks 中进行格式转换。Navisworks 可以打开并组合源自其他应用程序的文件，创建一个包含整个项目视图的 Navisworks 文件，可实现实时浏览和审阅；同时 Navisworks 为用户提供了文件导出器，可将其他应用程序（如 AutoCAD、MicroStation、Revit、ArchiCAD、3ds Max 等三维建模软件）中创建的模型直接导出生成 Navisworks 文件（.nwc 格式）。

14.1.2　Navisworks 工作界面

1. Navisworks 界面组成

Navisworks 2022 采用了 Ribbon 界面，合理的布局为 Navisworks 提供了充足的显示命令的空间，使所有功能都可以有组织地分类存放，可以帮助用户更容易地找到重要的、常用的功能。如图 14.2 所示，界面组成部分从上到下依次为应用程序菜单、快速访问工具栏、信息中心、功能区、场景视图和状态栏等，场景视图中有 ViewCube 和导航栏。某项工具处于打开状态时，该工具窗口就会固定或隐藏在场景视图四周。

Navisworks 界面比较直观，易于学习和使用。用户可以根据工作习惯来调整应用程序界面。例如，可以隐藏不经常使用的固定窗口，从而使界面变得整洁。用户可以在功能区和快速访问工具栏中添加和删除按钮，也可以在标准界面基础上应用其他主题。

（1）应用程序菜单。单击界面左上角的应用程序菜单按钮 ，就可以打开应用程序菜单。应用程序菜单左侧包括"新建""打开"等命令按钮，右侧为最近使用的文档、"选项"和"退出 Navisworks"，最近使用的文档数量可以在"选项编辑器"对话框中设置，以上基本操作与 Autodesk 系列软件相似。

（2）快速访问工具栏。快速访问工具栏位于应用程序窗口的顶部，其集成了一些常用的命令和按钮，便于工作时查找，默认情况下包含"新建""打开"等命令按钮，如图 14.3 所示。

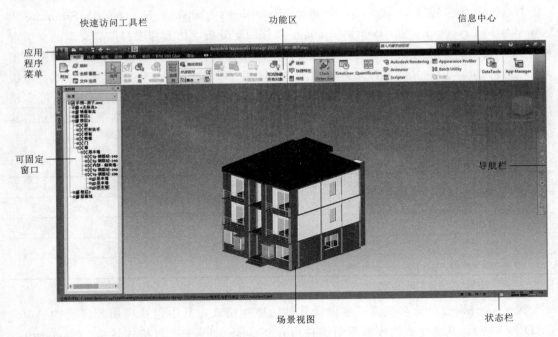

图 14.2　界面组成

单击"自定义快速访问工具栏"按钮▾，可查看工具栏中的命令，选中或取消选择以显示命令或隐藏命令，如图 14.4 所示。选择"在功能区下方显示"命令可调整快速访问工具栏的位置至功能区下方，如图 14.5 所示。

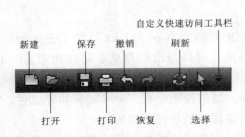

图 14.3　快速访问工具栏

图 14.4　"自定义快速访问工具栏"

图 14.5　快速访问工具栏在
功能区下方显示

（3）信息中心。信息中心由标题栏右侧的一组工具组成，根据 Autodesk 产品和配置的不同，这些工具可能有所不同，主要是 Autodesk 公司帮助用户使用产品的设置的工具，用户可以使用这些工具访问许多与产品相关的信息资源。

（4）功能区。Navisworks 界面中位于快速访问工具栏和信息中心下方的区域是功能区，由显示工具和按钮的选项卡组成，它提供了进行项目实施所需要的全部工具。一般情况下，功能区划分为"常用""视点""审阅""动画""查看""输出""BIM 360 Glue""渲染" 8 个选项卡，如图 14.6 所示。在每个选项卡内，工具被组合到一起，成为一系列基于任务的面板。

图 14.6   功能区

若要指定显示的功能区选项卡和面板，在功能区上单击鼠标右键，然后在快捷菜单中单击或清除选项卡或面板的名称。且用户可以更改功能区选项卡、功能区面板的顺序。单击要移动的选项卡或要移动的面板，将其拖到所需位置，然后松开鼠标。

若要控制功能区在应用程序窗口中占用的空间数量，功能区选项卡右侧有两个按钮，用于选择功能区切换状态和功能区最小化状态。使用第一个按钮 可在完全功能区状态与最小化功能区状态之间切换；使用第二个下拉按钮 可以选择其中一种最小化功能区状态。

表 14.2 对各个选项卡进行了简单介绍。

表 14.2   Navisworks 功能区选项卡及其功能

选项卡	面　板	包含用于执行以下操作的工具
"常用"	"项目"	控制整个场景，包括附加文件和刷新 CAD 文件，重置 Autodesk Navis-works 中所做的更改，以及设置相关的选项
	"选择和搜索"	通过一系列方法（包括使用搜索）选择场景中的项目
	"可见性"	显示和隐藏模型几何图形的项目
	"显示"	显示和隐藏信息，包括特性和链接
	"工具"	启动 Autodesk Navisworks 模拟和分析工具
"视点"	"保存、载入和回放"	保存、录制、载入和回放保存的视点和视点动画
	"相机"	向相机应用各种设置
	"动作设置"	设置动作的线速度和角速度并应用真实效果设置（如重力和碰撞）
	"渲染样式"	控制光源设置和渲染设置
	"剖分"	启用视点的横截面剖分
	"导出"	使用 Autodesk 或视口渲染器将当前视图或场景导出为其他文件格式

选项卡	面 板	包含用于执行以下操作的工具
"审阅"	"测量"	测里距离、角度和面积
	"红线批注"	在当前视点上绘制红线批注标记
	"标记"	在场景中添加和定位标记
	"注释"	在场景中查看和定位注释
	"协作"	通过网络连接与其他 Autodesk Navisworks 用户连接。默认情况下会隐藏此面板
"动画"	"创建"	使用 Animator 工具创建对象动画，或者录制视点动画
	"回放"	选择和回放动画
	"脚本"	启用脚本，或使用 Scripter 工具创建新脚本
	"导出"	将项目中的动画导出为 AVI 文件或一系列图像文件
"查看"	"导航辅助工具"	打开/关闭导航控件，如导航栏、ViewCube、HUD 元素和参考视图
	"轴网和标高"	显示或隐藏轴网线并自定义标高的显示方式
	"场景视图"	控制场景视图，包括进入全屏、拆分窗口，以及设置背景样式/颜色
	"工作空间"	控制显示的浮动窗口，以及载入/保存工作空间配置
	"帮助"	为用户深度学习提供帮助，与信息中心的"帮助"功能相同
"输出"	"打印"	打印当前视点
	"发送"	发送以当前文件为附件的电子邮件
	"发布"	将当前场景发布为 NWD 文件
	"导出场景"	将当前场景发布为 3D DWF、FBX 或 Google Earth 文件
	"视觉效果"	输出图像和动画
	"导出数据"	从 Autodesk Navisworks 导出数据，包括 Clash、TimeLiner、搜索和视点数据
"BIM 360 Glue"	"BIM 360"	从 BIM 360 账户中加载项目或模型文件
	"模型"	从 BIM 360 账户获取或刷新模型
	"审阅"	同步 BIM 360 账户中的视图信息
	"设备"	把设备特性添加到 BIM 360 模型中
"渲染"	"系统"	切换"Autodesk 渲染"窗口，该窗口用于选择材质并将材质应用于模型，创建光源及配置渲染环境
	"交互式光线跟踪"	选择渲染质量并直接在场景视图中渲染，暂停或取消渲染过程
	"导出"	保存和导出当前视点的渲染图像
"项目工具"	"返回"	切换回当前视图中兼容的设计应用程序
	"持定"	持定选中的项目，以便它们在围绕场景导航时一起移动
	"观察"	将当前视图聚焦于选中的项目，以及将当前视图缩放到选中的项目上
	"可见性"	控制所选项目的可见性
	"变换"	移动、旋转和缩放所选的项目，或重置变换为原始值

续表

选项卡	面 板	包含用于执行以下操作的工具
"项目工具"	"外观"	更改所选项目的颜色和透明度，或重置外观为原始值
	"链接"	管理附加到所选项目的链接，或重置链接为原始值
"剖分工具"	"启用"	启用/禁用当前视点的剖分
	"模式"	在"平面"模式和"框"模式之间切换剖分模式
	"平面设置"	控制剖面
	"变换"	移动、旋转和缩放剖面/框
	"保存"	保存当前视点

　　（5）场景视图。场景视图是 Navisworks 的主要显示区域，是用来放置三维模型的区域。启动 Navisworks 后，功能区下方区域即为场景视图，如图 14.7 所示。在使用 Navisworks 时，至少会有一个场景试图供用户使用，称为默认视图。如需在多个方向进行观察，用户可以通过功能栏查看菜单下的拆分视图选项增加可用的场景视图，额外添加的视图称为自定义场景视图，Navisworks 会自动将其命名为"视图 1"，其中 1 为自定义场景视图的编号，当用户继续增加视图时，该编号会依次递增。通过设置多个场景视图，用户可以从不同的角度观察模型。在比较照明和渲染样式以及创建模型不同部分的动画等时，多场景视图的出现可以为用户的工作方向提供更好的选择。

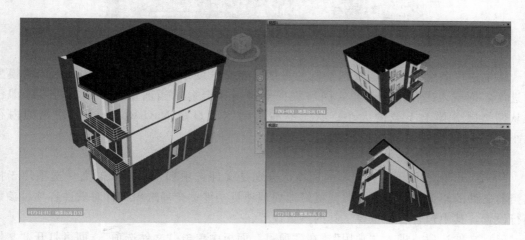

图 14.7　场景视图区域

　　Navisworks 在使用时只能在某一场景视图之中工作，当用户用鼠标左键单击某个场景视图时，该场景视图被激活且被选中；当单击某个空区域时，会将选中的所有场景视图取消；在某个场景视图单击鼠标右键时，同样可以激活该场景试图，并且会有一个快捷菜单被打开，可以进行一些快捷操作。

　　可以使自定义场景视图成为可固定的。可固定的场景视图有标题栏，且可以像处理可固定窗口一样移动、固定、平铺和自动隐藏它们。如果要使用多个自定义场景视图，但不希望在"场景视图"中有任何拆分，则可以将它们移动到其他位置。例如，可以在"视点"控制栏上平铺场景视图。但默认场景视图无法浮动。

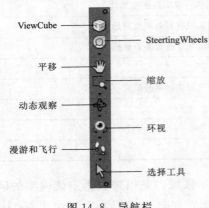

图 14.8　导航栏

ViewCube
SteertingWheels
平移
缩放
动态观察
环视
漫游和飞行
选择工具

（6）导航栏。导航栏提供了在模型中进行交互式导航和定位的相关工具，如图 14.8 所示。用户可以根据需要显示的内容来自定义导航栏，还可以在场景视图中更改导航栏的固定位置。单击导航栏中的按钮，就可以启用相应的导航工具。

其中，"ViewCube"按钮用于指示模型的当前方向，并用于重定向模型的当前视图；"Steering-Wheels"按钮是用于在专用导航工具之间快速切换的控制盘集合；动态观察按钮是在视图保持固定时，用于围绕轴心点旋转模型的一组导航工具；漫游和飞行按钮可以模拟正常行走或空中飞行的效果。

（7）状态栏。状态栏显示在 Navisworks 窗口的底部，用户无法自定义或来回移动状态栏。状态栏中包含 4 个性能指示器（可显示当前所执行操作的进度和内存使用情况）、可显示或隐藏"图纸浏览器"窗口的按钮，以及可在多页文件中的图纸/模型之间进行导航的控件，如图 14.9 所示。

图 14.9　状态栏

铅笔进度条会显示当前视图绘制的进度；磁盘进度条会显示从磁盘中载入当前模型的进度，即载入内存中的大小；网络服务器进度条会显示当前模型下载的进度，即已经从网络服务器上下载的大小；状态栏右端的字段显示 Navisworks 当前使用的内存大小。

2. 基本环境参数设置

Navisworks 提供了两种类型的选项，分别是文件选项和全局选项。文件选项用于控制当前文件的相关参数设置，以便更好地处理项目文件；全局选项则针对软件各项目参数进行设置，其中包含若干重要工具的参数设置。

（1）文件选项。进入"常用"，在"项目"面板中单击"文件选项"，即可打开"文件选项"对话框，如图 14.10（a）所示，包括"消隐""方向""速度""头光源""场景光源""DATATools"6 个选项卡。

（2）全局选项。单击应用程序按钮，在弹出的菜单中单击 选项 按钮，系统打开"选项编辑器对话框，如图 14.10（b）所示。"选项编辑器"在实际项目中扮演着非常重要的角色，通过"选项编辑器"可为 Navisworks 调整程序设置，更有效地完成工作。

"选项编辑器"以结构树的形式来呈现可设置项目，通过编辑"常规""界面""模型""工具""文件读取器"5 个节点来完成对程序的控制，单击 ➕ 或 ➖ 可以展开或折叠节点。

（a）"文件选项"对话框

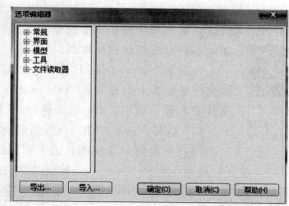
（b）"选项编辑器"对话框

图 14.10 "文件选项"对话框及"选项编辑器"对话框

14.2 Navisworks 的基本功能

14.2.1 文件的使用与导出

在默认情况下，Navisworks 打开原始模型文件或激光扫描文件时，会生成一个与原始文件同名，扩展名为 .nwc 的缓存文件。NWC 文件比原始文件小，可以加快对常用文件的访问速度。对原始文件修改后，后续在 Navisworks 中打开或附加文件时，将从相应的缓存文件中读取数据。原始文件更改后与缓存文件差别较大，则 Navisworks 将转换已更新文件，并创建新的缓存文件。

1. 文件读取器

Navisworks 提供了文件读取器，以支持各种模型文件格式和激光扫描文件格式，包括 3DS、ASCII Laser、CIS/2、DGN、DWF、DWG/DXF、FBX、IFC、Revit、SAT 等 22 种格式，如图 14.11 所示。在 Navisworks 中打开模型文件时，自动使用相应的文件读取器。如有必要，可以调整默认文件读取器设置，以提高转换质量。

2. 文件导出器

常见的三维或二维数据格式文件都可以被 Navisworks 直接读取并打开，但也有无法直接使用 Navisworks 打开的情况，Navisworks 提供了文件导出器，可以在原软件中以插件的形式将模型导出为 .nwc 格式，然后供 Navisworks 打开使用。针对 AutoCAD、Revit、ArchiCAD

图 14.11 可以读取的文件格式

和 3ds Max 软件，Navisworks 提供了导出 NWC 文件的插件。在使用 Navisworks 直接读取原格式的文件时，会出现模型显示不完整或变形的情况，也可以通过文件导出器导出模型，以获得完整的模型数据。

在安装 Navisworks 软件时，已安装好的建模软件中会被自动安装对应的文件导出器。但在安装 Navisworks 后再安装建模软件，则需要手动安装文件导出器。本书以 Revit 为例，介绍使用插件进行模型转换的步骤。

（1）打开 Revit 软件，打开需要导出的文件，如图 14.12 所示。

（2）切换到三维视图，进入"附加模块"，在"外部"面板中单击"外部工具"，在下拉菜单中选择"Navisworks 2022"选项，如图 14.13 所示。

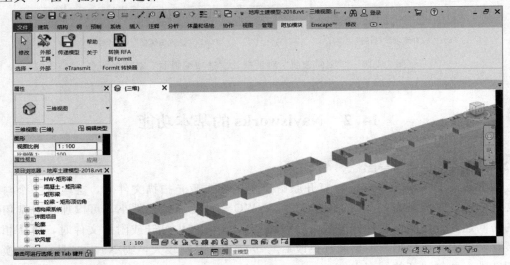

图 14.12　使用插件进行模型转换（1）

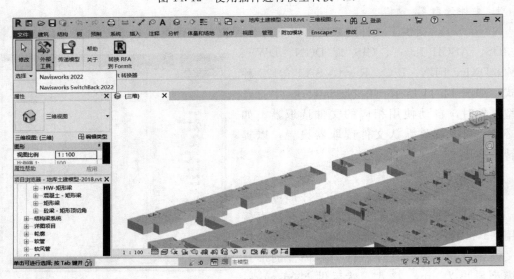

图 14.13　使用插件进行模型转换（2）

（3）系统弹出"导出场景为..."对话框，在"文件名"文本框中输入相应的文件名，然后设置"保存类型"为 NWC 格式，最后单击"保存"，如图 14.14 所示。

图 14.14 使用插件进行模型转换（3）

（4）在导出过程中，系统会弹出"Navisworks NWC 导出器"窗口，显示模型导出状态和进度。导出完成后，可以在 Navisworks 中直接打开该文件，其效果如图 14.15 所示。

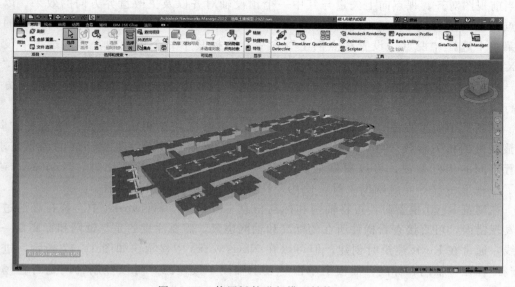

图 14.15 使用插件进行模型转换（4）

14.2.2　模型的使用与控制

1. 浏览模型

Navisworks 提供了多种浏览模型的方式，用户可在模型中实时漫游，并且在漫游过程中，可以记录模型等的相关问题，以便后期在建模软件中进行修改，且可以在修改的同时及时更新，再次检验记录点的问题解决情况。

资源 14.2
用"第三人"
导航

Navisworks 提供了大量用于场景导航的工具，包括"SteeringWheels""平移""缩放""动态观察""环视""漫游"和"飞行"。当对三维模型进行导航时，还可以使用"真实效果"（"碰撞""重力""蹲伏""第三人"）来控制导航的速度，如图 14.16 所示。

图 14.16　使用真实效果工具"蹲伏""第三人"进行导航

在导航场景中，通过导航工具可以自由定位视图方向与视角位置，实现视点向上矢量与当前视图对齐、视点向上矢量与其中一个预设轴对齐以及更改世界方向的效果。以将视点向上矢量与其中一个预设轴对齐为例，在场景视图中单击鼠标右键，在弹出的快捷菜单中选择"视点＞设置视点向上"命令；选择其中一个预设轴，可以选择"设置＋X 向上""设置－X 向上""设置＋Y 向上""设置－Y 向上""设置＋Z 向上"或"设置－Z 向上"；在当前场景模型中漫游时，系统默认以上一步选择的轴向作为向上方向进行浏览。

在场景导航过程中，Navisworks 提供了许多参数来控制相机的投影、位置和方向。调整相机的相关参数，可以有效控制相机的视角、漫游速度等。根据不同的场景需求，设置不同的相机参数，可以更好地实现对模型的浏览控制。除此之外，Navisworks 提供了平视显示仪等导航辅助工具，使用户在使用时能够确认所在位置。

在浏览 Revit 模型时，可将轴网和标高信息一并载入 Navisworks 中。若在漫游过程中发现错误，可直接查看构件所在的标高和轴网位置，需要注意的是，轴网和标高是一系列线，通常在 Revit 建模时创建，但可以在 Navisworks 中显示。如图 14.17 所示，进入"查看"，在"轴网和标高"面板中单击"显示轴网"按钮，可以控制轴网是否在场景视图中显示。

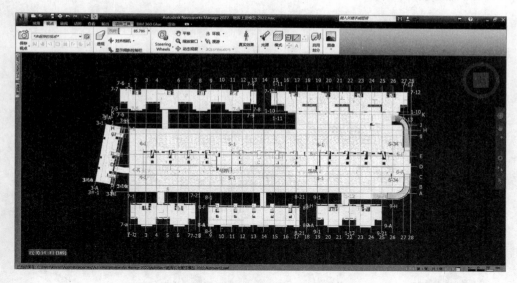

图 14.17 控制轴网在场景视图中显示

2. 使用模型

为提高用户体验、简化后期处理，Navisworks 已对模型进行了梳理和归类，提供了模型的选择、查找等功能。当模型体量较大时，很难准确地选择所需的模型对象，此时用户可以通过点选或框选的方式进行选择，如果该结构信息的命名具有一致性，也可以通过"条件搜索"进行选择。此外，选择树也是快速定位模型对象的良好工具，可将模型对象以类似资源管理器的方式显示出来，使得精确定位变得更加快捷。如图 14.18 所示，"选择树"窗口中显示了模型层级结构，按照不同模型类别将模型归纳到不同层级中。

图 14.18 "选择树"窗口

当需要选择的项目某一特性一致时，可以使用"查找项目"窗口设置和搜索，并且该搜索可以保存，能够在后续工作之中重新运行以及与其他用户共享该操作。使用"快速查找"功能可以在项目的所有特性名称和值中寻找特定的字符串。该功能还可以选择搜索的项目级别，在"搜索范围"下拉列表可进行修改，如图 14.19 所示。

3. 控制模型外观

在 Navisworks 中的"视点"选项卡中，可以通过"渲染样式"面板来控制模型在场景视图中显示的方式，用户可以选择 4 种交互照明模式（"全光源""场景光源""顶光源""无光源"），以及 4 种渲染模式，包括"完全渲染""着色""线框""隐藏线"，并可以单独打开和关闭 5 种图元类型（"曲面""线""点""捕捉点""文字"）中的任意一种。图 14.20 所示的效果表明了 4 种渲染模式对模型外观的影响。

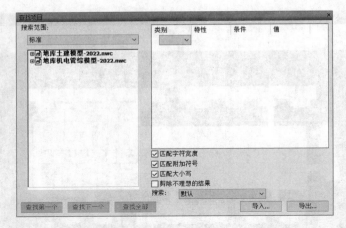

图 14.19　在"查找项目"窗口搜索具有公共特性或特性组合的项目

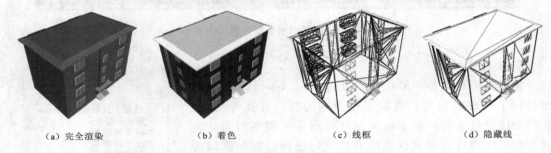

（a）完全渲染　　　　　（b）着色　　　　　（c）线框　　　　　（d）隐藏线

图 14.20　渲染模式对模型外观的影响

　　此外，在 Navisworks 中，用户可以设置要在场景视图中使用的单色、渐变、地平线 3 种背景效果。使用外观配置器，可以通过设置选择条件或集合批量为模型设置颜色，设置的外观配置文件可以另存为 DAT 文件，并可以在 Navisworks 用户之间共享。

14.2.3　"视点"及"剖分工具"的应用

　　1. 创建和修改视点

　　在浏览观察模型时，可单击视点工具栏的"保存视点"以保存当前视角，保存视点后系统将自动弹出如图 14.21 所示的窗口，以便后续调用保存后的视点。用户可通过该功能，随时将当前视角移至与保存时一致的视角，且视点的内容与模型信息将保持一致，当模型内容更新时，视点内的模型也会随之更新。

　　"保存的视点"窗口可用于创建和存储视点，如图 14.21 所示。用户在单击"保存视点"保存当前视角后，此窗口将出现一个新的选项，系统默认命名为"视图"。在此窗口，用户可对所有的视点进行归纳整理以及创建视点动画等操作。"视点"的"保存、载入和回放"面板中右下角的按钮可以用来打开该窗口，在该窗口单击鼠标右键可弹出快捷菜单，在快捷菜单中可进行保存视点和新建文件夹等操作。

　　通过"编辑视点-视图"对话框可以对当前视点或已经保存的视点的属性，如相机的坐标、观察点位置和镜头挤压比等进行精确编辑，如图 14.22 所示。

图 14.21 "保存的视点"窗口

图 14.22 "编辑视点-视图"对话框

当查看已保存的视点时，可以从"保存的视点"窗口进行查看，也可以在"视点"的"当前视点"下拉列表选择要查看的视点，如图 14.23 所示。

多人协同工作时可共享视点，将 Navisworks 保存的视点导出为 XML 文件，用户可以通过 XML 文件导出与导入实现视点的同步更新工作。在"保存的视点"窗口中的空白处单击鼠标右键，在弹出的快捷菜单中选择"导出/导入视点"，即可以进行对视点的导入或导出。

图 14.23 查看已保存的视点

2. "剖分工具"

使用 Navisworks 可以在三维工作空间中对当前视点进行剖分，并创建模型的横截面。横截面是三维对象的剖分效果视图，可用于查看项目模型的内部构造。剖分工具有两种剖切模式，一种是"平面"模式，另一种是"框"模式。

在观察已剖切的模型中，剖面以一个浅蓝色线框表示，可通过打开/关闭相应的灯泡图标，显示/隐藏该剖切平面。进入"视点"，在"剖分"面板中单击"启用剖分"，可进入"剖分工具"，在"平面设置"面板中单击"当前平面"，在弹出的下拉列表中单击各个平面的灯泡图标，可观察模型的剖切状况。

平面剖切是用一无限大的平面与模型相交，隐藏平面一侧的模型，如图 14.24 所示。系统将以 ViewCube 的 6 个面作为基础平面生成剖切面，且最多可同时使用 6 个面进行剖切。此外，用户可以通过"移动"和"旋转"自定义剖切面位置。在平面剖切中，可以使用"平面设置"中的"链接剖面"，将不同的剖切面链接到一起并作为整体进行移动。

图 14.24　平面剖切

剖面框可以将审阅集中于模型的特定区域和有限区域，可通过剖分控件进行移动、旋转和缩放，也可以通过数字操作控制。

14.2.4　"审阅"与"项目工具"的应用

1."审阅"

在工作中，经常需要对已经完成的模型进行检验和审查，这时就需要用合适的工具对模型进行测量、注释、批注、标记等工作。

测量工具可以对模型长度、面积和角度进行测量，有"点到点""点到多点""点直线"等共计 6 种测量方式。进入"审阅"，在"测量"面板中单击"测量"，弹出"测量"工具菜单，如图 14.25 所示，使用锁定功能可以保持要测量的方向，防止移动、编辑测量线和测量区域。进入"审阅"，在"测量"面板右下角单击"测量工具启动器"，可以打开"测量工具"窗口，如图 14.26 所示。

图 14.25　"测量"工具菜单

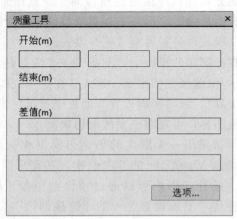

图 14.26　"测量工具"窗口

使用"审阅"的"红线批注"面板（图 14.27）中所提供的工具，可以对视点和碰撞结果进行红线批注。通过"线宽"和"颜色"可以修改红线批注设置，但文字具有默认的大小和线宽，故不能进行修改。通过"绘图"可以在场景中创建云线、椭圆、自画线和箭头等多种图形批注工具。

使用"审阅"的"标记"面板可以添加和管理标记，如图 14.28 所示。标记工具类似于 Word 中的批注工具，在浏览模型过程中可以针对有问题的部分进行标记，并添加相关说明。当设计人员对问题进行修改后，可以将注释状态修改为"活动"，以表示当前问题已被修改，有待重新查阅。当确认问题修改无误后，修改标记状态可设为"已核准"或"已解决"，整个流程结束。单击"注释"面板中的"查看注释"，可以打开"注释"窗口，在该窗口可以查看并管理注释。

图 14.27　"红线批注"面板

图 14.28　"标记"和"注释"面板

通过红线批注还可以将注释添加到视点、视点动画、选择集、搜索集、碰撞结果和 TimeLiner 任务中。当添加红线批注或注释时，将自动创建视点，可以通过视点查看相应的注释、红线批注和标记等。

2. "项目工具"

"项目工具"可以实现对对象的观察、变换、外观更改和重置。在 Navisworks 中，除了可以控制对象的变换，还可以更改对象的外观，并且所有的对象操作都可在场景视图中执行，若用户在操作中对修改的结果不满意，可将对象属性重置回初始状态。

"项目工具"中提供了大量的对象观察工具，其中包括"返回""持定""关注项目""缩放""隐藏""强制可见"，用户通过这些工具可以实现对单个或多个构件的观察，并且可以将某个构件以现有显示状态导入原始设计软件中进行浏览。

载入不同格式模型后，在进行重新定位时，需要用到变换功能。Navisworks 中提供了 3 种变换工具，分别是"移动""旋转""缩放"。通过这 3 种工具可以调整模型的位置、方向和大小。除了通过手动调整定位以外，还可以通过输入相关参数值，精确控制模型的位置、角度和大小。

当需要观察模型内部，却又不愿隐藏遮挡的部分时，用户可以通过调整遮挡部分的透明度来实现该目的的。当需要突出某个部件时，可以通过修改部件颜色，使其在视图中更加明显，如图 14.29 所示。须注意的是，上述操作均需在"着色"模式下进行，在"完全渲染"模式下并不能进行上述调整。

"全部重置"可以将在 Navisworks 中改变的模型恢复到导入时的状态。进入"常用"，在"项目"面板中单击"全部重置"，在弹出的下拉菜单中根据需要选择相应的功能即可，如图 14.30 所示。

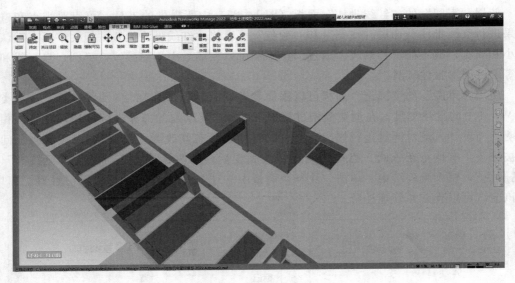

图 14.29　对构件进行颜色更改

图 14.30　"全部重置"工具菜单

14.2.5　动画制作与编辑

Navisworks 通过创建关键帧而自动生成动画，用户对模型进行的旋转、缩放和移动等操作都可以作为动画的关键帧。

1. 对象动画

（1）进入"动画"。在"创建"面板中单击"Animator"进入窗口，如图 14.31 所示。

（2）新建动画场景。当动画场景较多时，可通过文件夹进行归类，如图 14.32 所示。

（3）在动画场景中添加相机、动画集或剖面动画类型，如图 14.33 所示。

（4）根据选择的动画类型，添加关键帧，生成、制作具体的动画内容，如图 14.34 所示。

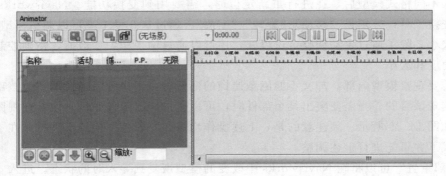

图 14.31　使用 Animator 工具创建对象动画（1）

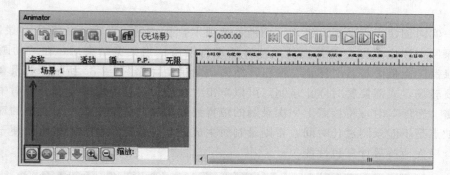

图 14.32　使用 Animator 工具创建对象动画（2）

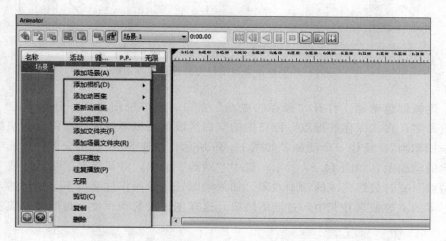

图 14.33　使用 Animator 工具创建对象动画（3）

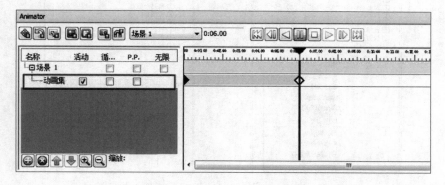

图 14.34　使用 Animator 工具创建对象动画（4）

2. 视点动画

　　在 Navisworks 中创建视点动画有两种方法，一种是录制实时漫游，另一种是通过视图生成动画文件，但创建步骤都是相同的，现将创建步骤解释

资源 14.3
视点动画的制作

如下：

（1）实时创建视点动画。进入"动画"选项卡，在"创建"面板中单击"录制"，开始动画录制，按住鼠标左键并拖动鼠标开始进行漫游；当浏览结束后，在"动画"选项卡→"录制"面板中单击"停止"按钮，结束动画录制，如图 14.35 所示；如果在漫游过程中需要转场，或需要暂时停止录制，可以单击"暂停"按钮，这时录制会暂时中断，当再次单击"暂停"时，将接着上一次录制的位置继续录制，最终形成一段完整的动画。该方法的缺点是不能录制过长时间，否则录制所生成的动画关键帧会非常多，不便于后期进行编辑，极大地挑战计算机性能。

图 14.35　停止录制实时漫游创建视点动画

（2）逐帧创建动画。打开"保存的视点"窗口，调整视图角度，分别单击"保存视点"并重命名；在"保存的视点"窗口中的空白区域单击鼠标右键，在弹出的快捷菜单中选择"添加动画"，新建一个动画，如图 14.36 所示；按住 Shift 键将全部视点选中，并拖动至新建的动画上，如图 14.37 所示；选中"动画"节点，并切换至"视点"或"动画"，单击"播放"查看最终完成的动画效果。如果动画转场等操作过渡得不是很自然，可以通过添加更多的关键帧来补充中间过渡的阶段，这样创建出的动画便会自然流畅很多。

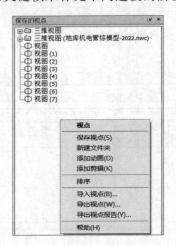

图 14.36　选择"添加动画"命令　　　　图 14.37　选中全部视点

（3）编辑视点动画。用户可以用编辑视点动画，调整其过渡方式以及总时长，进行视点添加、删除和移动等操作。还可以通过添加剪辑的方式修改动画效果，使其满足要求。当播放的视点动画过于缓慢、整体时间过长时，可以在现有的视点动画上单击鼠标右键，在弹出的快捷菜单中选择"编辑"，修改动画时长。打开"编辑动画：动画"对话框后，要将动画总时长 1.2s 改为 10s，则直接在"持续时间"文本框中输入参数值 10，然后单击"确定"，如图 14.38 所示。

（a）动画时长为1.2s   （b）动画时长为10s

图 14.38　编辑视点动画时长

3. 交互动画

给模型添加交互性，如实现门的开启等情况时，则需要创建相关的动画脚本，脚本是否发生与事件是否发生有关。

通过创建脚本和启用脚本，可以实现软件的自动执行，例如当漫游到门前时，脚本将被触发，并执行播放门开启动画的动作。Scripter 窗口是一个浮动窗口，通过该窗口可以给模型中的对象动画添加交互性。进入"动画"，在"脚本"面板中单击"Scripter" ，可以打开"Scripter"窗口，如图 14.39 所示，包含下列组件："脚本"视图、"事件"视图、"操作"视图和"特性"视图。

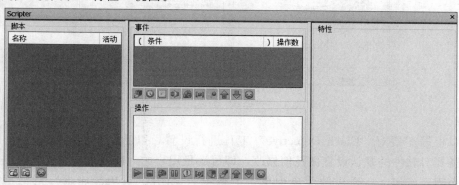

图 14.39　"Scripter"窗口

进入"动画"，在"脚本"面板中单击"启用脚本"以启用脚本。启用脚本后，无法在"Scripter"窗口中创建或编辑脚本。如果要禁用脚本，需再次单击"启用脚本"。

4. 动画导出

在掌握了创建不同类型动画的操作方法后，可将完成的动画导出为不同的文件格式，以满足不同平台播放或后期处理的需要。进入"动画"，在"导出"面板中单击"导出动画"，可将动画导出为 AVI 文件或图像文件序列，如图 14.40 所示。

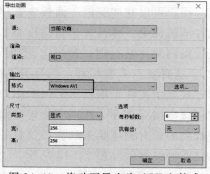

图 14.40　将动画导出为 AVI 文件或图像文件序列

14.2.6　Navisworks 碰撞检测

1. Clash Detective 概述

Clash Detective（碰撞检查）有利于审阅和修改三维模型在建模过程中出现的人为错误。该功能也可以针对三维模型与激光扫描点之间的检测，判定现场情况与模型设计之间的差别，以及在建筑改造项目中，原有建筑与新增设计是否存在冲突等。

使用"Clash Detective"窗口可以设置碰撞检测的规则和选项，查看检测结果并对结果进行排序，生成碰撞报告。进入"常用"，在"工具"面板中单击"Clash Detective"，打开"Clash Detective"窗口，如图 14.41 所示。

图 14.41　"Clash Detective"窗口

可以根据需要对"Clash Detective"工具进行设置，以满足不同的需求。一般情况下，不需要对软件的默认设置做任何修改，即可满足用户的一般需求。若有特殊需要，则单击应用程序按钮，在弹出的菜单中单击"选项"，打开"选项编辑器"对话框，展开"工具"并选中"Clash Detective"工具，显示参数设置面板，如图 14.42 所示，可对相应的参数做出修改。

用户可以在"测试"面板中管理碰撞检测的结果，所有检测结果都将以表格的形式展现在该面板上，并且关于碰撞检测状态的摘要也显示于此。可以用"规则"定义需要进行碰撞检测的忽略规则；通过"选择"可以选择需要进行碰撞检测的部分，如图 14.42 所示，"选择 A"参数栏和"选择 B"参数栏包含当前项目中所有模型内容，并以相互参照的方式显示在两个项目集的树视图中；通过"结果"，能够以交互方式查看已找到的碰撞，它包含碰撞列表和一些用于管理碰撞的控件；通过"报告"可以设置和写入包含选定测试中找到的所有碰撞结果的详细信息的报告，包括报告导出的内容、碰撞报告的组合、报告的格式等内容，如图 14.43 所示。

2. 使用碰撞检测

在 Navisworks 中，使用碰撞检测工具的基本流程为：首先选择先前运行的碰撞检测，

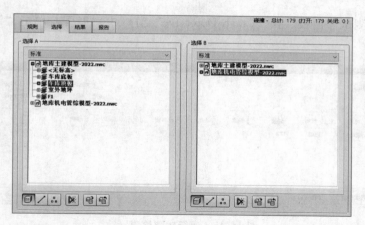

图 14.42 "选择 A""选择 B"参数栏以相互参照的方式显示在两个项目集的树视图中

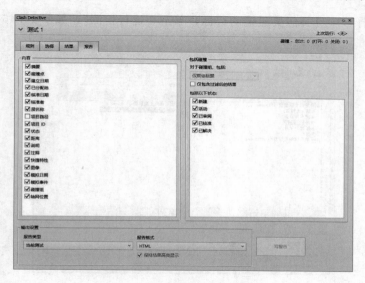

图 14.43 "报告"选项卡

或者使用"Clash Detective"窗口顶部的"添加检测"按钮来启动新测试；其次设置测试规则；随后选择要在测试中包括的项目，设置测试类型；然后查看结果，并将问题分配给相关负责方；最后生成有关已确定问题的报告，并分发下去以进行查看和解决。

（1）运行碰撞检测。

1）进入"常用"，在"工具"面板中单击"Clash Detective" （图 14.44），打开"Clash Detective"窗口。

资源 14.4
碰撞检测
以及报告
的生成

图 14.44 运行碰撞检测（1）

2）单击"测试"面板（在"Clash Detective"窗口中）展开。单击"添加检测"，如图 14.45 所示。

图 14.45　运行碰撞检测（2）

3）在"选择"中选择想要碰撞的目标，单击"运行检测"，如图 14.46 所示。

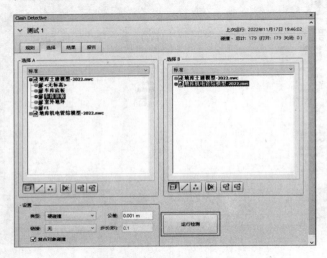

图 14.46　运行碰撞检测（3）

（2）管理碰撞检测。在"测试"面板中单击"添加检测"可添加新测试。"选择"会自动显示，以便设置测试条件。如果需要对现有碰撞检测进行管理，可以单击"全部重置""全部精简"或"全部删除"，实现对现有碰撞检测进行更新或删除等操作。

（3）导出碰撞检测。

1）在"测试"面板中单击"导入/导出碰撞检测"按钮 📷，在弹出的下拉菜单中选择"导出碰撞检测..."，如图 14.47 所示。

2）在"导出"对话框中，如果要更改系统建议的文件名和位置，可手动输入新的文件名并指定位置，然后单击"保存"，如图 14.48 所示。

（4）导入碰撞检测。

1）在"测试"面板中单击"导入/导出碰撞检测"按钮 📷，在弹出的下拉菜单中选择"导入碰撞检测"命令，如图 14.49 所示。

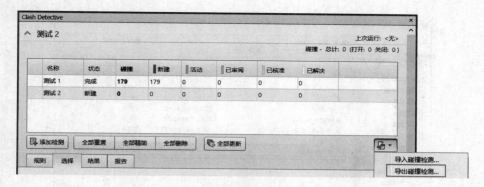

图 14.47　导出碰撞检测（1）

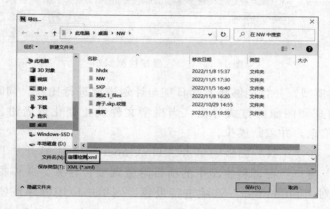

图 14.48　导出碰撞检测（2）

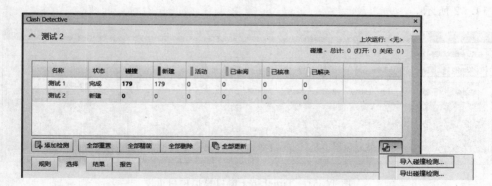

图 14.49　导入碰撞检测（1）

2）在"导入"对话框中，选中"碰撞检测"XML 文件，然后单击"打开"，如图 14.50 所示。

14.2.7　4D 施工进度模拟

1. TimeLiner 概述

TimeLiner 是用户进行 4D 进度模拟的强大工具，可将不同类型的施工进度文件导入到 TimeLiner 中，并将模型数据与计划进度构建链接，达到 4D 模拟的目的。它可以演示

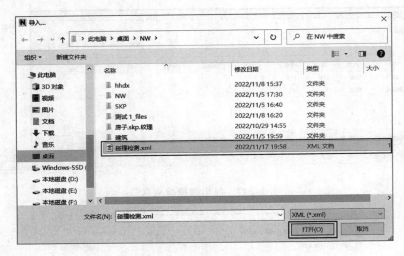

图 14.50　导入碰撞检测（2）

不同进度情况下的模型，并且能够将实际日期与计划进度进行比较。同时，TimeLiner 可以将模拟结果以动画和图像的方式导出，当模型文件发生变化或者进度更改时，Time-Liner 会自动更新信息，并重新模拟。

　　进入"常用"，在"工具"面板中单击"TimeLiner"，可以打开"TimeLiner"窗口。通过"TimeLiner"窗口，可以将模型中的项目附着到项目任务，并模拟项目进度，如图 14.51 所示。若需对"TimeLiner"选项进行设置，则单击应用程序按钮，在菜单中单击"选项" [N]，在"选项编辑器"对话框中展开"工具"节点，然后单击 TimeLiner 节点，如图 14.52 所示。

图 14.51　TimeLiner 窗口模拟项目进度

　　TimeLiner 有单独的工作窗口，在"任务"中，用户可以添加和管理任务，所有的任务都会以表格的形式列出；在"数据源"中，用户可以将 Project、Primavera 的任务添加到工作窗口，也可以选择 CSV 导入，被导入的数据源同样会以表格的形式列出；在"配置"中，用户可设置任务类型、人物的外观及模拟开始时的默认外观等参数；在"模拟"中，可以在整个项目进度的持续时间内进行 TimeLiner 序列模拟。

　　2. 4D 模拟工作流程

　　现将使用 TimeLiner 工具进行 4D 模拟的工作流程介绍如下。

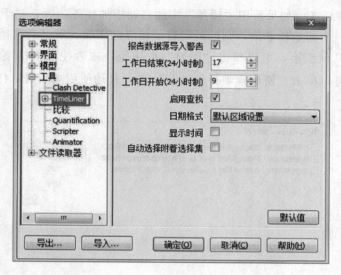

图 14.52 TimeLiner 工具参数设置面板

（1）载入模型。将模型载入 Navisworks 中，然后进入"常用"中的"工具"面板，单击"TimeLiner"（图 14.53），打开"TimeLiner"窗口。

图 14.53 4D 模拟的工作流程（1）：载入模型

（2）创建任务。每个任务都有名称、开始日期、结束日期及任务类型等属性。可以手动添加任务，或者单击"任务"中的"添加任务"，还可以在任务列表中单击鼠标右键，然后基于图层、项目或选择集名称创建一个初始任务集，如图 14.54 所示。

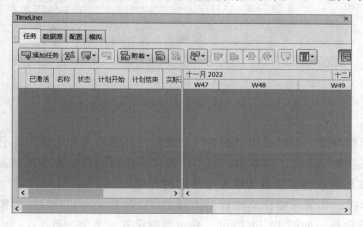

图 14.54 4D 模拟的工作流程（2）：创建任务

（3）模拟附着任务。如果使用"任务"中的自动添加任务功能，基于图层、项目或选择集名称创建了一个初始任务集，则已经附着了相应的图层、项目或选择集；如果需要手动将任务附着到几何图形，可以单击"附着"按钮，或者使用快捷菜单附着选择、搜索或选择集，也可以单击"使用规则自动附着"，自动使用规则附着任务，如图 14.55 所示。

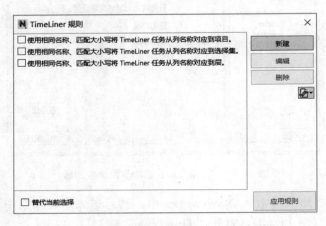

图 14.55　4D 模拟的工作流程（3）：模拟附着任务

（4）模拟进度。在高亮显示当前活动的任务时，可以按进度中的任何日期可视化模型。使用熟悉的 VCR 控件运行整个进度，如图 14.56 所示，可以将动画添加到 TimeLiner 计划，并增强模拟质量。

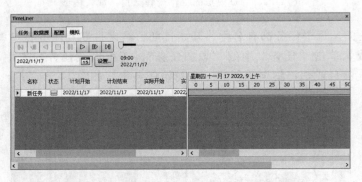

图 14.56　4D 模拟的工作流程（4）：模拟进度

（5）调整模拟外观。可以使用"配置"创建新的任务类型和编辑旧的任务类型，如图 14.57 所示。任务类型定义了该类型的每个任务在开始和结束时发生的情况，可以隐藏附加对象、更改其外观或将其重置为模型中指定的外观。

（6）导出模拟。如果希望在其他设备上播放 4D 模拟，可以将 4D 模拟导出，导出格式可以为图像或动画，如图 14.58 所示。导出动画设置与上文一致。

（7）同步计划任务。实际工程施工过程总是千变万化的，随时都有可能调整之前所制

图 14.57　4D 模拟的工作流程（5）：调整模拟外观

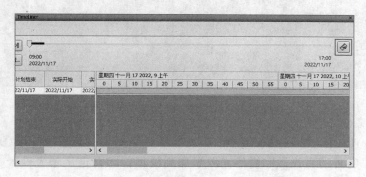

图 14.58　4D 模拟的工作流程（6）：导出模拟

订的计划，这时就需要将新的进度计划导入，并与现有任务进行同步，以验证新计划的合
理性，如图 14.59 所示。

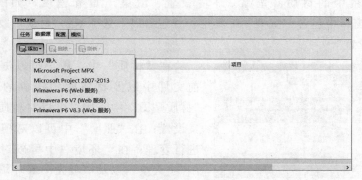

图 14.59　4D 模拟的工作流程（7）：同步计划任务

14.2.8　Navisworks 渲染

1. Autodesk 渲染工具概述

Navisworks 中提供了两种渲染方式，一种是使用 Rendering 渲染工具进行本地渲染，
另一种则是使用欧特克的云渲染。相比较而言，云渲染操作简单且渲染速度快，但每次渲
染都需要单独付费。而本地渲染操作则相对复杂一些，渲染速度也取决于计算机的硬件配
置。综合考虑日常工作的使用场景，并不需要经常大批量地渲染高质量的效果图，只是在特

定时间渲染几张成果图片用于展示，所以使用本地渲染更为合适。

Navisworks 中集成的 Autodesk 渲染器可以生成光源效果的物理校正模拟及全局照明，与大名鼎鼎的电影级渲染器 Mental Ray 也存在关联，其渲染功力可见一斑。使用 Navisworks 渲染的效果如图 14.60 所示。

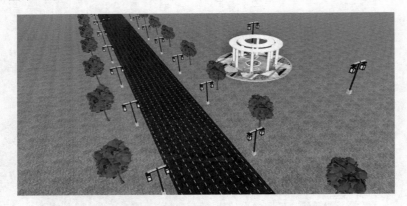

图 14.60　Navisworks 渲染的效果图

在 Navisworks 中，在场景视图中渲染真实照片级图像的流程如下：①将材质应用于模型几何图形；②将仿真光源和自然光源添加到模型；③自定义曝光设置；④渲染图像；⑤保存或导出渲染的图像。

2. Autodesk 渲染窗口

使用 Autodesk 渲染窗口可以访问和使用材质库、光源和环境设置。Autodesk 渲染窗口用于设置场景中的材质、光源、环境设置、渲染质量和速度，如图 14.61 所示。Autodesk 渲染窗口中包含"渲染"工具栏，并包含以下选项卡："材质""材质贴图""照明""环境""设置"。

图 14.61　Autodesk 渲染窗口

在"材质"中，用户可以浏览并且选择当前文件中以及材质库中提供的所有材质；在"材质贴图"中，用户可以对材质贴图进行自定义设置；在"照明"中可以对模型之中的光源进行管理；在"环境"中可以对渲染中的"太阳""天空"以及"曝光"等环境参数进行自定义设置，根据用户需求达到想要的渲染效果；在"设置"中，用户可以对渲染样式进行预设，以达到方便使用的效果。

3. 渲染与导出

使用 Autodesk 渲染器，不仅可以创建极为详细的真实照片级图像，还可以通过功能区"渲染"中的"光线跟踪"，在场景视图中直接进行渲染。渲染效果将直接显示在场景视图中，在渲染过程中可以在场景视图中看到渲染进度指示器。

（1）选择渲染质量。渲染质量可以在 6 个预定义和 1 个自定义渲染样式中进行选择，以控制渲染输出的质量和速度。成功进行渲染的关键，是在所需的视觉复杂性和渲染速度之间找到平衡。质量最高的图像通常所需的渲染时间也最长，渲染涉及大量的复杂计算，这些计算会使计算机长时间处于繁忙状态。单击功能区"渲染"中的"光线跟踪"，可访问渲染样式，如图 14.62 所示。

（2）渲染器设置与渲染。在功能区中单击"光线跟踪"下拉按钮，当前选定的渲染样式旁会显示一个复选标记。"低质量"样式和"茶歇

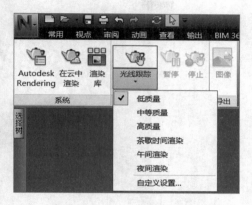

图 14.62　选择渲染质量

时间渲染"样式的渲染速度最快，而"高质量"样式和"夜间渲染"样式的渲染速度最慢。选择所需的样式以使用它进行渲染。

单击"光线跟踪"按钮 开始进行渲染，如果需要暂时停止处理，可单击"暂停"按钮 。真实照片级图像渲染过程中支持实时导航，这意味着可以动态观察、缩放和平移模型，这将重新启动渲染过程。若要返回到真实视觉样式，可单击"停止"按钮 。

14.3　Navisworks 在土建工程中的应用

14.3.1　桩基工程施工模拟

一个地下桩基工程，其要点是将制作完成的桩机运动轨迹与实际打桩过程有效链接，从而模拟真实的打桩过程。在进行施工模拟前，需要做大量的准备工作，其中包括模拟所用的场地、建筑模型、机械设备模型，以及详细的施工进度方案等。只有将这些准备工作完成之后，才能在模拟的过程中达到事半功倍的效果。

可以使用 Navisworks 按照创建任务计划→模型链接任务→新建并设置任务类型→制作机械动画→设置模拟并播放的顺序，实现整个桩基工程施工的模拟制作。最后可将模拟动画导出为视图，方便在任意设备中观看整体施工模拟效果。

14.3.2　设备吊装动画

使用 Navisworks 的动画工具可以完成一个设备吊装动画，整个动画的制作过程相对复杂，其中涉及多个动画工具的配合使用，图 14.63 所示为某设备吊装场景的渲染图。

吊装动画的过程大概按照以下顺序：由运输车将设备运输到现场→由叉车将设备卸装到场地中已经准备好的枕木上→由吊车将设备吊装到现有的建筑屋顶。其中卸装这一阶段的动画内容又分为两部分：车辆运输设备进场，并使用叉车将设备卸装到场地上；由吊车将设备成功吊装到屋顶，进行设备安装。制作动画工程极为复杂，需要用到 Navisworks 的不同动画工具，并且合理配合，如图 14.64 所示。制作完成后的视频文件可以直观地展

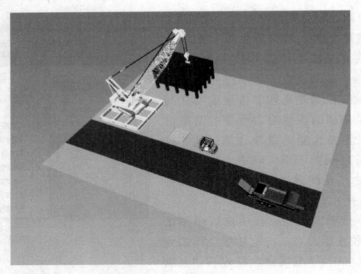

图 14.63　某设备吊装场景的渲染图

示土建工程中设备吊装的全过程。

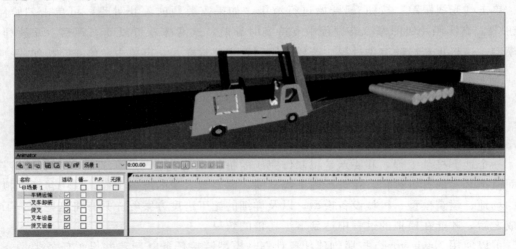

图 14.64　使用 Navisworks 制作设备吊装动画

14.3.3　地下车库管线碰撞检测

　　碰撞检测是 Navisworks 的一项强大功能，可降低模型检验过程中出现人为错误的风险。以一个地下车库为例，图 14.65 为该地下车库的场景文件显示，现使用 Navisworks 检测其管线碰撞。

　　首先需要配置管线颜色并创建集合，为配置管线颜色后的车库场景见资源 14.5。因为在 Navisworks 中打开由 Revit 制作的模型后，使用过滤器方式添加的构件颜色便会丢失，在这种情况下无法直观地通过颜色来分辨管线的系统属性，从而为判断碰撞带来一些困扰，所以在正式进行碰撞检测前，应当对管线颜色进行有效区分，为后续工作打好基础。

资源 14.5
配置管线颜
色后的车库
场景

图 14.65　某地下车库的场景文件显示

　　使用 Navisworks 运行碰撞检测后生成碰撞报告，可以输出并整理。值得注意的是，为了保证碰撞报告能在浏览器或 Office 软件中正常打开并显示图像，文件名称不能使用中文，否则可能会出现图像路径无法正常解析的问题。如图 14.66 所示，使用浏览器打开碰撞报告，可以清楚地看到每个碰撞的所有关键信息，单击图像还可以将其单独打开，进行碰撞位置的查看。

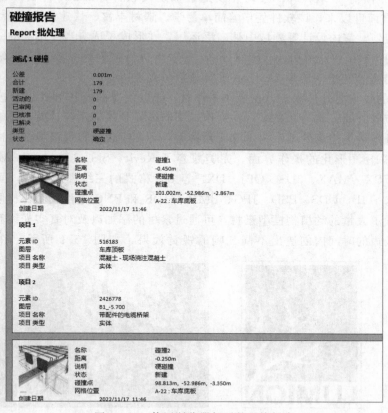

图 14.66　使用浏览器打开的碰撞报告

第 15 章
Lumion——BIM 的虚拟现实表现

15.1 初 识 Lumion

15.1.1 Lumion 简介

在过去的 20 年中，BIM 技术进驻到了各大设计领域并逐步主导了大型设计项目，目前该项技术已基本成为设计行业的主要工作方式之一。在 BIM 技术应用中，实现对项目的虚拟现实模拟就是其重要的一环，而 Lumion 在众多的虚拟现实模拟软件中脱颖而出。

Lumion 是由荷兰 Act - 3D 公司开发的虚拟现实软件，Lumion 12.0 版本标志如图 15.1 所示。自面世以来，该软件凭借着简单易学、素材丰富、快速渲染三个优势在建筑、景观、城市规划、室内设计等领域中被广泛运用，并形成了适应当今市场的一套完整的设计流程：应用 Revit、SketchUp、BIM make 等软件进行前期建立模型、推敲方案→进入 BIM 系统进行虚拟建造→应用 Lumion 进行虚拟仿真表达。

Lumion 的强大之处体现于，在操作工作时，能以便捷的操作方式以及极快的运算模式，为用户节省时间、精力和成本；在制作动画演绎或是效果图设计时，能够以真实场景还原度更高且塑造更饱满的山水树木等元素特质，为方案表达提供极强视觉冲击力。

Lumion 采用图形化的操作界面，完美兼容了 Revit、SketchUp、3ds Max 等多种软件的 DAE、FBX、MAX、3DS、OBJ、DXF 等多种格式的三维模型文件，同时软件本身也支持 TGA、TIF、DDS、PSD、JPG、BMP、HDR 和 PNG 等格式图像材质的导入。此外，软件内置了大量的动植物模型素材，可通过素材的添加以及对真实光线和云雾等环境的模拟，在极短的时间内创造出不同凡响的视觉效果，如图 15.2 所示。在输出方面，

资源 15.1
渲染图片 1

图 15.1　Lumion 12.0
版本标志

图 15.2　Lumion 渲染后的表现效果

Lumion可以将所导入的模型文件以及所建立的场景环境以 AVI（MJPEG）、MP4（AVC）、BMP、JPG 等格式，以图片、视频或视频序列帧等形式输出，为设计表达提供多种不同的表现形式，有着极强的表现力。

15.1.2 Lumion 12.0 的界面

1. 启动和退出 Lumion 12.0

在 Windows 桌面双击 Lumion 12.0 图标即可启动 Lumion，进入如图 15.3 所示的 Lumion 12.0 开始界面。鼠标左键单击"创建新的"按钮，可新建一个项目文件，并进入项目环境（场景）的选择。鼠标左键单击任一环境，例如"草原环境"，即可进入 Lumion 12.0 的工作界面，如图 15.4 所示。工作界面由工作模式、功能区、工作区、图层栏、命令行等组成。

退出 Lumion 12.0，可鼠标左键单击"关闭窗口"按钮 ✕。如果当前文件未保存，Lumion 将会弹出询问窗口，并提示"退出前是否要保存项目"，响应该提示后即可退出。

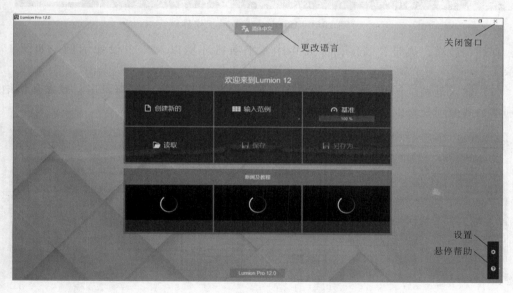

图 15.3　Lumion 12.0 的开始界面

2. Lumion 12.0 的开始界面

Lumion 12.0 的开始界面是新建一个项目文件、打开已保存的项目文件，以及保存、另存为项目文件的起始界面，如图 15.3 所示。在该界面，可执行语言选择、新建项目文件、输入范例、基准测试、读取文件、保存（另存为）项目文件、新闻及教程、修改设置、悬停帮助等操作。

（1）语言选择。"更改语言"按钮 文A 简体中文 位于 Lumion 12.0 开始界面的顶端，可选择更改软件语言，该软件预设了简体中文、英文等 20 种语言可供用户选择使用。

（2）新建项目文件。鼠标左键单击"创建新的"，可新建一个以".ls12"为后缀的项目文件，并进入项目环境（场景）的选择。Lumion 12.0 为用户提供了草原、海滩、山

图 15.4　Lumion 12.0 的工作界面

脉、森林、沙漠、热带、郊区、冬天共计 8 个项目环境以及 1 个设计示例，如图 15.5 所示。

（3）输入范例。Lumion 12.0 提供了 9 种范例供用户学习，即海景房、威廉瓦格纳私人别墅、威廉阿曼奇别墅、办公楼场景等，如图 15.6 所示。

图 15.5　项目环境选择界面

图 15.6　范例选择界面

（4）基准测试。鼠标左键单击"基准"，可测算电脑运行速度，根据结果可大概分析软件 Lumion 12.0 和计算机硬件之间的关系，如图 15.7 所示。当计算机的硬件配置不满足于 Lumion 12.0 最低要求时，系统将弹出提示，可利于用户对计算机硬件进行升级。

（5）读取文件。单击"读取"后进入界面，如图 15.8 所示，可单击"加载项目"打开该计算机磁盘内的项目文件或直接单击下方的缩略图以打开最近保存的项目文件。此外"合并项目"将已保存的文件合并到当前场景。

（6）保存（另存为）项目文件。单击开始界面的"另存为"后，可将当前项目文件根据指定路径进行命名保存，生成的文件名将以".ls12"为后缀，需注意的是文件名称以

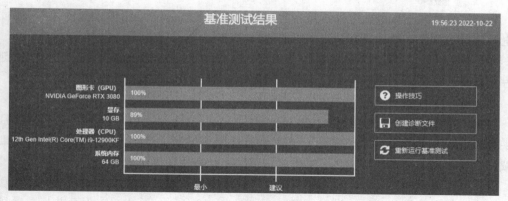

图 15.7 基准测试结果

及路径不建议带有中文字符。例如，文件名为"Lumion 学习.ls12"、路径为"C:\Users\Admin\文件\Lumion study.ls12"，Lumion 都将无法读取该类项目文件。在另存为项目文件后，应经常性地间隔 10～15min 保存已编辑的文件，以免出现计算机故障而导致文件丢失，可单击"保存"，对操作修改后的项目文件进行实时保存，保存路径不变，仍为"另存为"时的路径。需注意的是新建一个项目文件后，直接单击开始界面的"保存"按键后系统会有"无法保存，因为之前未保存当前项目"的提示，表明如需保存新建项目文件，则应先单击"另存为"，后有需求可再单击"保存"。

（7）新闻及教程。该选项中有 Online Tutorials（在线教程，可以浏览软件配套教程，方便用户在线学习）、Online Knowledge Base（在线知识库，方便用户查阅学习）、Design development with LiveSync real-time rendering（设计开发与实时同步渲染）提供给用户学习选用。

（8）修改设置。"设置"按钮 位于 Lumion 12.0 开始界面的右下角，可设置修改 Lumion 一些基本参数，如图 15.9 所示，例如编辑器质量、分辨率、声音、全屏等，也可使用快捷键 F1～F4 来调整编辑器质量，用 F7 调整编辑器分辨率。需注意，若该计算机配置较低，建议不打开高质量、高分辨率、高质量树木，否则计算机易卡顿死机，高品质打开与否只会影响编辑过程中的画质，并不会影响最终输出文件、图片以及视频的画质。

图 15.8 读取加载文件界面

图 15.9 设置界面

当计算机接入平板电脑等外接设备时，在设置中可打开"启用输入板输入"，通过平板电脑等进行操作，以满足有一定需求的用户。

（9）悬停帮助。"帮助"按钮位于 Lumion 12.0 开始界面的右下角"设置"按键的下方，可将鼠标悬停于此，将显现当前界面各个按键的功能以及操作步骤。

3．Lumion 12.0 的工作界面

根据 15.1.2 节关于"启动和退出 Lumion 12.0"的介绍，用户可以新建一个项目文件来进入 Lumion 12.0 的工作界面。工作界面是用户编辑模型场景文件以及输出成果的区域，主要由工作模式、功能区、工作区、图层栏、命令行等组成。

（1）工作模式。Lumion 12.0 的工作模式有编辑模式、拍照模式、动画模式、360 度全景模式、保存并加载项目、设置、帮助，如图 15.10 所示，其中单击保存并加载项目按钮可重新进入 Lumion 12.0 的开始界面。设置按钮、帮助按钮已在 15.1.2 节对开始界面的介绍中详细介绍，故不再赘述。

1）编辑模式：用户可在此模式下对场景进行创建和修改，下述的功能区、工作区、图层栏、命令行皆为该模式下所具有的。

2）拍照模式：用户可在该模式下对已建成的场景输出静态图像或图片集。

3）动画模式：用户可在该模式下将已建成的场景渲染成视频动画。

4）360 度全景模式：用户可在该模式下对已建成的场景渲染出 VR 全景。

图 15.10　Lumion 12.0 的工作界面及其部分功能按键

（2）功能区。在编辑模式下，功能区位于 Lumion 12.0 工作界面的左下方，是以图标为按键外观的命令输入工具集合，由"内容素材库"按钮、"材质"按钮、"景观"按钮、"天气"按钮四部分组成，用户可以在此功能下导入 Revit、SketchUp 等多种软件所建模型，以及在此基础上建立相应场景环境并修改细化材质。

1）内容素材库：可以导入 Revit、SketchUp 等多种软件所建模型，或 Lumion 12.0 软件本身自带的模型素材，如自然植物、人和动物、交通工具、室内物体、灯光、特效等，也可以在该界面对所导入的模型或模型素材进行放置、选择移动、旋转、缩放、删除等操作，需要注意的是导入模型的文件名称以及路径不建议带有中文字符，否则 Lumion 将可能无法读取该类项目文件。

2）材质：在该界面可以单击导入的模型以修改其材料及属性。

3）景观：在该界面可以修改地貌、海洋、地表植被、水等。

4）天气：在该界面可以修改太阳方位、太阳高度、云彩类别、云量等。

（3）工作区。工作区是用户观看、编辑场景文件的区域，该区域可调整所显示的模型范围，可显示模型整体，亦可显示模型的局部。软件的单位可由用户设定，默认为 m。

（4）图层栏。在构建场景的过程中，合理地使用图层可以有效提高场景建成效率，同类或类似的物体建议放在同一个图层下方，便于后期调整处理。

图层名称可以在选择图层后修改，直接对默认名称进行修改编辑，也可单击"眼睛" Layer 1 ，隐藏/显示该图层。

（5）命令行。命令行位于 Lumion 12.0 工作界面的右端，主要对当前执行命令效果相似的命令快捷键进行提示，例如在进行镜头移动时，命令行则会显示如图 15.10 所示的一系列命令快捷键。

15.2 Lumion 12.0 的基础操作

15.2.1 鼠标和键盘的操作

鼠标是 Lumion 12.0 建立编辑场景的重要工具，用户不仅需要使用鼠标对工作模式、功能区、图层栏等进行操作，而且需要使用鼠标进行模型定点定位、选择对象等编辑操作，实际上建立场景过程的绝大部分工作都是借助鼠标完成的。

鼠标的操作分为以下四种：

（1）单击鼠标左键：拾取菜单、功能按键、对象等。

（2）长按鼠标右键并移动鼠标：镜头旋转等。

（3）长按鼠标滚轮并移动鼠标：镜头平移等。

（4）转动鼠标滚轮：屏幕图形实时缩放。

在建立编辑场景的过程中，可使用键盘的快捷命令达到与鼠标配合操作，达到更加快捷有效建模的目的，Lumion 12.0 常用的快捷命令如下：

（1）W、S、A、D 键或↑、↓、←、→键：可控制镜头在前后左右四个方向的移动。

（2）Q、E 键：可控制镜头的高度，上升或下降。

（3）长按 Shift 键：加速键，可与上述的方向控制键配合使用，长按可加速镜头的移动；移动模型或模型素材时，可固定模型移动方向，使得模型在水平面内移动。

（4）长按 Shift 键＋空格键：加速 2 倍，可与上述的方向控制键配合使用，长按可使得镜头高速移动。

（5）空格键：减缓键，可与上述的方向控制键配合使用，长按可使得镜头缓慢移动。

（6）长按 O 键＋鼠标右键：将所需观察物体移动至屏幕中央，即视点处，长按 O 键以及鼠标右键，移动鼠标，可环绕观察中心物体。

（7）长按 Ctrl 键：长按 Ctrl 键放置某个物体，可批量创建并放置该类物体，例如树木、人等；长按 Ctrl 键并单击鼠标左键选择对象可以批量框选。

（8）长按 Alt 键：选择物体的基点并移动即可复制该物体。

（9）G 键：地面捕捉移动的物体时按 G 键可将该物体自动捕捉到地面移动。

（10）V 键：在放置模型时对模型进行随机缩放。

（11）X 键：移动某个物体时，长按 X 键，可使物体沿 X 轴移动。

（12）Z 键：移动某个物体时，长按 Z 键，可使物体沿 Y 轴移动。

（13）F 键：移动某个物体时，可使物体符合景观。

15.2.2　导入编辑模型和模型素材

Lumion 12.0 本身并不具备建模功能，所以在新建一个项目文件时，选择完一个环境后，需要导入 Revit、SketchUp 等其他建模软件已建成的模型，以此为基础建立其周围环境，添加模型素材与材质，完成图像或动画的渲染。

图 15.11　导入模型窗口

1. 导入模型

在进入 Lumion 12.0 的工作界面后，选择"编辑模式"，单击"内容素材库"按钮，后依次单击"导入的模型"按钮、"导入新模型"按钮及其下方的模型缩略图，随后便可单击工作区内任意位置以放置所导入的模型，如图 15.11 所示，单击的位置即为模型的基点。

需要注意的是，导入的模型文件名称以及路径不建议带有中文字符，且需保证模型文件为 Lumion 可以读取的版本，例如 Lumion 5.0 以下版本需要将 SketchUp 从 skp 文件格式导出为 dae 文件格式，Lumion 8.0 需要将 SketchUp 的模型文件版本降至 2017 版以下等。

2. 导入模型素材

Lumion 12.0 本身带有了大量的模型素材库，包含了自然、人和动物、交通工具、物体、群组、灯光、特效、设备/工具。以自然、人和动物模型素材库为例，自然模型素材库选项中包含了阔叶、针叶树、棕榈等多种类别的植物与自然物体（图 15.12）；人和动物模型素材库选项中，囊括了男人、女人、男孩、宠物、鸟类、牲畜等多个类别（图 15.13），单击相应的缩略图以及所需放置的位置，即可将模型素材放置于场景环境中。需要注意的是，人和动物模型素材库的选项具有静止的人（或动物）与运动的人（或动物）的区别，这在渲染动画设置"移动"以及"群体移动"特效时，所达到的效果不尽相同。

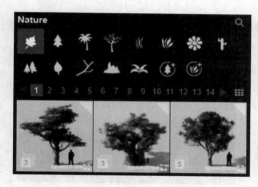

图 15.12　自然模型素材库

15.13　人和动物模型素材库

3．放置模型和模型素材

在导入所需放置的模型或模型素材后，用鼠标左键依次单击相应的缩略图以及所需放置的位置，即可将模型放置于场景环境中。

需要注意的是，放置模型默认形式为"单一放置"，用户鼠标左键单击仅能放置 1 个该模型；在"批量放置"或"群放置"下，可单击放置多个该模型或多个模型，在"批量放置"下可设置批量放置的模型、数量、方向以及随机放置的属性等。放置选项界面如图 15.14 所示。

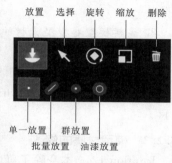

图 15.14　放置选项界面

4．选择移动模型和模型素材

在放置完模型或模型素材后，可单击"选择"按钮以及已放置的模型基点对该模型进行移动。选择移动具有"自由移动""垂直移动""水平移动""键入"四种选项。

（1）"自由移动"：可直接将模型在三位空间内任意移动。

（2）"垂直移动"：可直接将模型在竖直方向上，即沿着 Z 轴任意移动。

（3）"水平移动"：可直接将模型在水平面内任意移动。

（4）"键入"：可直接输入坐标数值（单位为 m），将模型移至笛卡儿坐标系内任一精确位置。

选择移动可配合键盘对模型进行控制，长按 Shift 键可固定模型移动方向，使得模型在水平面内移动；X 键可使物体沿 X 轴移动；Z 键可使物体沿 Y 轴移动；G 键可将该物体自动捕捉到地面移动；F 键可使物体符合景观；长按 Alt 键选择物体的基点并移动即可复制该物体。

5．旋转模型和模型素材

在放置完模型或模型素材后，可单击"旋转"按钮以及已放置的模型基点对该模型进行旋转。可移动如图 15.15 所示的滑块，对模型角度进行控制，可使得模型分别绕 X 轴、Y 轴、Z 轴进行旋转。

6. 缩放模型和模型素材

在放置完模型或模型素材后，可单击"缩放"按钮■以及已放置的模型基点对该模型进行缩放。可移动如图 15.16 所示的滑块，控制模型缩放的比尺。

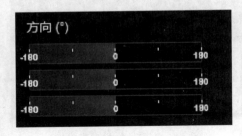

图 15.15　"旋转"选项界面

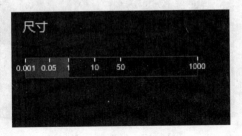

图 15.16　"缩放"选项界面

7. 删除模型和模型素材

在放置完模型或模型素材后，可单击"删除"按钮■以及已放置的模型基点对该模型进行删除。选择删除可配合键盘对模型进行控制，长按 Ctrl 键可框选多个模型进行删除。

8. 编辑模型和模型素材的注意事项

在编辑模型和模型素材，即选择移动、旋转、缩放、删除模型和模型素材时，应事先在功能区的左端选择好所编辑的模型或模型素材的类别，才可对该类别进行编辑，例如在选择自然类别后方可对树木的模型素材进行编辑，但不可对人和动物等其他类别进行编辑。

15.2.3　模型材质的修改

Lumion 12.0 本身除了可以与 Revit、SketchUp 等多种其他建模软件兼容，还可凭借本身自带的材质库对导入模型的材质进行极其细致的修改，材质贴图可支持 JPG、BMP、HDR 和 PNG 等多种格式图像的导入，同样支持 MP4 格式，这使得 Lumion 的表现十分出彩、渲染效果真实。

在导入模型后，鼠标左键单击所需修改材质的模型表面，Lumion 12.0 即可弹出该表面当前所使用材质的属性框。具有一定操作基础的用户可直接更改当前材质的各个属性，以满足渲染成果的需求。现介绍使用 Lumion 12.0 自带材质库以及编辑材质属性的方法。

1. 选择 Lumion 12.0 材质库的材质

在材质的属性框单击"材质库"按钮■■ 材质库 即可进入材质库选择材质，如图 15.17 所示，材质库内的材质主要有五个选项："各种""室内""室外""自定义材料""新的"。

在"各种"选项内的材质，主要包括了自然界内的各类材质以及其他材质，例如 2D 草地、3D 草地、岩石、土壤、水、森林地带、落叶、陈旧、毛皮、杂类，每类材质都具有贴图、着色等自带属性已设置完善的多种材质。

在"室内"选项内的材质，主要包括了建筑室内场景所需的常用材质，例如布、玻璃、皮革、金属、石膏、塑料、石头、瓷砖、木材、窗帘，每类材质都具有贴图、着色等自带属性已设置完善的多种材质。

在"室外"选项内的材质，主要包括了建筑室外场景所需的常用材质，例如砖、混凝土、玻璃、金属、石膏、屋顶、石头、木材、沥青，每类材质都具有贴图、着色等自带属性已设置完善的多种材质。

在"自定义材料"选项内，可选择用户已编辑过材质属性并保存的材料，在编辑素材的菜单处即可添加自定义材料。

在"新的"选项内，用户可完全创建新的材质，并有 11 种已设置好基本参数可供修改编辑的模板供用户使用，有"广告牌""颜色""玻璃""高级玻璃""无形""景观""照明贴图""导入素材""标准""水""瀑布"可供选择，单

图 15.17　材质选项界面

击后可在材质的属性框内根据需求进一步地调整各个参数，以生成新的材质。

用户均可根据自身需求单击缩略图对各种材质进行编辑使用。

2. 修改材质属性

从 Lumion 12.0 自带的材质库的介绍可以发现，直接使用材质库内的材质并不一定可以满足用户对模型渲染的需求，且在创建新材质时，需要对当前材质的属性做出一定程度的调整，单击"编辑素材"按钮 编辑素材 可修改材质属性，即在材质的属性框内，调整材质的各个属性。以材质库"新的"选项内的"标准"模板（大部分的材质都可依据此模板建立）为例，并对常用属性进行介绍。图 15.18 所示为"标准"模板的属性框及其各个选项面板。

单击"着色贴图"，导入 JPG、BMP、HDR 或 PNG 等格式图像，可将该模型表面以该图像显示，例如草地。

单击"颜色选择"，并选择任一颜色，用鼠标从 0 至 1.0 逐渐滑动"着色"滑块，可以将改颜色逐渐附着在"着色贴图"上。例如选择颜色为红色，可以在"着色贴图"为草地（默认为绿色）的基础上，将绿色的草地变为红色的草地。

在设置不平整材质例如某些地面时，可添加"视差贴图"，并调整"视差"数值和"位移"数值，来调整该材质的不平整度。

用鼠标从 0 至 1.0 逐渐滑动"反射率"滑块，可以修改该表面反射光线能力的强弱，在放置水、金属、玻璃等材质时，常需要调整该属性。

用鼠标从 0 至 1.0 逐渐滑动"光泽"滑块，可以修改该表面光滑程度，在放置金属、玻璃等材质时，常需要调整该属性。该属性一般与"反射率"协同调整，两者数值皆较高时，可达到镜面的效果。

"地图比例尺"可调整所导入贴图占所贴表面的大小。

"位置"和"方向"可调整所导入贴图在所贴表面的位置和方向，一般与"地图比例尺"协同调整。

用鼠标从 0 至 1.0 逐渐滑动"透明度"滑块，可以使材质逐渐变为透明，在放置水、

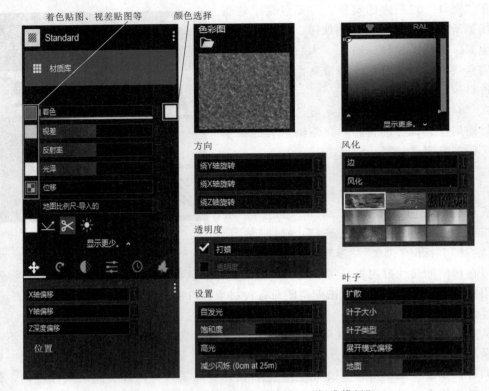

图 15.18　修改材质属性选项界面（"标准模板"）

玻璃等材质时，常需要调整该属性。

金属、木材、岩石等在风化作用下会发生锈蚀、腐蚀等现象，"风化"按钮可在放置该类材质时调整其属性。

对于部分墙壁等结构物，在自然环境下某些植物会长于此，"叶子"按钮可调整该属性进行仿真，亦可通过该属性构建成群的灌木丛或植物围墙等。

用户可以根据自身的需求，尝试调整其他一些属性参数。

15.2.4　环境地形地貌的创建

在导入放置模型和模型素材、修改编辑材质后，可根据现有的模型更改地形地貌，调整添加相应的模型素材，使模型与环境显得更为融洽。图 15.19 所示为 Lumion 12.0 自带范例中海景房及周围所属环境。

1. 高度

鼠标左键单击"高度"选项后，功能区将弹出修改地形起伏高度的功能按键，如图15.20 所示。

单击"提升高度"按钮并将鼠标移至工作区，工作区内的地面上将出现一定范围的光圈，长按鼠标左键即可提高该范围内的地形高度。"降低高度""平整""起伏"和"平滑"按钮的使用方式与"提升高度"类似。

"降低高度"可提高光圈范围内的地形高度。

图 15.19　场景环境渲染

"平整"可对光圈范围内的崎岖凹凸不平的地形进行平整且滑动鼠标可调整光圈外的地形高度。

"起伏"可将光圈范围内的地形变得崎岖不平。

"平滑"可以使得陡峭崎岖的地形变得光滑平顺。

调整右侧的"画笔大小"和"画笔速度",可以调整功能光圈的范围大小以及调整速率。

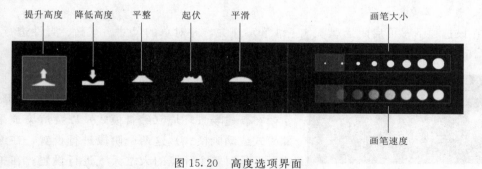

图 15.20　高度选项界面

2. 水

在该选项下,可以选择水的类型以及放置、移动水面,如图 15.21 所示。

3. 海洋

在该选项下,可启闭海洋开关,即在现有地形基础上添加一个无限范围的海平面,并可编辑波浪强度、海平面高度等属性参数,如图 15.22

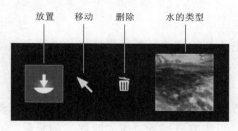

图 15.21　水选项界面

所示。

图 15.22　海洋选项界面

4．描绘

在该选项下，可选择景观纹理，如图 15.23 所示，对现有地形地貌进行局部材质的修改覆盖，例如设置田地、小路等，功能按键的使用方式与高度选项内"提升高度"类似。

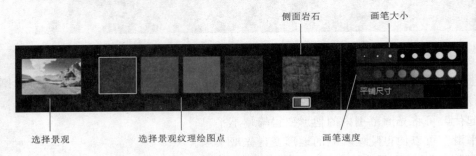

图 15.23　描绘选项界面

5．景观草

在该选项下，可启闭景观草（三维草）开关，并对草的尺寸、草高、野性进行编辑，如图 15.24 所示。

图 15.24　景观草选项界面

15.2.5　天空天气的设定

在 Lumion 12.0 中对场景的天气进行编辑修改，主要在新建场景环境（编辑模式）以及渲染成果（拍照模式或动画模式）这两个阶段进行设置，在编辑模式下，是对整个环境的天空天气进行设置；在拍照模式或动画模式下，是在上述的天空天气设置的基础上增添特效，针对某张渲染图片或某段渲染视频进行天空天气的修改，对场景环境的天空天气以及其他渲染图片或渲染视频将不产生影响。

1．编辑模式下对天空天气的设置

在编辑模式下，在功能区的"天气"选项面板中可更改相关的属性参数，可调节太阳方位、太阳高度、天空亮度、风速、风向等，如图 15.25 所示。其中，通过设置太阳高度可调节渲染场景对应的时间，如早晨、正午、傍晚、夜晚等；通过设置天空亮度可调整整片天空的明晦程度，以模拟晴天、阴天等天气；风速、风向可以与 Lumion 12.0 的模型素材相适配，可使得树木的枝叶随风摆动等。

鼠标左键单击"真实天空"按钮，可将天空模拟成实际天空，且可以选择真实天空类型，例如多云、晚上、日落、夜晚等。需要注意的是，在开启真实天空后，太阳高度将被锁定无法调整。

图 15.25 天气选项界面

2. 拍照模式或动画模式下关于天空天气特效的设置

拍照模式下，在调整好拍照视角并储存后，即可对该张图片添加特效并进行渲染，添加效果选项界面如图 15.26 所示。

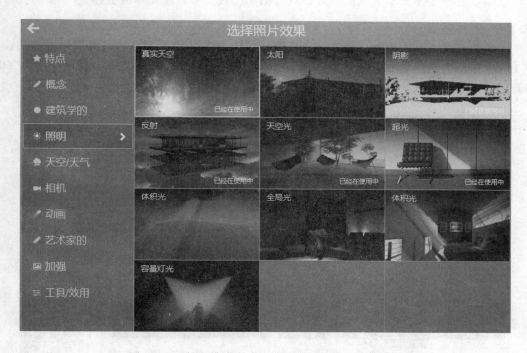

图 15.26 拍照模式或动画模式下添加效果选项界面

单击左上方"更改风格"按键（图 15.27），即可更改即将渲染图片的风格。Lumion 12.0 中直接预设完毕且与天空天气属性相关的风格包括现实的、室内、黎明、日光效果、夜晚、阴沉 6 种风格，也可在"自定义风格"或预设的风格内增添修改相关的效果，主要包含在"照明""天空/天气"两个选项面板内的效果。"照明"选项面板内的部分功能选项可调整范围及作用见表 15.1，其他功能用户可根据自身需求自行尝试。

表 15.1　　　　　　　"照明"选项面板内的部分功能选项可调整范围及作用

面板选项	功能设置	可调整范围	作　　用
"太阳"	太阳高度	−1～1	数值越大，太阳高度越高，可模拟白天效果
	太阳绕 Y 轴旋转	−1～1	模拟太阳方位
	太阳亮度	−1～1	数值越大，太阳亮度越高
	太阳圆盘大小	0～1	调整太阳的大小
"体积光 1"	衰变	0～1	数值越小，体积光的衰变越小
	长度	0～1	数值越小，体积光的长度越小
	强度	0～1	数值越小，体积光的强度越小
"体积光 2"	亮度	0～1	表现体积光的亮度大小，数值越小，亮度越低
	范围	0～6	数值越小，体积光范围越小，体积光的效果越明显

　　动画模式下关于天空天气的特效设置与拍照模式类似，在此不再赘述。

15.2.6　图片渲染

　　在编辑模式下导入模型、建立场景环境后，用户即可根据自身需求对成果进行渲染。图 15.27 所示为拍照模式下的工作界面，主要包括预览窗口、储存相机、编辑特效、渲染照片四个部分。

图 15.27　拍照模式下工作界面

资源 15.3
图片渲染

　　在预览窗口中，用户可根据图片渲染的需求对所建设的模型场景进行视角的调整，鼠标左键单击"储存相机"保存视角，可对多个视角进行保存形成照片集；单击左上方"自定义风格"或"添加效果"即可对该视角下的图片进行特效添加，须注意的是每个视角保存的图片皆需单独设置，若有重复使用效果的需求，可复制粘贴效果清单进行操作；最后单击"渲染照片"，可对当前拍摄视角或照片集进行不同分辨率渲染出图，如图 15.28 所示。

图 15.28 照片渲染

15.2.7 动画渲染

在编辑模式下导入模型、建立场景环境后，用户即可根据自身需求对成果进行渲染。Lumion 12.0 通过捕捉关键帧从而创建动画，且可以导入计算机图片或视频进行简单的拼接剪辑。

如图 15.29 所示，鼠标单击"录制"按键 ，即可捕捉关键帧以生成动画，进入如图 15.30 所示动画剪辑界面。在预览窗口中，找到合适的视角，单击"添加相机关键帧" 即可创建关键帧。

资源 15.4
动画渲染

若对已建成的关键帧进行修改，单击"刷新" 即可。

在创建多个关键帧后，Lumion 12.0 会根据关键帧生成连续动画，单击
"播放"即可预览已生成的动画。单击"缓入线型" 和"缓出线型" 图标可以切换缓入流畅和缓入线型来切换视频播放的不同连续性。在录制过程中，可通过单击"编辑短视频时长"按钮 ◀ 4.42s ▶ 的方向箭头或直接输入时间来进行对当前视频剪辑播放时长的调整。

在动画模式下，对动画特效的添加方式与对图片的添加方式相类似，如图 15.31 所示。但在该模式下，可添加独有的特效，例如"声音""动态模糊""群体移动""移动""高级移动""天空下降""动画灯光颜色""时间扭曲""标题""淡入/淡出""并排 3D 立体""全局光"等。

图 15.29　动画模式的工作界面

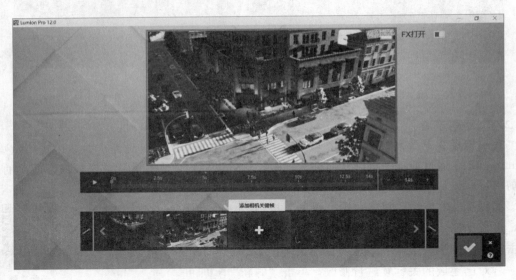

图 15.30　动画剪辑界面

"声音"仅对整部电影有效。在动画模式下单击此选项可为整个视频添加声音。

"动态模糊"可模拟在快速移动状态下相应场景出现的模糊特效。动态模糊只有一个数量参数，数量可以在 0～3 之间调节，用以控制动态移动镜头或者运动时物体的模糊程度。

"群体移动"用以移动群体的运动轨迹，主要包括对人、车辆等运动物体的移动方向和范围进行调整。

"移动"可用于单个指定移动对象的特效设置。

"高级移动"用以指定进行高级移动设置的对象，在此可以对移动对象进行调节。

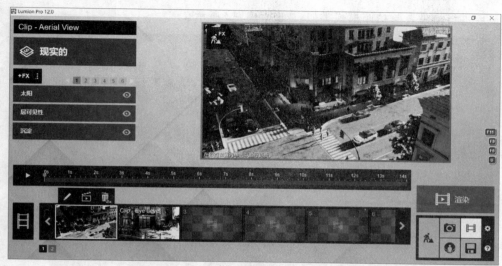

图 15.31 在动画模式下添加特效

"天空下降"用以模拟从天空掉落物体的特效，用以指定需要进行掉落效果设置的物体或对象。

"动画灯光颜色"打开动画灯光颜色特效界面，可以为场景中的灯光设置不同的颜色。需注意，若要模拟聚光灯颜色特效，就需要将太阳调整到夜晚状态，并且单击聚光灯特效中的图标后，再指定场景中的聚光灯，该功能才有效。

其余涉及可调整范围的特效及作用列于表 15.2。

表 15.2　　　　　动画模式下部分特效制作功能选项可调整范围及作用

特效名称	功能设置	可调整范围	作　用
"天空下降"	偏移	0～1000m	调节下降物体或对象的偏移距离
	持续时间	0～1000s	调节下降的持续时间
	间距	0～100m	调节下降的间距大小
"时间扭曲"	偏移已导入带有动画的角色和动物	−10～10s	调整角色和动画的偏移时间
	偏移已导入带有动画的模型	−50～50s	调整模型的偏移时长
"淡入/淡出"	持续时间	0～10s	表现不同视频剪辑之间的过渡效果
	输出持续时间	0～10s	调整视频剪辑的输出持续时间
"全局光"	阳光量	0～5000cd/m²	当数值为 0 时，画面表现为初始亮度值；当数值调大以后，整体画面亮度就会提亮其至产生曝光过度的效果
	衰减速度	0～5000m/s	控制全局光随距离的衰减速度值
	减少斑点	0～5	减少全局光照射中产生的画面斑点问题
	阳光最大作用距离	0～1000m	控制全局光影响的范围大小
	预览点光源全局光及阴影	开启/关闭	控制点光源的光照及阴影的显示状态
	聚光灯 GI 强度	—	设置周围物体被照亮的程度

最后进行渲染，与拍照模式类似，如图 15.32 所示。

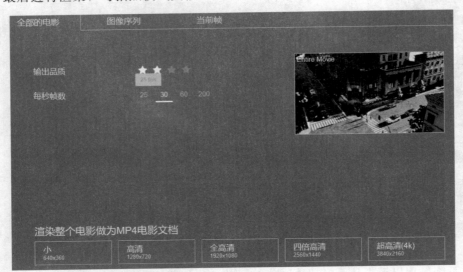

图 15.32　电影渲染

15.3　Lumion 12.0 渲染实战案例

资源 15.5
视频及动
画的渲染

15.3.1　模型导入及模型调整

用户在使用 Lumion 12.0 导入渲染 Revit、SketchUp 等软件所建立的三维模型前，建议在 Revit、SketchUp 等建模软件内，先检验校核模型结构以及是否存在冗余结构或多余线条等情况，以免影响渲染的成果。而对于结构复杂或具有多次导入组件需要的项目文件，建议用户调整好模型在建模软件内的坐标原点（即导入 Lumion 12.0 后的模型基点）后再多次导入模型，以便在 Lumion 12.0 中更方便准确地调整三维模型各个组件的位置。

鼠标左键双击 Lumion 12.0 图标，单击"创建新的"或"输入范例"（图 15.33），根据已建立的三维模型类型选择合适的环境场景，可一定程度地减小后期场景建立修改的工程量。例如某栋别墅的三维模型（.dwg），在导入 Lumion 12.0 时可选择"创建新项目"中的"郊区环境"图。

资源 15.6
房屋整体图

在 Lumion 12.0 加载完毕"郊区环境"后即可对三维模型进行导入，先后单击"编辑模式""内容素材库""导入的模型""放置""导入新模型"，找到三维模型"房屋整体图 .dwg"的路径后，单击该模型的缩略图以及在工作区内所需放置的位置即可，如图 15.34 所示。

在放置完成某栋别墅"房屋整体图 .dwg"的三维模型后，可通过"选择""旋转""缩放""删除"对所放置的模型进行移动、旋转、缩放、删除，以调整模型在该环境场景内的位置、方向、大小等，使得模型能够较好与场景环境相得益彰。调整好的模型以及场景如图 15.35 所示。

①单击"创建新的"或"输入范例"

②单击"郊区环境"

图 15.33　创建案例项目及场景

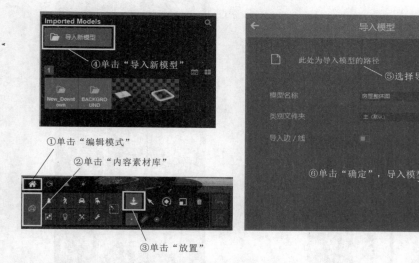

④单击"导入新模型"

①单击"编辑模式"

②单击"内容素材库"

③单击"放置"

⑤选择导入模型的路径

⑥单击"确定"，导入模型

图 15.34　导入新模型

图 15.35　调整位置后的模型及场景

15.3.2　模型材质调整

对于所导入的模型，Lumion 12.0 会根据自身具有的材质库以及三维模型源文件中的材质信息进行贴附材质。以混凝土材质为例，在 Lumion 的默认材质属性中，混凝土材质带有一定的金属光泽，需要调整"反射率"及"光泽"等效果，提高混凝土的粗糙质感，以达到最接近真实的目的。

依次单击"编辑模式""材质"、所需贴敷材质的模型表面，即可进入"编辑素材"修改材质属性，亦可鼠标左键单击"材质库"在材质库中选择更换当前材质，如图 15.36 所示。在材质更换完成后，再对新材质修改属性。

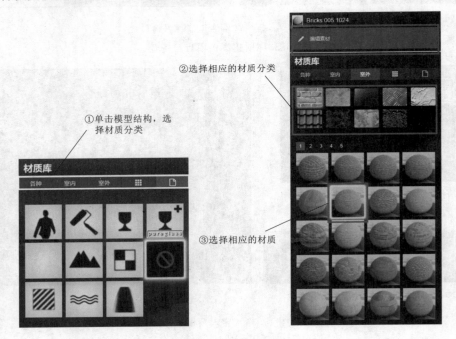

图 15.36　在材质库中选择材质

以屋顶为例，在单击模型屋顶后，可以在"材质库"中单击"室外"中的"砖"或"屋顶"，在此材质中可以编辑"着色""视差""反射率""光泽""位移"等特性，如图 15.37 所示。

可根据上述操作对其余材质进行调整，在更改完成后，单击"保存更改"即可进行保存，材质更改完成的模型如图 15.38 所示。

15.3.3　模型渲染图输出

在建筑表现领域，相较于其他软件，Lumion 一直以其操作的简便性、快速的渲染速度以及丰富的预设素材占据优势。

对于 Lumion 模型渲染输出，与专业的拍照摄影相类似，需要培养锻炼一定的素质素养，曝光、对焦及构图为摄影的三要素，而合理的模型布局、极佳的拍摄角度以及真实的特效设置则为 Lumion 渲染出图的重中之重。Lumion 提供了一些基本的设置参数便于入

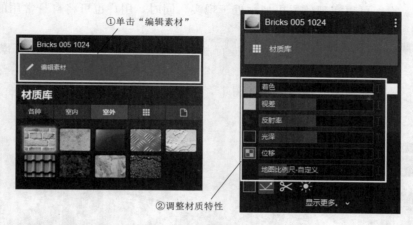

图 15.37 编辑材质特性

图 15.38 材质效果图

门级别的用户使用。

（1）合理的模型布局。在模型的导入时即应注意，需要与周围的场景环境像融洽，并增添相应的模型素材。

（2）极佳的拍摄角度。在导入模型建立完成场景后，通过鼠标和键盘的使用在"拍照模式"的预览窗口来选取适合的拍摄角度，尽可能较为完整地表述所需的模型或场景部分。

（3）真实的特效设置。在渲染出图时，可对特效进行添加编辑，先后单击"拍照模式""添加效果"以及各个效果的缩略图并调整其各个参数即可，但该过程往往是最为考验用户审美以及相关素养的一个过程。

对于 Lumion 渲染图片的效果，互联网中有许多摄影爱好者及相关用户分享的效果预设，可以实现效果更加贴近于现实，同时，用户也可将自身常用的特效存储导出，便于后期使用。

　　在图 15.39 所示界面进行相关设置后，单击"渲染"，可以选择渲染"当前拍摄"（单张效果图）或"照片集"（多个角度的效果图），选择相应分辨率后渲染，渲染效果如图 15.40 所示。

图 15.39　图片渲染窗口

图 15.40　房屋整体效果渲染图

第 16 章

广联达 BIM——建筑工程造价应用

16.1 广联达 BIM 土建计量平台及其界面简介

16.1.1 广联达 BIM 土建计量 GTJ2021 平台简介

随着计算机技术在工程施工领域的发展，建筑信息模型（building information modeling）成了建筑学、工程学等土木工程学科的新工具。BIM 技术运用三维图形，以物件为主要的导向，用计算机技术辅助建筑工程的设计，它是技术、方法和流程的结合体，集合了建筑全生命周期的模型信息与建筑工程管理行为的模型。

广联达 BIM 土建计量 GTJ2021 平台（图 16.1），帮助工程造价企业和从业者解决土建专业估概算、招投标预算、施工进度变更、竣工结算全过程各阶段的算量、提量、检查、审核等全流程业务，实现了一站式的 BIM 土建算量。此平台是为 BIM 工程师及技术工程师全新打造的聚焦于施工全过程的 BIM 建模及专业化应用软件。

平台内置了《房屋建筑与装饰工程工程量计算规范》（GB 50854—2013）及全国各地清单定额计算规则、G101 系列平法钢筋规则。与同类软件相比，广联达 BIM 土建计量 GTJ2021 平台优化了 CAD 文件识别，实现了跨图层选择，可处理斜柱墙、拱梁板的建模与钢筋、土建的计算。广联达 BIM 土建计量

图 16.1 广联达 BIM 土建计量 GTJ2021 平台图标

GTJ2021 平台实现了估概算、施工图预算、施工进度变更、竣工结算四个过程的全覆盖，实现了 CAD 图纸、三维模型、计算规则的整合，通过模型的构建计算土建及钢筋算量，以保存施工数据及完成施工 BIM 模型。

16.1.2 广联达 BIM 土建计量 GTJ2021 平台开始界面

广联达 BIM 土建计量 GTJ2021 平台的初始界面分为开始菜单栏、近期工程栏（工作台）、检索栏与用户身份栏等几个部分，如图 16.2 所示。

在开始菜单栏中，用户可以新建或打开工程项目文件、更新软件版本、下载优秀案例、浏览积分商城、验证产品和使用协同建模等。用户在近期工程栏中可以直接打开最近编辑的本地或云平台中的工程文件。广联达 BIM 土建计量平台考虑提升用户体验、提高

建模水平,设置了相应的积分商城,用户可根据需求完成日常任务以获得积分,并进行优秀案例的下载。

图 16.2 广联达 BIM 土建计量 GTJ2021 平台开始界面

16.1.3 广联达 BIM 土建计量 GTJ2021 平台绘图界面

在广联达 BIM 土建计量 GTJ2021 平台的开始界面单击"新建"后,进入平台的绘图界面(图 16.3)。绘图界面分为菜单栏、导航栏、构件列表、构件属性列表、绘图性质栏及绘图区几个部分。

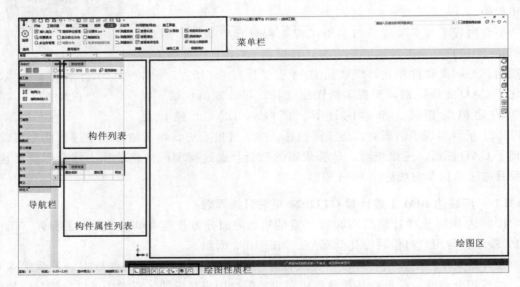

图 16.3 广联达 BIM 土建计量 GTJ2021 平台绘图界面

在菜单栏中，用户可以进行工程信息设置、建模绘图设置、工程量计算、视图调整等操作（图16.4）。

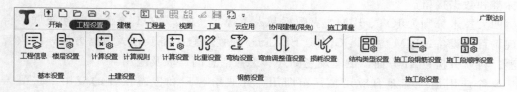

图 16.4　菜单栏

用户在导航栏可以设置施工段、绘制参数化及非参数化构件、设置土方开挖回填等。在构件列表中，用户选择编辑单个构件，并可以在构件属性列表查看构件的各类别的详细数据。此外，在绘图性质栏中可快速打开正交、捕捉等操作。

16.1.4　广联达项目管理平台简介

广联达项目管理平台（图16.5）是为建筑产业数字化转型提供一站式服务的数字项目管理（BIM＋智慧工地）平台。平台秉承一个理念、统一一个平台、依托四大技术、搭载 N 个应用，综合运用 BIM 和"云大物移智"等数字化技术，对施工现场"人机料法环"等关键要素做到全面感知和实时互联，实现施工项目管理的数字化、系统化、智能化，从而驱动施工项目管理转型升级。

图 16.5　广联达项目管理平台界面

一个理念是指数字建筑理念，是建筑产业转型升级的核心引擎。它结合先进的精益建造理论方法，集成人员、流程、数据、技术和业务系统，实现建筑的全过程、全要素、全参与方的数字化、在线化和智能化，构建项目、企业和行业的平台生态新体系，从而推动以新设计、新建造、新运维为代表的产业升级。

一个平台是指广联达 BIM＋智慧工地平台，将现场系统和硬件设备集成到一个平台，将产生的数据汇总建模，形成数据中心，实现统一主数据、统一 BI、统一人口、统一技术标准和数据接口。

四大技术分别为 IOT、BIM、大数据和人工智能（AI）。IOT 方面，能使筑联平台接入现场百种设备；BIM 方面，iGMS、BIMFace 使模型触手可及；大数据方面，提供智慧预测、科学分析；AI 方面，赋能现场图片、影像信息的提取及应用。

N 个应用是一套兼容应用、开箱即用、开放给客户和生态伙伴的应用。它覆盖了 BIM 建造、智慧劳务、智慧安全、智慧物料、智慧质量、智慧生产、智慧商务等业务场景。

平台集成了使用人员定位、组织权限、授权管理、系统设置与审计管理五大模块，平台通过数字化思路，以及信息技术来改进工程项目各干系组织、协同作业的新建造方式，将有效满足数字时代施工企业项目管理的新需求。

广联达平台面向系统的管理人员开发了组织权限、授权管理、系统设置、审计管理四大模块。组织权限：管理租户的组织、用户、角色权限、岗位、项目等，支持组织人员权限的配置、项目信息维护等能力。授权管理：支持的产品授权和项目授权；支持项目绑定产品查询等能力。系统设置：支持管理员个性化设置系统，如变更系统名称、系统 logo、设置安全管控，维护组织、项目扩展信息等。审计管理：支持管理员查询重要操作的审计日志能力。

施工计量平台是广联达公司推出的一款面向施工企业施工项目过程算量的算量产品，主要分为 GTJ 端、网页端产品、手机端产品三个部分，针对施工现场高频的分段提量、预算量到材料量的转换，帮助客户快速、准确、灵活地通过划分施工段框图提量、移动提量，支撑项目部材料采购、分包结算、过程量控等需求。其中 GTJ 端、网页端产品主要是将预算 BIM 模型通过建模方式装变、计算规则修改、构件扩展等方式转换成施工 BIM 模型，使模型的算量精度更符合实际施工需求，并提供算量数据的可视化展示。

16.2　绘图常用名词释义及准备

16.2.1　常用名词释义

广联达 BIM 土建计量 GTJ2021 平台是基于建筑制图的相关知识及内容进行构建的平台，故在使用的过程中相关的名词与建筑制图中的名词相似，此节介绍的均为常用名词。

（1）主楼层。主楼层为实际工程中的楼层，包括基础层、地下层、首层、第二层、标准层、屋顶层等部分。

（2）构件。构件也称普通构件，包括在绘图过程中建立的柱、梁、板、剪力墙、砌体墙、散水、墙面、屋面等。

（3）构件图元。构件图元简称图元，是将定义好的构件绘制在绘图区所形成的图形。

（4）构件 ID。构件 ID 即构件的编号，在当前楼层、当前构件类型中唯一。

（5）公有属性。公有属性又称公共属性，在构件属性中以蓝色字体表示；是构件图元所共有的属性，且同一构件的所有图元的属性必定相同，如砌体墙的名称、类别、材质、砂浆标号、砂浆类型、厚度等。

（6）私有属性。私有属性指构件属性中以黑色字体所表示的属性。私有属性具有独立性，即某一构件在绘图区有多个图元时，各个图元的私有属性相互独立、互不影响，可单独设置，如砌体墙的起点顶标高、起点底标高、终点顶标高与终点底标高。

（7）附属构件。不能单独存在，必须依附于其他构件而存在的构件称为附属构件，如墙洞、门、窗等。

（8）组合构件。由各类构件图元组合成为新的整体构件称为组合构件，如阳台、飘窗、老虎窗等。

（9）依附构件。依附构件是广联达 BIM 土建计量 GTJ2021 平台为了提高绘图速度所提供的一种构件绘制方式，即在定义构件时，先建立主构件与依附构件之间的关联关系，在绘制主构件时，可将其关联的构件一同绘制上去。例如，在绘制墙时，可以将圈梁、保温层、压顶一同绘制上去，即圈梁、保温层、压顶依附墙而绘制，墙构件称为主构件，圈梁、保温层、压顶构件则称为依附构件。

（10）块。鼠标拉框选择范围内所有构件的集合称为块，对块可以进行复制、移动、镜像等操作。

16.2.2　前期准备工作及操作流程

广联达 BIM 土建计量 GTJ2021 平台的前期准备工作也是操作中重要且不可忽视的一个环节，为了避免返工重做的情况，在拿到工程时不要着急算量，要先进行一些必要的准备工作。具体而言，有以下 4 个方面：

（1）必要的资料及软件准备，包括工程图纸、定额规则（合同或委托方要求采用的定额）、清单算量规范、标准图集（包括 11G101 系列图集及其他标准图集）、施工组织设计、工程软件（CAD、天正、广联达钢筋及土建算量软件等）、性能较高的台式机或者笔记本电脑、计算器（简单辅助算量用）、记笔记用的小本子等。

（2）分析研读图纸。拿到工程项目之后，必须对图纸进行详细的分析，将其中的一些关键点记录在小本子上，软件建模时注意进行相应处理，如设计图纸采用的平法图集、柱插筋弯折长度、分布筋配筋信息、阳角放射筋信息等。读图时按照五先五后的顺序进行：先看图纸目录，后看施工图纸；先看建施，后看结施；先看平面图、立面图、剖面图，后看详图；先看图线，后看文字说明；先整体，后局部。

（3）分析绘图先后顺序。总体来说，绘图遵循从下到上、由竖到平、先主后次的顺序。从下到上，即先绘制基础层，再绘制地下层，然后首层、第二层、标准层，最后屋顶层，即与建筑的实际施工顺序保持一致。建筑中的构件分为水平构件和竖向构件，水平构件分为梁、板，竖向构件为剪力墙和柱。由竖到平，即在同一层不同类型的构件中，先绘制柱、墙等构件，后绘制梁、板等构件，因为后者要以前者为支座，最后绘制零星构件。先主后次是指同类型的构件中，先绘制起主要支撑作用的构件，后绘制起辅助支撑作用的构件，如先绘制主梁，后绘制次梁，因为次梁要以主梁为支座。在绘图前准备工作中，要根据以上三大原则制定项目的具体绘图顺序和策略。

（4）建立楼层关系表。在广联达软件中，层的概念很重要，要在图纸总说明及分页图纸中找到楼层表。画图之前必须找到这样一张楼层关系表，若图纸中未明确体现，则应自己手动建立一张楼层表，并按总说明及分页说明在该表中标上构件混凝土标号，便于在钢筋软件里尽快设置好钢筋的锚固和搭接长度。建议将此记录在笔记本上，便于绘图时随时查看。

广联达 BIM 土建计量 GTJ2021 平台的整体操作流程包括 10 个步骤：启动土建软件→新建工程→工程设置（包括楼层设置）→建立轴网→新建并定义构件→绘制图元→表格输入→汇总计算→报表打印→保存并退出软件。

16.2.3 广联达 BIM 建筑工程算量软件常用快捷键

广联达 BIM 建筑工程算量软件中默认有快捷键，造价人员可以直接使用，也可以按自己的习惯进行定义（可执行"工具"→"快捷键设置"命令进行相应设置），造价算量中部分常用快捷键及其作用见表 16.1。

表 16.1　　　　　　　　广联达 BIM 建筑工程算量软件中常用快捷键及作用

快捷键	作　用	快捷键	作　用
F1	打开文字帮助系统	Tab	动态输入时切换输入框
F2	绘图和定义界面的切换，构件管理	↑	动态输入时切换坐标与长度输入方式
F3	批量选择构件图元，按名称选择构件，点式构件图元左右镜像翻转	Ctrl+ =（主键盘上的"="）	上一楼层
Shift+F3	点式构件上下镜像翻转		
F4	在绘图时改变点式构件图元的插入点位置（如可以改变柱的插入点），改变线性构件端点，实现偏移	Ctrl+-（主键盘上的"-"）	下一楼层
F5	合法性检查	Shift（Ctrl）+→	切换梁原位标注框
F6	显示跨中板带，梁原位标注时输入当前列数据	Ctrl+1	报表单页预览
F7	显示柱上楼层板带和柱下基础板带，设置是否显示"CAD图层显示状态"对话框	Ctrl+2	报表双页预览
F8	钢筋算量软件中的功能：打开三维楼层，显示设置对话框及单构件输入时进入平法输入。土建算量软件中的功能：检查做法	Ctrl+3	二维切换
F9	汇总计算	Ctrl+4	三维动态观察器
F10	钢筋算量中为显示隐藏 CAD图，土建算量中为查看构件图元工程量	Ctrl+Enter	俯视

续表

快捷键	作 用	快捷键	作 用
F11	钢筋算量中为编辑钢筋,土建算量中为查看构件图元工程量计算式	Ctrl+Q	动态输入关闭开启
F12	构件图元显示设置	Ctrl+5	全屏
Ctrl+F	查找图元	Ctrl+I	放大
Delete	删除	Ctrl+U	仅用于钢筋算量软件
Ctrl+C	复制	Ctrl+T	仅用于土建算量软件
Ctrl+V	粘贴	鼠标滚轮前后滚动	放大或缩小
Ctrl+X	剪切	按下滚轮,同时移动鼠标	平移
Ctrl+A	选择所有构件图元	连续按两下滚轮	全屏
Ctrl+N	新建	Ctrl+Left (←)	左平移
Ctrl+O	打开	Ctrl+Right (→)	右平移
Ctrl+S	保存	Ctrl+Up (↑)	上平移
Shift+Ctrl+S	保存并生成互导文件	Ctrl+Down (↓)	下平移
Ctrl+Z	撤销	Ctrl+P	报表打印预览
Shift+Ctrl+Z	恢复	~	显示线性图元方向

16.3 工程的基本设置

资源 16.1
工程的基本设置

16.3.1 新建工程文件

在广联达 BIM 土建计量 GTJ2021 平台开始界面单击"新建"后,用户
可以新建工程项目,在设置界面可以更改工程名称、计算规则、清单定额库及钢筋规则。

广联达 BIM 土建计量 GTJ2021 平台内置了全国不同省份常见的清单规则及定额规则
以便用户选择。在本节中,选择清单规则为《房屋建筑与装饰工程计量规范计算规则(2021–江苏)》,定额规则选取的为《江苏省建筑与装饰工程计价定额计算规则(2014)(R1.0.33.0)》,如图 16.6 所示。在工程设置中,如果用户未选清单库,软件做法套用时清单项默认为补充清单项;如用户未选定额库,软件做法套用时定额项为补充定额子目。

16.3.2 工程信息的设置

单击菜单栏"工程设置"中的"工程信息"可以进入工程信息设置界面,用户可以对工程概况、建筑结构等级参数、地震参数、施工信息进行设置,如图 16.7 所示。此外,平台允许用户添加自定义的属性,便于工程管理,可以使用户拥有更好的展示与操作的体验。

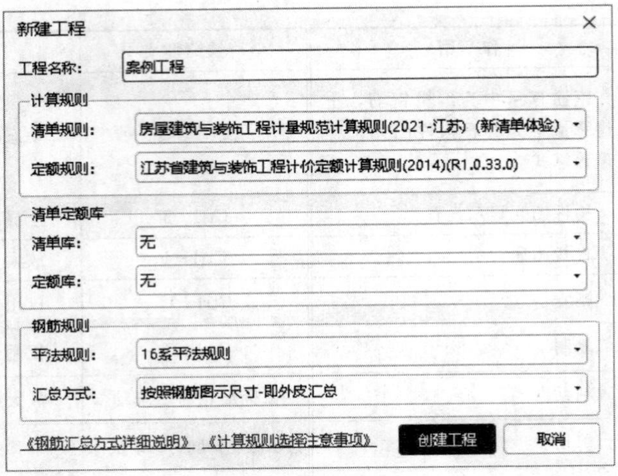

图 16.6　新建工程设置

图 16.7　工程信息设置

16.3.3 楼层的设置

在楼层设置界面，用户可以查看楼层列表（图 16.8）及楼层混凝土强度和锚固搭接设置。鼠标左键单击"插入楼层"插入新的楼层，单击"删除楼层"即可删除楼层。在楼层编码的左侧，用户可以单击"首层"方框设置首层。需要注意的是，在楼层设置中，基础层和标准层不能设置为首层。在设置首层后，楼层编码自动调整，其中楼层编码为正数时表示该楼层为地上层，楼层编码为负数时表示该楼层为地下层，基础层编码固定为 0。此外，用户可以设置各层的层高、底标高、板厚及建筑面积等属性。

用户在"楼层混凝土强度和锚固搭接设置"菜单中可以设置垫层、基础、柱、墙、梁等混凝土结构的抗震等级、混凝土类型及其强度等级、砂浆类型及其标号、锚固搭接钢筋类型及保护层厚度等。

广联达 BIM 土建计量 GTJ2021 平台提供了上述结构的初始参数，用户可根据自身需求及工程实际需要修改相关参数。

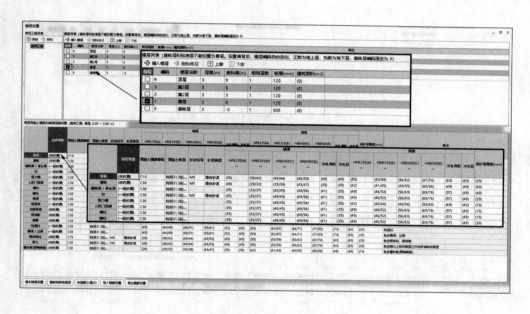

图 16.8 楼层设置

16.4 工 程 轴 网 的 绘 制

16.4.1 工程轴网系统的定义及分类

在施工图中通常将房屋的基础、墙、柱、墩等构件的轴线画出，并进行编号，便于施工时的定位放样与图纸的查阅，这些轴线称为定位轴线，横向与纵向的轴线构成了工程轴网系统（简称工程轴网）。

广联达 BIM 土建计量 GTJ2021 平台中参考定位的系统的两大重要指标便是标高与工程轴网。工程轴网在所有土木工程领域已经得到广泛深入的运用，在设计与施工中，普遍将控制关键结构构件的轴线作为工程质量控制重要手段。

软件中，工程轴网分为正交轴网、斜交轴网及圆弧轴网三大类（图 16.9）。正交轴网即横向轴线与纵向轴线夹角呈 90°的轴网系统；斜交轴网即横向轴线与纵向轴线相交呈一定角度（非垂直）的轴网系统；圆弧轴网指的是以横向轴网为半径的放射状圆弧的轴网系统，其中斜交轴网与圆弧轴网角度的值均取逆时针方向为正。

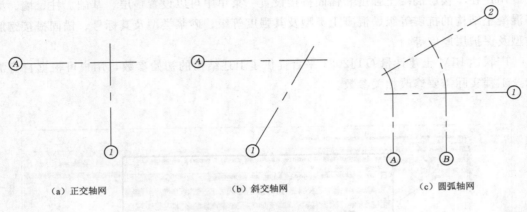

（a）正交轴网　　　　（b）斜交轴网　　　　（c）圆弧轴网

图 16.9　工程轴网系统的分类

16.4.2　工程轴网系统的识别与绘制

在计量平台中，"图纸管理器"界面为用户提供导入图纸功能，找到图纸（.dwg 格式）所在的路径，导入需要的工程图纸文件。在图纸导入完成后，用户在菜单栏"建模"的子目录下，可以单击"识别轴网"按钮 （图 16.10），从而完成轴网的识别。

图 16.10　"识别轴网"菜单栏

对于不可识别的轴网及未给出图纸文件的工程，用户可以在计量平台中进行轴网的绘制。

在绘制轴网的过程中，用户可以根据工程需求添加轴距，在软件中为了方便用户使用，预设了若干组常用轴距值，如图 16.11（a）所示。对于正交轴网，下开间指的是标注在下方的纵向轴线的轴距，上、下开间的轴号采用阿拉伯数字，从左向右依次编写；左进深指的是标注在左侧的横向轴线的轴距，左、右进深的轴号采用大写拉丁字母，从下向上依次编写。正交轴网预览界面见图 16.11（b）。

斜交轴网设置的具体操作与正交轴网相似。仅在斜交轴网的轴网属性列表中，可进行

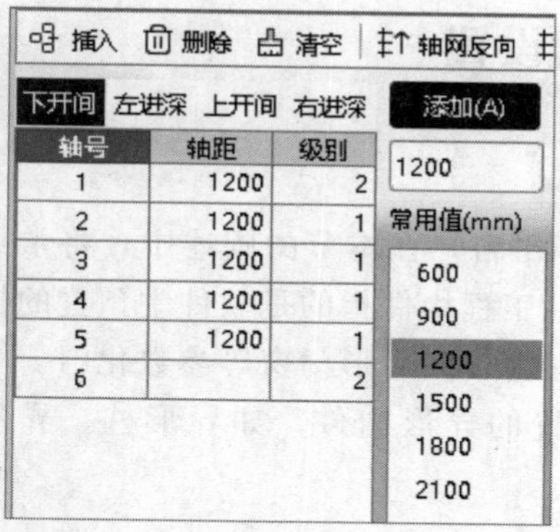

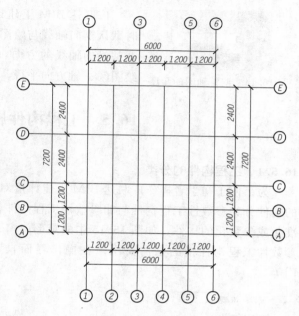

(a) 正交轴网设置界面

(b) 正交轴网预览界面

图 16.11 正交轴网的设置

属性列表			
	属性名称	属性值	附加
1	名称	轴网-1	
2	轴网类型	斜交轴网	
3	轴线夹角	60	
4	备注		☐
5	⊞ 显示样式		

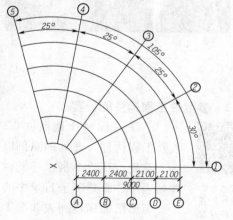

图 16.12 斜交轴网“轴线夹角”属性值的设置

“轴线夹角”属性值的设置（图 16.12）。此处案例设置的值为 60°，即表示横向轴线与纵向轴线相交呈 60° 夹角。

在圆弧轴网的轴网属性列表中，可进行“起始半径”属性值的设置，见图 16.13 (a)，即第一个圆弧轴网距圆心的距离，此处案例设置的值为 2000mm，预览图见图 16.13 (b)。

属性列表			
	属性名称	属性值	附加
1	名称	圆弧轴网-1	
2	轴网类型	圆弧轴网	
3	起始半径	2000	
4	备注		☐
5	⊞ 显示样式		

(a) 圆弧轴网“起始半径”属性值的设置

(b) 圆弧轴网案例的预览

图 16.13 圆弧轴网起始半径的设置

图 16.14 调整轴网的角度

广联达 BIM 土建计量 GTJ2021 平台中，在插入已有轴网时默认横向轴线与绘图区 x 轴方向平行，需要通过轴网的角度调整横向轴线的方向，如图 16.14 所示，此时默认横向轴线与绘图区 x 轴方向平行，即角度为 $0°$。

16.5 工程构件属性的设置

16.5.1 工程构件的分类

为了便于初学者操作广联达 BIM 土建计量 GTJ2021 平台，在本节的阐述中，将常见的构件分为参数性工程构件与非参数性工程构件。参数性工程构件指的是软件中预置的标准化或参数化的构件，如图 16.15 中的矩形门窗、弧顶门窗、大弓形门窗等参数化门。非参数性工程构件指的是需要用户在操作界面自定义设置的异形构件，如异形柱、异形门等。

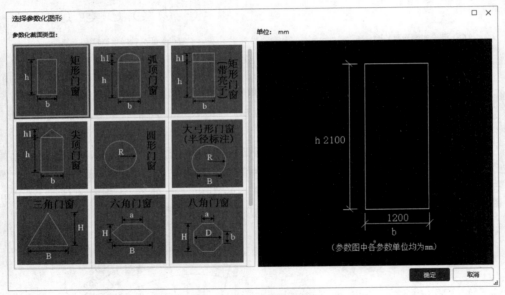

图 16.15 参数化门的设置

16.5.2 参数性工程构件的设置

资源 16.2
参数性工程
构件的设置

广联达 BIM 土建计量 GTJ2021 平台为了方便用户操作，预置了若干参数性工程构件，此处的案例以矩形门为例进行讲解。

首先，用户单击"导航栏"中"门窗洞"子目录的"门"构件，单击构件列表中"新建"子目录中的"新建矩形门"（图 16.16）。

矩形门的属性列表如图 16.17 所示，用户可以根据自身需求调整该工程构件的各个属性，例如命名矩形门，调整洞口宽度与高度，调整框厚等。设置完相关参数后，系统会自动计算洞口的面积并显示到"属性值"一栏。其他工程构件的属性调整设置可以此类推。

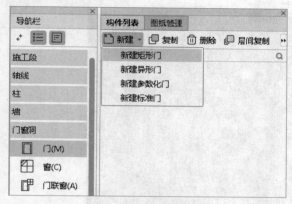

图 16.16　新建矩形门设置

图 16.17　新建矩形门属性列表

设置完相关属性参数后，用户可以将鼠标移动到需要添加门的墙体处，显示捕捉"×"或"⊠"后单击，便可插入矩形门，如图 16.18 所示。

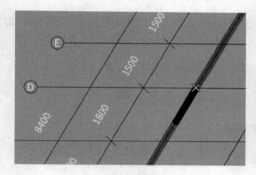
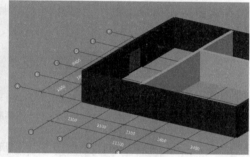

（a）新建矩形门捕捉墙体　　　　　　　　　　（b）新建矩形门三维预览

图 16.18　新建矩形门

16.5.3　非参数性工程构件的设置

对于一些异形构件，用户可以根据工程需要，自由绘制构件，下面以异形梁为例进行介绍。

首先，用户单击"导航栏"中"梁"子目录的"梁"构件，单击构件列表中"新建"子目录中的"新建异形梁"（图 16.19）。

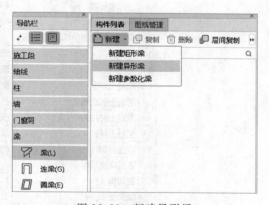

图 16.19　新建异形梁

在"异形界面编辑器"中，用户可以设置网格，以此绘制梁的截面，也可直接

资源 16.3
非参数性工程
构件的设置

导入 CAD 的".dwg"文件，以此直接形成截面。绘制或导入后成果如图 16.20 所示。

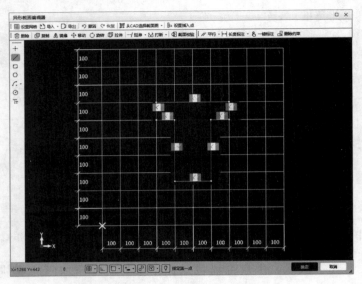

图 16.20　"异形界面编辑器"编辑

保存截面后，用户可以在"属性列表"中设置上部通长筋、下部通长筋等属性，如图 16.21 所示。

	属性名称	属性值	附加
1	名称	KL-1	
2	结构类别	楼层框架梁	☐
3	跨数量		☐
4	截面形状	异形	☐
5	截面宽度(mm)	400	☐
6	截面高度(mm)	450	☐
7	轴线距梁左边线距离(mm)	(200)	☐
8	上部通长筋	4Φ8	☐
9	下部通长筋	4Φ12+3Φ18	☐
10	侧面构造或受扭筋(总配筋值)		☐
11	定额类别	单梁	☐
12	材质	现浇混凝土	☐
13	混凝土类型	(粒径31.5混凝土32.5级坍落度...	☐
14	混凝土强度等级	(C30)	☐
15	混凝土外加剂	(无)	☐
16	混凝土类别	泵送商品砼	☐
17	泵送类型	(混凝土泵)	☐
18	泵送高度(m)		☐
19	截面周长(m)	1.7	☐
20	截面面积(m²)	0.11	☐
21	起点顶标高(m)	层顶标高	☐
22	终点顶标高(m)	层顶标高	☐

图 16.21　异形梁"属性列表"

16.6 算量计算及项目上云

16.6.1 施工算量的计算

打开项目，在菜单栏的"施工算量"子目录中有"施工汇总计算""一键上云"等选项，如图16.22所示。

图16.22 菜单栏"施工算量"界面

单击"施工汇总计算"后，在"汇总计算"弹窗中选择需要计算的项目区域。如果选择计算全楼的土建及钢筋的汇总，选择如图16.23所示。

图16.23 "汇总计算"弹窗

单击"确定"后，软件会加载图元，并进行钢筋及土建的汇总计算，如图16.24（a）所示，计算成功后提示如图16.24（b）所示。

16.6.2 项目上云

在计算成功后，用户可以选择项目上云的功能，对于上云的项目，必须选择租户，用

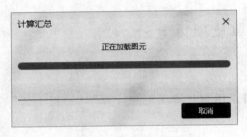
(a) 计算过程

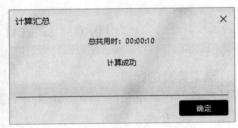
(b) 计算成功提示

图 16.24　计算界面

户可以单击下方"申请授权"（图 16.25）以使用此功能。

图 16.25　"选择租户"界面

　　选择租户后，用户需要选择上云的项目［图 16.26（a）］，单击"下一步"后进入"选择单体"界面［图 16.26（b）］，对于区域必须在项目管理平台设置相应的单体进行匹配。

　　设置完成后，选择上云的区域（图 16.27），单击"确定"后，平台在云端匹配构件工程量，等待加载后便完成项目上云。

16.6.3　算量案例

1. 新建工程、图纸导入及分割

　　首先，新建一个工程文件，打开广联达 BIM 土建计量 GTJ2021 平台，参照 16.3 节新建工程，如图 16.28 所示。

资源 16.4
案例工程演示

（a）"选择项目"界面

（b）"选择单体"界面

图 16.26　上云项目选择界面

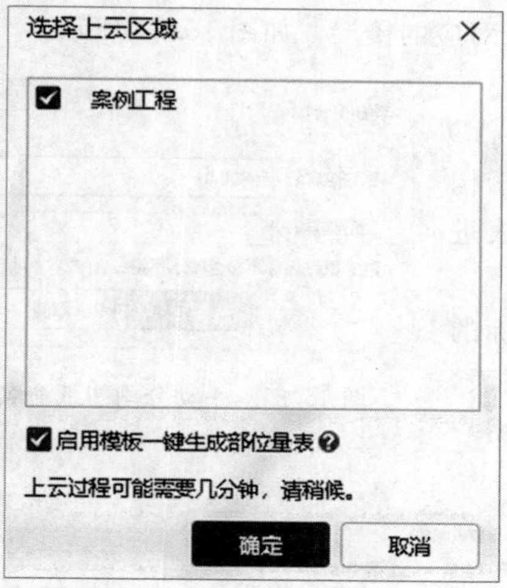

图 16.27　"选择上云区域"界面

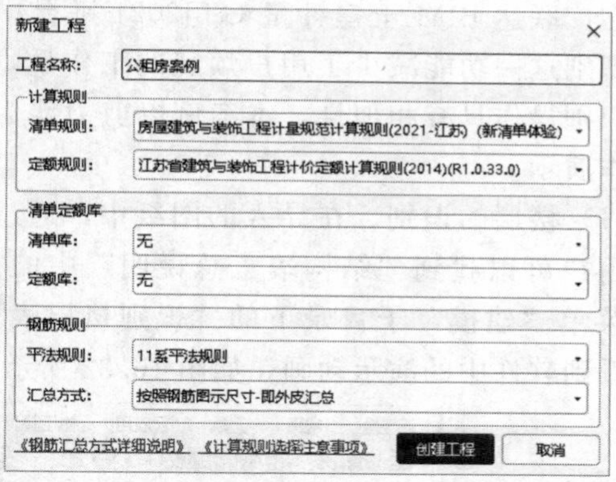

图 16.28　公租房案例创建界面

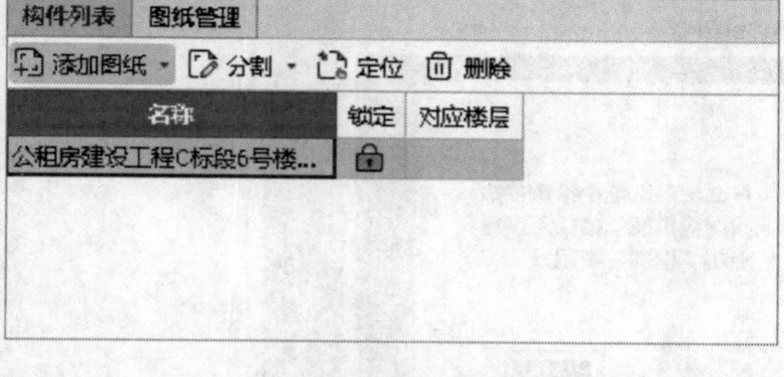

图 16.29　导入工程图纸

在创建完成后，单击"图纸管理器"，找到图纸（.dwg 格式）所在的路径，单击"添加图纸"，导入需要的工程图纸文件，如图 16.29 所示。

资源 16.5 公租房建设工程 C 标段 6 号楼案例

在图纸导入完成后，单击"图纸管理器"界面中的"分割"按钮，用户可以选择"自动分割"与"手动分割"[图 16.30（a）]。自动分割图纸的操作是平台识别原文件线层、标注以及其他信息的过程，适用于简单且表述清晰的图纸。对于复杂的项目，可以选择手动分割图纸操作。单击"手动分割"后，用鼠标左键框选图纸范围[图 16.30（b）]，单击右键后即完成分割。

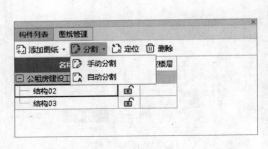

（a）分割图纸选项

（b）手动框选图纸

图 16.30　图纸的分割

分割完成后，用户可以输入自定义图纸名称及对应的楼层，如图 16.31 所示。

2. 识别楼层、轴网及构件

在广联达 BIM 土建计量 GTJ2021 平台中，CAD 图纸识别这一功能减少了用户烦冗的工作量。由于构件的识别操作具有相似性，本案例以剪力墙为代表进行操作演示。

（1）楼层的识别。在导入的图纸中，通过鼠标的滚动用户可以找到"结构竣工总说明"中的楼层表，单击菜单"建模"子目录下的"识别楼层表"，用户可以看到软件中的演示动画，如图 16.32 所示。

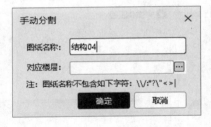

图 16.31　手动分割图纸命名

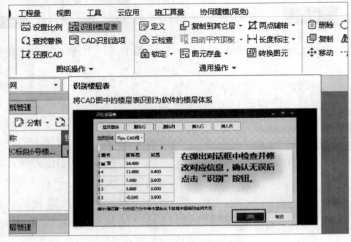

图 16.32　识别楼层表

在绘图区中，用户通过鼠标左键框选楼层表全部内容（图 16.33），单击右键确定选中。

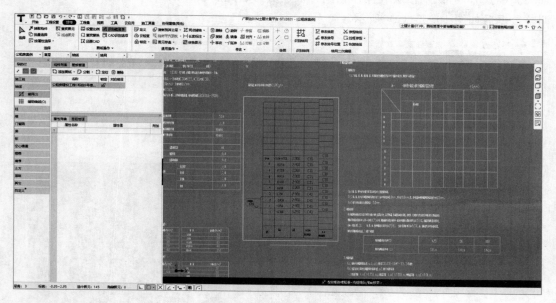

图 16.33　框选楼层表

在识别完成后，软件打开"识别楼层表"窗口（图 16.34），用户可以单击"删除列""删除行""插入行""插入列"以调整内容，单击"识别"后完成楼层表的自动识别。

图 16.34　"识别楼层表"窗口

（2）轴网的识别。导入图纸后，用户在菜单栏"建模"的子目录下，可以单击"识别轴网"按钮（图 16.10），从而完成轴网的识别。

（3）剪力墙的识别。在本案例中，首先完成剪力墙表的识别，单击导航栏中"墙"子菜单中"剪力墙"构件后，单击菜单栏"建模"子菜单中的"识别剪力墙表" ［图 16.35（a）］，与识别楼层表操作相同，框选剪力墙配筋表［图 16.35（b）］，右键确定，调整数据后如图 16.35（c）所示。

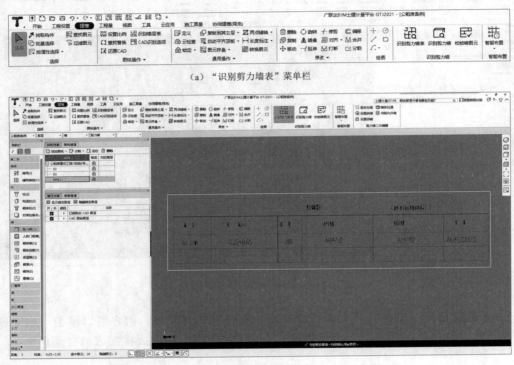

（a）"识别剪力墙表"菜单栏

（b）框选剪力墙配筋表

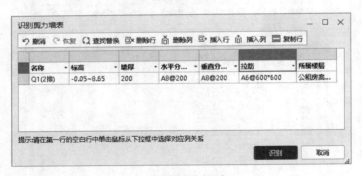

（c）"识别剪力墙表"窗口

图 16.35 剪力墙的识别

识别剪力墙表后，单击菜单栏"建模"子菜单中的"识别剪力墙"，单击"提取剪力墙边线"，选择"按图层选择"，并选择剪力墙边线，如图 16.36 所示。

单击"识别剪力墙"后，用户可以选择之前识别的剪力墙数据［图 16.37（a）］，单击"自动识别"后，单击弹窗中的"是"［图 16.37（b）］，在显示 ✅ 校核通过后即完成识别。

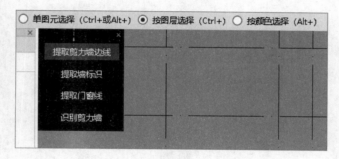

图 16.36　按图层提取剪力墙边线

（a）选择剪力墙参数

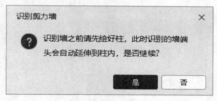

（b）剪力墙识别弹窗

图 16.37　剪力墙识别参数匹配

3. 汇总计算及算量报表导出

　　构件绘制或识别完成后，需进行汇总计算及算量报表导出，本节汇总计算方法与16.5 节操作完全相同，读者可按照前述方法进行汇总计算。

第三部分　实　习　指　南

第17章

实验题及实验指导

17.1 绘制平面图形

【实验题1】 绘制图17.1、图17.2所示的几何图形（不注尺寸）。练习并掌握画直线和圆的命令以及坐标的输入方法。

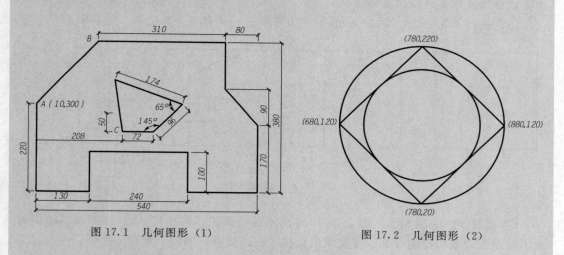

图 17.1　几何图形（1）

图 17.2　几何图形（2）

图 17.1 操作提示：

用直线（LINE）命令，从点 A 出发，以相对坐标逆时针方向画线，画到点 B 后，选择闭合（CLOSE）选项，再从点 C 开始画内部图形。

图 17.2 操作提示：

（1）用直线（LINE）命令，采用绝对坐标绘制正方形。

（2）用圆（CIRCLE）命令，采用"三点"画圆方式，输入三点的绝对坐标画外圆。

（3）用圆（CIRCLE）命令，采用"相切、相切、相切"方式画内圆。

【实验题2】 绘制如图17.3所示的平面图形（不注尺寸）。练习基本绘图与编辑命令及对象捕捉工具等。要求使用矩形、圆弧、多段线、镜像、阵列、修剪等命令。

操作提示：

（1）先画边长为100mm的正方形（用矩形命令），见图17.4（a）。

（2）以矩形左下角为圆心，以 100mm 为半径画圆弧。再从矩形底边中点开始，用多段线（PLINE）命令画一段直线，长 50mm，再画圆弧到矩形的右上角点。向右偏移（OFFSET）复制多段线，偏移距离为 25mm，见图 17.4（b）。

（3）用镜像（MIRROR）命令，以矩形的左上角和右下角为镜像线端点，完成部分图形，如图 17.4（c）所示。

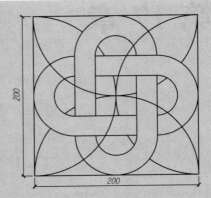

图 17.3 平面图形

（4）删除正方形，如图 17.4（d）所示。用阵列（ARRAY）命令的环形阵列方式，以图形的右下角点为中心点，取项目数 4，填充角度 360°。此步骤也可以调用镜像命令两次来完成。

（5）画边长为 200mm×200mm 的正方形外框，修剪多余的线条，完成图形。

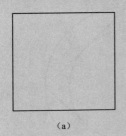 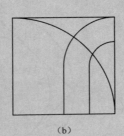 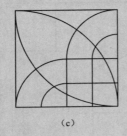 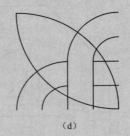

（a）   （b）   （c）   （d）

图 17.4 操作步骤

【实验题 3】 按实际尺寸绘制图 17.5 所示的平面图（不注尺寸）。练习基本绘图与编辑命令及对象捕捉工具等。要求使用直线、圆、复制、镜像、修剪等命令。

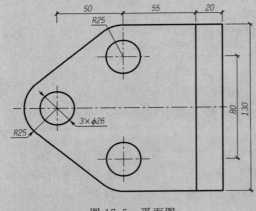

图 17.5 平面图

操作提示：

（1）画中心线，再画 $\phi26$ 和 $R25$ 的圆（先用圆代替圆弧），见图 17.6（a）。

（2）复制图 17.6（a），相对位移为 @50，40，结果如图 17.6（b）所示。

（3）画一直线与两大圆相切（注意：打开对象捕捉功能的切点捕捉命令），并画出右侧直线，见图 17.6（c）。

（4）用修剪（TRIM）命令对大圆进行修剪，见图 17.6（d）。

（5）用镜像（MIRROR）命令，以对称线为镜像线，完成图形的下半部分，见图 17.6（e）。选取镜像对象时，不要包括主对称线及左边的两个圆。

（6）用修剪（TRIM）命令修剪左边的大圆。用打断（BREAK）命令，切断过长的线条。

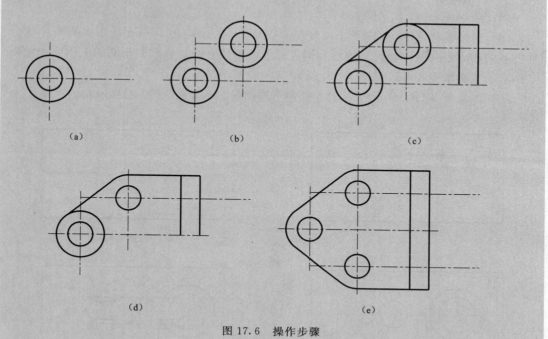

图 17.6 操作步骤

【实验题 4】 按实际尺寸绘制图 17.7 所示的平面图（不注尺寸）。练习绘图和编辑命令、图层设置和对象捕捉工具等。

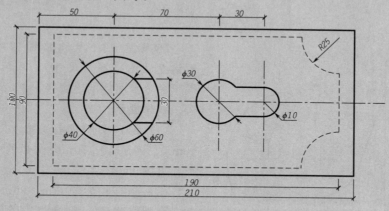

图 17.7 平面图

操作提示：

（1）设置 3 个图层，分别用于绘制粗实线、虚线和中心线。

（2）画粗实线矩形，在其左下角画一段辅助线为虚线矩形定位，画虚线矩形和两个 $R25$ 的虚线圆，两虚线圆的圆心分别位于虚线矩形右侧的两个端点处，见图 17.8（a）。

（3）删去辅助线，修剪虚线矩形和虚线圆，绘制对称线和圆的中心线，见图 17.8 （b）。

（4）绘制 4 个圆，见图 17.8 （c）。

（5）通过偏移（OFFSET）［或复制（COPY）］命令用 15mm 的距离将对称线分别上下偏移或复制做定位线，绘制左侧大圆上的两段直线；过右侧小圆的上下两个象限点作水平线交于中间圆，见图 17.8 （d）。

（6）用修剪（TRIM）命令，对右侧两个圆修剪。删除定位线，打断过长的线段。

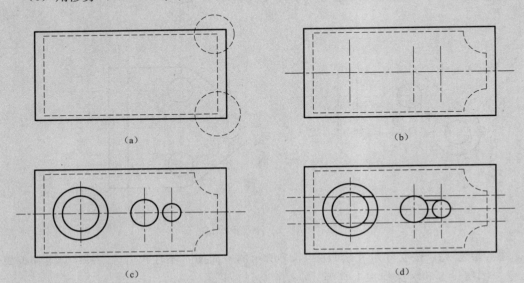

（a）　　　　　　　　　　　（b）

（c）　　　　　　　　　　　（d）

图 17.8　操作步骤

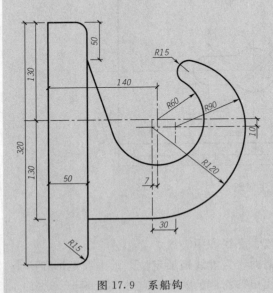

图 17.9　系船钩

【实验题 5】　绘制如图 17.9 所示的系船钩立面图（不注尺寸）。练习基本绘图、编辑命令及图层的设置等。

操作提示：

（1）设置图层等有关参数，画半径为 60mm、90mm、120mm 圆弧的中心线和矩形，见图 17.10 （a）。

（2）画半径为 60mm、90mm、120mm 的三个圆（因为圆弧的端点不易确定，先画圆再处理成为需要的圆弧），见图 17.10 （b）。

（3）画两段直线，分别与 R60 和 R120 圆相切。再画 R15 的连接圆，分别与 R60 和 R90 圆相切，见图 17.10 （c）。

（4）用修剪（TRIM）命令修剪各圆，用圆角（FILLET）命令绘制矩形右侧的两个 $R15$ 圆角。最后修剪多余的线段。

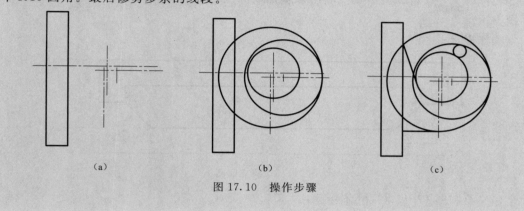

（a）　　　　　　　　（b）　　　　　　　　（c）

图 17.10　操作步骤

17.2　块应用及参数化图形设计

【实验题6】　绘制并定义块，如图 17.11 和图 17.12 所示。练习块和属性的定义及使用方法。

（1）绘制图框及标题栏，定义成图块：A0（841mm×1189mm）、A1（594mm×841mm）、A2（420mm×594mm）、A3（297mm×420mm）、A4（210mm×297mm）。

（2）绘制各种高程符号，定义为带属性的块。

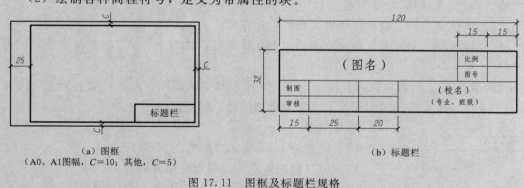

（a）图框
（A0、A1图幅，$C=10$；其他，$C=5$）

（b）标题栏

图 17.11　图框及标题栏规格

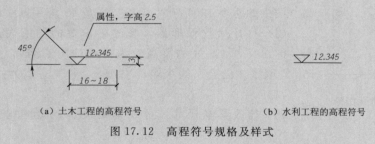

（a）土木工程的高程符号　　　　　　　（b）水利工程的高程符号

图 17.12　高程符号规格及样式

【**实验题 7**】 创建动态块"梁立面",如图 17.13 所示。要求梁的高度和两端长度尺寸不可改变,中部长度可变。利用该块绘制长度分别为 6000mm 和 7000mm 的梁立面图。

操作提示:

图 17.13 梁立面图

(1) 绘制图 17.13(尺寸不标注)。

(2) 将其创建为块"梁立面",基点设在左下角点。

(3) 打开块编辑器,在编辑块定义对话框中选取块"梁立面",进入块编辑器。

(4) 给块添加参数。选择"块编写选项板"中的"参数"选项卡,单击"线性"选项,为梁添加"线性"参数,起点和端点分别选择梁的左右端点。

(5) 给块添加动作。打开"块编写选项板"中的"动作"选项卡,设置"拉伸"动作,拉伸框架见图 17.14。

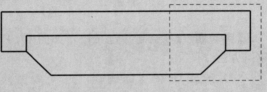

图 17.14 拉伸框架

(6) 测试动态块,检验动作的正确性,保存块。

(7) 插入块"梁立面"两次,分别单击动作符号,将两个"梁"的长度分别拉伸为 6000mm 和 7000mm。

【**实验题 8**】 用参数化设计绘制图 17.15 所示的梁断面图。其中:梁的顶宽取梁高的 0.714 倍,梁高变动时梁顶宽和梁底宽随之变化,其他尺寸不变。

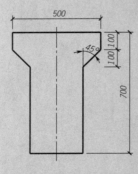

图 17.15 参数化图形

操作提示:

(1) 绘制图 7.15 所示梁断面图(不注尺寸)。

(2) 用自动约束方式为图形应用几何约束。

(3) 为梁高(图中的 700)、梁顶宽(图中的 500)、牛腿高(图中的两个 100)和牛腿斜边夹角 45° 应用标注约束。

(4) 打开参数管理器,修改梁顶宽的约束表达式为"梁高×0.714"(此处的梁高应为梁高的约束名),并应用函数 round 取整。设梁高约束名为"d1",则表达式为:round(d1 * 0.714)。

(5) 修改梁高尺寸,再观察梁顶宽和梁底宽的变化是否正确。

17.3 绘 制 三 视 图

【实验题 9】 绘制如图 17.16 和图 17.17 所示形体的三视图。练习基本绘图与编辑命令、各种目标捕捉方式的用法、图层的设置与使用、尺寸的标注方法。

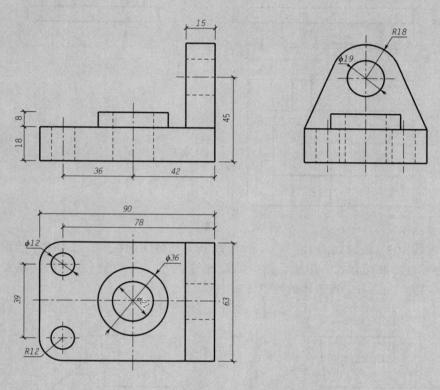

图 17.16 三视图（1）

操作提示：

（1）设置图层、线型等绘图环境。

（2）设置尺寸样式（按照土木工程制图标准设置）。

（3）布置图面，画中心线。

（4）绘制各视图。注意练习各种目标捕捉方式。

（5）标注尺寸。

（6）删除多余的辅助线，打断过长的线条。

（7）设置图纸幅面为 A4（297mm×210mm），画图框及标题栏，调整视图位置。

（8）存盘。

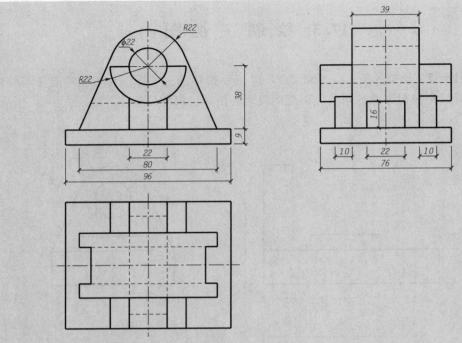

图 17.17　三视图（2）

【**实验题 10**】　绘制如图 17.18～图 17.22 所示形体的剖视图。练习基本绘图与编辑命令、各种目标捕捉方式的用法、图层的设置与使用、尺寸的标注方法、剖视图的画法（图案填充），练习工程形体的绘制方法。

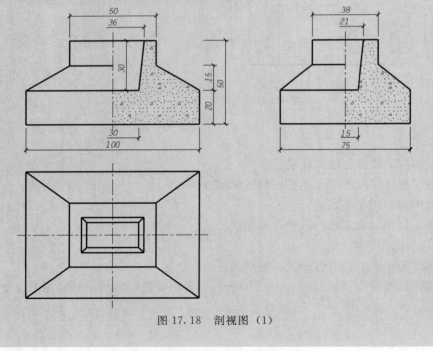

图 17.18　剖视图（1）

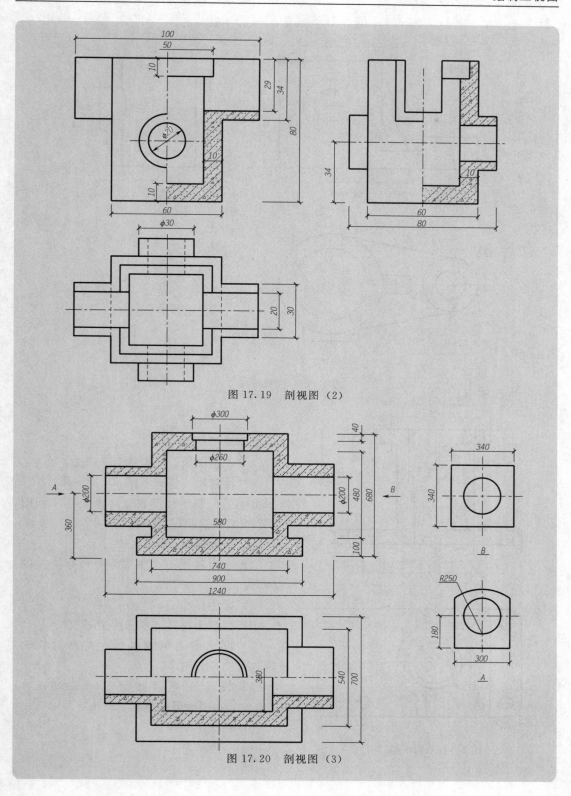

图 17.19 剖视图 (2)

图 17.20 剖视图 (3)

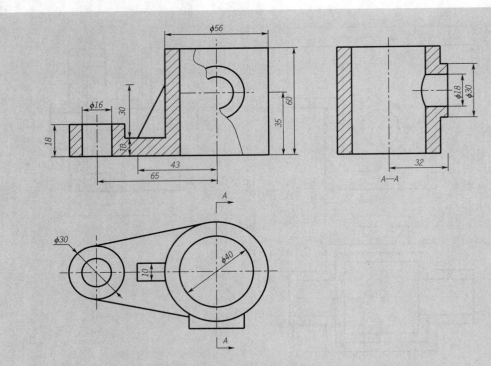

图 17.21　剖视图（4）

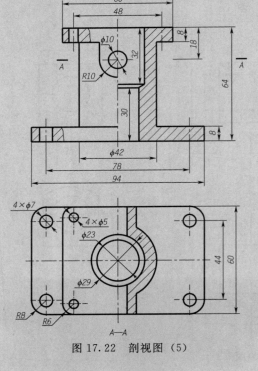

图 17.22　剖视图（5）

操作提示：

（1）设置图层、线型等有关参数。

（2）设置尺寸样式（图 17.18～图 17.20 按照土木工程制图标准设置，图 17.21 和图 17.22 按机械制图标准设置）。

（3）布置图面，画中心线。

（4）绘制各视图。注意练习目标捕捉的各种方式。

（5）标注尺寸。

（6）画剖面材料符号（图案填充）。

（7）删除多余的辅助线，打断过长的线条。

（8）设置图纸幅面为 A4（297mm × 210mm），画图框及标题栏。

（9）调整视图位置。

（10）存盘。

17.4 绘 制 工 程 图

【实验题 11】 绘制如图 17.23 所示净化池图样。用 A4 图纸幅面，按照土木工程制图要求绘制，图名为净化池，绘图比例为 1：100。图中的高程符号要求用带属性的块绘制。

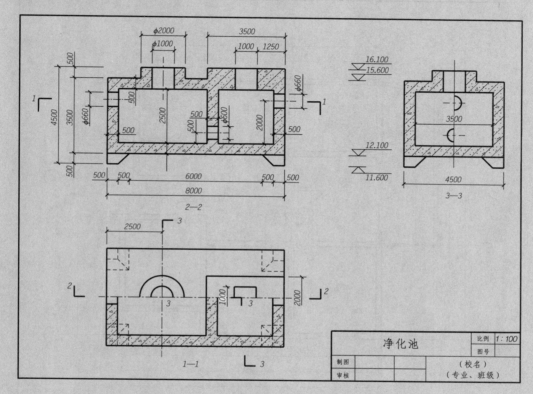

图 17.23 净化池

操作提示：

(1) 设置图层、线型等绘图环境，设置文字样式。

(2) 绘制、定义高程符号图块。

(3) 设置尺寸样式（按照土木工程制图标准设置）。

(4) 画中心线。

(5) 绘制各视图。

(6) 标注尺寸。

(7) 画剖面材料符号（图案填充）。

(8) 删除多余的辅助线，打断过长的线条。

（9）设置图纸幅面为 A4（297mm×210mm），画图框及标题栏（放大 100 倍）。

（10）调整视图位置。

（11）存盘。

【实验题 12】　绘制房屋的首层平面图（部分），如图 17.24 所示。用 A4 图纸幅面，按照房屋图要求绘制平面图，图名为首层平面图，绘图比例为 1∶100。图中的高程符号、轴线编号要求用带属性的块绘制。

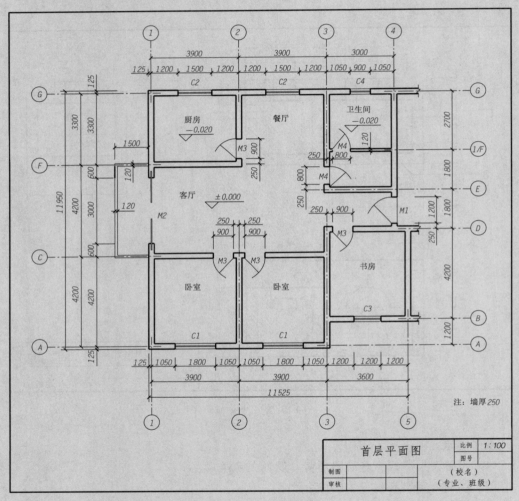

图 17.24　首层平面图

操作提示：

（1）设置图层、线型等有关参数，设置文字样式。

（2）绘制和定义高程符号、轴线编号图块。

（3）设置尺寸样式（按照建筑制图标准设置）。

（4）画纵横轴线。

（5）绘制墙体，墙上开门窗洞。

（6）绘制门窗图例。

（7）注写门窗代号和其他文字。

（8）标注尺寸、轴线编号。

（9）删除多余的辅助线，打断过长的线条。

（10）设置图纸幅面为 A4（297mm×210mm），画图框及标题栏（放大 100 倍）。

（11）调整视图在图纸中的位置，使视图布局合理、美观。

（12）存盘。

【实验题 13】 绘制房屋的楼梯详图，如图 17.25 所示。用 A3 图纸幅面，按照房屋图要求绘制，图名为楼梯详图，绘图比例为 1∶50。图中的高程符号、轴线编号要求用带属性的块绘制。图中未注尺寸，按绘图比例量取近似值绘制。

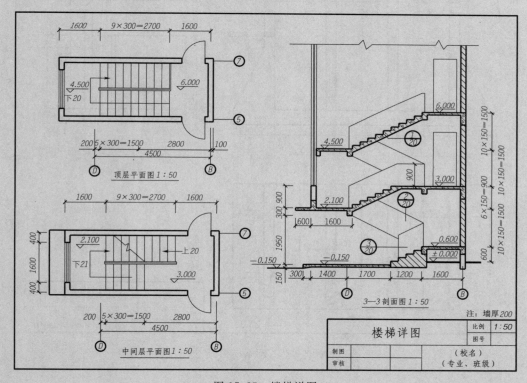

图 17.25　楼梯详图

操作提示：

（1）设置图层、线型等有关参数，设置文字样式。

（2）绘制和定义高程符号、轴线编号图块。

（3）设置尺寸样式（按照建筑制图标准设置）。

（4）绘制平面图。

（5）绘制剖面图。

（6）标注尺寸、轴线编号。

（7）注写文字、符号和视图名称。

（8）删除多余的辅助线，打断过长的线条。

（9）设置图纸幅面为 A3（420mm×297mm），画图框及标题栏（放大 100 倍）。

（10）调整视图位置。

（11）存盘。

【实验题 14】　绘制如图 17.26 所示水工图样。用 A3 图纸幅面，按照水利工程制图要求绘制，图名为水闸闸室主体结构图，绘图比例为 1:100。图中的高程符号要求用带属性的块绘制。

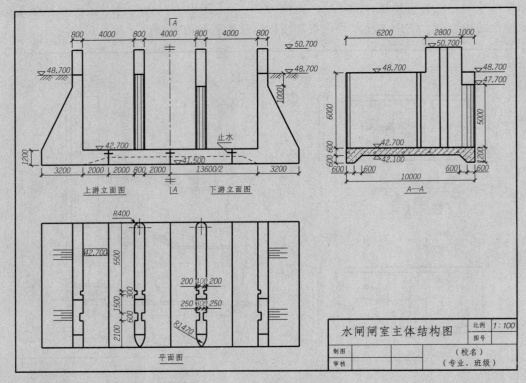

图 17.26　闸室结构图

操作提示：

（1）设置图层、线型等绘图环境，设置文字样式。

（2）绘制和定义高程符号图块。

（3）设置尺寸样式（按照水利工程制图标准设置）。

（4）绘制各视图。

（5）标注尺寸。

（6）画剖面材料符号（图案填充）。

（7）注写文字、符号和视图名称。

（8）删除多余的辅助线，打断过长的线条。

（9）设置图纸幅面为 A3（420mm×297mm），画图框及标题栏（放大 100 倍）。

（10）合理布置图面。

（11）存盘。

【实验题 15】 绘制如图 17.27 所示零件图。用 A4 图纸幅面，按照机械图要求绘制零件图，图名为端盖，绘图比例为 1∶1。图中的表面结构符号要求用带属性的块绘制。

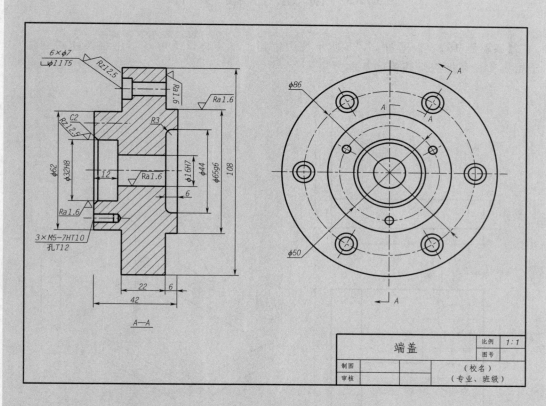

图 17.27　端盖

操作提示：

（1）设置图层、线型等有关参数，设置文字样式。

（2）绘制和定义表面结构符号图块。

（3）设置尺寸样式（按照机械制图标准设置）。

（4）画中心线、轴线。

（5）绘制左视图。

（6）绘制正视图（注意与左视图的对应关系，充分利用对象捕捉和对象追踪工具）。

（7）标注尺寸。

（8）注写文字、符号，画剖面材料符号（图案填充）。

（9）删除多余的辅助线，打断过长的线条。

（10）设置图纸幅面为 A4（297mm×210mm），画图框及标题栏。

（11）调整视图位置。

（12）存盘。

17.5　创 建 三 维 实 体

【实验题 16】　根据图 17.28 所示视图创建三维实体。练习基本三维实体的创建与编辑操作，掌握三维建模的基本方法。

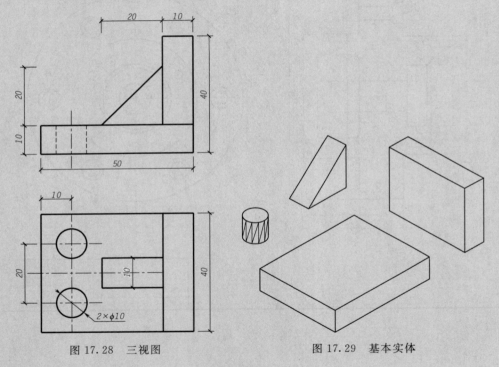

图 17.28　三视图　　　　　　　　图 17.29　基本实体

操作提示：

（1）形体分析：所示形体可分解为两个长方体、一个三棱柱体和两个圆柱体，见图 17.29。

（2）分别创建长宽高为 50mm×40mm×10mm 和 10mm×40mm×30mm 的长方体。

（3）创建 20mm×10mm×20mm 的楔体（三角块）。

（4）创建直径为 10mm、高度为 10mm 的圆柱。

（5）组装各部分，圆柱要复制一个，并注意其定位。

（6）用"并集"组合两个长方体和三棱柱体。

（7）用"差集"运算"减去"两个圆柱体。

（8）改变观察方向，消隐或用视觉样式的"真实""概念"方式观察模型。

【实验题 17】 根据图 17.30 所示视图创建三维实体。练习从二维图形创建三维实体的基本方法。

操作提示：

（1）形体分析：所示形体可分解为上、下两个部分。

（2）画正视图的两个封闭图形和一个圆。

（3）创建两个面域，如图 17.31 所示。

（4）将左上方的面域拉伸成高度为 8mm 的实体，把另一面域拉伸成高度为 30mm 的实体，见图 17.32。

（5）对下面的实体进行剖切，保留后面的一半，见图 17.33。

（6）组合两个实体。

（7）改变观察方向，消隐或用视觉样式的"真实""概念"方式观察模型。

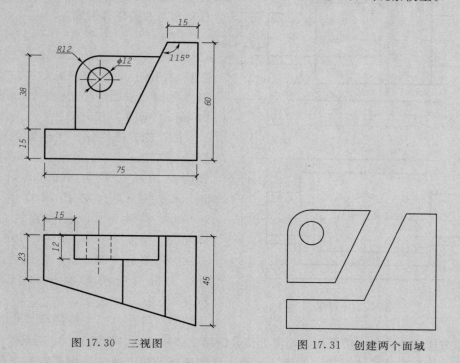

图 17.30　三视图　　　　　　　图 17.31　创建两个面域

【实验题 18】 根据图 17.34 所示视图创建三维实体，并将其沿前后对称面进行剖切，两部分都保留，移开前半部分后，进行动态观察。综合练习创建三维实体、三维编辑、三维观察的方法等。

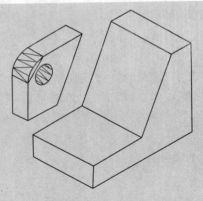

图 17.32　拉伸　　　　　　　　　　　　图 17.33　剖切

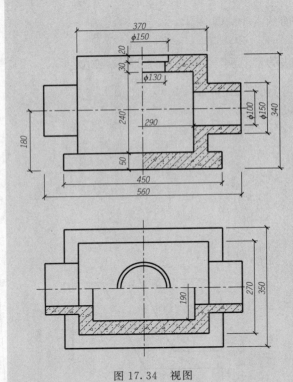

图 17.34　视图

操作提示：

（1）形体分析：形体由底板（长方体）、箱体外形（长方体）、箱体内空腔（长方体）、箱体上部圆孔（两个圆柱）和左右圆柱管组成。

（2）创建三个长方体。底板长450mm、宽350mm、高50mm，箱体外形长370mm、宽270mm、高290mm，箱体内空腔长290mm、宽190mm、高240mm，见图17.35。

（3）创建圆柱体。圆柱管外形圆柱直径为150mm、长度为560mm，圆柱管内空圆柱直径为100mm、长度为560mm；箱体上部孔圆柱直径为150mm、高度为20mm和圆柱直径为130mm、高度30mm，见图17.36。

（4）组合主体外形。将底板、箱体外形和圆柱管外形圆柱组合，如图17.37所示。

（5）组合内部空腔形体。将箱体内空腔长方体、圆柱管内空圆柱和箱体上部孔的两个圆柱组合，如图17.38所示。

（6）组装内外形体，用"差集"运算，从主体外形中"减去"内部空腔形体如图17.39所示。

（7）沿前后对称面剖切模型，两部分均保留，见图17.40。

（8）将前面的一半沿左右对称面剖切，保留右半模型，见图17.41。

（9）将图 17.41 所示的四分之一模型与图 17.40 所示的后半部分进行"并集"运算，如图 17.42 所示。

（10）进行动态观察。

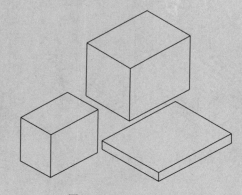

图 17.35　创建长方体

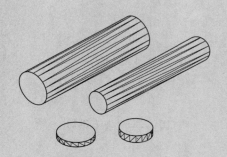

图 17.36　创建圆柱体

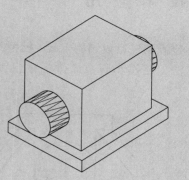

图 17.37　主体外形

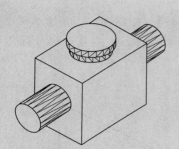

图 17.38　内部空腔形体

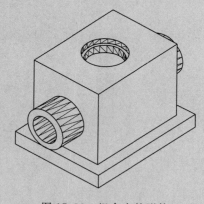

图 17.39　组合内外形体

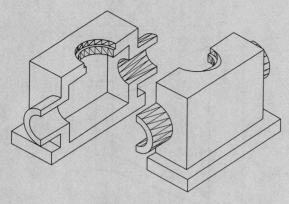

图 17.40　前后剖切

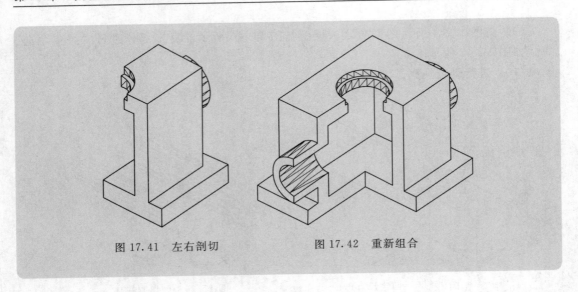

图 17.41　左右剖切　　　　　图 17.42　重新组合

17.6　BIM 技术应用

【**实验题 19**】　根据图 17.43 所示视图创建涵洞进口段结构 Revit 模型并完成其纵剖视图的出图。练习 Revit 的基本命令操作方法、建模步骤及通过三维模型生成视图的方法。

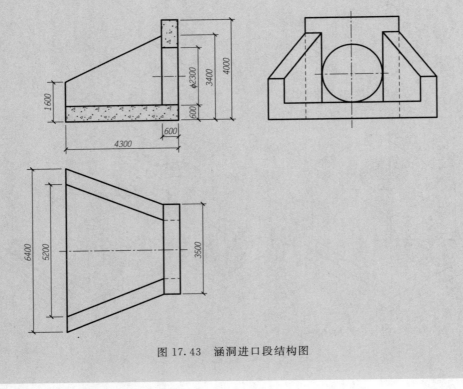

图 17.43　涵洞进口段结构图

操作提示：

（1）涵洞进口段结构分析。涵洞进口段结构可分解为底板、翼墙和面墙三部分。

（2）各构件族定义。

1）底板。新建公制常规模型族文件，进入拉伸操作，给出底板长度与宽度相关的参照平面，定义长度与宽度方向的尺寸及参数，如图 17.44 所示。

进一步选中底板构件，对构件材质参数进行定义，构形完成后的底板几何模型及族类型参数如图 17.45 所示。

2）翼墙。翼墙构形过程基于融合命令，其定义的主要参数为翼墙轮廓 1 宽、翼墙轮廓 1 长、翼墙轮廓 2 宽、翼墙轮廓 2 长、翼墙深及翼墙两轮廓水平距，构形完成后的翼墙几何模型及族类型参数如图 17.46 所示。

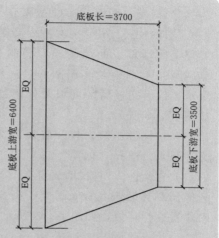

图 17.44 底板长度和宽度的尺寸及参数定义

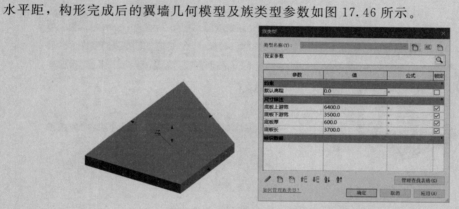

图 17.45 底板几何模型及族类型参数定义

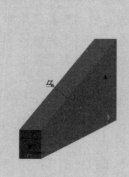

图 17.46 翼墙几何模型及族类型参数

3）面墙。面墙构形过程基于实体拉伸操作和空心拉伸操作，其定义的主要参数为面墙高、面墙宽、面墙厚、面墙材质、涵洞长、涵洞半径、涵洞圆心水平距及涵洞圆心竖向距，如图 17.47 所示，构形完成后的面墙几何模型及族类型参数如图 17.48 所示。

（3）构件组装。打开底板族文件，将翼墙族文件载入。选择"创建"选项卡"模型"面板中的"放置构件"，将翼墙放置在适当位置。采用平齐操作对翼墙与底板长、宽、高三个维度上的相对位置进行定位，如图 17.49 所示。

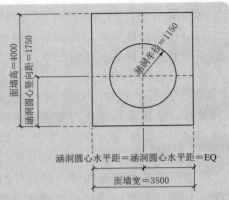

图 17.47　面墙几何参数定义

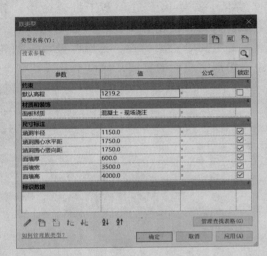

图 17.48　面墙几何模型及族类型参数

将底板与翼墙的参数进行关联，使得底板构件长度与翼墙深度相一致；逐次重复上述操作，将翼墙深、翼墙两轮廓水平距、翼墙轮廓 1 长、翼墙轮廓 1 宽、翼墙轮廓 2 长、翼墙轮廓 2 宽、翼墙材质等参数关联到底板族对应参数上。

将面墙族插入到文件中，通过基面定位及参数关联建立的涵洞进口段结构及属性参数表如图 17.50 所示。

（4）涵洞进口段剖视图绘制。

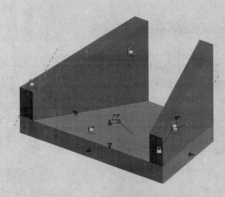

图 17.49　翼墙三向定位效果

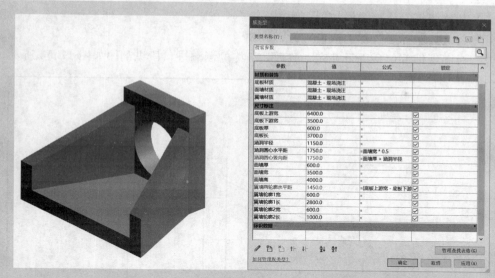

图 17.50　涵洞进口段参数化几何模型及族类型参数

1）将组装好的涵洞进口段构件族文件载入新建项目，并将翼墙放置在默认的"楼层平面：标高 1"中。

2）在视图中绘制剖面线，并将其调整至结构的前后对称面上，如图 17.51 所示。

3）显示出所设置的剖面视图，选择"可见性/图形"按键，打开"剖面：剖面 1 的可见性/图形替换"对话框，在"注释类别"选项卡中取消"标高"复选框的勾选。同时，在"属性"选项板中取消"裁剪区域可见"复选框的勾选，隐藏视图中的裁剪区域。

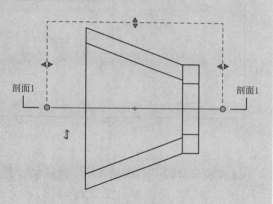

图 17.51　剖面位置确定

4）将底板材质、翼墙材质及面墙材质均设置为混凝土，如图 17.52 所示。

5）标注尺寸，如图 17.53 所示。

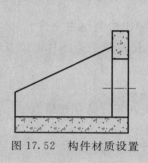

图 17.52　构件材质设置

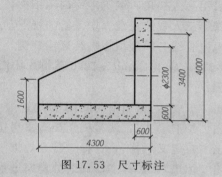

图 17.53　尺寸标注

447

6）新建图纸，将视图添加到图纸中。

7）将"显示标题"复选框设置为否。

8）对图纸细部信息进行补充、整理，最终的涵洞进口段纵剖图如图 17.54 所示。

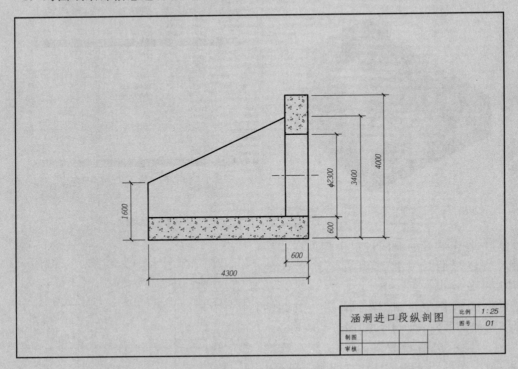

图 17.54　涵洞进口段纵剖图

【实验题 20】　根据第 14 章提供的"地库机电管综模型–revit2022""地库土建模型–revit2022"两模型（见资源 14.1），完成下列相关操作，熟悉 Navisworks 及其在土建工程中的应用。

操作提示：

（1）将两模型分别导入 Navisworks 生成 nwc 模型，并合并成为 nwf 模型。

（2）开启第三人视角，浏览地库内部结构，并保存不少于 10 个不同视角的视点。

（3）制作第三人视角在地库中漫游的视点动画。

（4）对机电管线与模型顶板进行碰撞检测，并导出检测结果文件。

【实验题 21】　应用 Lumion 12.0 范例库中海景房场景进行图片渲染及电影渲染。

操作步骤：

（1）单击"天气"，将当前时间调至傍晚。

（2）单击"拍照模式"，调整视角至海景房正前方并"储存相机"。

（3）单击"自定义风格"，选择"日光效果"。

（4）单击"渲染"，选择"印刷"分辨率进行渲染保存。

（5）单击"动画模式"，创建新的录制文件。

（6）单击"添加相机关键帧"，将视角从海景房正前方从右侧移到海景房正后方，插入三帧。

（7）单击"添加效果"，使得所创建的录制文件效果与范例库中已存有的第一个电影相一致。

（8）单击"渲染"，选择"高清"分辨率进行渲染保存。

【实验题 22】　根据资源 16.5，完成下列相关操作，熟悉广联达 BIM 土建计量 GTJ2021 平台及其在土建工程中的应用。

（1）将图纸导入平台，完成工程的基本设置及图纸的分隔。

（2）根据图纸，识别项目的轴网，并绘制相应的工程构建。

（3）尝试完成工程算量的导出。

附录　CAD 命令一览表

命　令	别名	功　能
3D		建立常见几何体的三维多边形网格对象
3DALIGN		在二维和三维空间中将对象与其他对象对齐
3DARRAY	3a	三维对象阵列
3DCORBIT		启用三维动态观察并使对象连续运动
3DDWF		创建三维模型的 DWF 或 DWFx 文件
3DFACE	3f	绘制三维面
3DMESH		建立任意形状的 3D 多边形网格
3DMOVE		显示三维移动小控件以便指定方向按指定距离移动三维对象
3DORBIT	3do	三维动态观察
3DPAN		启用三维动态观察，可以水平、垂直或对角拖动视图
3DPOLY	3p	建立 3D 多段线
3DROTATE		显示三维旋转小控件以便绕基点旋转三维对象
3DSCALE		显示三维缩放小控件以便调整三维对象的大小
3DSIN		输入 3ds Max（3ds）文件
3DZOOM		启用三维动态观察使用户可以缩放视图
A		
ADCCLOSE		关闭 AutoCAD 设计中心
ADCENTER		打开 AutoCAD 设计中心
ALIGN	al	移动并旋转对象，以便与其他对象对齐
APERTURE		控制对象捕捉靶框的大小
APPLOAD	ap	加载或卸载 AutoLISP、VBA、ARX 应用程序
ARC	a	画圆弧
AREA	aa	计算对象的面积和周长
ARRAY	ar	建立二维图形的矩形和环形阵列
ATTDEF	Att, ddattdef	在命令提示窗口内操作，建立属性定义
ATTEDIT	ate	修改属性信息
ATTEXT	ddattext	提取属性数据
ATTREDEF		重定义图块并更新图块中的属性
B		
BASE		设置图形的插入基点
BHATCH	bh, h	用图案填充封闭的区域

命　令	别　名	功　　能
BLIPMODE		控制点的十字标记的显示
BLOCK	b，bmake	用对话框定义图块
BMPOUT		用与设备无关的位图格式保存选择的对象到文件中
BOUNDARY	bo	用封闭区域建立面域或者多段线边界
BOX		建立长方体或者立方体
BREAK	br	将对象分割成两部分或删除部分对象
C		
CAL		用表达式作数学计算
CHAMFER	cha	在不平行的两直线间作倒角
CHANGE	−ch	改变对象的特性
CHPROP		改变对象的颜色、层、线型、线型比例因子、线宽、厚度等
CIRCLE	c	画圆
CLOSE		关闭当前图形
COLOR	col，colour，ddcolor	设置新建对象的颜色
CONE		建立三维圆锥体或椭圆锥体
COPY	co，cp	复制对象
COPYCLIP		复制对象到剪贴板
COPYHIST		复制命令行中的文字到剪贴板
CUTCLIP		复制对象到剪贴板，并删除此对象
CYLINDER		建立圆柱体或椭圆柱体
D		
DBLIST		列表显示图形中每个对象信息
DDEDIT	ed	编辑文字和属性定义
DDPTYPE		设置点的显示样式和大小
DDVPOINT	vp	用对话框设置观察三维模型的方向
DIMALIGNED	dal，dimali	标注对齐尺寸
DIMANGULAR	dan，dimang	标注角度尺寸
DIMBASELINE	dba，dimbase	标注基线尺寸
DIMCENTER	dce	绘制圆心"+"字标记
DIMCONTINUE	dco，dimcont	标注连续尺寸
DIMDIAMETER	ddi，dimdia	标注直径尺寸
DIMEDIT	ded，dimed	编辑尺寸标注
DIMLINEAR	dli，domlin	标注线性尺寸
DIMORDINATE	dor，dimord	标注坐标

命 令	别 名	功 能
DIMOVERRIDE	dov, dimover	覆盖尺寸标注系统变量
DIMRADIUS	dra, dimrad	标注半径尺寸
DIMSTYLE	d, ddim, dst, dimsty	建立和修改尺寸标注样式
DIMTEDIT	dimted	移动和旋转尺寸文字
DIST	di	计算两点之间的距离和角度
DIVIDE	div	等分线段，并在等分点处插入点或图块对象
DONUT	do	绘制填充圆和圆环
DRAGMODE		控制对象被拖放时的显示方式
DRAWORDER		修改图形的显示顺序
DSETTINGS	ds, ddrmodes, rm, se	设置捕捉模式、栅格、极坐标和对象捕捉、追踪的信息
DSVIEWER	av	打开"鸟瞰视图"窗口
DVIEW	dv	定义平行投影视图或透视图的观察方式
E		
EATTEDIT		修改属性值及属性的文字样式
EDGE		修改三维网格面边的可见性
EDGESURF		在四条相邻的边或曲线之间创建网格
ELVE		设置对象的标高和拉伸厚度
ELLIPSE	el	画椭圆或椭圆弧
ERASE	e	从图形中删除对象
EXPLODE	x	将图块、多行文字等合成对象分解为分离的图形对象
EXPORT	exp	以其他文件格式保存图形中的对象
EXTEND	ex	延伸对象
EXTRUDE	ext	通过拉伸二维对象建立三维实体
F		
FILL		控制图案填充、二维实体和宽多段线等对象的填充
FILLET	f	倒圆角
FILTER	fi	建立基于对象特性的对象选择集（对象选择过滤器）
FIND		查找、替换、选择或缩放指定的文字
FLATSHOT		基于当前视图创建所有三维对象的二维表示
G		
GRADIENT		使用渐变填充填充封闭区域或选定对象
GRAPHSCR		从文本窗口切换为绘图区域
GRID		控制栅格显示

命 令	别名	功 能
GROUP	g	创建和管理已保存的对象集（对象组）
H		
HATCH	−h	使用填充图案、实体填充或渐变填充来填充封闭区域或选定对象
HATCHEDIT	he	编辑已填充的图案
HELIX		创建二维螺旋或三维弹簧
HELP		显示在线帮助信息
HIDE	hi	对三维模型进行消隐处理
I		
ID		显示指定点的 UCS 坐标值
IMAGE	im	打开图像管理器
IMPORT	imp	输入不同格式的文件到当前图形中
IMPRINT		压印三维实体或曲面上的二维几何图形，从而在平面上创建可以提供视觉效果，并可进行压缩或拉伸的边
INSERT	I, ddinsert	插入已命名图块或图形文件到当前图形中
INSERTOBJ	io	插入链接或内嵌的对象
INTERFERE	inf	建立两个或者多个实体的干涉实体
INTERSECT	in	通过重叠实体、曲面或面域创建三维实体、曲面或二维面域交集
ISOPLANE		指定当前的轴测投影平面
J		
JOIN		合并相似的对象以形成一个完整的对象
JPGOUT		将选定对象以 JPEG 文件格式保存到文件中
L		
LAYDEL		删除图层上的所有对象并清理该图层
LAYER	la	管理图层和图层特性
LAYOUT		创建和修改图形布局选项卡
LEADER	lead	用引线标注尺寸
LENGTHEN	len	更改对象的长度和圆弧的包含角
LIGHT		创建光源
LIMITS		在当前的"模型"或布局选项卡上，设置并控制栅格显示的界限
LINE	l	画直线
LINETYPE	lt, ltype, ddltype	加载、设置和修改线型

命 令	别 名	功 能
LIST	li, ls	列表显示选定对象的特性数据
LOFT		在若干横截面之间的空间中创建三维实体或曲面
LTSCALE	lts	设置全局线型比例因子
LWEIGHT	lw, lineweight	设置当前线宽信息
M		
MASSPROP		计算并显示面域或三维实体的质量特性
MATCHPROP	ma	将选定对象的特性应用于其他对象
MEASURE	me	在线段上测量指定长度，并在等长度位置点上插入点或图块对象
MEASUREGEOM		测量选定对象或点序列的距离、半径、角度、面积和体积
MENU		加载菜单文件
MESH		创建三维网格图元对象
MESHREFINE		成倍增加选定网格对象或面中的面数
MESHSMOOTH		将三维对象转换为网格对象
MESHSMOOTHLESS		将网格对象的平滑度降低一级
MESHSMOOTHMORE		将网格对象的平滑度提高一级
MINSERT		按矩形阵列插入图块对象
MIRROR	mi	二维镜像变换
MIRROR3D		三维镜像变换
MLEADER		创建多重引线对象
MLEDIT		编辑多线
MLINE	ml	绘制多线
MLSTYLE		创建、修改和管理多线样式
MODEL		从布局选项卡切换到模型选项卡并把它置为当前
MOVE	m	移动对象
MSLIDE		用当前图形创建幻灯片文件
MSPACE	ms	从图纸空间切换到模型空间
MTEDIT		编辑多行文字
MTEXT	t, mt	建立多行文字
MULTIPLE		重复执行下一条命令，直到被取消
MVIEW	mv	建立浮动视区并打开已有的浮动视区
MVSETUP		建立图形布局
N		
NAVSWHEEL		显示包含视图导航工具集合的控制盘
NEW		创建新的图形文件

续表

命 令	别名	功 能
		O
OBJECTSCALE		为注释性对象添加或删除支持的比例
OFFSET	o	用偏移对象的方式复制对象
OOPS		恢复被删除的对象
OPEN		打开已有的图形文件
OPTIONS	op，pr，gr，ddgrips	自定义 AutoCAD 设置
ORTHO		打开或关闭正交模式
OSNAP	os，ddosnap	设置执行对象捕捉模式
		P
PAN	p	平移视图
PARAMETERS		控制图形中使用的关联参数
PASTEBLOCK		将剪贴板对象作为图块粘贴
PASTECLIP		从剪贴板复制图形或数据
PASTEORIG		使用原坐标将剪贴板中的对象粘贴到当前图形中
PASTESPEC	pa	将剪贴板中的对象粘贴到当前图形中，并控制数据的格式
PDFADJUST		调整 PDF 参考底图的淡入度、对比度和单色设置
PDFATTACH		将 PDF 文件作为参考底图插入当前图形中
PEDIT	pe	编辑多段线和 3D 多边形网格
PFACE		通过定义顶点建立 3D 多面网格
PLAN		显示 UCS 的平面视图
PLINE	pl	绘制二维多段线
PLOT	print	将图形打印到绘图仪、打印机或者文件
PNGOUT		将选定对象以便携式网络图形格式保存到文件中
POINT	po	绘制点对象
POLYGON	pol	绘制正多边形
POLYSOLID		创建类似于三维墙体的多段体
PREVIEW	pre	打印或输出时预览图形
PROPERTIES	mo，ch，props，ddchprop，ddmodify	打开对象特性对话框，用于控制现有对象的特性
PSPACE	ps	从模型空间切换到图纸空间
PUBLISH		将图形发布为 DWF、DWFx 和 PDF 文件或绘图仪
PUBLISHTOWEB		创建包含选定图形的图像的 HTML 页面

命 令	别 名	功 能
PURGE	pu	删除图形中未使用的项目，如块定义和图层
PYRAMID		创建三维实体棱锥体
Q		
QDIM		快速标注尺寸
QLEADER	le	创建引线和引线注释
QNEW		通过选定的图形样板文件启动新图形
QSAVE		快速保存当前图形
QSELECT		基于过滤条件快速创建选择集
QTEXT		控制文字和属性对象的显示和打印
QUICKCALC		打开计算器
QUIT	exit	退出 AutoCAD
R		
RAY		画射线
RECOVER		修复损坏的图形文件，然后重新打开
RECTANG	rec	绘制矩形
REDO		取消最后的 UNDO 或 U 命令
REDRAW	r	刷新当前视口中的图形显示
REDRAWALL	ra	刷新所有视口中的图形显示
REGEN	re	重新生成图形并刷新当前视口
REGENALL	rea	重新生成图形并刷新所有视口
REGENAUTO		控制图形的自动重新生成
REGION	reg	将封闭区域的对象转换为面域对象
RENAME	ren	更改已指定项目（例如图层和标注样式）的名称
RENDER	rr	创建三维实体或曲面模型的真实照片级图像或真实着色图像
REVCLOUD		使用多段线创建修订云线
REVERSE		反转选定直线、多段线、样条曲线和螺旋线的顶点顺序
REVOLVE	rev	通过绕轴扫掠二维对象来创建三维实体或曲面
REVSURF		通过绕轴旋转轮廓来创建网格
ROTATE	ro	绕基点旋转对象
ROTATE3D		绕三维轴旋转对象
RULESURF		在两条直线或曲线间创建网格
S		
SAVE		指定文件名或以当前文件名保存图形
SAVEAS		指定文件名保存图形
SAVEIMG		保存渲染图像到文件中

命　令	别名	功　　能
SCALE	sc	缩放选定的对象
SCALETEXT		缩放选定文字对象而不改变原位置
SECTION	sec	使用平面和实体、曲面或网格的交集创建面域
SECURITYOPTIONS		指定图形文件的密码或数字签名选项
SEEK		打开 Web 浏览器并显示 Autodesk Seek 主页
SELECT		建立对象选择集
SETVAR	set	设置或列表显示系统变量的值
SHADEMODE	sha	对 3D 模型进行着色的处理
SHAPE		引用形
SHEETSET		打开图纸集管理器
SHELL		访问操作系统命令
SIGVALIDATE		显示有关附着到图形文件的数字签名的信息
SKETCH		徒手绘线
SLICE	sl	剖切三维实体
SNAP	sn	设置栅格捕捉
SOLID	so	建立填充多边形
SOLIDEDIT		编辑三维实体对象的面和边
SOLPROF		编辑三维实体对象的剖视图
SOLVIEW		在浮动视口中创建三维实体及体对象的多面视图与剖视图
SPELL	sp	控制使用拼写检查功能
SPHERE		创建三维实体球体
SPLINE	spl	绘制样条曲线
SPLINEDIT	spe	编辑样条曲线或样条曲线拟合多段线
STATUS		显示图形的统计信息、模式和范围
STRETCH	s	移动或拉伸对象
STYLE	st	创建、修改或指定文字样式
SUBSTRACT	su	用布尔差集运算建立新实体
SWEEP		通过沿路径扫掠二维对象来创建三维实体或曲面
	T	
TABLE		创建空的表格对象
TABLEDIT		编辑表格单元中的文字
TABLEEXPORT		以 CSV 文件格式从表格对象中输出数据
TABLESTYLE		创建、修改或指定表格样式
TABSURF		从沿直线路径扫掠的直线或曲线创建网格
TEXT		建立单行文字

续表

命　令	别　名	功　能
TEXTEDIT		编辑标注约束、标注或文字对象
TEXTSCR		打开文本窗口
THICKEN		以指定的厚度将曲面转换为三维实体
TIFOUT		将选定对象以 TIFF 文件格式保存到文件中
TIME		显示图形的日期和时间信息
TINSERT		将块插入到表格单元中
TOLERANCE	tol	标注形位公差
TOOLBAR	to	显示、隐藏或者定制工具栏
TOOLPALETTES		打开"工具选项板"窗口
TORUS	tor	建立圆环体
TRACE		绘制宽线
TRIM	tr	修剪对象
U		
U		撤销最近一次操作
UCS		管理用户坐标系
UCSICON		控制 UCS 图标的显示和位置
UNDO		撤销命令
UNION	uni	用布尔并集运算建立新实体
UNITS	un, ddunits	设置坐标和角度的单位、显示格式与精度
V		
VBALOAD		将全局 VBA 工程加载到当前工作任务中
VBARUN		运行 VBA 宏
VBAUNLOAD		卸载全局 VBA 工程
VIEW	v, ddview	保存和恢复命名视图、相机视图、布局视图和预设视图
VIEWPLAY		播放与命名视图关联的动画
VIEWRES		设置当前视口中对象的分辨率
VLISP		打开 Visual LISP 开发窗口（IDE）
VPOINT	－vp	设置 3D 图形的观察方向
VPORTS		在模型空间或图纸空间中创建多个视口
VSLIDE		显示幻灯片文件
W		
WALKFLYSETTINGS		控制漫游和飞行导航设置
WBLOCK	w	把图形写入图块文件中
WEDGE	we	创建三维楔形体
WIPEOUT		创建区域覆盖对象

命　令	别名	功　能
WMFOUT		将对象保存为 Windows 图元文件
WORKSPACE		创建、修改和保存工作空间，并将其设置为当前工作空间
WSSAVE		保存工作空间
X		
XATTACH		插入 DWG 文件作为外部参照
XEDGES		从三维实体、曲面、网格、面域或子对象的边创建线框几何图形
XPLODE		将复合对象分解为其组件对象
XLINE	xl	绘制构造线
XREF	xr	管理当前图形中的所有外部参照
Z		
ZOOM	z	缩放显示图形

参 考 文 献

［1］ 董祥国. AutoCAD 2020 应用教程［M］. 南京：东南大学出版社，2020.

［2］ 殷佩生，吕秋灵，沈丽宁. AutoCAD 2010（中文版）土建工程应用教程［M］. 南京：河海大学出版社，2010.

［3］ 吴永进，林美樱. AutoCAD 2008 中文版实用教程：基础篇［M］. 北京：人民邮电出版社，2009.

［4］ 苏静波，郑桂兰，殷佩生. 画法几何及水利工程制图［M］. 7 版. 北京：高等教育出版社，2022.

［5］ 丁宇明，杨谆，黄水生，等. 土建工程制图［M］. 4 版. 北京：高等教育出版社，2021.

［6］ 何关培，李刚. 那个叫 BIM 的东西究竟是什么［M］. 北京：中国建筑工业出版社，2011.

［7］ 中国水利水电勘测设计协会，水利水电 BIM 设计联盟. 水利水电行业 BIM 发展报告：2017—2018 年度［M］. 北京：中国水利水电出版社，2018.

［8］ 中国图学学会. 2018—2019 图学学科发展报告［M］. 北京：中国科学技术出版社，2020.

［9］ 中国水利学会. 2018—2019 水利学科发展报告［M］. 北京：中国科学技术出版社，2020.

［10］ 鲍学英. BIM 基础及实践教程［M］. 北京：化学工业出版社，2016.

［11］ 程国强. BIM 工程施工技术［M］. 北京：化学工业出版社，2019.

［12］ 孙彬，栾兵，刘雄，等. BIM 大爆炸：认知＋思维＋实践［M］. 北京：机械工业出版社，2019.

［13］ 天工在线. Autodesk Revit Architecture 从入门到精通：实战案例版［M］. 北京：中国水利水电出版社，2019.

［14］ 李鑫. Navisworks 2018 完全自学教程［M］. 北京：人民邮电出版社，2019.

［15］ 谭俊鹏，边海. Lumion/SketchUp 印象：三维可视化技术精粹［M］. 北京：人民邮电出版社，2012.

［16］ 蔡兰峰. BIM 虚拟现实表现：Lumion 10.0 & Twinmotion 2020［M］. 武汉：华中科技大学出版社，2021.

［17］ 袁帅. 广联达 BIM 建筑工程算量软件应用教程［M］. 北京：机械工业出版社，2019.

［18］ 广联达课程委员会. 广联达算量应用宝典：土建篇［M］. 北京：中国建筑工业出版社，2019.